MANUEL

DES

CONSTRUCTIONS RURALES.

Paris. — Typographie de Firmin Didot Frères, rue Jacob, 56.

MANUEL

DES

CONSTRUCTIONS

RURALES

Par H. DUVINAGE

Architecte du Roi des Belges

PARIS

DUSACQ, LIBRAIRIE AGRICOLE DE LA MAISON RUSTIQUE

RUE JACOB, N° 26

Et chez tous les libraires de la France et de l'Étranger

AVANT-PROPOS.

L'architecture est, après l'agriculture, le premier et le plus utile des arts. Chercher à en tracer l'origine, la marche et les progrès, ce serait redire ce qui a été écrit avant nous ; ce serait aussi nous éloigner du but de cet ouvrage. Ce manuel étant essentiellement élémentaire, toute dissertation scientifique doit en être repoussée, car il ne faut pas oublier qu'il est destiné aux élèves des écoles d'agriculture, ainsi qu'aux propriétaires, et que les uns et les autres doivent y trouver particulièrement des notions premières qui les mettent à même de diriger les différentes constructions qu'ils peuvent avoir à édifier. Ainsi, dépouillant toute prétention à la science, nous excluons de ce traité les termes scientifiques qui pourraient ne pas être compris.

C'est presque toujours de l'ignorance où l'on est de ces premiers éléments que résultent les erreurs en constructions, si communes depuis quelque temps, la fausse évaluation des dépenses, les étagements de bâtiments à peine achevés, et, quelquefois, la ruine des personnes qui se livrent à des entrepreneurs sans expérience, lesquels, ne possédant pas la connaissance pratique de leur art, compromettent les intérêts qui leur sont si imprudemment confiés. Cet ouvrage sera utile aux personnes auxquelles il est destiné, en ce que, sans avoir sondé toutes les profondeurs de l'art, elles pourront, en le consultant, diriger avec succès les ouvriers qu'elles auraient à employer, utiliser des matériaux qui seraient perdus, éviter beaucoup d'erreurs et de doubles emplois, et même, dans certains cas, composer elles-mêmes les plans et l'ensemble des dépendances rurales, au moyen des proportions des différentes parties des constructions que nous indiquerons.

Tel est le but que nous nous sommes proposé en écrivant ce manuel d'architecture rurale que nous présentons au public avec le désir d'être utile.

Nous éprouvons le besoin de déclarer que le présent traité n'est pas un ouvrage entièrement original. Nous avons puisé aux meilleures sources, notamment dans l'ouvrage de M. de Gasparin, dans le traité de M. de Fontenay, dans celui de M. le lieutenant-colonel du génie Demanet, etc.

INTRODUCTION.

※❈❈❈❈◈

But et moyens de l'architecture.—Divisions de l'ouvrage.

L'architecture est née avec l'homme, car il eut toujours besoin d'abri contre l'inclémence de l'air et les attaques des animaux durant son sommeil; lorsque cet abri ne se présentait pas de lui-même, il fallait le créer. — Dans les flancs des montagnes on se creusa des grottes : on les imita dans la plaine avec des pierres et de l'argile; près des forêts, avec des branches, des écorces, du gazon et du feuillage. — L'art de bâtir fut ainsi le premier art pratiqué; art fécond, art fondateur de tous les autres.

Toutes les constructions font partie du domaine de l'architecture; mais à mesure que les connaissances humaines se sont étendues, on a dû, successivement, faire des divisions dans un art qu'il n'était plus possible à un homme, quelle que fût

son intelligence, d'embrasser dans tous ses développements.

Toute construction rurale doit non-seulement
être utile, mais encore porter le cachet de sa destination. — Pour le bien concevoir, il faut posséder
à la fois des connaissances dans l'art de bâtir et
dans les diverses branches de l'économie rustique,
car elle se rattache nécessairement à la grande ou
à la petite culture, à l'économie des ménages, à
l'éducation des animaux utiles, en un mot, à un
point quelconque de l'industrie agricole.

La forme générale d'un bâtiment ne résulte pas
seulement de sa destination, elle dépend aussi de
la nature des matériaux à employer, de la connaissance des lois qui régissent la matière et du mode
de construction adopté. — Toutes ces données, et
d'autres encore, influent sur le nombre et la disposition des points d'appui, sur les rapports existant entre les pleins et les vides, entre les supports et les parties supportées, et sur les formes
des parties dont la réunion constitue l'édifice.

Mais toutes ces conditions matérielles ne déterminent complétement ni la silhouette de l'ensemble
d'un édifice, ni la forme des parties qui le composent. — Elles tracent seulement des limites, et
dans ces limites, on conçoit que de toutes les formes auxquelles on peut s'arrêter, il y en a une
qui est plus harmonieuse que toutes les autres,
qui rend plus complétement la pensée dont cette
construction doit être l'expression, qui, en un mot,

se rapproche davantage, pour chaque système de données, d'un type de perfection. — Or, c'est à ce type que l'architecture doit tâcher d'atteindre; c'est là son modèle, et c'est au goût qu'il appartient de le préciser et d'établir entre toutes les parties d'un édifice cette harmonie sans laquelle on ne peut aspirer à plaire. — La loi qui règle ces rapports ne peut être que sentie, et non formulée par des paroles : voilà pourquoi l'architecture est rangée parmi les beaux-arts.

Se prémunir contre les variations atmosphériques du climat que l'on habite, satisfaire aux besoins divers, nés des mœurs, des usages, des institutions, quelquefois encore de la position sociale, tel est le but que se propose l'architecture; elle a trois moyens principaux pour y parvenir : la *solidité*, la *distribution* et la *décoration*.

Solidité. — Dans ces moyens sont comptées la sûreté et l'économie. Un édifice sera solide s'il est bien fondé, si les matériaux que l'on y emploie sont de bonne qualité, s'ils sont placés où ils doivent l'être; si les points d'appui sont convenablement distribués, de manière à diviser le fardeau en parties presque égales; si les résistances suffisent aux poussées, enfin s'il n'y a point de porte-à-faux. La durée, la sûreté et l'économie sont les résultats nécessaires de la solidité bien comprise.

Distribution. — Dans la distribution nous comprenons la commodité, la convenance et la salubrité. La distribution est l'art de diviser avec

1.

ordre et symétrie un bâtiment public ou particulier, d'examiner si toutes les parties qui le composent sont de grandeur convenable, si elles sont bien placées, si elles ont les dégagements nécessaires. Il y a convenance si les différentes pièces sont décorées en raison de la fortune et de la position sociale du propriétaire, et si les accessoires en annoncent suffisamment la destination; enfin, il y a salubrité si l'édifice est placé dans un lieu sain, si les aires des granges et de l'habitation sont garanties de l'humidité, si les différentes ouvertures sont disposées de manière à se défendre des grandes chaleurs et des grands froids.

Décoration. — La décoration consiste dans la symétrie et la régularité. Il faut que toutes les portes et les croisées soient percées de niveau et d'aplomb, que les frises et corniches présentent de grandes lignes, que, autant que possible, ce soit une ouverture qui forme le milieu du bâtiment, et non un trumeau ou une partie pleine quelconque. — La décoration est toute de goût et de tradition : son but est d'imprimer à l'édifice et à chacune de ses parties le caractère qui lui convient; aussi cet objet est entièrement du domaine de l'artiste. — Il révèlera son goût et ses talents par la disposition symétrique des masses et par le choix et la pureté des détails. Nous n'avons pas besoin de faire observer que la simplicité est la base première de toute décoration appliquée aux constructions rurales.

L'utilité veut que l'on dispose un édifice de telle sorte que rien n'entrave l'entière liberté de son usage et que chaque élément soit mis en son lieu. —Enfin, la beauté, pour être accomplie, demande que la forme soit agréable et élégante par la juste proportion de toutes les parties.

Pour bien ordonner un bâtiment, il faut rechercher scrupuleusement cette proportion entre les diverses parties isolées et ensuite entre ces parties et l'ensemble de l'ouvrage. —Jamais une construction ne sera bien composée si cette relation est méconnue et s'il n'existe entre ses divers éléments et son ensemble, quelque chose d'analogue à l'harmonie que l'on remarque, par exemple, d'abord dans les différents membres, ensuite entre les membres et l'ensemble d'un corps humain bien constitué.

L'art des constructions exige la connaissance de trois sujets spéciaux :

1° Celle des matériaux ;

2° Celle de leur mise en œuvre ;

3° Celle de l'objet auquel les bâtiments à élever sont destinés.

Le présent ouvrage sera donc consacré à l'étude de ces trois points.

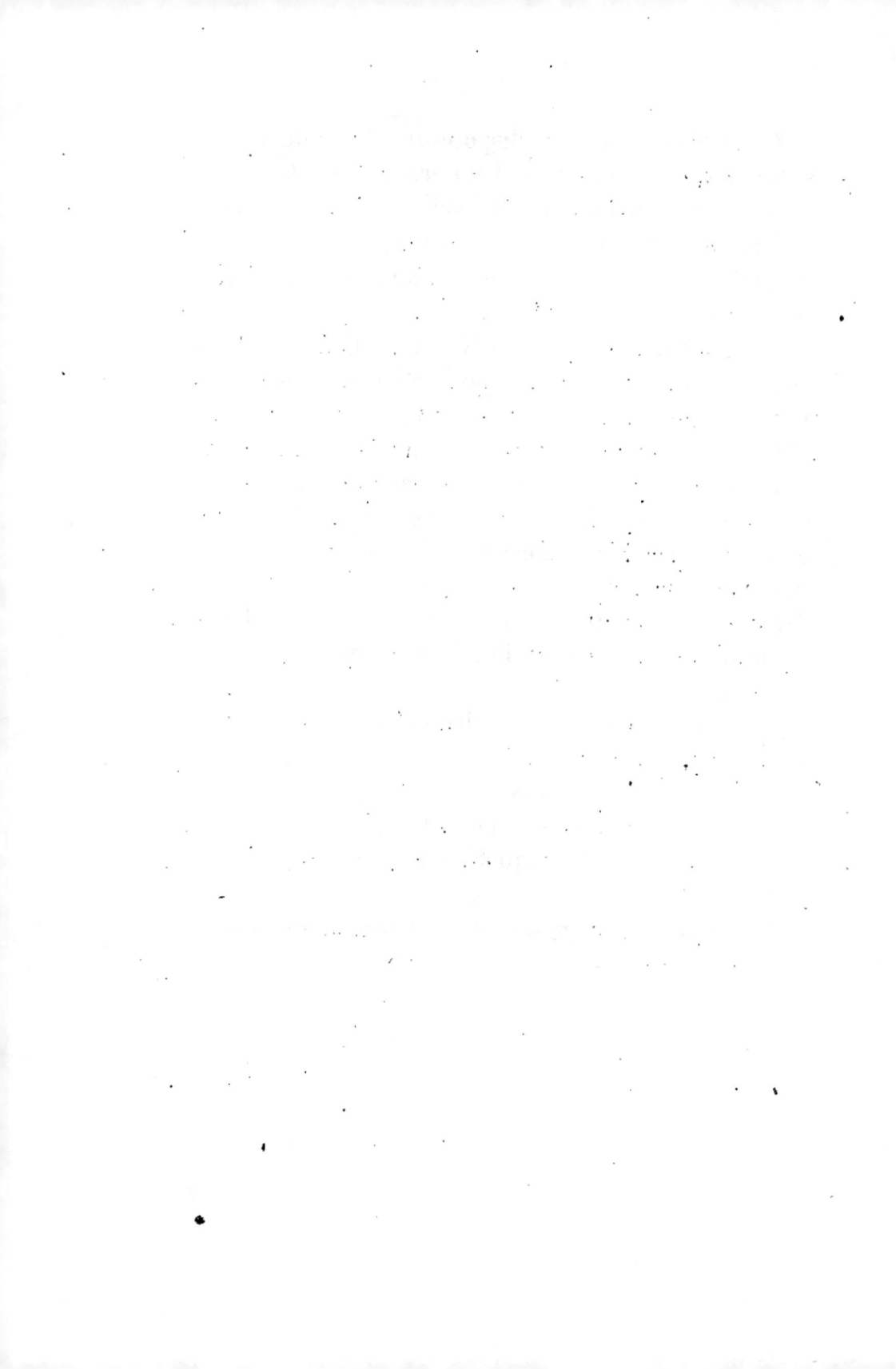

MANUEL

D'ARCHITECTURE

RURALE.

CHAPITRE PREMIER.

DES MATÉRIAUX.

La première partie de la science des constructions est la connaissance des matériaux employés à les élever.

Dans toutes les localités on ne trouve pas toujours tous les matériaux dont on aurait besoin , ni les meilleurs d'entre eux. — Quelquefois on manque totalement des uns ou des autres. Ici, les forêts sont éloignées et les bois de construction rares et chers ; là, c'est la pierre de taille dont on ne trouve des carrières qu'à de grandes distances, et dont il faut se passer faute de moyens suffisants ; ailleurs, on manque même totalement de moellons, ainsi que de sable ou de gravier, et leur transport deviendrait onéreux. Il faut donc, lorsqu'on veut bâtir, avoir soin de s'informer quels sont les matériaux à portée, de leur prix, de celui des transports, de leur fabrication, et s'instruire enfin de la meilleure manière d'employer les uns et les autres.

SECTION PREMIÈRE.

DES PIERRES NATURELLES ET FACTICES ET DES SUBSTANCES
PROPRES A LES CIMENTER.

ARTICLE PREMIER. — *Des Pierres naturelles.*

Chaque pays produit des matériaux différents
dont il est impossible d'embrasser ici la généralité.
— La Belgique est riche en pierres à bâtir, et
dans quelques provinces, le mode de construction
en maçonnerie de moellons avec mortier est le plus
usité pour les bâtiments ruraux.

Les pierres que nous appelons naturelles sont
celles que l'on extrait de la terre et qui, pour être
employées, n'ont besoin d'aucune altération dans
leur nature.

Considérées sous le rapport de la maçonnerie,
elles peuvent former quatre classes :

1° Les pierres quartzeuses ou siliceuses;
2°   id.   argileuses;
3°   id.   calcaires;
4°   id.   gypseuses.

§ 1. — Des Pierres quartzeuses.

Les pierres quartzeuses ont la propriété de
donner des étincelles lorsqu'on les frappe avec le
briquet; elles ne font point effervescence avec les
acides, le silex pyromaque; les granits et les grès,
la meulière, les basaltes et les pouzzolanes peuvent
être rangés dans cette catégorie.

Le granit est tendre ou dur, suivant le plus ou moins de quartz dont il est composé.

Les grès sont durs ou tendres. La première espèce sert au pavage, et on en fait des meules à aiguiser ; les pierres à filtrer se font avec la deuxième : l'adhérence des mortiers avec les grès étant difficile, leur emploi dans la construction est rare.

On se sert de la pierre meulière pour faire les meules de moulin, lorsqu'elle a de grandes dimensions ; sous la forme de moellon, elle fournit une excellente maçonnerie.

§ 2. — Des Pierres argileuses.

Elles ont pour base une terre alumineuse ordinairement mélangée avec la silice et l'oxyde de fer. — Elles sont douces au toucher. — Sous le nom de schistes, on désigne les pierres argileuses composées de lames superposées, susceptibles d'être divisées, et que l'on emploie comme ardoises, carreaux d'appartements, etc.

L'argile, combinaison de silice et d'alumine, et que l'on appelle vulgairement terre glaise, est une terre grasse dont quelques variétés ont beaucoup de ténacité. Lorsqu'elle est pure, on s'en sert pour en faire les parois des bassins, des citernes, pour éviter les infiltrations des eaux ; mêlée avec de certains sables propres à cet usage, on en fait de la brique, de la tuile, des carreaux et des poteries.

La terre à four est aussi une argile dans laquelle il entre beaucoup de sablon : cette terre, humectée, s'emploie comme mortier dans la confection des fours, des fourneaux des usines, et en général de toutes les constructions qui sont destinées à recevoir une grande impression de feu.

§ 3. — Des Pierres Calcaires.

Les pierres calcaires sont composées de chaux et d'acide carbonique. Ordinairement mélangées d'alumine, de silice, de magnésie et des oxydes de fer et de manganèse, elles font effervescence avec les acides; soumises à l'action du feu, elles fournissent les chaux de différentes espèces.

Les calcaires se divisent dans notre pays en trois principales espèces : les calcaires compacts, gris, noirs ou bleus, les petits granits et le calcaire grossier ou de Maestricht. — Un grand nombre de carrières des bords de la Meuse et de Tournai sont ouvertes dans le calcaire de la première catégorie.

La seconde espèce fournit constamment une des meilleures pierres à bâtir connues : elle a une taille facile; elle joint à une grande résistance à l'écrasement une certaine élasticité et une inaltérabilité complète à l'air et à la gelée.

Le calcaire petit granit est un peu moins commun que l'autre espèce; mais on le trouve cependant dans un grand nombre d'endroits : on l'exploite aux carrières de Soignies, des Ecaussines, d'Arquesnes, de Feluy, etc. Le calcaire grossier ou de Maestricht ou craie tufau, est exploité dans les fameuses carrières de Saint-Pierre, dans celles des environs de Mons et dans celles qui avoisinent Landen.

Enfin on exploite dans la Flandre orientale, à Baeleghem, et dans le Brabant, à Vilvorde et à Goberthange, un calcaire siliceux dont on fait des pierres de taille de petit appareil et des moellons.

§ 4. — Pierres gypseuses.

Les pierres gypseuses sont composées d'acide sulfurique uni à la chaux comme base essentielle, ne font point effervescence avec les acides et ne donnent point d'étincelles lorsqu'on les frappe avec le briquet. Les pierres de cette classe sont peu employées dans les constructions; elles ont l'inconvénient d'être légèrement solubles dans l'eau.

ART. II. — *Des Pierres factices.*

§ 5. — Des Briques.

La brique est une terre argileuse, mélangée de sable, jetée au moule, séchée au soleil, et ensuite presque toujours cuite au feu. — On divise les briques en *briques crues* ou séchées au soleil, *briques cuites* ou durcies au feu, *briques ordinaires, briques réfractaires, briques pleines* et *briques creuses.*

Les premières ne sont que très-rarement employées dans notre pays : on en fait particulièrement usage dans les pays méridionaux.

Les briques réfractaires servent à la construction des fourneaux et des appareils qui ont à supporter une très-haute température.

Les briques creuses sont réservées pour les ouvrages légers. — La bonne qualité des briques dépend : 1° du choix et de la préparation des terres ; 2° du moulage ; 3° de la dessiccation ; 4° de la cuisson.

La terre à briques ne doit être ni trop argileuse, ni trop sablonneuse : trop argileuse elle a le désavantage de donner une pâte qui se déforme et se

gerce par la dessiccation, et surtout par la cuisson ;
trop sablonneuse, elle offre l'inconvénient de donner des produits poreux, absorbants, friables et
sans consistance. — Il faut choisir un juste milieu
entre ces qualités. Si la terre est trop maigre, on
peut y ajouter de l'argile ou de la terre plus grasse ;
si le contraire a lieu, on y ajoute du sable ou de la
terre plus sablonneuse. — On doit veiller à ce que
la terre ne contienne pas de petits cailloux susceptibles d'altérer l'homogénéité de la pâte, ni de
corps susceptibles de se décomposer à la température de la cuisson : des pyrites ou du calcaire.
Cette dernière substance est surtout très-dange-
reuse, en ce qu'elle se réduit en grumeaux de
chaux, qui, absorbant par la suite l'humidité de
l'air, se gonflent et font éclater les briques qui les
contiennent.

On donne généralement aux briques la forme
d'un parallélipipède rectangle ayant en longueur
deux fois sa largeur et trois ou quatre fois sa hauteur. — Bien que cette forme soit généralement
adoptée, on en emploie encore d'autres pour la
construction des voûtes et des maçonneries circulaires d'un petit rayon, comme celles des puits,
des colonnes, etc. : on fait usage de briques en
forme de coin, qui se prêtent mieux au travail.
On en fait aussi pour la confection des moulures,
qui présentent la forme de cavet, de quart de rond,
de tores, etc.

Toutes ces formes s'obtiennent par le moulage.

Une bonne brique doit être parfaitement moulée, à arêtes vives, sans ébréchures ; elle doit rendre un son clair quand on la frappe avec un corps
dur, avoir le grain fin, serré et homogène dans la
cassure, ne renfermer aucun élément décomposa-

ble à l'air et susceptible de la dégrader après sa mise en œuvre ; elle doit pouvoir résister à l'action de la gelée et des intempéries.

TABLEAU *indiquant les dimensions et la qualité des briques fabriquées en Belgique.*

LIÈUX de FABRICATION.	DIMENSIONS			QUALITÉ.
	Longueur.	Largeur.	Épaisseur.	
Boom , Niel , Hemixem et les bords du Rupel. Klampsteen.	0190	0090	0047	Ces briques sont en général bien cuites, bien moulées et d'une excellente qualité.—Les klampsteen cuits en tas sont parfois un peu gélives. — Les
Papensteen.	0180	0085	0045	briquettes sont souvent colorées en bleu ; elles sont, comme les carreaux , recoupées au couteau, ce qui leur donne
Derdeling.	0150	0075	0038	des arêtes vives. — Les putsteen sont cunéiformes. — On
Kleyne steen.	0135	0060	0035	en fait un très-grand usage à Anvers , Malines , Louvain , à Bruxelles (sous le nom de briques du Canal), à Gand, à Ter-
Putsteen (briques de puits).	0160	0100 0072	0040	monde, et sur tous les affluents du Rupel et de l'Escaut.
Rupelmonde. — Klampsteen.	0190	0090	0047	Briques bien moulées, mais gélives.
Bruxelles.	0200	0095	0055	(Qualité très-variable, en général assez bien moulées. — La terre employée est souvent trop riche en sable et pas assez corroyée ; mais quoique tendres et spongieuses, ces briques résistent assez bien aux intempéries. *Obs.* On fabrique des briques de même dimension et de même qualité à Vilvorde, à Louvain, à Malines et dans la plupart des localités du Brabant.

LIEUX de FABRICATION.	DIMENSIONS.			QUALITÉ.
	Longueur.	Largeur.	Épaisseur.	
Reinrode, (forme ancienne). .	0195	0097	0047	Briques bien moulées, mais peu résistantes quand elles sont peu cuites; assez déformées, mais très-résistantes quand elles ont subi un degré de cuisson convenable. (*Obs.*
» (Forme nouvelle) . . .	0177	0090	0045	Ces briques sont employées à Hasselt, à Diest et au camp de Beverloo.)
Meirelbeke, près de Gand.	0220	0140	0050	Assez cassantes, mais non gélives; elles résistent très-bien à l'air et prennent bien le mortier : on les emploie à la confection des parements. *Obs.* Ces briques sont employées aux travaux de la citadelle de Gand, concurremment avec celles de Boom et de Rupelmonde.
Eynes, près d'Audenarde.	0220	0108	0054	Elles ont beaucoup d'analogie avec les précédentes ; de bonne qualité. (*Obs.* Employées à Ypres, Ostende et Nieuport.)
Furnes.	0215	0100	0055	
Ostende. . . . . , .	0220	0140	0060	Médiocres. — (*Obs.* On ne fait usage de ces briques à Ostende que pour les travaux de peu d'importance ; on emploie pour les travaux soignés les briques de Furnes, de Boom et de Rupelmonde.)
Warneton, près de Menin.	0210	0100	0050	Bonnes, très-résistantes.
Pré de Saint-Denis, près de Liége. . .	0230	0110	0060	Couleur violette, bien cuites, pas trop irrégulières, mais cassantes. (*Obs.* Ces briques, employées à la construction de la Chartreuse, ont très-bien résisté.)

LIEUX de FABRICATION.	DIMENSIONS.			QUALITÉ.
	Longueur.	Largeur.	Épaisseur	
Longdoz , près de Liége.	0250	0110	0060	Comme les précédentes, mais moins bien formées.
Ste-Walburge, id. .	0250	0140	0060	Plus brunes que celles de Saint-Denis, plus irréguliè-res, mais plus dures.
Arlon, Houdemont et Rossignol. . . .	0200	0100	0050	Briques de belle apparence et assez dures, mais fabri-quées avec une argile riche en carbonate calcaire ; elles se détériorent promptement et éclatent même souvent quand elles sont soumises à l'humi-dité. (*Obs.* On ne les emploie qu'à l'intérieur des bâti-ments.)
Bas, Bha, Malades et Tihange , près de Huy.	»	»	»	Mal formées et vitrifiées.
Herk-St-Lambert, à une lieue de Has-selt.	0240	0115	0060	Qualité très-médiocre en gé-néral ; spongieuses, inégales, cassantes. — Elles donnent un déchet très-considérable. (*Obs.* On les emploie aux construc-tions de Hasselt.)
Peer, Exel , Wych-maele , Hechtel , près de Beverloo.	0200	0100	0050	Spongieuses , gélives , mal cuites, mal façonnées, fragiles et de dimensions variables. — Elles contiennent une grande quantité de cailloux.
Laplante , près de Namur.	0220	0105	0055	D'un rouge brun, très-du-res et résistantes, mais assez mal formées, parfois gélives. (Employées à Namur à la cita-delle et aux constructions ci-viles.)

2.

LIEUX de FABRICATION.	DIMENSIONS.			QUALITÉ.
	Longueur.	Largeur.	Épaisseur.	
Salzinnes, près de Namur......	0220	0105	0055	D'un rouge plus clair que les précédentes, mieux formées, mais plus tendres; elles résistent assez bien aux intempéries.
Namur (briques réfractaires).....	0200	0110	0050	Très-bonnes et bien formées, elles rivalisent avec celles d'Andennes. (*Obs.* Fabriquées avec de l'argile plastique de Védrin, qu'on mélange de poussière de creusets de verreries et de fabrique de laiton.)
Id. (dites têtes de chat)......	0110	0110	0110	
Andenne (briques réfractaires)....	0250	0110	0055	Parfaitement moulées, qualité excellente, très-réfractaires. (*Obs.* Elles sont employées tant dans le pays qu'à l'étranger.—On en façonne de toutes les dimensions sur commandes, jusqu'à un mètre de côté.)
Charleroi (environs).......	0225	0105	0055	Médiocres à cause du peu de soins apportés au choix et à la préparation des terres. (*Obs.* Ces briques sont très-bon marché; elles ne reviennent pas à plus de 6 francs le mille.)
Châtelet.	0205	0110	0060	Briques réfractaires, mais assez peu estimées.
Cuesmes, près de Mons.......	0231	0104	0055	Assez bonnes, cassantes, quoique dures à pulvériser, blanchâtres.
	0226	0110	0058	Idem.
	0226	0106	0057	Très-bonnes et bien formées; elles sont sonores et le grain en est fin et serré.

LIEUX de FABRICATION.	DIMENSIONS.			QUALITÉ.
	Longueur.	Largeur.	Épaisseur.	
Jemmapes (Flénu).	0231	0110	0058	Très-bonnes et bien formées ; elles sont sonores et le grain en est fin et serré.
Id.	0238	0110	0057	Assez bonnes, cassantes, quoique dures à pulvériser, blanchâtres.
Quaregnon.	0230	0109	0058	Bonnes.
Nimy-Maisières. . .	0228	0107	0057	Cassantes et tendres à pulvériser.
Mons (faubourg d'Havré). . . .	0230 0228	0108 0107	0057 0057	Assez bonnes, mais difformes.
Tournai (faubourg de Valenciennes)..	0220	0110	0060	Assez bonnes.
	0230	0110	0055	Moyennement bonnes.
	0230	0110	0055	Idem.
	0230	0110	0055	Meilleures que les précédentes.
Marquin et Blauduin, lez-Tournai. . .	»	»	»	Assez bonnes.
Ath (environs). . .	0230	0110	0060	Très - bonnes lorsqu'elles sont bien cuites ; elles résistent parfaitement à la gelée et aux intempéries, mais elles sont un peu irrégulières, ce qui doit être attribué au peu de soin qu'on apporte dans la fabrication.
Anseremne lez-Dinant.	0225	0105	0055	Médiocres et de peu de durée : l'argile qui sert à ces briques est riche en sous-carbonate de chaux.

LIEUX de FABRICATION.	DIMENSIONS.			QUALITÉ.
	Longueur.	Largeur.	Épaisseur.	
Philippeville (environs)	0220	0105	0060	Médiocres, c'est-à-dire meilleures que celles de Bruxelles, mais moins bonnes que celles de Boom ; elles sont en général peu sonores. — Celles qui ont été exposées à la violence du feu pendant la cuisson sont vitrifiées et collées les unes aux autres.
Couvin.	0220	0100	0055	Assez bonnes, quoique fabriquées avec peu de soin ; couleur brune.

§ 6. — Du Pisé.

Il y a deux espèces de pisé : l'un n'est autre chose qu'une terre plus ou moins franche, plus ou moins argileuse, refoulée et comprimée dans des moules en bois, pour en faire des espèces de moellons ou de grandes briques non cuites. —Ces briques sont de diverses dimensions et disposées dans le moule pour la place qu'elles doivent occuper. Leur confection ne consiste qu'à choisir de la terre compacte, la corroyer et la mettre dans des moules qui aient l'épaisseur des murs qu'on veut établir ; à l'y battre et condenser le plus possible, et la laisser sécher ensuite hors du moule, jusqu'à ce qu'elle ait acquis la consistance convenable pour être employée.

On place ensuite tous ces morceaux les uns sur les autres, en les reliant avec de la terre semblable et liquide, en guise de mortier, et on en fait des murs de clôture, des chaumières, et des maisons de peu d'importance, enfin des bâtiments pour exploitation de ferme, dont la durée dépend : 1° du choix de la terre ; 2° du soin apporté à sa manipulation ; 3° de la force de compression qu'elle a subie.

L'autre espèce de construction en pisé consiste en murs d'une seule pièce, élevés avec une terre suffisamment grasse et un peu graveleuse si faire se peut. — Toute terre qui, avec une bêche, une pioche ou une charrue, s'enlève en mottes qu'il faut briser pour les désunir, est bonne pour pisé.

Pour préparer la terre, il faut l'écraser et la faire passer par une claie moyenne pour en extraire les pierres qui excéderaient la grosseur d'une noix. Si la terre est trop sèche, on la mouille par aspersion, en la remuant avec une pelle pour l'humecter. — Il suffit qu'elle soit un peu humide, de manière qu'en en prenant une poignée elle puisse, étant jetée sur le tas, conserver la forme qu'on lui a donnée en la pressant un peu dans la main.

§ 7. — Des Tuiles.

La tuile se façonne à peu près comme la brique ; elle exige un peu plus de soins et une terre moins grossière que l'on sèche à l'ombre et que l'on cuit au four. — Lorsque la terre est trop forte et sujette à se fendre, on y met du sable fin et doux qui en diminue la force en même temps qu'il en augmente la dureté.

On fabrique des tuiles d'un grand nombre de formes ; mais les plus communément employées sont les *tuiles plates*, qui ont la forme d'une ardoise assez épaisse, les *tuiles creuses* et les *tuiles fla-mandes* ou pannes, qui ont dans leur section transversale la forme d'un S.

Il faut choisir la tuile, comme la brique, bien sonnante et colorée d'un rouge foncé; quand le rouge est jaunâtre, c'est en général une marque que la tuile n'est pas cuite. Le degré et le mode de cuisson contribuent beaucoup à la bonne qualité des tuiles; celles qui ne sont pas assez cuites restent tendres, s'imbibent d'eau, s'effeuillent dans les gelées, et ne durent pas longtemps. Un feu trop vif qui a saisi la tuile produit le même effet. — Pour que la cuisson soit bien faite, il faut que la chaleur ait pénétré au dedans et que la grande action du feu n'agisse qu'après l'entière dissipation de l'humidité intérieure : voilà pourquoi on commence toujours par les petits feux.

On exige d'une bonne tuile qu'elle soit inattaquable par la gelée, bien moulée et suffisamment résistante pour que, placée sur le sol, la convexité tournée en l'air, elle puisse supporter le poids d'un homme qui monte dessus à pieds joints. Il faut qu'elle rende, lorsqu'on la frappe avec un corps dur, un son clair et presque métallique; un son sourd et faux indique toujours des fêlures qui doivent la faire rejeter. — On demande enfin qu'elle soit tout à fait imperméable; mais cette dernière qualité se rencontre assez rarement dans les tuiles neuves. — Les meilleures tuiles de Boom laissent filtrer dans les premiers temps de leur emploi des quantités d'eau assez notables, mais au bout de peu de temps les pores se bouchent et l'inconvénient disparaît.

Dans quelques localités, on évite cet inconvénient en les vernissant. — Le vernis se donne au moyen d'une bouillie composée d'argile, dans laquelle on incorpore vingt parties de litharge broyée et trois parties d'oxide de manganèse, qu'on étend avec une brosse ; mais le vernis s'écaille assez rapidement. La vieille tuile éprouvée de longue main est toujours la meilleure pour le service.

§ 8. — Des Carreaux.

Le carreau de terre cuite se fait avec une terre plus chargée de silice que celle pour la brique et la tuile ; comme le degré de cuisson n'est pas aussi considérable, elle n'est point vitrifiée à sa surface.

On reconnaît facilement la qualité du carreau en frappant dessus avec un corps dur ; si on obtient un son clair et net, c'est une preuve de bonne qualité. Souvent, quoique les carreaux de bonne qualité soient durs et susceptibles de résister aux chocs, ils ont le défaut de se gauchir ou voiler à la cuisson : il en résulte un grand inconvénient dans l'emploi. Il faut prendre garde à cette défectuosité, qui force à passer la surface au grès pour l'arraser, ce qui est une double façon onéreuse.

On vernit parfois les carreaux de la même façon que les tuiles ; mais il faut prendre garde de n'appliquer le vernis que sur les surfaces qui ne doivent pas être mises en contact avec le mortier. Dans l'enfournement, on a soin d'empêcher qu'ils ne se touchent, car sans cela ils se colleraient les uns aux autres et il en résulterait des pertes ou des dégradations.

Ces dernières observations s'appliquent aux autres matériaux en terre cuite aussi bien qu'aux carreaux.

§ 9. — Des Poteries.

On fait un grand usage de tuyaux en terre cuite pour la conduite des eaux et des gaz ; on en trouve dans le commerce de cylindriques ou de tronco-niques. — Dans ce dernier cas, pour faciliter les assemblages, ils sont terminés à leur extrémité la plus large par un évasement qui permet l'intro-duction d'un mastic dans le joint.

Ces tuyaux se fabriquent sur le tour comme la plupart des objets en poterie ; ils sont soumis en-suite à une dessiccation bien ménagée, et cuits dans des fours de formes assez variées.

Quelquefois on donne à ces poteries un vernis particulier qui s'obtient en projetant du sel marin dans le four vers la fin de la cuisson. La soude contenue dans cette substance réagit sur l'argile et détermine la vitrification de la surface extérieure ; on leur donne alors le nom de grès. — Les tuyaux ainsi fabriqués sont plus durs et d'un meilleur usage. — On les emploie de préférence pour les descentes de fosses d'aisances, parce qu'ils sont imperméables à l'eau.

§ 10. — Des Verres à Vitre.

On trouve dans le commerce des verres à vitre blancs ou complétement incolores, demi-blancs, mats ou dépolis et seulement translucides, rouges, jaunes, bleus, verts, etc. — On fabrique également des pannes en verre de même forme que les pannes ordinaires et qui s'emploient de la même manière ; on s'en sert pour éclairer les greniers, etc.

L'épaisseur du verre à vitre est ordinairement

de 0ᵐ00225 ; on en fabrique de plus épais, dits de double épaisseur : les dimensions superficielles sont très-variables.

On exige que le verre soit exempt de bulles, stries, nœuds, soufflures, étoiles, fêlures, ou autres accidents qui seraient de nature à nuire à sa transparence, à son homogénéité ou à sa solidité.

ART. III. — *Des substances propres à les cimenter.*

§ 11. — Du Plâtre.

Le plâtre est une substance blanche, ressemblant beaucoup à la chaux, mais qui a la propriété remarquable de se prendre ; pris immédiatement en une masse solide, lorsqu'on a pu l'avoir réduit en une poudre fine, on le gâche avec une certaine quantité d'eau.

Le gypse dont on le retire par la calcination est un sulfate de chaux lorsqu'il est pur ; il est composé suivant Scanzin :

Acide sulfurique, 46 parties ; chaux, 52 ; eau, 22.

La pierre que l'on calcine pour obtenir le plâtre n'est presque jamais pure : c'est un mélange de sulfate et de carbonate calcaire ; calcinée, elle devient un mélange de chaux vive et de sulfate calcaire privé d'eau.

La cuisson du plâtre se fait dans des fours, et le feu doit être conduit longtemps et avec précaution, de manière à éviter la vitrification de certaines parties et la conservation de l'eau de combinaison de certaines autres.

On reconnaît la qualité du plâtre à sa consistance. Quand il est gâché, il doit être onctueux et s'attacher à la main. Il faut l'employer presque immédiatement après la cuisson; autrement, il reprend peu à peu son eau de combinaison en attirant la vapeur d'eau atmosphérique et perd complétement sa force. Ainsi, s'il doit être soumis à des transports considérables, il convient de l'enfermer de manière à le préserver le plus possible du contact de l'air extérieur.

La pierre à plâtre dure fait de meilleur plâtre que la pierre tendre, employée communément comme plus facile à cuire.

Quant on emploie le plâtre, il faut éviter avec soin d'y mettre trop d'eau, en termes de métier, de le noyer; mais on doit le gâcher plus ou moins serré, suivant l'emploi; enfin, le plâtre doit être employé plus ou moins fin, suivant les exigences des ouvrages, et dans certains cas, qui se rencontrent rarement pour les constructions rurales, on ne doit employer que du plâtre passé au tamis.

L'une des propriétés du plâtre gâché, et qu'il est important de connaître pour se mettre à l'abri des accidents qui pourraient en résulter, c'est celle d'augmenter considérablement de volume en se solidifiant; il faut donc toujours y avoir égard, en lui laissant des moyens d'extension.

§ 12. — De la Chaux.

La chaux pure ou à l'état libre ne se rencontre dans la nature que dans quelques volcans où elle ne se trouve qu'en très-petite quantité.

La chaux que l'on emploie pour la fabrication des mortiers s'obtient au moyen de la calcination des pierres calcaires, calcination qui en dégage l'acide carbonique.

On donne le nom de pierre calcaire ou de pierre à chaux à toute matière minérale renfermant au moins la moitié de son poids de carbonate de chaux et qui, après avoir été calcinée, jouit de la propriété d'absorber l'eau avec ou sans dégagement de chaleur, de se déliter en passant à l'état d'hydrate et de se solidifier au bout de quelque temps d'exposition à l'air ou sous eau.

On appelle chaux grasse celle qui, par l'extinction pratiquée à la manière ordinaire, double de volume et au delà, et dont la consistance, même après plusieurs années d'immersion, est toujours la même que lorsqu'elle a été employée. — Elle supporte dans la fabrication du mortier une forte quantité de sable, et durcit lentement à l'air.

Cette chaux ne durcissant point et se dissolvant entièrement dans l'eau fréquemment renouvelée, ne peut être employée dans les constructions immergées ou exposées à l'humidité.

On nomme chaux maigre celle qui, par l'extinction, n'augmente que peu ou point de volume, et ne durcit pas sous l'eau; elle diffère de la précédente, d'abord par son foisonnement, et ensuite parce qu'elle ne se dissout que partiellement dans l'eau en laissant un résidu sableux sans consistance et sans cohésion. — Elle ne prend que peu de sable pour former le mortier, et acquiert à l'air une certaine dureté en peu de temps.

On appelle chaux hydrauliques celles qui, réduites en pâte forte et employées ou mélangées à des matières inertes, c'est-à-dire qui ne peuvent modifier leurs propriétés, telles que le sable, le gravier, etc., dans des ouvrages exposés à l'humidité ou immergés, durcissent en peu de temps.

Elles ne foisonnent que peu ou point par l'extinction à la manière ordinaire ; on les divise en moyennes, ordinaires, ou fortes, selon leur vitesse de prise.

Les chaux moyennement hydrauliques durcissent sous l'eau après une quinzaine de jours d'immersion ; elles se dissolvent en grande partie, quoique avec difficulté, dans une eau fréquemment renouvelée.

Les chaux hydrauliques ordinaires font prise après six ou huit jours d'immersion.

Les chaux éminemment hydrauliques font prise du deuxième au quatrième jour d'immersion : après un mois elles sont déjà très-dures et entièrement insolubles ; au sixième mois, elles ont la consistance des pierres calcaires, et par le choc elles donnent des éclats dont la cassure est écailleuse.

La couleur de la chaux est très-variable et n'influe en rien sur ses qualités, elle ne peut donc donner d'indications certaines.

On dit que la chaux a fait prise lorsque, éteinte à la manière ordinaire, réduite en pâte forte, et immergée sans mélange, elle peut supporter sans dépression sensible un poids de $26\frac{1}{2}$ kilogrammes par centimètre carré ; en cet état, la matière résiste à la pression du doigt poussé avec la force moyenne du bras, et ne peut changer de forme sans se briser.

Pour essayer la chaux, on l'éteint, puis on la réduit en pâte forte que l'on pilonne bien ; on introduit cette pâte dans un vase quelconque, dans un verre ordinaire, par exemple, que l'on remplit jusqu'aux deux tiers environ ; on la tasse fortement en frappant le fond du vase qui la renferme avec la main, et on la plonge dans l'eau en notant le moment de l'immersion. En la visitant de temps à autre, on pourra s'assurer du moment où elle aura fait prise et la classer dans une des catégories indiquées ci- dessus.

Il est toujours facile de reconnaître à quelle classe appartiendrait la chaux que l'on pourrait obtenir d'un calcaire donné, sans devoir soumettre celle-ci à la calcination.

Le calcaire à chaux grasse étant composé de carbonate de chaux, son mélange se dissoudra en- tièrement dans les acides azotique (eau-forte) ou chlorhydrique (acide muriatique ou esprit de sel) étendue d'eau.

Le calcaire à chaux hydraulique laissera un dé- pôt composé d'argile qui pourra être plus ou moins mêlée de sable. — La quantité plus ou moins forte d'argile indiquera le plus ou moins d'hydrauliquité de la chaux. — Pour connaître la vitesse de la prise de la chaux qui résulterait de ce calcaire, le moyen le plus facile serait de le calciner et de traiter la chaux comme nous l'avons indiqué précédemment.

Les chaux maigres sont données par les calcaires contenant la silice à l'état de mélange. — Les chaux hydrauliques sont données par les calcaires qui la contiennent à l'état de combinaison avec l'alumine ou à l'état d'argile.

Des expériences faites en France par M. Vicat, en 1818, en Belgique par M. M. Carez, ingénieur des ponts et chaussées, en 1844, il résulte que toute influence hydraulisante doit être attribuée à la présence de l'argile. Voici dans les trois classes de chaux hydrauliques les quantités qu'ils ont trouvées sur cent parties de calcaires à l'état na- turel :

CALCAIRES A CHAUX.

Éminemment hydraulique. . Chaux 80 Argile 20
Hydraulique ordinaire. . . . — 85 — 17
Moyennement hydraulique. — 89 — 11

Après cuisson complète de ces calcaires, les chaux qui en résultent contiennent 100 parties de chaux pure, respectivement 44, 36 et 22 parties d'argile.

La magnésie communique également à la chaux des propriétés hydrauliques, mais son influence est beaucoup moindre que celle de l'argile; elle doit se trouver combinée dans la proportion de 40 à 50 pour %.

Les localités qui contiennent des calcaires à chaux hydrauliques sont assez nombreuses en Belgique; on en a trouvé dans les provinces de Luxembourg, de Namur, de Liége, de Hainaut, et dans certaines parties du Limbourg.

CHAUX HYDRAULIQUE ARTIFICIELLE.

Par les expériences faites, il a été constaté, comme nous l'avons déjà dit, que la propriété hydraulique provenait d'une certaine quantité d'argile en combinaison avec la chaux dans les calcaires qui la produisent.

Dans les localités qui ne présentent pas le calcaire propre à donner la chaux hydraulique, on a essayé de la former de toutes pièces en combinant les éléments, c'est-à-dire les chaux grasses à l'argile. Ce procédé a parfaitement réussi.

On fait un mélange de chaux grasse éteinte et d'argile dans les proportions propres à donner la quantité de chaux désirée ; ce mélange réduit en pâte est moulé en briques sèches qui sont mises à la cuisson. La chaux qui en provient donne de bons résultats dans l'application : on l'appelle chaux artificielle de double cuisson.

Le prix de revient de cette chaux étant très-élevé à cause de la quantité de combustible employé pour calciner d'abord le calcaire et ensuite le mélange de chaux et d'argile, on a cherché à les combiner plus directement.

On prend pour cet usage les calcaires tendres, tels que la craie, que l'on réduit en poudre ; on la forme en pâte en y incorporant une certaine quantité d'argile, on la moule et on la calcine ensuite dans des fours. (Préalablement il est bon de faire un essai sur une certaine quantité de calcaire pour en connaître le rendement en chaux.)

Les quantités de chaux ou de calcaire et d'argile à employer varient suivant le résultat qu'on veut obtenir.

Une partie d'argile et neuf parties de chaux (ou une quantité de calcaire équivalente) donnent une chaux moyennement hydraulique.

Une partie d'argile et quatre parties de chaux donnent une chaux fortement hydraulique.

Le feu pour la calcination de ces matières doit être mené avec beaucoup de soin ; il doit être assez soutenu pour que la calcination soit complète, mais il faut qu'il ne soit pas trop violent : il pourrait faire éprouver un ramollissement ou un commencement de fusion aux matières qui y sont soumises et qui, dans ce cas, seraient perdues.

Si le calcaire que l'on emploie est déjà mélangé d'argile, il est évident que la quantité à ajouter diminuera. L'analyse chimique doit guider dans ce cas, à moins qu'on ne cherche à s'éclairer par quelques tâtonnements. — De cette manière, si le calcaire de la localité ne fournit qu'une chaux peu hydraulique, on pourra toujours, en y ajoutant de l'argile, se procurer la chaux telle qu'on la désire.

EXTINCTION DE LA CHAUX.

L'extinction de la chaux peut se faire de diverses manières :

1° *L'extinction ordinaire :* elle s'opère en plaçant de la chaux vive dans une cuve en bois, et on la réduit en pâte épaisse en y versant de l'eau. La matière porte en général, après cette opération, le nom de chaux coulée, parce qu'on la fait couler de la caisse dans un trou creusé dans le sol.

2° *L'extinction par immersion :* elle consiste à plonger un panier rempli de chaux en morceaux dans l'eau pendant quelques secondes, à le retirer ensuite et à en verser le contenu.

3° *L'extinction par aspersion.* — La chaux, disposée en tas plus ou moins volumineux, est arrosée au moyen d'un arrosoir ordinaire, et réduite ainsi en poudre. — Quelquefois, et cela vaut mieux, on en forme de petits tas d'environ $1/4$ de mètre cube, qu'on recouvre de sable, et on les arrose de la même manière. Si l'on a soin de boucher avec du sable les fissures qui se forment à la surface de ces mottes par suite du gonflement de la chaux, et de s'opposer ainsi à l'échappement de la vapeur, on obtient une chaux parfaitement éteinte et réduite en poudre très-fine.

Le rendage des chaux éteintes par l'un des deux procédés décrits en dernier lieu est :

Pour les chaux grasses, de 1,50 à 1,70 pour 1 ;

Pour les chaux hydrauliques, de 1,80 à 2,18 pour 1.

Les matières sont mesurées en poudre avant comme après l'extinction.

4° *L'extinction spontanée :* elle consiste à laisser la chaux exposée à l'air atmosphérique dont elle attire peu à peu l'humidité.

Les chaux hydrauliques peuvent être éteintes indifféremment par le procédé ordinaire ou par immersion. — L'extinction spontanée ne doit jamais être employée pour ces sortes de chaux, elle en altère la qualité.

Pour les chaux grasses, l'extinction par immersion et ensuite l'extinction ordinaire.

La méthode d'extinction influe peu sur la qualité d'un mortier à chaux grasse lorsqu'on emploie une pouzzolane énergique ; mais dans le cas où l'on ne peut employer que des matières peu ou point énergiques, l'extinction a une grande influence sur la qualité du mortier.

CONSERVATION DE LA CHAUX.

On conserve les chaux grasses vives en les plaçant dans des fosses peu perméables à l'humidité, où elles sont recouvertes ensuite d'une couche de 0m25 à 0m30 de sable ou de terre.

Éteintes, en poudre, par immersion, ou spontanément, elles se conservent pendant un temps très-long dans le même état, quand on les place dans des futailles, ou sous des hangars, dans des encaissements recouverts de toile ou de paille. — On peut se dispenser, d'après ce qui a été reconnu que l'extinction spontanée convenait aux chaux grasses, de prendre de grandes précautions pour leur conservation, il suffit seulement de les préserver de la pluie.

On peut conserver les chaux hydrauliques en les éteignant par immersion et en les renfermant ensuite dans des sacs de toile ou des barriques bien bouchées ; de cette manière elles peuvent se garder pendant assez longtemps et sans altération bien sensible.

On peut encore conserver cette chaux vive pendant 3 à 6 mois en s'y prenant de la manière suivante :

On en étend une couche de 15 à 20 centimètres d'épaisseur, éteinte par immersion ou par aspersion, sur le sol d'un hangar qui doit être bien sec ; on empile sur cette couche la chaux vive en la tassant, et l'on recouvre tout le monceau d'un revêtement de chaux éteinte de la même épaisseur que celle qui a servi pour la base. — Cette chaux éteinte, remplissant les interstices, empêche l'accès de l'air humide.

Les ciments dont nous allons parler au § 19, s'altérant plus encore à l'air que les chaux hydrauliques, ne peuvent se conserver que dans des barriques bien bouchées.

La conservation des pouzzolanes factices ou naturelles, dont nous parlerons tout à l'heure au § 15, exige peu de soin : les dernières sont en effet exposées naturellement à toutes les vicissitudes de l'atmosphère. — Une pouzzolane nouvellement fabriquée et bien sèche ayant cependant une influence sur la vitesse de prise des mortiers, il faudra conserver les matières à l'abri de l'humidité, dans des hangars.

§ 13. — Des substances que l'on mêle à la chaux pour en former les mortiers.

Les substances que l'on mêle à la chaux pour en former les mortiers se divisent en inertes et énergiques.

Les matières inertes sont celles qui ne communiquent aucune propriété particulière à la chaux avec laquelle on la mélange : tels sont les sables, les graviers, le gré pilé, etc.

Les matières énergiques sont celles qui, mélangées à la chaux grasse, donnent au mortier des propriétés hydrauliques.

§ 14. — Des Sables.

Les sables se divisent, quant à leur composition, en sables siliceux, calcaires ou argileux, selon leur propre nature, et aussi suivant les matières avec lesquelles ils sont mélangés.

Quant à la grosseur et à la forme de leurs grains, les sables se divisent encore en :

Sables proprement dits, formés de petits grains sphériques ;

Graviers dont les grains, de formes irrégulières, peuvent aller jusqu'à avoir un volume de $\frac{1}{2}$ centimètre cube ;

Arènes comprenant les variétés intermédiaires entre les sables et les graviers.

Le sable sert dans les mortiers à diviser la chaux, à rendre ainsi les mortiers plus poreux et à faciliter les réactions de l'acide carbonique ou de l'eau, auxquels on doit attribuer, selon toute apparence, leur solidification. — Il faut les choisir d'une grosseur moyenne : trop gros, ils ne divisent pas suffisamment la chaux ; trop fins, ils ne rendent pas le mortier assez poreux.

Voici comment on pourrait les classer selon l'ordre de mérite de leur emploi :

1° Avec les chaux éminemment ou simplement hydrauliques : 1° sables fins ; 2° sables à grains inégaux (arènes) ; 3° gros sables (graviers).

2° Avec les chaux moyennement hydrauliques : 1° sables à grains inégaux ; 2° sables fins ; 3° gros sables.

3° Avec les chaux grasses : 1° gros sables ; 2° arènes ; 3° sables fins.

Il faut, en général, employer des sables purs. — M. Treussart a trouvé que l'emploi de sable lavé donnait au mortier une résistance double de celle qu'il avait quand on faisait usage de sable non lavé.

§ 15. — Des Pouzzolanes.

On nomme *pouzzolane naturelle* une substance minérale qui a subi l'action du feu et que l'on trouve dans les contrées volcaniques. Cette substance prend son nom de la ville de Pouzzol, en Italie, d'où on la tirait anciennement. — Elle est très-poreuse et extrêmement légère. — Mêlée avec de la chaux, elle a une cohérence très-intime avec la pierre, et le tout devient, en peu de temps, d'une dureté extraordinaire. — On la trouve dans plusieurs contrées de l'Italie, en France et sur les bords du Rhin, aux environs d'Andernach.

Les lieux d'où se tire la pouzzolane étant peu nombreux, et cette substance étant rare et chère, on a cherché à s'en procurer artificiellement.

Pour qu'une substance soit propre à donner de la pouzzolane par la calcination, il faut que sur neuf parties d'argile environ, elle en contienne une de chaux. Tels sont certaines argiles calcareuses, les schistes calcaires, certaines marnes, etc.

Les pouzzolanes se divisent en énergiques, ordinaires ou faibles, suivant la vitesse de prise des mortiers dans lesquels elles entrent; celui qui renferme les premières fait prise au bout de un à cinq jours.

On n'emploie, en Belgique, qu'une seule espèce de pouzzolane naturelle qui est très-énergique. — C'est la matière connue sous le nom de *trass d'Allemagne*, ou de *trass de Hollande*, laquelle est le produit d'une roche volcanique qui s'exploite dans les environs d'Andernach, sur le Rhin, et qui est réduite en poudre par des moyens mécaniques.

Parmi les pouzzolanes artificielles, les plus généralement employées sont :

La brique ou le tuileau pilé ;

Les scories de forges et les cendres de houille ;

La cendrée de Tournai.

§ 16. — De la cendrée de Tournai.

La cendrée de Tournai provient du mélange des cendres de houille qui ont servi à cuire une espèce de chaux maigre (que l'on fabrique avec un calcaire très-dur) avec des parties de cette chaux.

Ce mélange forme un mortier excellent pour le revêtement des citernes, conduits d'eau, etc. — Il est trop peu abondant pour pouvoir être employé dans les grandes maçonneries.

.L'expérience a fait connaître que toutes les cendres de houille qui ont servi à calciner la chaux et qui sont mêlées de particules de celle-ci, sont plus ou moins propres à former des mortiers hydrauliques.

La cendrée de Tournai s'emploie seule pour les conduits et les rejointoyements ; on la mélange avec une petite quantité d'eau et on la pilonne fortement et à plusieurs reprises.

Mélangée au sable, dans la proportion de 1 à 3 de cendrée pour 1 de sable, elle forme le *mortier de cendrée*.

§ 17. — Des mortiers.

On appelle mortier un mélange de chaux et de sable, pouzzolane ou ciment, de manière à former une pâte qui ait la propriété d'adhérer fortement aux pierres ou aux briques sur lesquelles on l'applique et de durcir à l'air ou sous l'eau.

Rien ne contribue autant à la solidité des maçonneries que la bonne qualité des mortiers qu'on y emploie, laquelle dépend elle-même de la qualité des substances qui les composent, des proportions de chacune d'elles et des manipulations qu'on leur fait subir.

Les mortiers, d'après leur emploi, se divisent en deux classes :

1° Les mortiers employés sous l'eau ou dans les lieux humides, qui doivent acquérir en peu de temps une dureté assez grande, et dont les principes constituants doivent ne pouvoir se dissoudre dans l'eau.

2° Les mortiers employés dans les maçonneries exposées à l'air et qui doivent durcir assez promptement et résister à l'action des pluies, des gelées et des fortes chaleurs.

Dans les mortiers, la chaux très-hydraulique doit être mêlée à des substances inertes, telles que le sable pur : la chaux grasse doit être mêlée aux pouzzolanes très-énergiques ou à un mélange de ciment et de sable.

En général, l'énergie des matières à mêler à la chaux pour former les mortiers doit être en raison inverse de l'hydraulicité de la chaux employée.

MORTIERS DE LA PREMIÈRE CLASSE.

Pour obtenir, dans les lieux humides, une grande solidité en peu de temps, les proportions suivantes (en partie) ont, d'après un grand nombre d'expériences, paru les meilleures : *chaux grasse* (en pâte), une partie; pouzzolane très-énergique, deux à trois parties; chaux moyennement hydraulique, une partie, et peu énergique, deux à trois parties; chaux fortement hydraulique, une partie. — Dans les murs immergés, pour une partie de chaux en pâte on en emploie une à une et demie de sable.

—Dans les terres humides, la proportion du sable peut aller jusqu'à deux parties et demie.

Le mortier à employer dans les maçonneries doit être en pâte bien forte, de la consistance de l'argile propre à faire les briques; le pilon est préférable au rabot généralement employé. Les mortiers à chaux grasse, corroyés pendant longtemps, acquièrent quelque amélioration; les mortiers à chaux hydraulique ne doivent point subir de manipulation trop prolongée, elle en altérerait la qualité.

MORTIERS DE LA DEUXIÈME CLASSE.

Le sable qui doit entrer dans la composition de ces mortiers doit être fin, c'est-à-dire que les grains ne doivent pas avoir plus de 1 $\frac{1}{2}$ millimètre de diamètre.

On donne aussi le nom de mortier à un mélange bien malaxé de certaines argiles avec de l'eau. — Si cette matière n'est pas, après son emploi, soumise à une chaleur suffisante pour lui faire éprouver au moins un commencement de fusion, elle ne formera jamais qu'un mortier très-mauvais qui se ramollira sous l'action de l'eau et même de la simple humidité.

On nomme encore mortier le plâtre gâché avec de l'eau et réduit en une pâte qui a la propriété d'adhérer fortement aux matières avec lesquelles elle est mise en contact et de durcir ou de faire prise rapidement.

Ce mortier est loin de valoir les mortiers de chaux, parce qu'il se détériore à l'eau et à l'humidité, et parce qu'il augmente de volume en vieillissant.

§ 18. — Des Bétons.

Le béton est un mélange de gravier ou de pierres cassées et de mortier hydraulique; il est employé dans les fondations à l'eau ou à l'humidité, pour l'empâtement des fondations dans les terrains compressibles, pour la construction des bassins, des citernes.

La propriété essentielle du béton est de se durcir dans l'eau; la bonne qualité des matières avec lesquelles on le fabrique, est la cause qui aide le plus à sa grande solidification.

Lorsqu'on veut élever un bâtiment, on creuse souvent à de grandes profondeurs sans trouver la solidité nécessaire pour établir les libages. Fréquemment il arrive que des courants d'eau s'opposent à la continuation des fouilles ; ce qui nécessite l'emploi de pierres ou pilotis et entraîne souvent à des dépenses considérables.

Le béton est un moyen facile pour remplir les conditions de stabilité et obvier aux inconvénients de l'enfoncement des pieux.

En effet, quelle que soit la nature du sol, on peut créer avec le béton un terrain artificiel beaucoup plus solide, plus compacte et moins compressible que la terre franche la plus dure ; seulement, il faut avoir soin de donner sous les constructions le plus d'empâtement possible à la couche du béton qu'on y étendra.

Pour fabriquer le béton, on prend de la chaux vive, la plus récemment tirée du four ; on l'étend dans un bassin proportionné à sa quantité. Ce bassin n'est autre que la matière et le sable mêlés qui doivent l'une et l'autre entrer dans la composition du béton et que l'on a disposés circulairement pour contenir l'eau et la chaux.

Dès que la chaux est éteinte, et encore chaude, on mêle à l'aide du rabot les diverses matières qui l'environnent. — Lorsque cette opération est terminée, on doit de suite employer le mortier. — On donne à la couche de béton l'épaisseur convenable, suivant la nature du terrain et le poids des constructions à supporter ; on a soin de battre et de fouler cette couche avec des maillets ferrés disposés pour cet usage. Bientôt, par la promptitude et

la force d'adhérence des parties qui forment le béton, par leur aptitude à se solidifier, la masse entière ne formera plus qu'une seule pierre, d'autant
moins susceptible d'enfoncer sous le poids des
constructions, que sa surface sera plus grande.

La proportion du gravier employé au mélange
varie avec les constructions, et elle doit varier en
effet avec la nature du gravier ou des pierres cassées employées. Le rapport du mortier et du gravier doit être tel que le mélange ne soit ni trop
gras ni trop maigre, c'est-à-dire que les graviers
soient empâtés sans excès ni vides. L'excès du gravier rend le béton coulant, facilite la séparation
des deux éléments, et nuit ainsi à sa solidité; les
vides empêchent l'agrégation. On déterminera donc
la proportion de mortier à employer par la connaissance même des vides du gravier ou des pierres cassées. — On remplit de gravier sec une caisse
de grandeur déterminée, on pèse ; on verse ensuite
de l'eau dans la caisse remplie de gravier jusqu'à
ce qu'elle arrose les bords : la différence entre les
deux poids détermine la somme des vides.

On verra ainsi que dans les graviers purgés et
les pierres cassées, les vides peuvent varier de 30
à 42 p. c. du volume apparent. — Les quantités de
mortier à employer au béton doivent varier de 65
à 77 p. c. du volume du gravier employé.

Comme vérification, le béton doit cuber, après
confection, 35 p. c. de plus que le gravier employé.

§ 19. — Des Ciments.

On appelle ciments des matières composées d'argile et de chaux, qui, réduites en pâte et gâchées,

prennent sous l'eau à la manière du plâtre. Tels sont les ciments romains, ciment de Mine-elms ou ciment anglais, Médina romain, trass artificiel de Hollande.

On mêle aussi les ciments à la chaux grasse avec laquelle ils forment un mortier hydraulique.

Si le ciment ne contient sur cent parties de chaux que soixante-cinq parties d'argile, il sera très-peu énergique.

S'il contient parties égales de chaux et d'argile, il sera un bon ciment ordinaire.

Si le ciment renferme dans sa composition plus d'argile que de chaux, il deviendra de plus en plus énergique.

On peut obtenir des ciments artificiels de la même manière que la chaux artificielle, en combinant ensemble la chaux et l'argile.

Dans l'argile de Boom, avec laquelle on fait les briques dites *du canal,* il se trouve une grande quantité de rognons calcaires que l'on avait déjà tenté d'utiliser pour en obtenir de la chaux.

Par une cuisson complète, ces calcaires ont donné une substance qui, par ses propriétés, se rapporte à celle que M. Vicat désigne sous le nom de *chaux limite,* et qui, étant traitée à la manière ordinaire et réduite en mortier, puis employée dans une maçonnerie immergée, prend très-vite et acquiert une dureté assez forte ; mais après peu de temps, elle se boursoufle, se désagrége, et pourrait compromettre l'existence des ouvrages dans lesquels elle serait employée.

Par une cuisson incomplète, ce calcaire a donné une substance qui peut rivaliser avec les meilleurs ciments anglais.

Des expériences faites à Anvers, à l'Entrepôt, par un ingénieur des ponts et chaussées, ont prouvé que ce ciment, tel qu'il est fabriqué par MM. Dosson et Delangle, donne des résultats tout aussi avantageux que les ciments anglais ; le prix, en outre, est de moitié moindre.

§ 20. — Des mastics.

Les mastics sont des compositions moins employées que les mortiers et qui en général sont plus compliquées et servent aux mêmes usages.

Pierre artificielle. — C'est une composition qui a une grande analogie avec le mastic de Dilh qui jouit d'une réputation méritée.

La pierre artificielle se compose de sable sec, rude et bien lavé, de calcaire grossier ou silicifère réduit en poudre, de litharge moulue et passée au tamis ; le tout incorporé dans de l'huile de lin.

Mastic de tailleur de pierre. — Pour boucher les cavités et défauts qui existent dans les pierres, les tailleurs de pierre se servent d'un mastic composé de la manière suivante : on fait fondre ensemble une partie de cire et deux parties de colophane, et on ajoute à ce mélange une quantité plus ou moins forte de pierre pilée. — Ce mastic est ensuite coulé en bâton pour s'en servir au besoin.

Mastic de rejointement. — On le fabrique avec de la chaux vive que l'on éteint dans du sang de bœuf et que l'on mélange ensuite avec une portion de limaille et de ciment pulvérisé.

Le mastic des fontainiers, qu'on appelle quelquefois *ciment éternel*, est composé de tuile pilée, de charbon de terre, de mâchefer et de chaux vive, bien broyés ensemble et corroyés avec de l'eau.

On le confectionne encore d'une autre manière, en faisant infuser pendant 24 heures 10 kilogrammes de limaille de fer, mêlée de cuivre, dans deux litres de vinaigre et deux litres d'urine, auxquels on joint quatre œufs et 1 kilogrammes $\frac{3}{4}$ de sel de cuisine. Avant d'en faire usage, il faut s'assurer que la limaille est rouillée ; autrement, le mastic ne pourrait se fixer sur la pierre ni durcir.

Mastic de vitrier. — Il se compose ordinairement de petit blanc mélangé avec de l'huile de lin, de manière à former une pâte très-forte et bien homogène. — Ce mastic durcit assez rapidement. — Il s'emploie exclusivement pour sceller les carreaux de vitre sur les châssis en bois. — Lorsque ceux-ci sont en métal, il est préférable d'employer des mastics dans lesquels le petit blanc est remplacé, en tout ou en partie, par de la céruse pure ou mélangée de minium.

SECTION II.

DES MATÉRIAUX LIGNEUX.

ART. IV.

§ 21. — Des bois de construction.

Les bois sont d'un usage universel dans l'art de bâtir. — Il peut arriver qu'ils constituent à eux seuls certaines constructions, soit par motif d'économie, soit par le désir d'une prompte jouissance ; le plus souvent ils sont associés à la maçonnerie.

§ 22. — Qualités requises.

Les qualités des bois doivent varier avec les usages auxquels on les destine.

Pour les travaux de charpente, tantôt on recherche les bois les plus durables, les plus forts et les plus élastiques; on exige même qu'ils puissent résister longtemps aux atteintes de l'eau et aux alternatives de la sécheresse et de l'humidité; tantôt on se contente des espèces les plus communes : cela dépend du caractère des constructions.

Pour les travaux de charronnage et de charpenterie des machines, on demande que les bois aient une certaine dureté qui les fasse résister à l'usure, jointe à une certaine ténacité des fibres qui les empêche de se fendre; parfois il faut qu'ils soient très-rigides, d'autres fois très-flexibles.

Pour les ouvrages de menuiserie, on choisit les bois légers, faciles à travailler au rabot, pouvant recevoir un certain poli, susceptibles de supporter, sans jouer, se voiler ou gauchir, les alternatives de la sécheresse et de l'humidité.

Les bois de charronnage et de menuiserie doivent être en général parfaitement secs; mais les bois de charpente peuvent être employés plus ou moins verts, c'est-à-dire imprégnés de leur sève : il est cependant préférable d'attendre qu'ils en soient dépouillés.

Le tronc de l'arbre est la partie essentiellement propre à la charpente : il se compose, ainsi que les branches, de l'écorce, de l'aubier et du cœur du bois, seule partie qu'on puisse employer, en général.

§ 23. — Vices et défauts des bois.

Les bois défectueux sont désignés, dans l'art de bâtir, sous les noms de bois cariés, ou moulinés, gélifs, noueux, rebours, tranchés, roulés, sur le retour.

Le premier défaut, la carie ou la moulinure, résultant de la décomposition plus ou moins avancée du tissu ligneux, est le plus grave de tous ; il peut se subdiviser, suivant le degré auquel il est parvenu et suivant les causes qui le produisent, en :

Échauffement, premier degré de la décomposition des bois : il s'annonce par une odeur désagréable et par des taches noires, blanches ou rouges, en quantité plus ou moins considérable ;

Pourriture, résultant des alternatives de sécheresse et d'humidité : c'est le dernier degré de la décomposition des ligneux qui se réduisent alors en une substance pulvérulente brune ou blanche ;

Carie, proprement dite ou *pourriture sèche* qui produit le même résultat, elle s'annonce par la présence d'excroissances végétales comme des champignons, des vis de coups, etc., qui se développent à leur surface ;

Vermoulure ou moulinure, résultat du travail de petits vers qui naissent d'œufs introduits dans la substance des bois plus ou moins échauffés.

Le bois est gélif lorsqu'on aperçoit dans la coupe transversale du tronc des fentes en forme de rayons ; cet effet, dû aux fortes gelées, doit faire rejeter les pièces qui en sont atteintes.

Le bois est noueux lorsqu'il provient d'un arbre qui avait un grand nombre de branches sur le tronc.

Ce bois, difficile à travailler, ne peut servir lorsqu'il est sain que dans des constructions hydrauliques et dans les fondations où un simple équarrissage est suffisant.

On emploie au même usage le bois *rebours* dans lequel l'ordre et la disposition des fibres sont troublés, et le bois *tranché*, dont les fibres sont dérangées et altérées par l'insertion irrégulière des nœuds qui les désunissent.

La *roulure* se reconnaît aux fentes concentriques qui séparent les couches annuelles des bois. — Ce défaut est ordinairement accompagné de pourriture et doit faire rejeter les pièces qui en sont atteintes.

Le bois *sur le retour* ne vaut rien pour la charpente; c'est celui qui est mort sur pied après avoir dépéri pendant quelque temps dans cet état.

L'arbre se détériore par le cœur : on reconnaît le moment où cet effet commence à s'opérer par le *couronnement* de la cime de l'arbre et lorsque les feuilles des branches inférieures poussent de bonne heure et tombent avant l'automne.

§ 24. — Observations sur la résistance des bois.

La force des bois est proportionnelle à leur pesanteur. — De deux pièces de la même grosseur et de la même longueur, le plus pesant est le plus fort à peu près dans la même proportion que son poids est plus grand.

§ 25. — De la division des bois.

On divise les arbres en quatre classes, selon la qualité des bois qu'ils produisent.

Dans la première on range ceux qui fournissent les bois les plus durs et les plus durables, comme le chêne, le châtaignier, l'orme, le noyer, le hêtre et le frêne.

Dans la deuxième on place les arbres résineux, c'est-à-dire ceux dont le bois est imprégné d'une substance résineuse, comme le pin, le sapin, le mélèze.

Dans la troisième viennent les arbres dont le bois est tendre, spongieux et souvent blanc, comme le peuplier, le tremble, l'aulne, le bouleau, le charme.

Dans la quatrième, enfin, on range les arbres d'un tissu fin et serré, suceptibles de recevoir un poli plus ou moins brillant, tels que le sorbier, le poirier, le pommier, le prunier, le cornouiller.

ART. V. — *Arbres à bois dur.*

§ 26.

Le chêne est, sans contredit, le meilleur bois de charpente que nous possédions; il est fort, élastique et durable : on a des exemples de charpente en chêne qui ont duré six cents ans. — Dans l'eau, il est presque impérissable et y acquiert, à la longue, une couleur et une dureté comparables à celles de l'ébène.

§ 27.

Le châtaignier s'emploie dans la charpente : il
sert aussi à faire des cercles de tonneau et des
manches d'outils.

Ces objets se lèvent de jeunes pousses de taillis
de sept à huit ans.

§ 28.

L'orme se subdivise en un grand nombre de
variétés. — L'orme tortillard, dont les fibres ont
une très-grande ténacité, sert à faire les moyeux
des roues. — Les autres variétés sont employées
dans la charpenterie des moulins et des pressoirs,
pour faire des vis, des écrous, des corps de pompe
et des tuyaux de conduite. — On en fait peu d'usage
dans la charpenterie ordinaire, parce qu'il se laisse
facilement piquer des vers. — Ce bois se travaille
bien et n'est pas sujet à éclater : l'orme mâle se
travaille mieux que l'orme femelle.

§ 29.

Quoique le noyer soit susceptible d'acquérir des
dimensions considérables, il n'est guère employé
aux travaux de charpente, parce qu'il est fort sujet
à être piqué des vers et peu résistant aux efforts
qui tendent à le fléchir. — On trouve d'ailleurs à
en faire avantageusement usage pour les ouvrages
de menuiserie, de marqueterie et de tour; il sert
presque exclusivement à la fabrication des bois de
fusils.

§ 30.

Le hêtre est d'un assez bon emploi comme bois de charpente, mais il faut pour cela qu'il ait été parfaitement débarrassé de sa séve et bien défriché. — Il réussit fort bien dans les ouvrages *constamment* immergés et dans ceux qui sont exposés à des mouvements vibratoires.

§ 31.

Le frêne, quoique peu commun, est rarement employé dans les charpentes, mais il rend de bons services dans les travaux de charronnage pour les pièces qui exigent de la longueur et de la souplesse.

ART. VI. — *Arbres résineux.*

§ 32.

Le pin se subdivise en une trentaine de variétés. — Les principales en Europe sont le pin sauvage ou de Genève, ou de Russie. — Le pin rouge ou d'Écosse, le pin de Haricio ou de Corse, le pin maritime, qui croît généralement dans les sables voisins de la mer et dans ceux de la Campine. — Ce bois résiste bien à l'humidité.

§ 33.

Le sapin s'emploie aux travaux de charpente et de menuiserie ; on en fait un grand usage pour les pilotis, les planchers et les panneaux.

§ 34.

Le mélèze est à peu près le plus haut et le plus droit des arbres d'Europe; son bois est le plus durable de ceux fournis par les arbres à la classe desquels il appartient; sous l'eau, il est presque impérissable et y devient d'une dureté approchant de celle de la pierre. — On ne saurait trop recommander son emploi.

ART. VII. — *Arbres à bois tendre.*

§ 35.

Le peuplier, dont les trois principales variétés sont le peuplier d'Italie et le peuplier du Canada, donne un bois blanc et léger servant pour les ouvrages qui ne demandent ni une grande durée, ni une grande résistance, surtout pour ceux qui doivent être couverts d'une peinture à l'huile.

§ 36.

Le tremble est une espèce de petit peuplier; son bois est très-mou : il ne vaut rien; on ne s'en sert que pour les ouvrages les plus grossiers et les plus communs.

§ 37.

L'aulne croit au bord des eaux et dans les endroits humides; son bois a quelque ressemblance avec celui du peuplier, mais il a une couleur rousse et est un peu plus ferme. — Il a la propriété de se conserver très-longtemps dans l'eau, ce qui le rend propre à la confection des pilotis ; on en fait aussi des tuyaux de corps de pompe, etc.

§ 38.

Le bouleau donne un bois d'un blanc roux ; ses fibres sont fines, droites et serrées ; il est médiocrement dur et il se travaille bien : on en tire des pièces de charpente peu importantes, mais il est avantageusement employé dans le charronnage.

§ 39.

Le charme est surtout employé dans le charronnage et dans la charpenterie des machines pour faire des vis de presse, des poulies, des cames, et des dents de roues.

ART. VIII. — *Arbres à bois fin.*

§ 40.

Le sorbier donne un bois d'un grain très-fin, dur, compacte, brun-rougeâtre ; il prend un beau poli et est très estimé pour les machines et les fûts d'outils.

§ 41.

Le poirier donne un bois pesant, fin, serré, rougeâtre et se fendant rarement. — Il est employé dans la charpenterie des machines pour les rouages ; on en fait aussi des fûts d'outils.

§ 42.

Le pommier est un bois d'un tissu fin ; celui qui provient des vieux arbres est d'un bois rougeâtre. Même emploi que le poirier.

§ 43.

Le prunier, bois dur et compacte : on ne doit le travailler que sec.

§ 44.

Cornouiller. — Bois très-dur : celui des vieux pieds a le cœur brun et le tour d'un blanc roux ; très-bon pour les dents d'engrenages.

ART. IX. — *Plantes herbagères, etc.*

§ 45.

Pailles, joncs, roseaux. — Ces matières connues n'ont pas besoin d'être décrites. Ce sont les tiges des diverses espèces de blés ou de certaines plantes aquatiques qui viennent sur le bord des fleuves ou de la mer ; elles sont principalement employées à faire des toitures rustiques, des cloisons légères et des paillassons mobiles pour abris.

En général, ces divers genres de travaux exigent que ces substances soient parfaitement peignées, c'est-à-dire composées de tiges droites et non brisées. — Elles se trouvent dans le commerce en bottes de diverses grosseurs. — Pour les couvertures en chaume, la paille de seigle non battue au fléau est la plus estimée, parce qu'elle est plus longue et plus dure que les autres.

§ 46.

Goudron ou bitume végétal. — Cette substance s'obtient par la distillation des bois en vases clos ; il sert à deux usages différents : 1° comme enduit pour couvrir les bois, les fers, etc. ; 2° à l'état de mélange avec des poudres calcaires pour former des mastics friables à de faibles températures et applicables à une foule d'usages économiques.

SECTION III.

DES MATÉRIAUX MÉTALLIQUES.

ART. X.

§ 47. — De la fonte.

Les fontes sont de deux qualités, savoir : la fonte douce qui est ordinairement grise : — cette qualité a plus de ténacité que la seconde, et elle se laisse assez facilement travailler ; elle peut se percer à froid et se limer ; la fonte aigre d'un blanc argentin est beaucoup plus dure, et il est presque impossible de la travailler : elle est très-fragile et cassante, et n'est d'un emploi convenable que pour les objets qui doivent surtout résister aux déformations de l'usure. Sa grande dureté est précieuse dans ce cas.

§ 48. — Du Fer.

Le fer est de tous les métaux celui qui rend le plus de services dans les ouvrages de bâtiments; non-seulement il est indispensable pour en assurer la solidité, mais il sert aussi à leur décoration.

Sous le rapport de leurs qualités, les fers sont divisés en :

Fers forts,
— tendres,
— métis,
— rouverins.

Chaque espèce se divise en outre en fer mou et en fer dur, selon qu'elle se laisse plus ou moins facilement entamer par l'acier trempé.

Les fers forts sont ceux de première qualité quant à la résistance qu'ils offrent, de quelque manière qu'on les emploie.

Les fers tendres sont rarement mous, presque toujours durs et toujours cassants à froid.

Les fers métis tiennent le milieu entre les fers forts et les fers tendres. Les fers rouverins ont la singulière propriété d'être cassants à chaud et non à froid.

Il est essentiel de choisir la qualité du fer propre à chaque genre d'ouvrage. S'il est destiné, par exemple, à porter un fardeau considérable, il doit résister par sa seule force d'inertie; il faut dans ce cas du fer fort et dur. Si, au contraire, il doit résister à des effets de tirage qui tendent à rompre sa ténacité et sa puissance de cohésion, comme les tirants et les chaînes de murs, il faut alors employer du fer fort et doux.

§ 49. — De l'Acier.

Le fer se réduit aussi en acier de différentes natures, et l'acier est d'autant meilleur qu'il s'éloigne
des qualités du bon fer ; car le meilleur fer est celui
qui contient le plus de nerf, et le meilleur acier est
au contraire celui qui n'en présente aucun dans sa
cassure, dont le grain est le plus fin, le plus égal
et le plus homogène possible. Il y a trois sortes d'a-
ciers, savoir : l'acier naturel, qui s'obtient à la forge
par les mêmes procédés que l'on emploie pour avoir
du fer fort ; l'acier de cémentation, qui provient de
l'introduction de barres en fer de la meilleure qualité possible dans des caisses remplies de poussière
de charbon, qu'on expose ensuite à un feu violent
longtemps soutenu ; et enfin l'acier fondu, qui n'est
autre chose que de l'acier naturel ou de l'acier de
cémentation coulé ou fondu dans un creuset. — La
propriété la plus remarquable de l'acier est celle
de se tremper, c'est-à-dire d'acquérir, en passant
subitement d'une température très-élevée à une
température basse, une dureté et une élasticité remarquables. — C'est cette propriété qui le rend
propre à la confection des outils tranchants.

§ 50. — Du Zinc.

Le zinc remplace avantageusement, dans un
grand nombre de cas, le cuivre et le plomb dont
l'emploi doit être évité comme trop dispendieux
dans les constructions rurales. — Il sert à la construction des toitures et plates-formes.

On trouve dans le commerce des feuilles de zinc
de diverses dimensions, propres à la couverture des

édifices. — Les largeurs varient de 0ᵐ487 à 0ᵐ649 et à 0ᵐ811, et la longueur est toujours d'environ 1ᵐ949. — Quant à l'épaisseur, elle est renseignée dans le tableau ci-dessous pour les numéros les plus employés.

Nᵒˢ.	Épaisseur en millimètres.	Poids du mètre carré en kilog.
14	0.85	6.07
15	0.94	6.74
16	1.03	7.40
17	1.13	8.06
18	1.32	9.40
19	1.50	10.80
20	1.69	12.13

§ 51.

TABLE DU POIDS DES MATÉRIAUX.

Eau de puits (par m³)	1000 à 1014
Id. de mer	1028 à 1042
Tourbe sèche	514
Terre végétale.	1214 à 1285
Id. forte, graveleuse	1357 à 1428
Argile et glaise	1656 à 1756
Sable fin et sec	1399 à 1428
Id. , et humide	1900
Gravier cailloutis	1371 à 1485
Terre mêlée de petites pierres . . .	1910
Ciment de terre cuite	1171 à 1228
Trass de Hollande ou d'Andenne. . .	1071 à 1085
Chaux vive sortant du four	800 à 857
Id. éteinte en pâte ferme.	1328 à 1428
Mortier de chaux et sable	1856 à 2142

Mortier de chaux et ciment. . . . . . . 1658 à 1715

    Id.   mâchefer. . . . . 1128 à 1214

    Id.   laitier . . . . 1856 à 1942

Briques . . . . 1000 à 1471

Pierre à bâtir . . . . 1142 à 2715

Maçonnerie fraîche en moellons. . . . 2240

    Id.   id.   en briques. . . . 1870

Ardoises . . . . 2742 à 2856

Houille . . . . 942 a 1328

Cuivre rouge fondu 7783

Fonte 7202

Fer forgé 7783

Plomb fondu 11346

Zinc. 7138

Aulne . . . . 545 à   800

Bouleau commun . . . . 700 à   714

Cerisier . . . . 714 à   743

Châtaignier 685

Chêne vert . . . . 930 à 1220

    Id. sec . . . . 645 à 1015

Frêne. 785

Mélèze. 657

Hêtre . . . . 714 à   857

Peuplier d'Italie. . . . . 371 à   414

Sapin commun . . . . 528 à   557

CHAPITRE II.

DE LA MISE EN ŒUVRE DES MATÉRIAUX.

—

SECTION PREMIÈRE.

DES FONDATIONS ET DES MAÇONNERIES.

ARTICLE PREMIER. — *Des Fondations.*

1. — De la solidité nécessaire dans les constructions
et des divers moyens de l'obtenir.

En général, la solidité est la principale qualité
qu'il faut procurer aux bâtiments ruraux. Elle est
la conséquence naturelle d'une économie bien entendue, car sans solidité ces bâtiments ne peuvent
avoir de durée ; et l'expérience apprend que lorsqu'on est obligé de consacrer à un édifice de grands
frais d'entretien annuels, ou d'y opérer des reconstructions fréquentes, la dépense est, en résultat,
beaucoup plus grande que si on l'avait construit
solidement de prime abord.

La solidité dans les constructions ne peut s'obtenir que par le concours de plusieurs circonstances.

Elle dépend d'abord de la solidité du sol sur

lequel on veut asseoir le bâtiment, de la qualité des matériaux et de leur mode d'emploi.

Quand on est le maître de choisir, il faut donner la préférence à un terrain sec et ferme, qui promette économie dans la dépense et solidité dans la bâtisse.

Il faut conséquemment creuser les fondations jusqu'à ce qu'on ait trouvé le fond assez résistant pour supporter le poids des constructions projetées. — Les terrains neufs incompressibles, graveleux, pierreux même, ou un roc vif, sont pour ainsi dire indispensables quand il s'agit de bâtiments un peu élevés.

Il faut donc s'assurer d'abord de la nature du terrain. — Si pour trouver une base résistante on était obligé de fouiller trop profondément, il faudrait consolider le sol avec des pieux en bois de hêtre ou de chêne, brûlés par le bout, ou avec des pilotis, comme nous l'expliquerons tantôt.

L'emploi des pieux exige que leurs têtes soient mises dans un même plan horizontal et recouvertes avec des madriers (sans aubier), afin que le tassement de la maçonnerie projetée puisse se faire également dans tout le développement de l'édifice et qu'aucune différence dans cet effet n'y occasionne des déchirements nuisibles à la solidité.

Si le terrain était tellement mouvant que l'on fût obligé de bâtir sur pilotis, l'économie conseille alors de préférer à cette fondation celle sur arceaux, dont les piles seulement seront fondées sur pilotis, ou simplement, lorsque le peu de hauteur de l'édifice le permettra, sur de gros piquets, comme nous venons de le dire.

Il est évident que, dans ce cas, toute la nette maçonnerie doit reposer sur l'extrados des arceaux et qu'il ne faut pas en établir au-dessous, de manière, par exemple, à remplir l'intérieur de l'arceau, car alors on éprouverait au-dessous des cintres des affaissements qui mettraient à jour l'intérieur du rez-de-chaussée.

On ne doit pas craindre la pourriture des bois employés dans les fondations. Les bois ne pourrissent par l'humidité que lorsqu'ils sont exposés aux effets alternatifs de la sécheresse et de l'humidité, et dans les terrains dont il est question, ils seront toujours humides et sans contact avec l'air extérieur.

Enfin, si dans la fouille des fondations d'un bâtiment on rencontre une source abondante, il faut avoir attention de n'en jamais gêner le cours, parce qu'on s'exposerait à voir bientôt les fondations détruites par les eaux mêmes qu'on aurait voulu captiver; mais on peut toujours leur donner une issue convenable, ou bien les réunir dans un puits, lorsque la profondeur de la source ne permettra pas de lui procurer un écoulement naturel sans trop de dépense.

La solidité d'un bâtiment dépendant en grande partie de la force et de l'inaltérabilité de ses fondations, il est évident que si cette base fléchit en quelques points, il doit en résulter une altération dans la liaison et dans la verticalité des murs, ou bien un écroulement complet, quelquefois même avant l'achèvement de la construction.

Il est donc essentiel que les fondations présentent dans toute leur étendue une résistance égale; et si la nature du terrain ne satisfait point à cette condition indispensable, il faut que l'art y supplée.

Les premières couches que le sol présente étant

composées ou de terre végétale ou de matières rapportées, ne peuvent avoir la consistance nécessaire ; il faut donc déblayer et descendre assez bas pour rencontrer une couche de terrain qui présente une compacité suffisante pour supporter l'édifice. — Mais souvent il arrive que l'on serait obligé de descendre les fouilles à une profondeur telle que les difficultés qui en résulteraient ne permettraient point d'atteindre avec les fondations ce terrain résistant. — On a alors recours aux moyens auxiliaires capables de donner à la base des fondations la solidité requise ; ces moyens, comme nous l'avons dit, ne peuvent être déterminés que d'après la connaissance de la nature du terrain, connaissance que l'on peut acquérir ou en faisant creuser des puits, ou bien au moyen de la sonde.—Pour effectuer les sondages, on emploie communément une tige de fer portant sur la longueur, et surtout vers la pointe, des entailles que l'on garnit de suif. — On fait pénétrer la sonde en la frappant à coups de masse, ou même avec un mouton ; on la retire en la faisant tourner au moyen d'un levier qui passe dans son œil, percé au-dessous de la tête : elle rapporte des portions de terrain qui se sont logées dans les entailles, à la place du suif.

Lorsque la longueur de la sonde est considérable, la manœuvre en est gênante ; on se sert alors de la tarière, dont la tige est composée de divers morceaux de quatre à six pieds de longueur, qui sont terminés d'un bout par un écrou et de l'autre par une vis qui sert à les assembler.

Les puits et les fouilles donnent toujours, quand on peut y avoir recours, des résultats beaucoup plus certains et plus facilement appréciables que les sondages.

On peut réduire à trois classes les terrains qui doivent servir de support aux fondations.

La première classe renferme les terrains les plus favorables pour y établir immédiatement les fondations : tels sont les diverses espèces de roc, le tuf, les terrains pierreux, qu'on ne peut attaquer qu'à la mine ou au pic.

La deuxième classe présente les terrains graveleux et sablonneux qui ont la propriété d'être incompressibles lorsqu'ils sont encaissés, et les terrains d'argile franche.

La troisième classe comprend les sols qui offrent les plus grandes difficultés pour être consolidés et rendus capables d'une résistance uniforme dans toute l'étendue des fondations.

Les sols terreux de toute espèce, les terrains tourbeux et tous ceux qui sont susceptibles d'affaissement et de compression, appartiennent à cette classe.

Les fondations, dans les terrains de la première catégorie, n'offrent ordinairement aucune difficulté; il suffit de former des fossés et des tranchées d'une grandeur proportionnée à la profondeur et aux autres dimensions que l'on veut donner aux fondations.

Il faut observer cependant que le roc est quelquefois trompeur; et au lieu de présenter une masse compacte d'une solidité inébranlable, comme l'apparence semble l'indiquer, il ne forme qu'une espèce de voûte d'une épaisseur médiocre, sous laquelle se trouvent des cavités. Il est évident que si cette voûte naturelle n'a pas une force suffisante pour supporter le poids de l'édifice, elle pourra en occasionner la ruine; dans ce cas, il faut construire des voûtes soutenues par de forts piliers.

Lorsque le rocher est en pente, il faut le mettre de niveau dans les endroits où les murs doivent être placés, et former des cavités partout où les extrémités des murs de retour vont s'appuyer, pour pouvoir les lier et les assujettir ensemble convenablement.

Lorsqu'il se trouve des cavités dans les endroits où les murs doivent être assis, il suffira de les remplir avec du béton, que l'on arrasera avec le reste.

Les terrains sablonneux sont de deux espèces : les uns, compacts, ont une solidité suffisante pour qu'on puisse y établir immédiatement les fondations ; les autres s'appellent sables bouillonnants, parce qu'on y voit bouillonner, lorsqu'on les remue, une quantité de petites sources. — Quelques-uns de ces terrains peuvent parfois supporter la charge directe des édifices, mais leurs fondations exigent les précautions suivantes : — On jalonne premièrement sur le terrain le plan de l'édifice ; on réunit auprès de l'emplacement tous les matériaux nécessaires, puis on creuse sur l'alignement des murs, pour en recevoir la fondation, une portion de terrain qui ne pourra avoir que l'étendue que comporte le travail journalier de la maçonnerie. — On étend sur le fond du fossé, mis de niveau, deux ou trois assises de gros libages convenablement liaisonnés et dont les intervalles sont soigneusement remplis de bon mortier et d'éclats de pierres. On continue ensuite la maçonnerie en faisant usage des matériaux convenables à la localité ; mais on doit y mettre toute la diligence qui peut se concilier avec la bonne exécution, et cela pour éviter que les eaux ou sources n'inondent l'ouvrage, comme il arrive souvent, et conséquemment pour épargner les épuisements dispendieux. — On continue de cette manière à fonder les murs sur toute l'étendue qu'ils doivent occuper.

Il est essentiel de ne faire que les déblais absolument nécessaires, et l'on doit se servir de bonne chaux hydraulique naturelle ou factice.

Les fondations dans les terrains tourbeux et marécageux présentent des difficultés à cause de la grande quantité d'eau qui sort ordinairement de tous les côtés lorsque l'on creuse ces terrains. — On a remarqué cependant qu'un terrain compressible, pourvu qu'il le soit également, peut, sans inconvénient, recevoir la fondation d'un édifice; car ce n'est point la compressibilité des terrains en elle-même qui peut ruiner ou déformer une construction, mais c'est l'inégale compressibilité, par l'effet de laquelle les murs se fendent, perdent leur aplomb et leur horizontalité. — En général, les terrains dont nous parlons sont également compressibles.—Le moyen suivant est le meilleur qu'on ait trouvé pour y fonder :

Il faut creuser le moins possible, donner aux fondations beaucoup d'empâtement, et les former avec du béton composé de bonne chaux hydraulique.

Lorsque les fondations sont faites, on les laisse reposer autant qu'il le faut pour que le béton ait acquis toute sa consistance et ne forme plus qu'une seule masse; puis on aura soin, en continuant la maçonnerie, de l'élever toujours régulièrement et de niveau sur toute l'étendue de l'édifice, pour que l'affaissement qui pourra avoir lieu s'opère avec toute l'uniformité désirable.

Les différentes parties d'un bâtiment, telles, par exemple que les gros murs et les murs de refend,

n'ayant point le même poids, il en résulte que l'é-
galité de compressibilité d'un terrain ne suffit pas,
en général, pour obtenir le tassement égal du sol,
car il est impossible de songer à calculer la surface
des empâtements en raison du poids de la partie
qu'ils supportent. — Il faut, pour obtenir le résultat cherché, donner pour base à la construction
un plancher porté sur un grillage dont toutes les
parties soient bien reliées entre elles et qui s'é-
tende sous toute sa surface. — Si, de plus, on a
le soin de disposer à peu près symétriquement,
quant au poids, ces diverses parties de l'édifice, on
est certain d'obtenir l'égalité du tassement. On pose
un premier lit de libages sur le plancher. Dans ce
genre de construction, on doit élever de front, pour
ainsi dire, toutes les parties de la bâtisse pour avoir
une charge toujours symétrique. C'est surtout sur
les couches de glaise que ce procédé est employé,
ainsi que sur les terrains tourbeux, vaseux et marécageux, et sur ceux composés de sables mobiles
et bouillonnants. — On peut, au lieu d'un grillage
et d'un plancher, employer une couche de béton
qui augmente de dureté avec le temps et a l'avantage d'être en contact parfait avec le sol. — On
emploie quelquefois un système mixte qui consiste
à faire usage d'un plancher avec des vides prismatiques que l'on remplit par du béton. — Enfin le
plancher avec son grillage se pose quelquefois directement sur le sol et d'autres fois sur des pilotis,
comme on le voit dans la figure. (*Voyez* pl. 1 et 2.)

Lorsque le terrain n'est pas également compressible sur toute l'étendue d'une fondation, c'est-à-
dire lorsqu'il présente une résistance variable, on
a souvent recours aux pilotis.

Les fondations servent à résister à tous les efforts

permanents ou éventuels auxquels seront soumis les ouvrages qu'elles supportent. Ainsi, il ne suffit

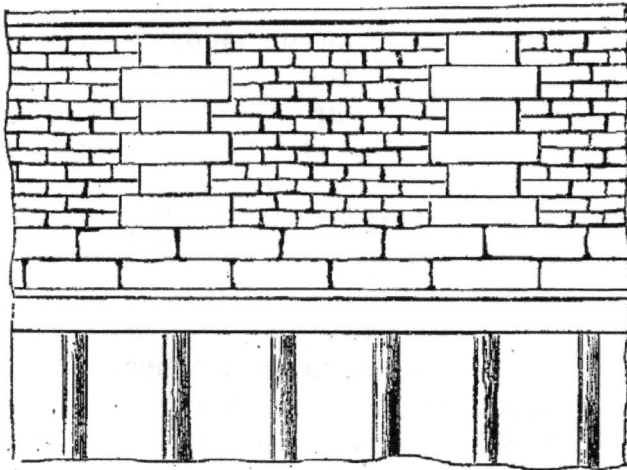

Fig. 1.

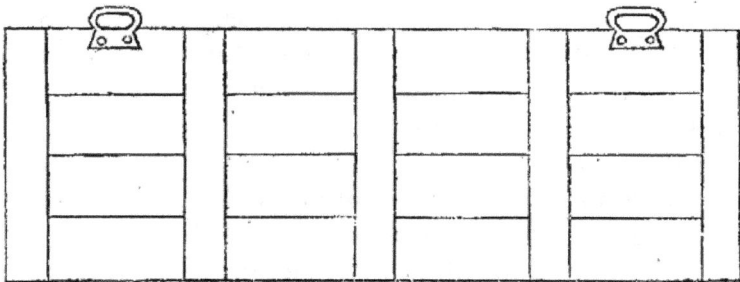

Fig. 2.

pas qu'elles ne puissent s'affaisser sous le poids de ces derniers, il faut de plus qu'elles ne cèdent pas à des efforts obliques ou parallèles à leur assiette, tels que poussées de voûtes, de terres, de liquides.

Il faut aussi que la fondation, quelle que soit

sa nature, soit engagée assez profondément dans le sol pour que, dans les hypothèses les plus défavorables de modifications dans le terrain environnant, elle ne soit jamais mise à nu ou déchaussée, suivant l'expression vulgaire.

Cette espèce d'encastrement dans un terrain, même solide à la superficie, n'est pas ordinairement moindre de 60 centimètres; elle a l'avantage de fournir un appui contre les efforts qui tendraient à faire glisser les fondations sur le sol.

§ 2. — Des Pilotis.

Les pilots ou pilotis (fig. 1 et 2) sont destinés à porter toute espèce de construction; le véritable but des pilotis n'est pas, comme on le pense communément, d'atteindre le bon terrain avec leurs pointes, car s'il pouvait se trouver à une profondeur moindre que la longueur des pilotis, c'est-à-dire moindre de 2 à 5 mètres, on aurait grand tort de ne pas faire les déblais nécessaires pour asseoir immédiatement les fondations sur ce bon terrain; mais il est de fait que, dans la plupart des cas, il ne se trouve qu'à une profondeur bien plus considérable. — Ainsi donc les pilotis ne font, dans ce cas, autre chose que remplacer, en partie, les couches supérieures d'un terrain peu consistant et consolider le reste par une forte compression.

Les pilotis ne sont pas le seul moyen de rendre solide le terrain par une forte compression; une percussion directe sur le terrain même peut, jusqu'à un certain point, produire cet effet d'une manière plus économique.

Il n'est nullement difficile de rendre la compression aussi forte qu'on le désire par la masse des coups choquants, par la hauteur de sa chute et par le nombre de ses coups, et il paraît évident qu'on pourra toujours, par ce moyen, rendre un terrain capable de soutenir inaltérablement une charge donnée, pourvu qu'elle soit moindre que celle représentée par une percussion tellement combinée et prolongée, que les derniers coups ne produisent plus sur le terrain aucun affaissement sensible.

On peut pratiquer avec avantage le battage d'un terrain pour prévenir le tassement que la charge d'un édifice doit produire sur le sol, en se servant d'une pièce de bois ferrée par le bas, pesant environ 50 kilogrammes et mue par deux hommes.

§ 3. — Du battage des pilotis, des pieux et des palplanches.

L'enfoncement des pilotis, pieux et palplanches s'opère en les percussant avec un instrument nommé *mouton*, qu'on laisse tomber après l'avoir élevé à une certaine hauteur. — Quand les pieux sont courts et grêles, on se sert d'un billot de bois armé de bras et soulevé par 4 ou 6 hommes.

Les figures 5, 6 et 7 représentent une autre sorte de mouton à mains que les ouvriers tiennent par les poignées qui sont élevées autour pour guider le mouton pendant qu'on le fait agir sur la tête du pieu; il est percé d'un trou cylindrique suivant son axe, dans lequel passe une tige de fer plantée sous la tête du pieu.

Le mouton est ordinairement un bloc de bois dur ou de fonte; ce bloc est suspendu à une charpente qui permet de l'élever jusqu'à une certaine hauteur pour le laisser tomber avec force sur la tête du pilot à enfoncer : cet appareil prend le nom de *sonnette*.

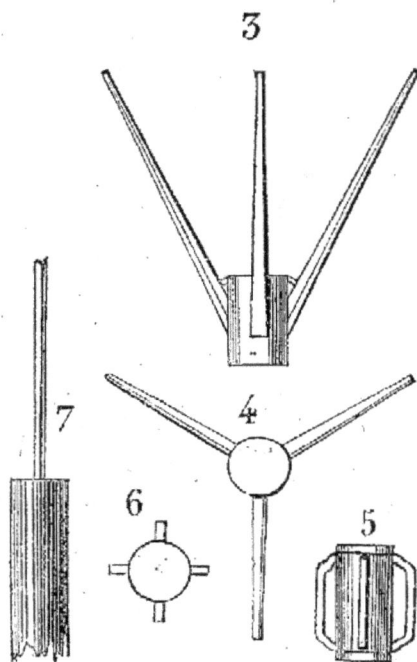

Fig. 3, 4, 5, 6 et 7.

On distingue deux espèces de sonnettes, celle à tirande et celle à déclic. — Les sonnettes à tirande se distinguent en ce qu'elles ont le mouton attaché à un câble soutenu par une poulie placée au sommet d'un appareil de charpente; le mouton est élevé au moyen de plusieurs hommes, dont chacun est appliqué à une corde, et ces cordes se réunissent toutes au câble.

L'expérience a prouvé que si le mouton pèse 500 kilogrammes, chaque homme soulève en terme moyen 15 kilogrammes ; mais si le mouton pèse 500 kilogrammes, alors il n'en soulève que 12. Les sonneurs (on nomme ainsi les ouvriers qui travaillent aux sonnettes) agissent ordinairement dix heures par jour, battent dans leur journée cent vingt volées de trente coups chacune, et élèvent le mouton à une hauteur moyenne de 1m20. — Une volée dure ordinairement trois à quatre minutes, y compris les intervalles de repos ; le reste du temps est employé au transport, à la mise en fiche d'un pieu et au déplacement de la sonnette.

Les sonnettes à déclie ont un mécanisme à l'aide duquel on peut élever un mouton très-pesant par l'action d'un petit nombre d'hommes ; on les nomme à déclie, parce qu'elles doivent être munies d'une détente ou d'un déclie dont l'office est de lâcher le mouton lorsqu'il est parvenu à une certaine hauteur et à lui permettre de descendre librement par son propre poids.

Il est arrivé qu'une pièce de bois qui ne s'enfonçait plus sous le choc d'un mouton pesant, tombant d'une grande hauteur, recommençait à pénétrer dans le terrain lorsqu'on le rebattait avec un mouton plus léger, élevé moins haut. — L'explication de cette anomalie apparente est dans l'accroissement de la réaction que développe une force vive exagérée.

Dans un terrain argileux qui se comprime difficilement, on ne peut enfoncer qu'un certain nombre de pilots ; passé ce terme, les nouveaux pieux font ressortir ceux premièrement battus. Pour éviter cet effet, on a quelquefois pris le parti de les enfoncer le gros bout en avant.

La tête d'un pilot doit être coupée carrément, et en chanfrain au pourtour, afin qu'elle n'éclate pas dans la percussion; on la cercle aussi d'une frette en fer qu'on enlève après le battage.

Lorsque le terrain ferme est très-dur, on arme la pointe du pieux d'un sabot en fer (*fig.* 2).

Il faut, dans ce cas, que la pointe du pieu, recépée carrément, repose immédiatement sur le culot inférieur du sabot, afin qu'il ne déverse pas et n'arrache pas les clous qui attachent ses branches au pieu.

Les moyens que nous venons de citer pour fonder sur n'importe quel terrain, ne sont que très-rarement nécessaires dans les constructions rurales. On peut, dans le plus grand nombre de cas, suppléer à ces pilotages coûteux par ce que l'on appelle une fondation à pieux perdus, dans laquelle des bois sans sujétion, appointés et durcis au feu, sont simplement enfoncés à la masse, les intervalles garnis de pierres chassées au maillet, et les fondations établies sur une première couche de libages reposant sur le bois et posés à sec.

Une autre méthode consiste à creuser la fondation, à la remplir de sable sur une hauteur de 0m80, à mouiller le sable pour lui faire prendre tout son tassement, et à bâtir dessus, après l'avoir damé longtemps et à petits coups. — L'effet de ce procédé est dû à la communication latérale des pressions que le sable transmet à la manière des liquides.

Il résulte de cette transmission que le développement des parois de la fouille s'ajoute au fond pour augmenter l'empâtement.—On peut prendre l'empâtement directement, en donnant aux fondations un grand excès de largeur sur l'aplomb des murs; dans ce cas, pour être sûr de l'égale répartition des pressions sur toute la surface de l'empâtement, il est à propos de substituer à la maçon-

nerie ordinaire, ou même à la pierre sèche,
employée souvent dans les fondations, une bonne
maçonnerie hydraulique, et mieux encore un béton
dont toutes les parties sont homogènes et solidaires.
Ce procédé de fondation en sable est, en général,
peu avantageux; je l'ai cité plutôt pour le décon-
seiller que pour le recommander.

§ 4. — Des épuisements.

Toutes les fois que dans les fouilles pour fondations on ne trouve pas d'eau, ces fouilles sont
faciles; seulement, à moins que le terrain ne soit
d'une solidité reconnue, on doit étançonner la
fouille avec soin, dès que sa hauteur dépasse 1ᵐ40.
— Cet *étançonnement* consiste en planches appliquées horizontalement contre les parois et assujetties par des pièces horizontales qui partent d'une
paroi à l'autre; quelquefois, lorsque le terrain a
une grande poussée, il ne faut pas faire porter directement les étrésillons sur les planches, mais
bien sur des traverses verticales qui s'appuient sur
les planches. — Si l'on rencontre de l'eau, il faut
s'en débarrasser pour continuer les fouilles. — Le
procédé le plus simple consiste à faire communiquer par une rigole le fond des fouilles avec un
niveau inférieur. A défaut de ce moyen, on peut
se débarrasser des eaux, soit à l'aide d'un simple
baquetage, soit avec un chapelet mis en jeu par un
manége, soit enfin au moyen de la vis d'Archimède;
mais l'emploi de ce dernier appareil suppose une
quantité d'eau considérable.

Souvent les épuisements entraînent dans des dépenses élevées. — Le choix des moyens à employer
dépend de plusieurs considérations.

La première est, sans doute, d'obtenir le plus grand effet possible avec la moindre force motrice; mais on se tromperait étrangement si l'on supposait qu'elle est la seule qui doit influer sur le choix. — Il est, au contraire, des cas où la machine la plus avantageuse sous ce rapport doit être rejetée et céder la prééminence à une autre machine bien moins productive, mais d'un établissement moins coûteux et d'un transport plus facile.

Les autres considérations qui doivent déterminer le choix sont : 1° l'importance et la durée des travaux ; 2° les déplacements plus ou moins fréquents que doivent éprouver les machines ; 3° la grandeur et la disposition des emplacements où elles doivent agir ; 4° la quantité d'eau que l'on doit extraire ; 5° le degré d'activité exigé dans le travail des épuisements.

§ 5. — Machines servant aux épuisements.

Les machines destinées à être fréquemment déplacées doivent avoir peu de poids, peu de volume, être faciles à établir et assez solides pour n'éprouver aucun dommage par le choc et les secousses.

La configuration, la grandeur et la disposition de la machine, doivent évidemment être en rapport avec le local qui lui est destiné.

Les moyens les plus usités pour effectuer les épuisements que les fondations exigent, sont : 1° le baquetage ; 2° le chapelet vertical ; 3° le chapelet incliné ; 4° la vis d'Archimède ; 5° les pompes.

On donne le nom de baquetage au travail des ouvriers qui puisent l'eau avec des seaux ou baquets d'une forme quelconque. — Ce moyen est simple et économique lorsque la hauteur où l'eau doit parvenir est petite.

D'après Perronet, le produit moyen journalier du travail d'un baquetier, dont la durée est de 12 heures, est équivalent à un poids de 22,500 kilogrammes, à près de 2 mètres de hauteur.

On se sert quelquefois avantageusement d'un *van* mû par deux hommes pour vider les batardeaux, lorsque la distance entre la surface de l'eau et le point le plus élevé où on veut la faire parvenir n'excède point deux mètres. — S'il s'agit de puiser l'eau à une profondeur d'un mètre et de la lancer à deux mètres de distance, une *écope* suspendue à la hollandaise offrira un moyen aussi facile qu'avantageux. — Ce n'est autre chose qu'une pelle creuse suspendue par une corde à trois pièces de bois en forme de pyramide; un homme prend le manche de l'écope, et par un mouvement d'oscillation il puise et verse l'eau au dehors.

Le chapelet vertical est une machine dont on se sert fréquemment, parce qu'elle n'occupe que peu de place; elle se compose d'une chaîne sans fin, garnie de plateaux à distances égales, lesquels, en parcourant un tuyau de même diamètre à peu près, font monter dans une rigole soupirant l'eau qu'ils ont puisée dans le réservoir où le bout inférieur est immergé. D'après Gauthey, un homme peut élever dans un jour, au moyen d'un chapelet vertical, cent vingt à cent vingt-quatre mètres cubes d'eau à un mètre de hauteur; ce qui donnerait un produit d'environ un cinquième plus fort que le baquetage. Soger a observé que dans un chapelet dont la manivelle fait vingt à vingt-cinq tours par minute, le volume d'eau élevé est à celui qui serait obtenu, s'il n'y avait point de pertes entre les plateaux, dans le rapport de 64 à 100. Et quand la manivelle fait quarante-sept tours, la perte est minime ; mais cette machine s'engorge aisément et elle exige de fréquentes réparations.

Le chapelet incliné diffère du chapelet vertical en ce que ses plateaux ont ordinairement de plus grandes dimensions.—Ils sont en bois et carrés, et se meuvent dans une caisse inclinée nommée *buse* qui est ouverte par le haut. — Le produit de cette machine est à peu près égal à celui du chapelet vertical, mais elle comporte de plus grandes dimensions et on peut lui appliquer un manége.

La vis d'Archimède est tellement connue que nous nous dispenserons d'entrer dans des détails à cet égard ; nous ferons observer qu'elle peut élever l'eau de neuf à dix pieds de hauteur. — On calcule que cette machine, mue par huit ou dix hommes travaillant dix heures, peut élever environ quatre cents mètres cubes.

Les pompes employées aux épuisements ont le défaut capital de s'engorger par l'introduction de la boue et du sable que l'eau charrie, et qui, en s'insinuant entre le piston et le corps de la pompe, se fixent dans les articulations des charnières ; il en résulte que les frottements augmentent progressivement, que les soupapes cessent d'agir, que l'action de la puissance, absorbée par les résistances passives, ne tend qu'à la destruction de la machine qui devient enfin incapable de produire aucun effet utile.

§ 6. — Des Batardeaux.

Le batardeau est une espèce de coffre en charpente, composé de deux files de pieux parallèles

7.

revêtus intérieurement de planches jointives et reliés au sommet par des ventrières et des liernes (fig. 8 et 9).

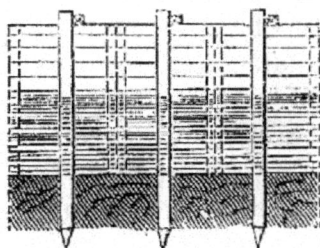 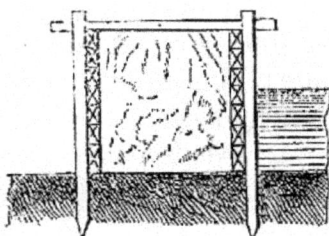

Fig. 8.   Fig. 9.

Le coffre doit être rempli de terre glaise que l'on pilonne par couches; mais avant de déposer cette glaise, il faut draguer dans l'intérieur du coffre pour en enlever la vase et les sables, car il est essentiel que la glaise repose immédiatement sur le bon terrain. — On donne ordinairement à un batardeau une épaisseur égale à la hauteur de l'eau à soutenir.

Quand on doit descendre à plus de trois mètres et qu'il faut draguer à une profondeur assez considérable dans l'intérieur du batardeau pour parvenir à des couches imperméables et résistantes, on garnit les pilots, non de planches, mais de palplanches qui doivent prendre environ un mètre de fiche au-dessous des terres à rapporter dans l'intérieur.

Un batardeau doit résister à deux forces très-puissantes. La première dépend de la poussée de la terre qui remplit le coffre : les ventrières et les liernes sont destinées à vaincre cette force; si elles ne suffisent pas, on y ajoute des liens en fer.

La seconde force exerce son action lorsqu'on

épuise l'eau dans l'espace que le batardeau enveloppe; alors la pression de l'eau environnante contre le coffre de la charpente tend à le renverser en dedans. — On résiste à cette force en établissant un nombre suffisant d'étais et de jambes de force placées intérieurement.

Quoiqu'un batardeau ait été construit avec toutes les précautions que l'art suggère, il arrive rarement qu'il ne s'y forme des voies d'eau qui contrarient l'épuisement; elles sont de trois sortes. Les unes se forment en traversant les parois du coffre; les secondes en s'insinuant entre le terrain sur lequel le batardeau est assis et la glaise que le coffre contient; les autres doivent leur origine à des sources plus ou moins fortes qui jaillissent dans le terrain que le coffre environne. Les deux premières sortes de voies d'eau dépendent ordinairement de la mauvaise construction du batardeau; la dernière est inévitable et est une conséquence de la nature du sol.

Pour qu'une voie d'eau puisse traverser les parois du coffre, il faut qu'il y ait dans la glaise un défaut de continuité, et ce défaut aura lieu lorsque cette argile contiendra des morceaux de bois ou de pierres. Il importe donc essentiellement de choisir de la glaise bien pure et de veiller à ce qu'aucun corps étranger ne tombe dans le coffre avant ou pendant le remplissage.

Le moyen de combattre les voies d'eau provenant de sources qui se trouveraient à l'intérieur du bassin, consiste à les encaisser dans une espèce de puits ou de coffre imperméable qui, les empêchant de s'écouler, les oblige à s'élever jusqu'à une certaine hauteur où elles se trouvent de niveau avec la surface de la masse d'eau dont elles proviennent; alors l'équilibre s'établit et l'écoulement cesse.

Les travaux à effectuer dans l'intérieur d'un batardeau ne permettent pas toujours de former cette espèce de puits et de l'élever à la hauteur convenable ; en pareil cas, on étudie les moyens d'établir une sorte de syphon renversé dont les branches sont disposées suivant la configuration du local.

Dans tous les cas, les travaux qui doivent s'effectuer dans l'enceinte d'un batardeau doivent être poussés avec toute l'activité possible, et avant de les entreprendre, on doit tout prévoir et tout disposer pour qu'il n'y ait aucune cause de retard.

L'économie, sous le rapport des épuisements, exige que la superficie des enceintes des batardeaux soit la moindre possible ; d'un autre côté, la prévoyance commande de se ménager la faculté de former des contre-batardeaux intérieurs, utiles quelquefois, et de conserver toujours l'espace nécessaire pour les maçonneries de constructions.

Les figures 8 et 9 donnent le dessin d'un batardeau avec coffre ; les figures 10, 11 et 12 repré-

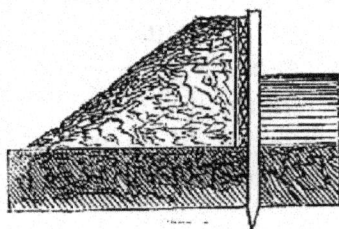
Fig. 10.

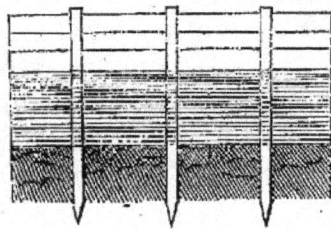
Fig 11.

Fig. 12.

sentent deux autres genres de batardeaux plus simples.

§ 7. — Des Maçonneries.

Parmi les maçonneries, on distingue celles en libages, en moellons, en briques, en bétone, en pisé, et les maçonneries mixtes faites avec ou sans mortier. — Nous ne parlerons pas des maçonneries en pierres d'appareil, qui ne rentrent pas dans le cadre que nous nous sommes tracé.

§ 8. — Maçonneries en Libages.

Les libages sont des blocs de pierre plus ou moins volumineux, simplement dégrossis au marteau, ou d'une taille grossière exécutée au poinçon.

On recherche, autant que possible, des libages bien gisants et d'une épaisseur uniforme.

Les libages doivent être posés à bain flottant de mortier que l'on fait fluer de toutes parts en frappant sur la pierre avec une masse en bois jusqu'à ce qu'elle ait pris une position stable. — On doit, en arrangeant les libages, éviter les joints montants. —Au parement, on les arrange, autant que faire se peut, de manière à faire alternativement carreau et boutisse.

Les maçonneries en libages s'emploient principalement dans les fondations des grands ouvrages.

On emploie, dans quelques circonstances, de la maçonnerie sèche en libages, c'est-à-dire sans interposition de mortier.—Les libages sont affermis, dans ce cas, au moyen de cales en pierre.

§ 9. — Des maçonneries en moellons.

Parmi les maçonneries en moellons, on distingue d'abord celles en *moellons piqués*, en *moellons smillés* et en *moellons bruts*.

On appelle moellon piqué celui dont les faces ont été régularisées au poinçon; moellon smillé, celui qui a été dégrossi et équarri au marteau; et moellon brut celui qui n'a reçu aucune façon.

On subdivise ensuite chaque espèce en :

Maçonnerie par assises réglées.
Id.   par relevés.
Id.   irrégulière.

MAÇONNERIE PAR ASSISES RÉGLÉES. —On dit qu'une maçonnerie est faite par assises reglées quand chaque lit ou assise est d'égale épaisseur sur toute la longueur du mur.

Pour exécuter cette maçonnerie, on commence par former les deux parements du mur au moyen d'une ligne en moellons posés à bain flottant de mortier et de manière à former alternativement carreau et boutisse; l'intervalle est ensuite rempli au moyen d'une maçonnerie de blocage, ou de moellons bruts choisis, bien gisants, posés dans un bain de mortier, et l'assise est arrosée avec des retailles de pierres et du mortier.

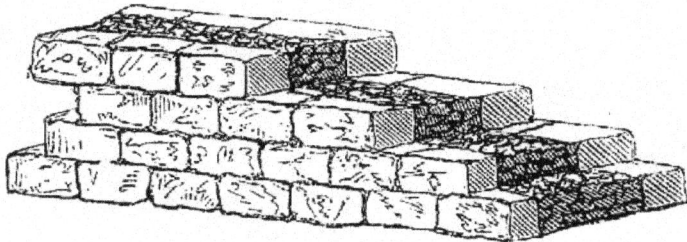

Fig. 13.

Les maçonneries par assises réglées se font presque toujours soit en moellons piqués, soit en moellons smillés; il faut qu'ils soient bien équarris, bien gisants et placés sur leur lit de carrière.

Quelquefois les maçonneries en moellons n'ont qu'un parement par assises réglées; l'autre est formé par relevés ou maçonnerie irrégulière : ceci arrive chaque fois que l'un des parements seulement doit être visible.

MAÇONNERIE PAR RELEVÉS. — La maçonnerie par relevés se fait comme celle par assises réglées; toute la différence consiste en ce qu'au lieu de former chaque assise au moyen de moellons d'égale épaisseur, on la compose de moellons de toute épaisseur que l'on pose, en bonne liaison, les uns sur les autres.

On s'astreint seulement à obtenir des arrasements réguliers de 30 en 30 centimètres, comme

Fig. 14.

à la figure 14. — L'intervalle compris entre deux arrasements s'appelle un relevé.

MAÇONNERIE EN MOELLONS BRUTS ou IRRÉGULIÈRE. — Si au lieu de s'astreindre au pavement, à avoir des arrasements régulièrement espacés, comme dans la maçonnerie par relevés, on forme ces parements de moellons de toute forme, de toute grosseur, posés en aussi bonne liaison qu'on le peut dans toute l'étendue du mur (fig. 15); on a de la maçonnerie irrégulière.

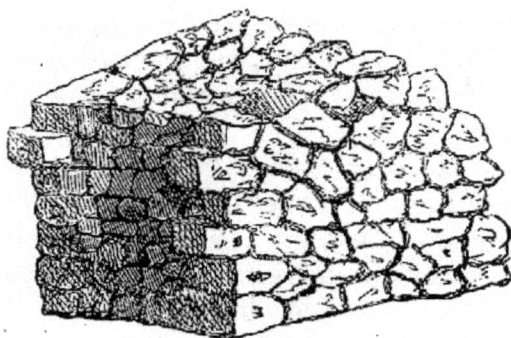

Fig. 15.

On en rencontre de nombreux exemples dans tous les endroits où la pierre est commune, bien qu'on lui substitue souvent la construction par relevés.

Le principal défaut de toutes les espèces de maçonneries en moellons, c'est d'offrir dans le sens de l'épaisseur des murs deux sortes de maçonneries susceptibles de prendre un tassement différent, à moins que l'on n'emploie des matières capables de faire prise presque immédiatement. — Il résulte souvent de cette circonstance une séparation entre les parements de la maçonnerie intérieure, que l'on doit chercher à empêcher par les moyens les plus convenables.

§ 10. — Cirage et Jointoyement.

Toutes les maçonneries en moellons qui ne sont

pas destinées à être recouvertes d'enduit, doivent être cirées et jointoyées.

Le cirage consiste à comprimer fortement, au moyen d'un outil particulier et à lisser le mortier qui reflue aux joints de parement; cette opération doit se faire aussitôt que le mortier a pris assez de consistance pour se lisser sous l'impression de l'outil.

Le jointoyement consiste à gratter le mortier qui garnit les joints de la maçonnerie sur un ou deux centimètres de profondeur et à le remplacer par d'autre mortier auquel on peut donner la couleur de la pierre par une addition de noir de fumée ou de jaune d'ocre. Lorsque ce mortier a pris un certain degré de consistance, on le recire au moyen d'une petite truelle. — Le jointoyement demande quelques soins à cause de l'importance qu'il acquiert par suite du nombre, de la grandeur et de l'irrégularité des joints.

Les jointoyements doivent être faits, pour bien réussir, en temps humide et à l'ombre, afin d'éviter une trop rapide dessiccation du mortier. Le mortier qu'on y emploie doit être d'autant plus hydraulique qu'on approche davantage de la fin de la bonne saison. — Il doit nécessairement être bien durci avant l'hiver, car, dans le cas contraire, il eut être attaqué par la gelée, et l'ouvrage est souvent à recommencer au printemps suivant. — Dans un jointoyement bien fait, tous les joints doivent présenter un léger dos d'âne. (*Fig.* 16.)

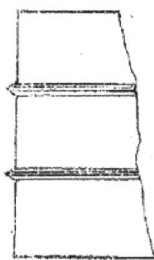

Fig. 16.

En général, les cirages tiennent mieux que les jointoyements et ils coûtent moins cher.

§. 11. — Emploi des maçonneries en moellons.

Les maçonneries en moellons servent non-seulement à la construction de murs de toute espèce, mais on peut aussi les employer à celle des voûtes de moyenne dimension.

Dans ce dernier cas, on donne aux moellons la forme plus ou moins approchée de voussoirs, afin de diminuer l'épaisseur des joints de mortier et les tassements qui s'ensuivent. — Ces moellons portent le nom de pendants.

Ces maçonneries bien exécutées sont très-bonnes, très-solides, très-économiques et d'un entretien peu coûteux.

§ 12. — Maçonneries sèches.

On fait quelquefois des maçonneries sèches en moellons ; c'est ce que l'on appelle des perrés. Les perrés se construisent d'après les mêmes principes que les autres maçonneries. — Les perrés servent surtout à revêtir des talus d'ouvrages en terre exposés à l'action de l'eau.

§ 13. — Maçonneries en briques.

Les maçonneries en briques sont d'une très-facile exécution à cause de la petitesse et de la régularité des matériaux employés. — L'arrangement des briques pour obtenir de bonnes liaisons varie suivant l'épaisseur des murs.

Dans toute maçonnerie en briques, les briques doivent être posées à bain flottant de mortier, tout en réduisant les joints à leur moindre épaisseur ;

dans une maçonnerie soignée, cette épaisseur ne doit pas aller au delà de 7 à 8 millimètres.

Les briques étant des matériaux très-abondants, il est nécessaire de les mouiller, surtout par des temps secs, avant de les maçonner ; il est bien entendu que les briques ne doivent pas être assez mouillées pour délayer le mortier.

Tous les tas doivent être parfaitement de niveau

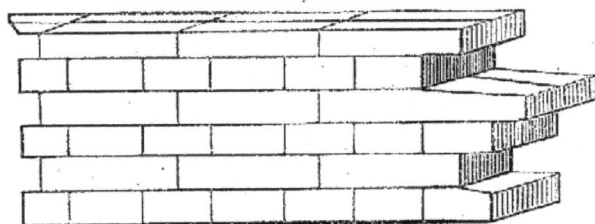

Fig. 17.

(*fig.* 17) et les joints montants se correspondre verticalement.

Si la maçonnerie est exposée aux pluies battantes amenées par les mauvais vents, il faut faire le parement en bon mortier hydraulique, tandis que l'intérieur peut être fait en mortier ordinaire ; enfin on doit choisir pour les parements les meilleures briques, c'est-à-dire les mieux cuites, les mieux moulées et d'une couleur uniforme.

§ 14. — Cirage et Jointoyement.

Les maçonneries en briques non destinées à être recouvertes d'enduit doivent toujours être cirées et jointoyées ainsi que cela a été indiqué pour les maçonneries en moellons, et en observant les mêmes précautions.

Les maçonneries en briques tassent beaucoup plus régulièrement que celles en moellons ; dans les constructions modernes, on renforce les parties les plus exposées par des chaînes horizontales et verticales de dés ou de pierres d'angle disposées de diverses manières, et ancrées dans la maçonnerie quand cela est nécessaire.

15. — Maçonneries en Béton.

La maçonnerie en béton est principalement employée dans les travaux de fondations des ouvrages hydrauliques. — On le coule dans des coffres en charpente ou dans des excavations convenablement disposées ; il doit être d'autant plus hydraulique que l'action de l'eau est plus à redouter.

On fait aussi en béton des murs et des voûtes d'une grande solidité et très-économiques.

Le béton formerait d'excellents murs de revêtement qui coûteraient moins cher que les murs ordinaires et qui résisteraient probablement mieux aux chocs violents.

Un mur de cette espèce, lorsque le mortier a bien pris, peut être considéré comme formé d'une seule pierre ; il n'exige aucune dépense d'entretien.

La fabrication des murs en béton se fait à peu près comme celle du pisé, dont nous parlerons tout à l'heure ; on se sert de coffres en charpente formés de panneaux, dans lesquels on coule le béton par couches régulièrement épaisses. — Le béton se tasse d'ailleurs suffisamment de lui-même et n'a pas besoin d'être comprimé.

§ 16. Maçonneries en Pisé.

Nous donnons ici un mode simple de fabrication des maçonneries en pisé. — On se sert d'un moule dont l'ensemble est représenté dans la fig. 18. —

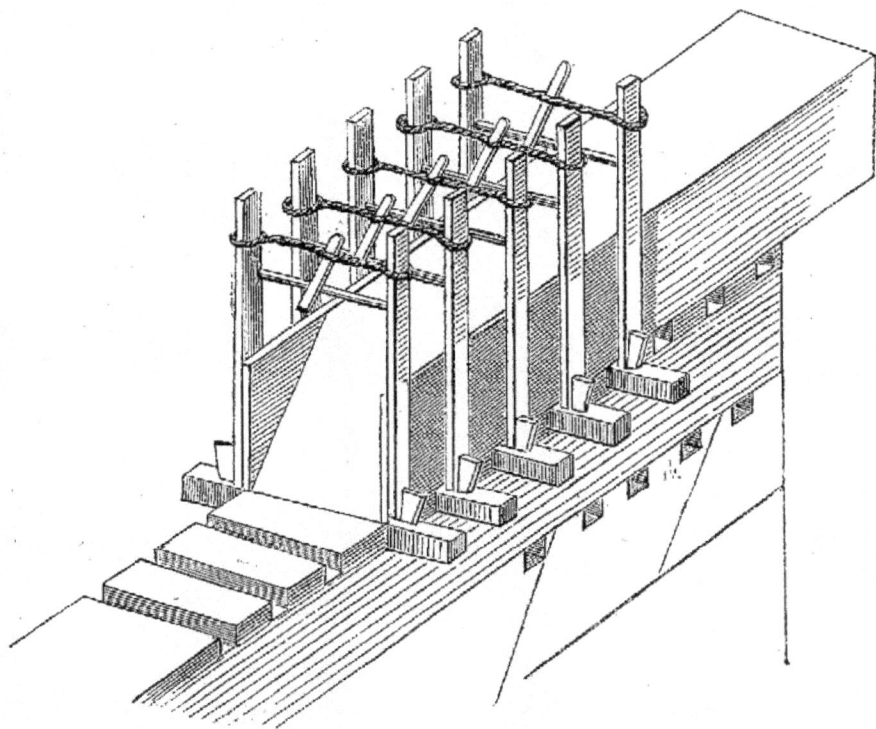

Fig. 18.

Il est composé de deux parois en planche (fig. 19), nommés *banches*, et de quatre châssis (fig. 20) ; chacun de ces châssis est formé d'une traverse *a*, appelée *lassonnier* ou *clef*, longue de 1m 13 et de 0m 10 d'équarrissage, et de deux poteaux *b* ou aiguilles,

8.

longs de 1^m46 et de même grosseur que les lasson-
niers. — Ces aiguilles s'assemblent dans le lasson-

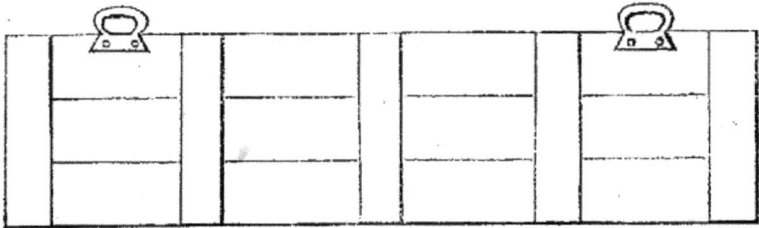

Fig. 19.

nier, ainsi qu'on le voit dans la fig. 20 et sont
maintenues à distance convenable par une entre-

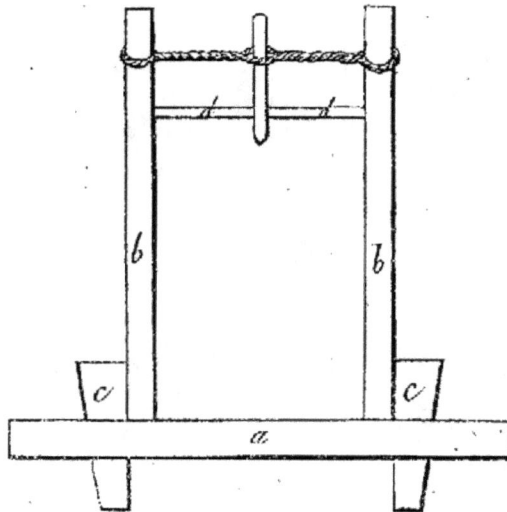

Fig. 20.

toise *d*, appelée *gros de mur*, contre laquelle elles
sont serrées par le moyen d'une corde tordue,
comme celles qu'on voit aux armatures des scies
ordinaires.

Les dimensions intérieures du moule sont ordinairement de 0^{m}45 de largeur, 2^{m}25 de longueur et 0^{m}90 de hauteur.

La terre préparée, ainsi que nous l'avons dit plus haut, est étendue dans le moule par couche d'environ 0^{m}10 d'épaisseur, qu'on réduit de moitié par le pilonnage. — Cette opération s'exécute au moyen d'une dame d'une forme particulier appelée *pésoir*, représentée par la fig. 21.—On forme ainsi un massif qui a les dimensions intérieures du moule, mais qu'on termine par deux plans inclinés à 60° avec l'horizon.

Ce genre de maçonnerie est employé à la construction des bâtiments ruraux en Espagne et en France dans les départements méridionaux. Il est très-économique et très-durable dans ces contrées, mais il est à présumer qu'il réussirait moins bien dans un pays humide.

Le pisé est inconnu en Belgique et dans le nord de la France, mais on pourrait l'y introduire avec quelque succès en modifiant tant soit peu le mode de préparation des terres ; il suffirait peut-être de les mélanger avec une légère quantité de bonne chaux hydraulique en pâte ou en poudre, ou de l'humecter convenablement avec du lait de chaux de même qualité pour obtenir un pisé susceptible de résister pendant longtemps aux intempéries de notre climat.

F. 21.

MAÇONNERIES EN SABLE ET CHAUX.

Ce nouveau genre de maçonnerie, qui n'est pas plus cher que le pisé, est très en usage en Suède et en Norwége et dans le nord de l'Allemagne. —

Son introduction en Belgique serait un bienfait pour les landes sablonneuses de la Campine, et il s'appliquerait avec avantage à la construction des villages de ce pays.

Les murs de cette espèce sont formés de 9/10e en volume de sable sur 1/10e de chaux; ils sont beaucoup plus solides et plus durables que ceux en pisé.

Ce genre de maçonnerie est connu en Suède depuis 1828, époque à laquelle une partie de la ville de Boras, qui venait d'être ravagée par un incendie, fut reconstruite suivant ce procédé.—L'architecte Rydin, qui en est l'inventeur, fut dès lors breveté par le gouvernement suédois.

Bientôt la maçonnerie en sable et chaux devint d'un usage si général, qu'on l'appliqua, à Stockholm, à des édifices à plusieurs étages.

Aujourd'hui, plusieurs villes de la Poméranie représentent de nombreux échantillons de cette maçonnerie, dont l'économie et la durée sont désormais bien constatées.

Nous croyons surtout qu'elle est mieux appropriée à nos climats pluvieux et humides que la maçonnerie en pisé, avec laquelle elle a toutefois de l'analogie quant à la main d'œuvre.

Un mur élevé dans ce genre de maçonnerie n'est composé que de sable et de chaux : absence totale de pierres ou de briques.—Selon la nature de ces matériaux, le sable y entre pour dix à quinze parties (en volume), et la chaux pour une partie seulement. Après avoir intimement mélangé ces deux matières par l'intermédiaire de l'eau et d'appareils spéciaux, on maçonne avec le mélange obtenu, absolument comme pour la construction bien connue en pisé, en se servant de moules grossiers en bois

et en y battant le mélange au pilon. — On obtient
ainsi des murs d'une pièce formés d'une espèce de
sable artificiel qui durcit avec l'âge et dont les
parements peuvent se passer d'enduit et sortent
tout faits du moule; les portes et les fenêtres
sont ensuite sciées dans le mur, aux endroits
voulus.

Du reste, comme pour les murs en pisé, les
foyers et les tuyaux de cheminée doivent être construits en maçonnerie ordinaire; mais il n'en est
pas de même des fondations, et d'après le procédé
Rydin, les murs sont uniquement formés de sable
et de chaux jusqu'à l'assiette de leurs fondations.

Avant que nous n'entrions dans des détails ultérieurs, l'on peut déjà prévoir l'extrême économie de
cette manière de bâtir, surtout dans les contrées
sablonneuses de la Campine; et cependant l'économie n'est pas le seul avantage qu'elle présente :
la rapidité d'exécution, la vitesse du dessèche-
ment, la propriété qu'ont les murs en sable et chaux
de préserver parfaitement du froid en hiver et de
la chaleur en été, et celle non moins remarquable,
non-seulement de résister, mais de durcir sous
l'action atmosphérique, ce sont là autant de qualités précieuses qui recommandent l'introduction
en Belgique de l'invention de Rydin.

Voici les détails d'exécution dont la connaissance
est nécessaire à ceux qui voudraient se livrer à des
essais de ce genre.

Le sable doit être sec, exempt d'argile, rude, à
grains moyens. — La chaux hydraulique est préférable à la chaux grasse. Le mélange de ces matériaux peut s'exécuter de diverses manières. La
première méthode, par laquelle on économise le
plus de chaux, consiste à éteindre celle-ci avec

beaucoup d'eau, de manière à en faire une pâte très-fluide, ou plutôt un lait de chaux épais, et de la verser, dans cet état, dans l'appareil où s'opère le mélange.

Par la deuxième méthode, on mélange d'abord à part trois parties de sable sur une de chaux, comme pour un mortier ordinaire, et l'on ajoute ensuite le reste de sable pour mélanger le tout dans l'appareil.

Enfin, d'après la troisième méthode, applicable quand le sable est humide et trop fin, on mélange préalablement le sable avec la chaux en poudre; on le jette dans l'appareil, et l'on ajoute ensuite une quantité d'eau qui dépend du degré d'humidité du sable.

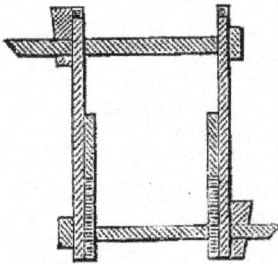

Fig. 22.

L'appareil que Rydin emploie pour opérer le mélange est représenté par les fig. 22, 23, 24. C'est une caisse formée de planches clouées ensemble ayant 5/4 de pouce d'épaisseur; sur un côté se trouve une clapette mobile pour l'introduction de la chaux, du sable et de l'eau, ainsi que pour la sortie du mélange. —Les

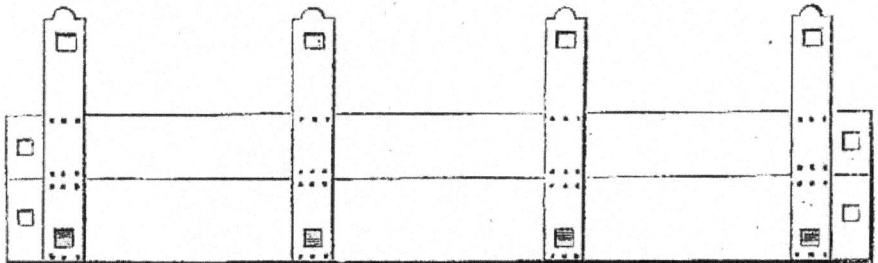

Fig. 23.

deux bouts de cette caisse sont formés par des roues
pleines construites avec des madriers assemblés

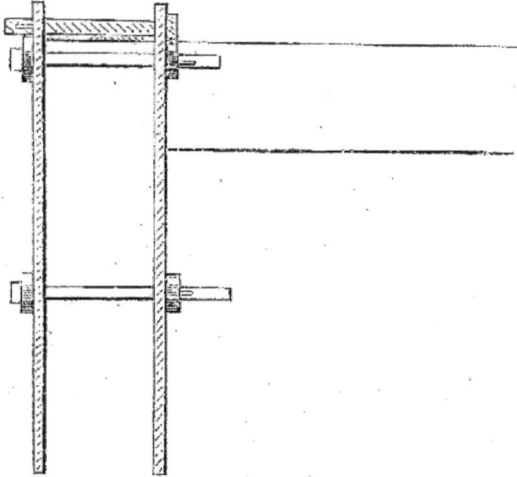

Fig. 24.

et garnis d'un cercle de fer ; un axe A et des barres
de fer *b, b, b, b,* fig. 25, 26, relient ces deux roues
et traversent la caisse pour effectuer le mélange
pendant le roulement.

Pour achever le mélange des matières qu'il con-

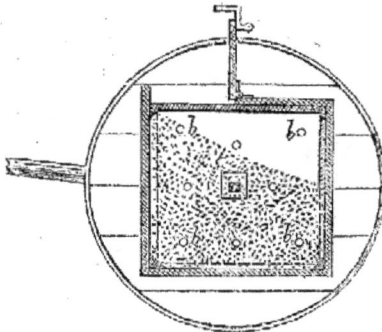

Fig. 25.

tient, cet appareil, qui est façonné en chariot, est traîné sur un terrain uni, dans un espace de trois cents pas environ.

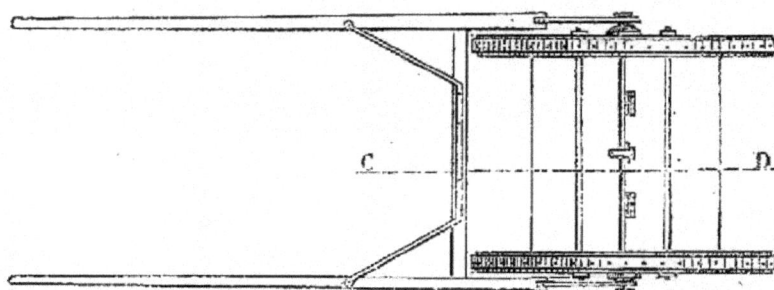

Fig. 26.

La caisse de Rydin fournit environ, par jour, des matériaux pour $1\frac{1}{2}$ toise cube de maçonnerie.

Quant à l'exécution des murs, nous pouvons renvoyer littéralement à celle des murs en pisé, qui est très-connue.

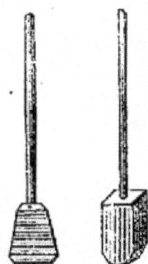

Fig. 27, 28.

Nous nous bornerons à fournir les fig. 27, 28, représentant les dessus du moule et des pilons, et à faire observer en quoi l'exécution diffère de celle des murs en pisé.

Le battage au pilon des couches successives de matières, dans un moule, doit être opéré avec moins de force que pour le pisé, pour éviter toute déformation dans les murs.

La maçonnerie est élevée par zônes horizontales ; néanmoins, l'on ne peut asseoir le moule sur une zône achevée, qu'après avoir laissé durcir celle-ci au moins pendant vingt-quatre heures.

On peut construire des portes et des fenêtres cintrées dont les vides sont ménagés pendant la construction même; seulement, il faut avoir soin de laisser les étais pendant un mois environ après l'achèvement de l'édifice.

La liaison à la jonction de deux murs est ménagée de la manière la plus sûre par des endents ou entailles.

La maçonnerie en sable et chaux ne se lie pas bien avec le bois, comme cela a lieu pour le pisé; il convient donc de substituer la brique au bois dans les endroits correspondant à ceux où celui-ci se présente dans les murs en pisé.

Toute cette main d'œuvre est à la portée du plus simple manœuvre de village; elle peut être faite en grande partie par des femmes et des enfants.

Trois personnes confectionnent par jour, selon l'épaisseur des murs et le nombre des interruptions qu'ils présentent, depuis 1 jusqu'à $1\frac{1}{2}$ toise cube.

Il faut, selon la hauteur, 1 ou 2 personnes pour verser les matériaux dans le moule et pour les y étendre.

Quant aux épaisseurs des murs, 1 pied suffit pour les murs de refend, 16 pouces pour un mur de 10 pieds de hauteur, 18 pouces pour un mur de 12 à 24 pieds, etc.

Nous ferons observer que, dans beaucoup de localités de la Campine, le sable se trouvant gratuitement sur place, les frais de construction, dans ce genre de maçonnerie, pour un mètre cube, ne dépasseraient guère deux à trois francs, c'est-à-dire qu'ils n'atteindraient pas le quart du prix des murs en briques.

§ 17. — Maçonneries mixtes.

Les maçonneries mixtes sont celles dont le parement et l'intérieur sont construits d'une manière différente. — On fait des maçonneries mixtes dont le parement est en pierre de taille, tandis que l'intérieur est formé d'un simple moellonnage. — Dans ce cas on nomme appareil réduit l'épaisseur moyenne de la maçonnerie en pierre de taille.

On a fait aussi des maçonneries mixtes dont le parement est en moellons ou en briques et l'intérieur en béton.

§ 18. — Observations sur les maçonneries en général.

Dans nos contrées, l'époque la plus favorable à l'exécution des maçonneries de toute espèce est celle comprise entre la mi-avril et la mi-octobre. — Les maçonneries faites avant ou après ces époques sont très-souvent détériorées par les gelées.

Nous donnons ici quelques précautions qui sont à prendre dans les constructions des murs et des voûtes.

1° Lorsque l'on construit des bâtiments composés de plusieurs murs, on doit, autant que possible, les monter tous à la fois et de la même qualité. — De cette manière on relie mieux tous les murs entre eux, et l'on charge également le terrain sur tous les points; ce qui est très-important, surtout quand il est plus ou moins compressible. — Toutefois, lorsqu'il est impossible de faire autrement, on doit ménager, à l'extrémité des maçonneries faites, des amorces inclinées autant que possible à 45°.

2° Les voûtes doivent se monter symétriquement à partir des naissances, afin de rendre leur tasssement uniforme, de charger également les cintres et d'empêcher qu'ils ne se déforment d'une manière désagréable à l'œil.

3° Quand les voûtes sont composées de plusieurs rouleaux, on doit éviter de trop serrer les joints des derniers rouleaux vers la clef, car par suite du tassement qui s'opère lors du décintrement, les joints tendent à se serrer beaucoup plus que ceux des rouleaux situés vers l'intrados : il en résulte parfois des désunions fâcheuses.

4° Lorsqu'une maçonnerie doit être abandonnée pendant l'hiver, pour être reprise au printemps suivant, il faut en abriter le sommet avec des paillassons ou des planches.—Au moment de la reprise, on la nettoye en enlevant avec soin toutes les ordures et les parties de mortier détériorées ; puis on l'arrose avant de poser les premiers tas.

§ 19. — Crépits et Enduits extérieurs.

Les crépits et enduits sont le complément de toute bonne maçonnerie ; mais c'est surtout à l'extérieur qu'ils doivent être le mieux soignés pour résister à la pluie, à la gelée, à l'action de tous les éléments, et garantir les murs et les bâtiments de toute détérioration. — Leur peu de durée provient : 1° de ce que le mortier avec lequel on les fait est mal préparé, et aussi mal employé ; 2° de ce qu'on les applique sur des murailles encore fraiches ou dont les pierres sont nouvellement sorties de la carrière. Ces pierres n'ayant pas eu le temps de se sécher, les premières gelées agissent sur l'eau qu'elles contiennent, et la faisant passer à l'état de glace, les pierres se fendent ainsi que le crépi qui les recouvre, lequel par suite tombe en morceaux. 5° Quand on pose les crépis pendant les chaleurs de l'été, la dessiccation se fait trop promptement; il en résulte une croûte fort dure, bientôt repoussée par l'eau que la pierre rejette, ainsi que les mortiers, ce qui ne forme qu'un enduit boursouflé qui se détache de la muraille et tombe ensuite par parties plus ou moins considérables.

§ 20. — Crépis à la Chaux.

En Belgique, les crépis se font avec des mortiers de chaux. — Dans la province de Luxembourg surtout, on emploie fréquemment le procédé suivant pour les crépissures extérieures. — On fait un mortier assez clair de chaux ordinaire et de gravier de rivière bien lavé, et on le projette avec force, au moyen de la truelle, contre le mur, de manière à l'étendre en couche d'égale épaisseur. Ce genre de crépi résiste très-longtemps, même sur les murs très-grossiers des habitations des paysans ardennais.

Presque partout ailleurs, le crépi s'exécute avec du mortier de chaux et de sable un peu gras, c'est-à-dire dans lequel la proportion de chaux est un peu plus forte que dans les matières qui servent à lier les pierres. — Le mortier s'étend à la truelle en couche de 18 à 20 millimètres d'épaisseur.

§ 21. — Enduits à la Chaux.

L'enduit à la chaux se fait avec du mortier un peu maigre, c'est-à-dire, dans lequel la proportion

de sable est un peu plus forte que de coutume. —
On y ajoute ordinairement un kilogramme de
bourre grise de veau par mètre cube de mortier. —
Cette matière a pour but d'empêcher que le mortier ne se fendille en desséchant.—La forte proportion de sable qu'on fait entrer dans sa composition
a aussi pour objet de rendre son retrait moins considérable.

On étend et on égalise l'enduit avec la taloche,
et lorsqu'il est à peu près sec on le lisse à la truelle,
puis on le recouvre d'un badigeon au lait de chaux
qui s'y incorpore.

§ 22. — Blanc en Bourre.

Pour les intérieurs, le badigeon est souvent remplacé par une couche légère de blanc en bourre.

Le blanc en bourre est formé d'une pâte de
chaux grasse coulée dans laquelle on a incorporé
une certaine quantité de bourre blanche. — La
couche de blanc en bourre s'applique avec la taloche et se lisse avec la truelle. — Elle n'a guère
plus d'un millimètre d'épaisseur. — La proportion
de bourre blanche est d'environ un kilogramme
par mètre cube de chaux en pâte.

Pour incorporer la bourre à la chaux de blanc
en bourre, ou au mortier d'enduit, on le bat
d'abord avec des baguettes, afin d'en bien diviser
les flocons ; on réduit ensuite la chaux en bouillie
claire, on projette la bourre à sa surface, et on
agite le tout avec un bâton, dans tous les sens,
jusqu'à ce que l'incorporation soit parfaite.

Il est très-important que la chaux employée aux
opérations de la crépissure et d'enduits soit parfaitement éteinte. — Le moindre grumeau mal éteint

occasionne une soufflure.—La chaux grasse éteinte avec surabondance d'eau, et coulée dans des fosses cinq à six mois à l'avance, est celle que les plafonneurs préfèrent pour ce motif.

§ 23. — Crépis et enduits dans les lieux humides, pour bassins, citernes, etc.

Les crépis et enduits dont on recouvre les parois des citernes, des bassins, des conduits d'eau, etc., se font ordinairement avec des mortiers de chaux plus ou moins hydraulique, ou même de cendrée, ou de trass. — Les Anglais emploient exclusivement le ciment romain dans les mêmes cas. — L'usage de cette précieuse matière hydraulique commence aussi à se répandre parmi nous.—Le ciment n° 1 de la fabrique de MM. Josson et Delangle, à Anvers, donne de forts bons résultats.

§ 24. — Des murs en élévation.

Dans les constructions ordinaires, on peut faire les murs de diverses manières, savoir :

1° Entièrement en pierre de taille : dans ce cas, tout le rez-de-chaussée peut être en pierres dures et les autres étages en pierres tendres avec des chaines en pierres dures ; 2° partie en pierres, partie en moellons et briques : dans ce cas, on construit jusqu'à la hauteur de retraite en pierres dures, les points d'appui et tous les remplissages et les étages supérieurs en moellons, etc. : il est bon dans ce cas d'élever les encoignures ; 3° entièrement en moellons ou en briques ; 4° en plâtre pour les ouvrages de peu d'importance, tels que les murs dossiers de cheminée; 5° enfin en terre ou pisé, que l'on emploie le plus souvent pour clôture de jardin. — Cette construction est fort usitée dans quelques départements du sud-est de la France.

La nature des matériaux à employer pour la construction d'un mur, composé de substances différentes, dépend des matériaux du pays et du genre de décoration adopté.

On fait souvent des chaînes horizontales, que l'on place à la naissance des voûtes, au bas des croisées, pour se relier avec les appuis, au niveau des hauteurs de plancher. — Les pierres qui forment ces chaînes sont souvent reliées ensemble par des crampons en fer et à talons; le scellement de ces crampons se fait avec du plomb coulé et ensuite repoussé au poinçon.

Lorsque, par économie, on ne met pas de chaînes horizontales en pierre à différentes hauteurs du bâtiment, il est indispensable de relier la construction par des chaînes en fer plat avec des ancres placées au parement extérieur des murs, et dans tous les sens, pour prévenir l'écartement de ces murs. — Ces chaînes se placent ordinairement à chaque hauteur de plancher, et la dernière au droit de la cimaise de l'entablement, c'est-à-dire immédiatement au-dessus de la plate-forme des combles.

En général, l'épaisseur des murs doit être proportionnée à leur hauteur, à la quantité des matériaux qu'on y emploie, et à la charge qu'ils doivent supporter.

Dans les bâtiments ordinaires, les murs de face et de refend, de 487 à 514 millimètres au pied, sont réduits à 406 à 433 millimètres à l'entablement; la retraite à 41 millimètres au plus à l'extérieur, et la fondation, à 135 millimètres au-dessous du sol, doit avoir 81 millimètres d'empâtement de chaque côté, c'est-à-dire que si le mur a 514 millimètres sur la retraite, cette retraite ayant 41 millimètres d'épaisseur, le mur des caves ou fondations aura 717 millimètres.

L'épaisseur des murs en briques se détermine par les dimensions de la brique même. Ainsi, une brique ayant 217 millimètres de longueur sur 108 millimètres de largeur, on peut faire un mur de 217 millimètres d'épaisseur ou d'une brique, comme fig. 29, qui représente une première et une

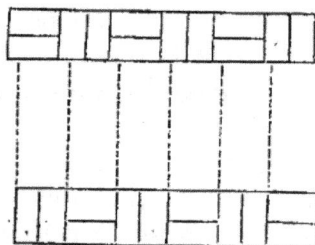

Fig. 29.

deuxième assise; s'il y a 325 millimètres d'épaisseur ou une brique et demie, ainsi qu'on le voit (fig. 30); s'il a 541 millimètres, c'est-à-dire deux briques et demie, comme la figure 31.

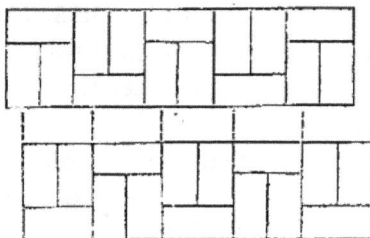

Fig. 30.

Il est essentiel d'observer qu'on ne doit jamais placer de cheminées dans l'intérieur des murs mi-

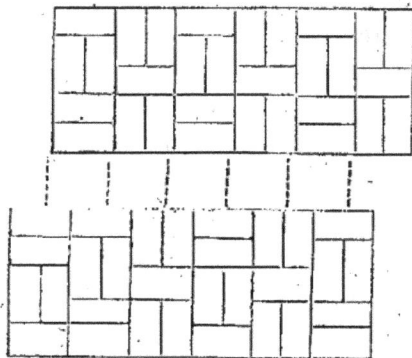

Fig. 31.

toyens ou qui peuvent le devenir, parce que le voisin est autorisé à les faire supprimer : 1° parce que ces murs doivent toujours conserver leur épaisseur entière ; 2° parce que, si on achète la mitoyenneté, ce qui ne peut se refuser dans aucun cas, on peut construire, et alors les planchers se trouveraient souvent au droit des tuyaux.

On doit aussi éviter avec le plus grand soin, dans la construction des murs, d'élever des trumeaux sur le milieu des grandes plates-bandes. — Il faut donc, lorsqu'on est contraint de faire un trumeau au-dessus d'une grande baie, substituer une arcade à une plate-bande.

Les murs prennent différents noms en raison de leur forme, savoir : les *murs droits*, dont les deux faces sont deux plans verticaux parallèles ; les *murs en talus*, dont une face seulement est inclinée et l'autre verticale, ou *à double talus*, cylindriques dont les deux parements forment deux courbes

parallèles décrites d'un même centre ; ils peuvent
être aussi en talus.

Dans la construction des murs et des voûtes en
pierres d'appareil, il ne faut jamais dévier des principes qui suivent, savoir : 1° Les pierres doivent
toujours être disposées de manière que leurs lits
de carrière soient perpendiculaires à la direction
de la force qui agit sur elles en les comprimant :
ainsi, par exemple, dans les murs, cette direction
agit de haut en bas ; donc, les lits de carrière doivent toujours être sur le plan horizontal. 2° Les
lits et joints des pierres doivent toujours être des
surfaces planes, à moins que la nature de l'ouvrage
ne s'y oppose absolument, parce qu'il est plus facile de faire deux faces planes qui doivent se join-
dre à juste position, que toute autre. 3° Autant que
possible, les faces des pierres doivent former avec
leurs joints des angles droits et jamais des angles
aigus. 4° Les lits appliqués les uns sur les autres
doivent se toucher également partout, parce que
deux pierres posées l'une sur l'autre offrent d'autant plus de résistance, que les faces superposées
se touchent par un plus grand nombre de points.
5° Toutes les pierres d'une assise doivent être
posées sur un plan de niveau et avoir par conséquent la même hauteur entre leurs lits ; les pierres
d'une assise doivent toujours être en liaison sur
celle de l'assise au-dessous.

§ 25. — Des épaisseurs à donner aux murs soumis à des
pressions verticales.

1° Dans les bâtiments qui ne sont couverts que
par un simple toit, si les murs sont isolés des deux
côtés dans toute leur hauteur, jusque sous le toit,

(fig. 32) on tire la diagonale BD, on porte dessus
B en I la deuxième partie de la hauteur AB du

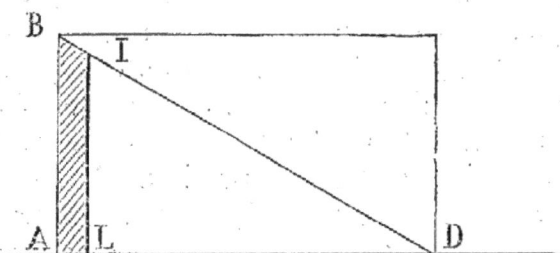

Fig. 32.

mur, on mène la parallèle IL, qui déterminera l'é-
paisseur du mur. — Pour que le procédé de détermination soit applicable, il faut que les fermes de la
charpente du toit soient munies d'entraits qui empêchent les poids des arbalétriers de s'écarter et de
pousser contre le haut des murs.

2° Si les murs qui supportent le toit étaient ap-
puyés à une certaine hauteur par d'autres constructions ou par des toits inférieurs, on ajoutera ensemble la hauteur totale et la hauteur partielle du
mur au-dessus de l'appui, et l'on prendra la vingt-
quatrième partie, qui, rapportée sur la diagonale
comme dans le cas précédent, donnera l'épaisseur
du mur au moyen d'une parallèle.

3° Dans les maisons ordinaires, où la hauteur
des étages ne dépasse pas 4 à 5 mètres, pour trouver
l'épaisseur des murs intérieurs ou de refend, il ne
faut avoir égard qu'aux pièces qu'ils divisent et au
nombre de planchers qu'ils ont à soutenir.

Quant aux murs de face, qui sont isolés d'un
côté dans toute leur hauteur, il faut avoir égard à
la profondeur du bâtiment et à son élévation. Ainsi
un corps de logis simple exige des murs plus épais

qu'un corps de logis double du même genre et de même hauteur, parce que leur stabilité est en raison inverse de leur largeur.

Supposons un corps de logis simple dont la profondeur est de 8 mètres et la hauteur jusqu'au-dessous du toit de 12 mètres; on ajoutera à 8 mètres la moitié de la hauteur, soit 6 mètres; l'on prendra la vingt-quatrième partie de la somme de 14 mètres réduite en décimètres, et l'on aura 0^m60 pour la moindre épaisseur de chacun des murs de face au-dessus du sol, ou pour première retraite au rez-de-chaussée. — Pour une construction de force moyenne il faut augmenter cette épaisseur de 0^m027, et pour une construction solide, de 0^m054.

Si c'est un corps de logis double, dont la profondeur soit de 14 mètres sur même hauteur que le précédent, on ajoutera ensemble la moitié de la hauteur et de la largeur du bâtiment, c'est-à-dire 7 et 6 mètres, et l'on prendra la vingt-quatrième partie de la somme de 13 mètres réduite en centimètres, qui donnera 0^m55 pour l'épaisseur de chacun des murs.

Pour déterminer l'épaisseur des murs de refend, on ajoutera à l'espace que ces murs doivent diviser la hauteur de l'étage, et l'on prendra la trentième partie de la somme pour une construction solide, ou la trente-sixième partie pour une construction ordinaire. — Cette règle sert évidemment aussi à la détermination de l'épaisseur des murs mitoyens

Lorsqu'au lieu d'un mur on établit un pan de bois de charpente, il suffit de lui donner l'épaisseur d'une demi-brique.

§ 26. — Murs de terrasse ou de revêtement.

Les murs qui doivent soutenir un terre-plein et auxquels on donne conséquemment les noms de murs de soutènement, de terrasse ou de revêtement, ont à surmonter la pression d'un prisme triangulaire de terre, qui tend naturellement à s'ébouler, en vertu de sa pesanteur. — Le plan incliné sur lequel ce prisme repose a d'autant plus d'inclinaison que les matières qui composent le terre-plein ont moins de cohésion et plus de fluidité. — Ainsi, ce plan est moins incliné pour les terres végétales simples que pour celles qui sont mêlées de gravier, et moins encore pour celles-ci que pour le sable.

Deux causes tendent à diminuer la poussée des terres : 1° leur cohésion ; 2° le frottement que le prisme éprouve sur le plan incliné qui le soutient. Ainsi toutes les causes qui diminuent la cohésion et le frottement augmentent la poussée : voilà pourquoi les terres imbibées d'humidité produisent une poussée plus forte que celle qu'elles exerceraient à sec. — Dans tous les cas, il est essentiel de massiver régulièrement les terres lit par lit pour leur donner plus de cohésion et de compacité.

Pour augmenter la stabilité des murs de revêtement et pour diminuer leur masse sans les affaiblir, on leur donne ordinairement un talus, c'est-à-dire on incline plus ou moins la paroi extérieure, de manière que le mur diminue progressivement d'épaisseur en s'élevant. — Ordinairement, la largeur du talus est d'un sixième de la hauteur à un dixième. Pour donner encore plus de stabilité aux murs, on a imaginé, outre le talus, des contre-forts.

Si l'on examine le profil (fig. 33) d'un mur qui doit résister à des pressions horizontales ou obliques qui tendent à le renverser, on reconnaîtra qu'il résistera d'autant mieux que le point I de la

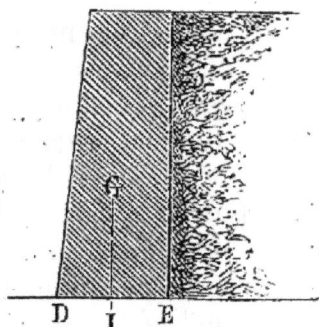

Fig. 53.

base DE, par où passe la ligne verticale qui part du centre de gravité G, sera plus éloigné du point D autour duquel on suppose que le mur tournerait, si la pression qui tend à le renverser était prépondérante.

Il résulte de ce principe : 1° qu'un mur dont la face extérieure est un talus aura, à masse égale, plus de stabilité que celui dont les faces sont d'aplomb.

2° Un mur avec contre-forts résisterait mieux si ces contre-forts étaient placés à l'extérieur, que lorsqu'ils sont placés à l'intérieur du côté des terres ; car, dans le premier cas, c'est le mur qui forme toujours la plus grande masse, dont la ligne du centre de gravité répond à un plus grand éloignement du point de rotation.

Quelle que soit la forme que l'on donne à un mur de revêtement, il est indispensable de pratiquer à des distances convenables des ouvertures étroites, appelées barbacannes, évents, pour donner issue aux eaux qui pénètrent les terres et qui produiraient des effets très-nuisibles si elles ne pouvaient sortir librement.

§ 27. — Table des épaisseurs à donner aux murs de soutènement pour résister à la poussée.

MURS AYANT LES DEUX FACES VERTICALES.

NATURE de la MAÇONNERIE DU MUR DE SOUTÈNEMENT	Terre ordinaire végétale pesant 1100 kil. le mètre cube.	Terre argileuse pesant 1240 kilogr. le mètre cube.	Terre mêlée de gros gravier pesant 1600 k. le mètre cube.	Terre mêlée de petit gravier pesant 1458 k. le mètre cube.	Sable pesant 1340 kil. le mètre cube.	Décombres, débris de roches, etc., pesant 1750 k. le mètre cube.	Terre savonneuse pesant 1380 kil. le mèt. cube, ou terre imbibée d'eau.	OBSERVATIONS.
En briques, pt 1750 kilogr. le m³.	0,16	0,17	0,19	0,19	0,33	0,24	0,34	L'épaisseur, qui est uniforme, est exprimée en fractions de la hauteur prise pour unité.
En moellons, pt 2200 kil. le m³.	0,15	0,16	0,17	0,17	0,30	0,22	0,49	
En pierre de taille, pt 2700 k. le m³.	0,13	0,14	0,16	0,15	0,26	0,17	0,44	
Cailloux roulés, pt 2560 k. le m³.	0,14	0,15	0,17	0,16	0,30	0,21	0,47	
Briques et moellons, pt 1950 k. le m³.	0,16	0,17	0,16	0,18	0,32	0,23	0,31	

MURS AYANT UN TALUS EXTÉRIEUR DE 1/20 DE LEUR HAUTEUR.

NATURE de la MAÇONNERIE DU MUR DE SOUTÈNEMENT	Terre ordinaire végétale	Terre argileuse	Terre de gros gravier	Terre de petit gravier	Sable	Décombres	Terre savonneuse	OBSERVATIONS.
En briques.	0,12	0,15	0,15	0,15	0,29	0,19	0,30	L'épaisseur indiquée dans ce tableau est l'épaisseur de la crête du mur; elle est exprimée en fractions de la hauteur qui est prise pour unité.
En moellons.	0,10	0,14	0,14	0,13	0,26	0,17	0,44	
En pierre de taille.	0,08	0,09	0,11	0,11	0,25	0,14	0,39	
En cailloux roulés.	0,09	0,10	0,12	0,12	0,23	0,15	0,42	
En briques et moellons.	0,11	0,12	0,14	0,14	0,28	0,18	0,47	
En pierres sèches pt 1460 K. le m³.	0,22	0,24	0,25	0,26	0,37	»	»	

Dans la pratique, il est prudent d'augmenter un peu les épaisseurs indiquées dans le tableau qui précède.

§ 28. — Murs de clôture.

L'épaisseur de ces murs dépend de leur hauteur, de la qualité et du bon emploi des matériaux qui les composent. — Mais elle dépend aussi de leur propre disposition. — Il est évident, en effet, qu'un mur tout à fait isolé est placé dans les conditions les plus favorables de résistance. — Si on le combine avec un autre mur, il en recevra un soutien qui en rendra le renversement plus difficile : sa stabilité augmentera encore s'il est relié avec un deuxième mur placé à son autre bout. — On conçoit, de plus, que l'appui que lui prêtent les deux autres sera d'autant plus grand qu'ils seront plus rapprochés, et que si la longueur du mur devenait très-grande, le bénéfice qui résulterait de cette disposition serait presque nul.

Il résulte de là qu'un mur d'enceinte circulaire, qu'on peut considérer comme formé d'un nombre infini de côtés infiniment petits, est celui de tous qui peut se soutenir avec la moindre épaisseur. — En résumé, le rapport de l'épaisseur à la hauteur d'un mur doit diminuer lorsque, au lieu d'être disposé sur une seule ligne droite, il renferme une enceinte déterminée, et cette diminution sera d'autant plus grande que les côtés de l'enceinte, compris entre deux angles consécutifs, seront plus petits.

L'épaisseur à donner aux murs complétement isolés dépend donc uniquement, sauf la qualité et l'emploi des matériaux, de leur hauteur. — On la fait égale au huitième, au dixième ou au douzième de cette hauteur, selon qu'on veut qu'ils aient une stabilité forte, moyenne ou faible. — Quant à l'épaisseur à donner à des murs reliés, soit (fig. 32) A,B,C,D, la face d'un pan de muraille qui doit faire partie d'une enceinte rectangulaire, après avoir tiré la diagonale BD, on porte de B en I la huitième partie de la hauteur AB, si l'on veut lui donner beaucoup plus de solidité; la neuvième ou la dixième partie pour une solidité moyenne, et la onzième ou la douzième pour une construction légère. — Si par le point I on mène une parallèle à AB, leur intervalle indiquera l'épaisseur à donner au mur.

§ 29. — Chaînes verticales et horizontales.

On donne, en général, le nom de chaînes aux parties d'un mur qui ayant de plus grandes dimensions ou étant formées de matériaux plus résistants que l'ensemble, sont destinées à soutenir, à lier, à entrelacer toutes les autres parties. — Les chaînes sont verticales ou horizontales.

Les chaînes verticales sont celles que l'on place aux encoignures des murs principaux et aux endroits où les murs de refend viennent se relier avec eux, sous la portée des principales pièces des combles et des planchers, sous la retombée des voûtes, aux pieds droits des portes et des croisées. Les chaînes ne rempliraient point le but que leur nom même indique si les matériaux qui les composent n'étaient disposés de manière à se relier parfaitement avec ceux qui forment les remplissages. — Si les chaînes sont de matière plus résistante que le reste des murs, elles peuvent n'avoir que la même épaisseur sans aucune saillie; mais quand elles seront de même matière, elles auront plus ou moins de saillie en dehors.—Si une chaîne verticale a une

saillie considérable, elle prend le nom de contre-
fort, et a ordinairement sa face antérieure en talus;
si la chaîne verticale n'a que quelques centimètres
de saillie, on l'appelle pilastre.

Lorsque la saillie des chaînes horizontales est
considérable, on la soutient de distance en distance
par des pierres solides enclavées dans le mur,
auxquelles on a donné les noms de *consoles*, de
modillons, etc. Pour diminuer les masses saillantes
et pour les rendre moins pesantes, on les taille en
biseau; mais cette forme n'étant point agréable à
l'œil, on l'a embellie en y formant des sinuosités régulières que l'on a nommées *moulures*. Les chaînes
horizontales ainsi *profilées* ont pris le nom de *corniches*.

L'office des chaînes horizontales est non-seulement de fixer et de relier par leur excès de pesanteur, de force et de dimension, les matériaux moins
pesants sur lesquels elles reposent, mais encore
de réunir entre elles toutes les chaînes perpendiculaires et prévenir toute espèce d'écartement. —
Elles servent aussi à dissimuler les dimensions
d'épaisseur des murs et à abriter les parties inférieures.

§ 30. — Des moulures.

Nous venons de voir que l'on nomme moulures
les profils donnés aux chaînes horizontales saillantes; elles sont un moyen d'ornementation pour
l'architecte.

Les moulures peuvent se diviser en trois espèces :
les droites, les circulaires et les composées.

Les principales moulures droites sont le filet
ou listel, le larmier et la plate-bande.

Le filet est une moulure carrée, étroite, dont la

saillie A et C doit égaler la hauteur (fig. 54); on l'appelle aussi reglet ou bandelette.

Le larmier est une moulure large et saillante, creusée souvent en dessous, que l'on place dans les corniches pour préserver l'édifice des eaux du ciel (fig. 55).

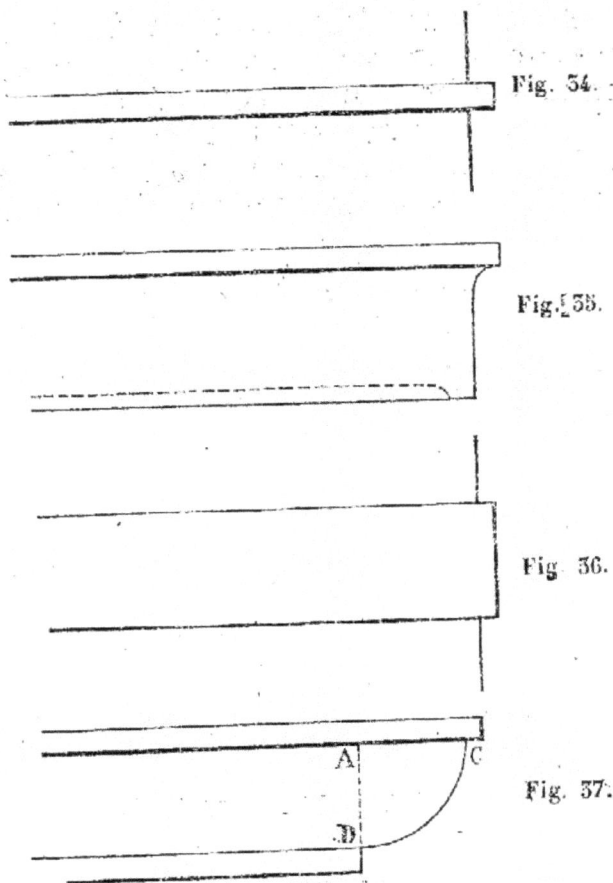

Fig. 54.

Fig. 55.

Fig. 56.

Fig. 57.

La plate-bande est une moulure large, plate et très-peu saillante (fig. 56).

Les principales moulures circulaires sont le

quart de rond, la baguette, le tore, la gorge, le cavet, le congé, la scotie, le talon et la doucine.

Le quart de rond est une moulure formée du quart de cercle, dont la saillie égale la hauteur (fig. 37). Pour le tracer, il faut prendre la hauteur perpendiculaire AD de la saillie de la moulure et du point A décrire l'arc CD.

Pour former le quart de rond plat, il faut prendre la distance (fig. 38) de A à B, de ces points décrire deux arcs qui se coupent en C, et l'intersection sera le centre de l'arc AB.

La baguette est une moulure saillante, demironde et fort étroite, dont la saillie égale la moitié

Fig. 38.

Fig. 39.

Fig. 40.

Fig. 41.

de la hauteur (fig. 39). Pour la tracer, on décrit une demi-circonférence dont le centre est au milieu de la perpendiculaire AB qui représente la hauteur de la moulure.

Le tore ou boudin est une moulure demi-ronde dont la saillie égale la moitié de la hauteur (fig. 40).

La gorge est une moulure creuse et demi-ronde dont la profondeur égale la moitié de la hauteur (fig. 41). On la trace en décrivant une demi-circonférence qui a pour centre le milieu A de la perpendiculaire CB, et pour rayon la moitié CA de la hauteur de la moulure.

Le cavet est un quart de rond dont le centre C (fig. 42) est placé en dehors et dans l'aplomb

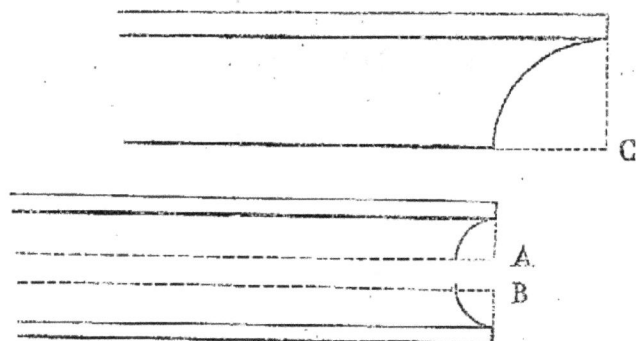

Fig. 42 et 43.

de sa saillie ; le rayon du demi-cercle qui le forme est égal à la hauteur de la moulure.

Le congé est une espèce de petit cavet (fig. 43). Il se trace comme lui : A représente un congé droit et B un congé renversé.

La scotie est une moulure creuse A' B' (fig. 44) formée de plusieurs cavets dont les centres sont placés à volonté. — La figure 45 représente une scotie renversée ; A et B sont les centres des arcs qui la forment.

Le talon est une moulure composée d'un quart de

rond et d'un cavet, et dont la saillie égale la hau-

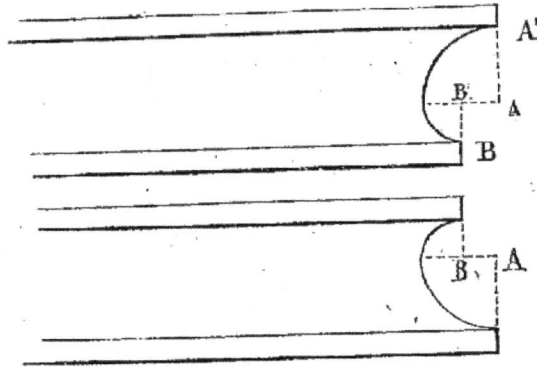

Fig. 44 et 45.

teur (fig. 46). Pour le tracer, tirer la ligne AB;

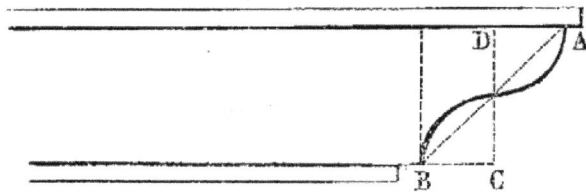

Fig. 46.

partager la saillie de la moulure par la perpendiculaire CD et prolonger la ligne B. Le point B sera
le centre du quart de rond, et le point C celui du
cavet qui forme le talon.

Le talon plat est une moulure semblable à la
précédente, mais aplatie (fig. 47).

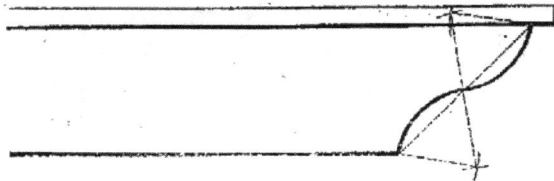

Fig. 47.

La doucine est une moulure composée des

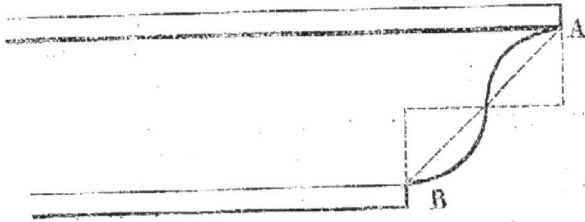

Fig. 48.

mêmes parties (fig. 48) que le talon, mais disposées en sens contraire.

SECTION II.

DE LA CHARPENTE DES COMBLES, ETC. — DE LA COUVERTURE DES TOITS, ETC.

ART. III.

§ 51. — De la charpente des combles.

L'art du charpentier a fait de grands progrès depuis les belles expériences qui ont eu lieu sur la résistance des bois. On ne voit plus dans nos édifices modernes ces amas énormes de bois, ces pièces de dimensions extraordinaires que l'on ne pourrait plus remplacer aujourd'hui ; mais les procédés de cet art perfectionné sont malheureusement encore concentrés dans les chantiers des grandes villes, et lorsqu'on s'en éloigne, on retrouve les charpentes des combles aussi mal exécutées qu'autrefois. Il serait donc à désirer que les propriétaires qui veulent bâtir prissent connaissance des nouvelles modifications apportées aux charpentes et en conçussent une idée assez exacte pour les appliquer dans leurs constructions. En les adoptant, on obtiendrait des charpentes solides, dans lesquelles il entrerait moins de bois, et des bois de moindres dimensions.

Les bois de charpente doivent être sains, sans mauvais nœuds, sans aubier et, autant que possible, anciennement coupés; il faut toujours les placer dans les positions où ils sont susceptibles de la plus grande résistance.

Les charpentes des combles sont aujourd'hui construites en décharge, et loin de contribuer à l'écartement des murs, non-seulement elles peuvent servir à leur conserver l'aplomb, mais encore à décharger les planchers inférieurs, lorsque la grande largeur des bâtiments pourrait faire craindre le flambement des poutres par leur seul poids et leur grande portée.

Dans le cas de ces grandes portées, on peut faire les entraits de plusieurs pièces sans poteaux au-dessous. On scie les poutres en deux par le milieu sur leur plus grande hauteur, on y place une décharge avec boulons et écrous, et on la rend susceptible d'une résistance beaucoup plus forte que si elle avait été employée à la même place sans avoir été garnie de ces renforts.

On emploie avec succès le fer pour consolider les charpentes; c'est avec des étriers en fer qu'on empêche l'écartement des jambes de force, des entraits, des poinçons, etc., etc.

On débite de deux manières les bois de charpente : en les équarrissant à la coguée, en les sciant de la longueur convenable à leur destination.

Les bois de charpente ne sauraient être sciés trop tôt : quand on les emploie verts, ils se gercent, se fendent ou se retirent, ce qui détruit la solidité ; il faut aussi que l'aubier soit entièrement enlevé, sans quoi l'ouvrage serait imparfait. — L'aubier corrompt le bois, le fait pourrir ; les vers s'y mettent et gagnent le bois sain. — Toutefois, il y a une manière de rendre l'aubier moins mauvais : c'est d'écorcer les arbres avant de les abattre, au moins un an d'avance, depuis le pied jusqu'à hauteur d'homme.

L'opération doit se faire aux premiers jours du mois de mars, et on ne coupe que l'année suivante.

Les toitures rurales consistent d'ordinaire en une série de fermes parallèles en charpente sur lesquelles reposent des pièces horizontales. Celle de ces pièces qui relie l'extrémité supérieure des fermes prend le nom de faîtier.

Sur ces pièces horizontales ou pannes reposent des solives d'un plus faible équarrissage et parallèles à la direction des fermes ; ce dernier rang de solives porte la toiture.

La forme la plus simple consiste en une pièce horizontale AB (fig. 49), nommée entrait, qui sup-

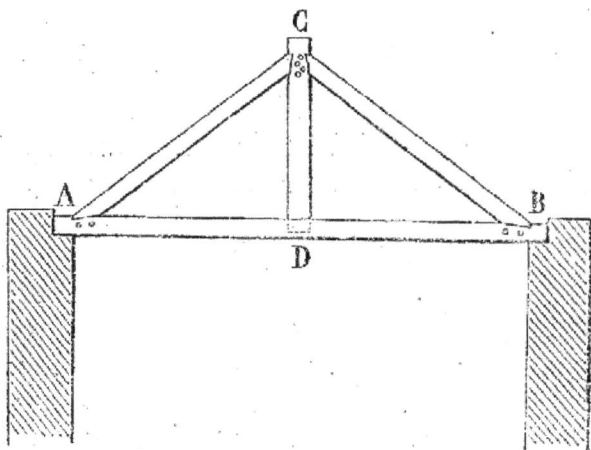

Fig. 49.

porte une pièce verticale CD, nommée le poinçon, et deux pièces inclinées AC et BC, appelées arbalétriers, qui viennent s'assembler sur le poinçon et sur l'entrait.

D'ordinaire, on se contente d'ajuster par un simple tenon le poinçon et l'entrait. C'est une faute grave : le poids de la toiture tend à faire fléchir les arbalétriers AB et BC (fig. 50). Le

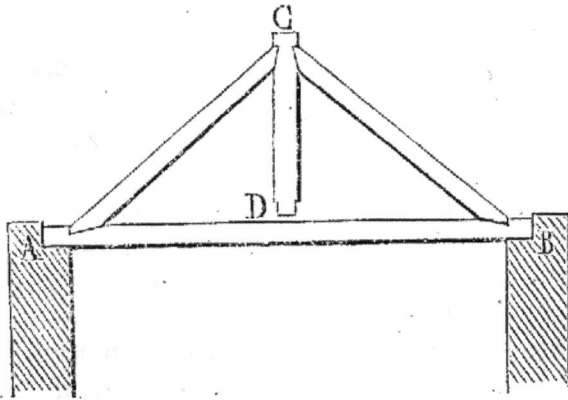

Fig. 50.

propre poids de l'entrait et la déformation des deux autres côtés du triangle ABC contribuent à le séparer du poinçon, et à la forme première de la forme se substitue celle que nous représentons ici : le poinçon se détache de l'entrait, et cette séparation est le fait ordinaire qui frappe les yeux de ceux qui visitent les combles.

Dans les systèmes de charpente que l'on adopte, il faut combiner les diverses pièces qui composent les fermes de manière qu'elles ne poussent pas au vide, parce qu'alors elles feraient effort sur les murs, les repousseraient et leur donneraient bientôt un suraplomb qui accèlererait leur chute.

§ 52. — De la charpente des planchers et des escaliers.

Un plancher est un système de charpente qui sépare les différents étages d'un bâtiment. Il y en a de diverses espèces. Ceux que l'on fait généralement sont formés de pièces de bois appelées solives, qui sont posées parallèlement, ayant leur point d'appui ou sur le sol pour le rez-de-chaussée, ou sur les murs pour les autres étages : elles sont plus ou moins espacées et de grosseur proportionnée à la charge que les planchers doivent supporter.

Si elles doivent être garnies d'un plafond inférieur, on les espace de manière qu'il s'en trouve au moins trois dans la longueur de l'échantillon de la latte, et même quatre quand les lattes sont plus longues. Il faut, autant que possible, éviter de prendre les points d'appui de ces pièces au-dessus des des baies des portes ou des croisées.

Pour les escaliers en bois, qui presque toujours s'exécutent par les charpentiers dans les habitations rurales, un mètre à un mètre dix centimètres au plus de largeur suffit : il y en a de plus étroits. — Les plus difficiles à faire sont ceux dont l'emplacement exige des marches tournantes, parce qu'il faut plus de précision pour entretenir une marche d'une largeur convenable. On se règle à cet égard sur le milieu de la longueur de chaque marche, pour qu'elle y soit de la même largeur et de la même hauteur que toutes les autres.

Les escaliers les moins rapides sont les plus commodes pour y monter des fardeaux. — La règle est que les deux dimensions réunies forment un total de 0,50 centimètres.

Autant que possible, on doit ménager des paliers

à chaque étage : ce sont des repos nécessaires aux personnes qui y montent des fardeaux.

En général, un escalier en bois doit être posé solidement sur un mur déchiffré pour porter des patins, et il faut qu'il y ait un appui sur des balustres en bois ou en fer, enfoncés dans le limon extérieur. — Il est également utile d'avoir une lisse d'appui contre les murs, à une hauteur convenable.

§ 53. — De la charpente des logements et autres bâtiments en bois.

Dans les cantons trop éloignés des carrières, on élève presque toujours des logements et autres bâtiments en bois de charpente, qui toutefois doivent avoir leurs fondations en pierres assises sur un terrain ferme. Ces fondations doivent être élevées à un pied ou deux au-dessus du sol environnant, pour que l'humidité du terrain n'attaque pas les bois de charpente.

Dans les bâtiments en bois de charpente, chaque pan de bois ou cloison se projette et se construit d'abord par terre, suivant les dimensions convenables, d'après les dessins arrêtés d'avance. Quand les pans de bois et les cloisons sont faits séparément, avec les tenons et mortaises d'assemblage ménagés d'avance, on les assemble debout en place, dans une position verticale. Le tout doit être bien appuyé sur le mur d'appui, ainsi que les autres poteaux intermédiaires. Le reste de la construction se fait après la couverture du bâtiment achevée.

Il faut avoir soin de ménager dans les pans de bois et cloisons les ouvertures nécessaires pour les portes, fenêtres, et même le bas des cheminées, qui ne se construisent que lorsque les bâtiments sont sur pied et couverts.

On donne aux fondations environ un pied d'épaisseur. Si les seuils de la charpente n'ont pas plus de 15 à 20 centimètres d'épaisseur, on peut employer les briques hors de terre. — Dans tous les cas, il faut employer de bon mortier de chaux.

Ordinairement, les pavés, carrelages ou planchers des rez-de-chaussée des bâtiments en bois arassent ou surmontent de quelques pouces la maçonnerie de la fondation, afin d'assainir davantage les pièces qui le composent.

Il en est de même du sol des granges, écuries, bergeries, hangars, etc. Aussitôt que le bâtiment est élevé, on procède à sa couverture. — On dispose les solives sur les chapeaux ou entre-toises de la charpente pour supporter les planchers des chambres ou les sinets des écuries, des granges, etc., en y laissant les ouvertures convenables pour les escaliers, échelles, tremies et tuyaux de cheminées. On garnit ensuite toutes les cloisons et pans de bois (à l'exception des portes et fenêtres) avec des palsons : ce sont de petits morceaux de bois refendus et taillés de mesure pour occuper en zigzag les différents intervalles entre les bois debout et ceux en travers.

Pour que ces palsons puissent tenir ferme entre ces différents bois de charpente, il faut que ces derniers aient une rainure de chaque côté. A mesure que ces palsons sont ajustés avec force dans les rainures, on les garnit d'un mortier de terre mélangée avec de la paille ou du foin haché grossièrement (ce qu'on nomme bauge ou torchis), d'abord en dedans des chambres, et ensuite en dehors lorsque le premier côté est un peu sec. Quand cette couche est sèche, on en remet une deuxième pour rendre le tout bien uni et reboucher les fentes et crevasses opérées par la dessiccation. L'on finit

par blanchir le tout au lait de chaux. Au dehors,
on applique également un dernier mortier de terre,
chaux et sable, mélangés de regain, sur toutes les
parties crevassées, et l'on y repasse la truelle plusieurs fois, jusqu'à parfaite dessiccation. — Enfin,
on cloue un lattis sur le tout pour le garantir de la
pluie et de l'ardeur du soleil.

Les cloisons intérieures se travaillent de la même
manière, à l'exception du dernier lattis qui devient
inutile.

§ 34. — Résistance des bois.

Nous allons parler de la mise en œuvre des bois.
Les principes qui doivent guider dans l'application
des bois de charpente aux planchers et à la couverture des édifices sont de la plus grande simplicité ; cependant, à l'aspect de la plupart des bâtiments ruraux, on les croirait complétement ignorés.
— Nous allons les rappeler et en tenir les conséquences.

La résistance à la flexion d'une pièce de
charpente supportée sur deux appuis est inverse
au carré de la longueur et proportionnelle au produit de la largeur par le cube de la hauteur.

La résistance ou la rupture est proportionnelle,
dans ce cas, à la largeur multipliée par le carré
de la hauteur, et inverse à la longueur.

Lorsque la pièce est encastrée solidement par les
deux extrémités, la résistance à la rupture est
double de ce qu'elle serait si la pièce reposait simplement sur des appuis ; mais nous devons noter
que ce cas d'encastrement parfait est très-rare dans
la pratique et qu'on ne doit pas compter sur une
augmentation de résistance aussi forte.

Deux ou plusieurs pièces de bois superposées ou

liées de manière à pouvoir glisser dans le sens de leur longueur ont une résistance totale égale à la somme de leurs résistances partielles; deux pièces invariablement liées par des assemblages et des boulons résistent comme une pièce unique. Ainsi, 1 représente la hauteur de chacune des pièces : dans le premier cas, la résistance à la rupture est proportionnelle à 2; dans le second cas, à 4, c'est-à-dire deux fois plus grande.

Quand une pièce est supportée en son milieu, les deux parties résistent séparément à la rupture, comme si chacune d'elles était encastrée à ce point intermédiaire. — Toutes les fois que par un assemblage invariable on fixe un point d'une pièce, la pièce se trouve divisée, à partir de ce point, en deux parties qui se comportent comme si elles étaient encastrées à ce point; leur résistance à la rupture est donc augmentée dans le rapport de la longueur de la pièce totale aux longueurs des pièces séparées.

Si l'assemblage se compose d'une liaison invariable avec des pièces flexibles, comme cela arrive le plus communément, la résistance de ces pièces à la flexion vient s'ajouter à la résistance propre de la pièce assemblée : on en fait une pièce armée.

Les planchers ordinaires consistent en poutres grossièrement équarries sur lesquelles on place des solives transversales; sur ces solives on cloue les planchers.

L'expérience a prouvé que des poutres en sapin de 0^m,25 d'équarrissage, encastrées dans les murs par leurs extrémités, pouvaient supporter sans flexion sensible une portée de 7^m,00 mètres, en les espaçant de 2 en 2 mètres d'axe en axe, et c'est la méthode la plus communément employée. — La résistance à la rupture de ces pièces est proportionnelle à

$$\frac{0,25 \times \overline{0,25}^2}{2} = 0,0078.$$

Supposons des pièces de 0,15 de largeur sur 0,30 de hauteur espacées de 1ᵐ,70, la résistance à la rupture de ces pièces est proportionnelle à

$$\frac{0,15 \times \overline{0,30}^2}{1.70} = 0,0079.$$

Ainsi la seconde combinaison est la plus avantageuse pour la résistance, et cependant le cube du bois employé est diminué de 20 p. %.

Nous devons ajouter, de plus, que la résistance à la flexion, étant proportionnelle au cube de la hauteur, est augmentée dans le second cas. C'est donc une faute grave, en matière de construction, que d'employer ces gros bois équarris dont on tirerait un parti beaucoup plus économique et plus avantageux en les refendant. Mais on ne doit pas employer des bois de moindre équarrissage que 0ᵐ,12 et 0ᵐ,24; autrement, on s'exposerait à une destruction trop rapide des pièces ainsi réduites.

Quand les pièces ont une portée plus grande que celle que nous venons d'indiquer, les principes posés ci-dessus permettent d'apprécier leurs dimensions d'après la résistance. — On a vu plus haut que nous avons distingué, en théorie, la résistance à la rupture et la résistance à la flexion. Les pièces de charpente employées dans les constructions ne doivent pas éprouver de flexion sensible; sans quoi les planchers éprouveraient des mouvements inquiétants, et les murs, n'étant pas pressés suivant une ligne sensiblement verticale, seraient exposés à donner.

Il est une limite à laquelle on doit s'arrêter pour employer des poutres au soutènement des planchers. Il faut alors remplacer les poutres simples par des poutres armées, assemblées à trait de Jupiter et boulonnées, qui représentent par leurs dimensions une poutre unique dont la force de résistance coïncide avec celle donnée par le calcul ; ou bien soutenir les poutres trop faibles par des contre-fiches qui, en créant des supports intermédiaires, diminuent artificiellement la portée des pièces et leur donnent la résistance nécessaire : les points auxquels doivent aboutir ces contre-fiches sont eux-mêmes déterminés par cette condition que la résistance à la flexion des différents segments séparés soit suffisante. — Dans ce cas, pour ne pas affaiblir les pièces par les entailles d'assemblage, on se sert de deux moises qui embrassent la pièce et sont boulonnées avec elle.

Quand on a à sa disposition des bois assez forts, mais qui ne présentent pas une longueur suffisante, on peut remplacer le système des poutres par une disposition analogue à celle que nous représentons ci-dessous. Les pièces a, b, a' b', a'' b'', a''' b''' sont engagées dans le mur par leurs extrémités a, a', a'', a''' (fig. 54) et assemblées l'une à l'autre à mi-bois par leurs extrémités b, b', b'', b'''. Les assemblages doivent être faits avec la plus grande exactitude, afin que les pièces ne perdent pas leur force par leur milieu.

Quant aux solives qui portent sur les poutres, Il est d'usage, en les espaçant tant plein que vide, de leur donner en hauteur le vingt-quatrième de la portée. Ainsi, pour une portée de 1^m,70, les solives doivent avoir un peu plus de 0^m,07 de hauteur.

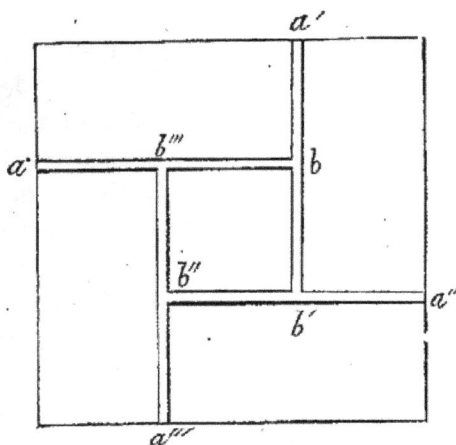

Fig. 51.

Dans les pièces étroites, et en général dans toutes celles dont la portée ne dépasse pas 4 mètres, on peut sans inconvénient supprimer les poutres transversales et les remplacer par des solives de 0^m,16.

Quand le toit a une seule pente, et que les murs de refend ont une épaisseur suffisante, le système peut être très-simple. Il consiste alors uniquement en poutres horizontales qui suppléent les fermes et sont placées parallèlement les unes aux autres suivant l'inclinaison du toit.

L'entrait AB (fig. 52) empêche l'écartement des extrémités EF des arbalétriers, et par suite convertit la poussée qui aurait lieu contre les murs en une pression à peu près verticale. Quand la résistance des murs est considérable et que leur écartement ne permet pas d'employer un entrait qui ait toute la portée, on peut réunir les arbalétriers et le poinçon par des moises placées à une certaine hauteur. Enfin, pour reporter la pression plus ver-

ticalement sur les murs et pour fortifier les arbalétriers, on les soutient quelquefois par des contre-

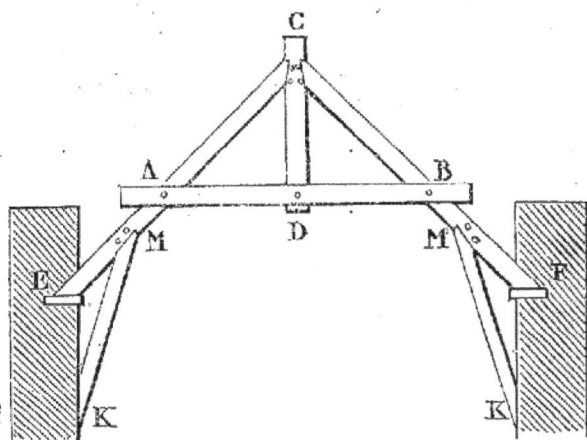

Fig. 52.

fiches KM et K′ M′ qui prennent leur point
d'appui sur les murs plus bas. Cette disposition est
surtout usitée dans les magasins, les hangars ou
les granges.

Il est facile d'établir d'une manière approximative la résistance des pièces dans les fermes. —
Quand le poinçon n'est pas relié à l'entrait, dans
la pratique, il n'exerce aucune pression sur l'entrait; donc, en décomposant le poids suivant la
direction des arbalétriers et perpendiculairement à
cette direction, la ligne C (fig. 53), suivant la direction de l'arbalétrier, vient se reporter sur l'assemblage avec l'entrait; et si l'on décompose cette
dernière force suivant la direction de l'entrait et
perpendiculairement à cette direction, la nouvelle
composante D est détruite par la résistance des
murs, et la composante E exerce une traction sur
l'entrait. La force de l'entrait est toujours plus que
suffisante pour résister aux deux tractions E, en

sens contraire, qui le sollicitent ; mais les arbalétriers sollicités par les composantes B ont besoin

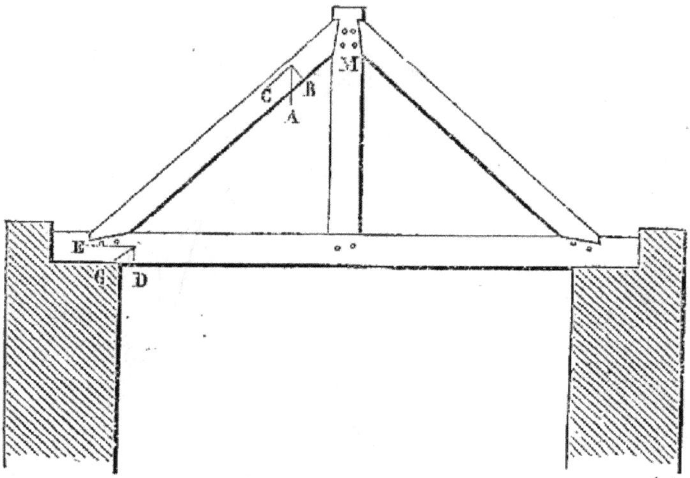

Fig. 53.

de la force nécessaire pour ne pas prendre une
flexion sensible sous l'action de cette force ; et
comme leur point d'assemblage M avec le poinçon
n'est pas un point fixe et est susceptible de monter
ou de descendre, on ne s'écartera pas des conditions
de la pratique en supposant que les arbalétriers
sont remplacés par une pièce unique de leur équarrissage, ayant la portée de la ferme, et à laquelle
les composantes B du poids de la toiture uniformément réparti sont appliquées. On rentre alors dans
la détermination dont nous avons montré un exemple à propos des planchers.

Quant à la force des pannes et des chevrons
qui jouent par rapport à la toiture le même rôle
que les solives relativement aux planchers, leur détermination sera facile par les règles que nous

avons posées dans l'examen des planchers pour des pièces horizontales sollicitées par un poids.

En suivant les principes que nous venons d'établir et qui, sans être rigoureusement exacts, s'approchent très-suffisamment de la pratique, on évitera bien des fautes qui se commettent tous les jours. Du reste, quand on voudra procéder par analogie et faire une charpente semblable à une charpente existante, et sur des portées plus réduites ou plus fortes, la dimension relative des pièces dont on devra se servir, se trouvera exactement par le même procédé de calcul que nous avons employé pour comparer un plancher de 9 mètres de portée à un plancher de 7 mètres.

Les assemblages de charpente sont de différentes natures et ont chacun un usage déterminé.

Toutes les fois qu'une pièce porte nécessairement sur une autre par la disposition de la charpente, on les réunit par un tenon simple ou double, droit ou incliné, suivant la direction des pièces. La

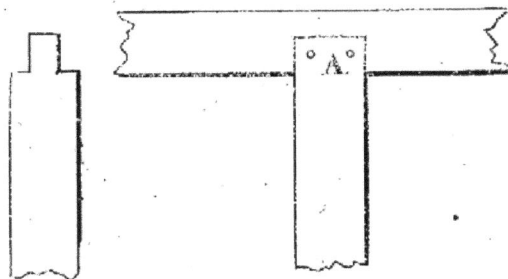

Fig. 54.

fig. 54 représente le tenon simple droit; la pièce supérieure est entaillée suivant la forme du tenon qu'on y chasse au maillet et qu'on y assujettit ordinairement par des chevilles A.

La fig. 55 représente un tenon double incliné ;
ce tenon se compose de deux dents retournées d'é-

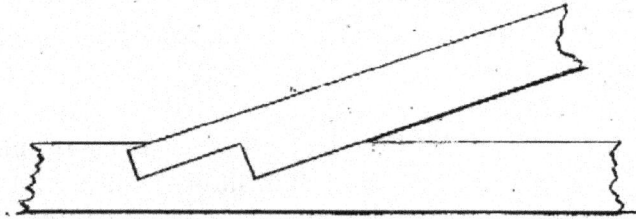

Fig. 55.

querre sur la pièce, et prises dans le tiers de la
pièce. D'ordinaire on fait entrer l'arête A de $0^m,04$
à $0^m,05$ dans la pièce qui reçoit le tenon, pour que
l'arête n'éclate pas. — On appelle mortaise l'en-
taille qui reçoit le tenon.

Quand la disposition des pièces ne tend pas à les
rapprocher, ou quand elles sont exposées à des
efforts de traction modérés, on les réunit par un
assemblage à queue d'*hironde*. Quand les deux
pièces sont perpendiculaires, l'assemblage est représenté par la fig. 56, et quand les deux pièces

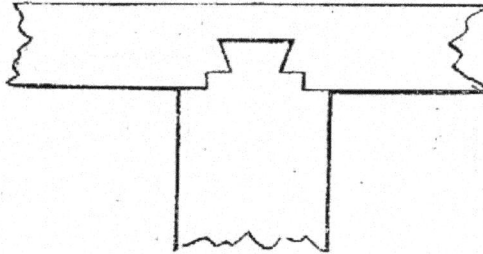

Fig. 56.

sont bout à bout, par la fig. 57. — Ce genre d'as-

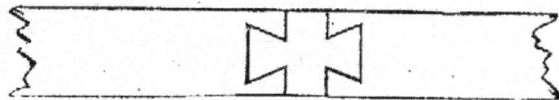

Fig. 57.

semblage se fait à mi-bois. — Quand les deux pièces sont bout à bout ou juxtaposées, ou exposées à
un effort considérable dans le sens de leur longueur,
on les assemble par un trait de Jupiter que nous
représentons (fig. 58).

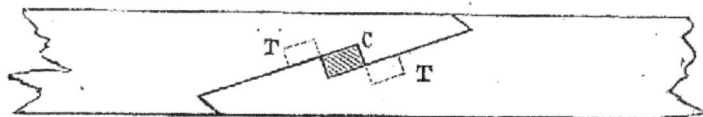

Fig. 58.

Dans cet assemblage, chacune des pièces de bois
porte un tenon T et une mortaise, et le tenon de
l'une entre dans la mortaise de l'autre. Entre les
deux tenons on met une clef C qui, une fois placée,
empêche la disjonction des pièces, et dont le vide,
avant qu'elle ne soit placée, permet de les engager
l'une dans l'autre.

Quand une pièce principale doit être soumise à
un effort considérable, il faut remplacer la queue
d'hirondelle ou le tenon cheville par un étrier qui
la lie à la pièce qui la rencontre ; il est aussi le
plus souvent préférable de remplacer la pièce qui
rencontre par deux pièces moisantes. On appelle
ainsi deux pièces parallèles BB (fig. 59) qui, em-
brassant la pièce principale A, sont clouées ou
boulonnées avec elle, ou boulonnées de part et
d'autre, et qui d'ordinaire sont légèrement entaill-
lées à leur rencontre avec la pièce principale pour
empêcher le glissement.

Le trait de Jupiter ne doit non plus être employé dans les pièces bout à bout que dans des
points où les pièces reposent sur des supports intermédiaires ; et dans les pièces assemblées en long,
il doit être soutenu par de forts boulons qui ser-

rent les pièces. Les boulons tendent à faire fendre les pièces dans le sens de leur longueur : on ne doit

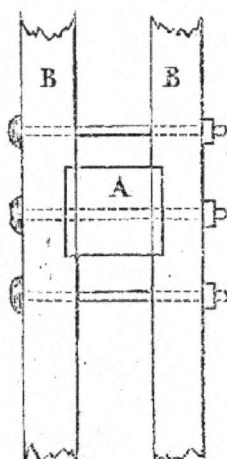

Fig. 59.

jamais les placer à l'extrémité des pièces, et si la liaison doit avoir nécessairement lieu aux extrémités, il faut remplacer les boulons par une frette ou un étrier.

ART. IV.

§ 55. — De la couverture des toits.

Les matériaux dont on fait le plus usage pour couvrir les bâtiments sont l'ardoise et la tuile. Cependant, à la campagne, on se sert beaucoup de matériaux moins coûteux d'achat et d'emploi.

§ 56. — Couverture en ardoises.

Pour faire une couverture en ardoises, on commence par poser sur le chevronnage un lattis jointif en lattes de chêne ou voliges en bois blanc. Ces lattes ou voliges se clouent sur les chevrons au

moyen de deux clous au moins : on les pose jointi-
vement et en liaison, mais sans les serrer.

Sur ce lattis reposent les ardoises (fig. 60).

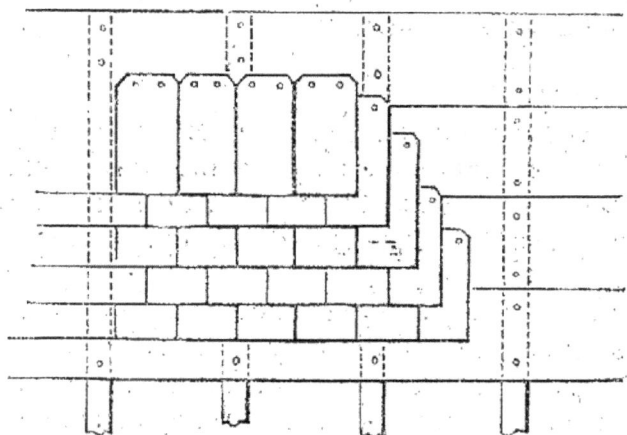

Fig. 60.

On commence d'abord par faire l'égout, c'est-à-dire
le premier rang d'ardoises. Le pureau ou partie
apparente de l'ardoise ne doit pas avoir plus du tiers
de la longueur totale de l'ardoise. Chaque ardoise
est fixée au lattis avec deux clous au moins; ces
clous sont à tête très-plate et très-mince : ils ont
18 à 20 millimètres de longueur, et il en entre 6 à
700 au kilogrammes.

Comme les ardoises ne peuvent couvrir les parties saillantes ou rentrantes des toits, comme les
arêtiers, les noues, les noulets, les faîtes, etc., on
les protége soit par des bourrelets, ou liens de mortier, soit par des tuiles de diverses formes, soit au
moyen de lames de métal.

On place souvent sur les toits en ardoises des
crochets recourbés qui servent aux couvreurs
pour attacher leurs échelles quand le toit a besoin

de réparations. — Ces crochets doivent être faits
avec de très-bon fer et être solidement attachés
au chevron, afin d'offrir toute sécurité ; ils doivent
être garnis de lames de plomb, afin d'empêcher
l'eau d'entrer sous la toiture.

§ 37. — Couvertures en tuiles.

Les couvertures en tuiles se font de différentes
manières, selon qu'on emploie des tuiles plates,
des tuiles creuses ou des pannes. Ce sont ces dernières qui sont exclusivement employées dans notre
pays.

On cloue d'abord sur le chevronnage du toit des
lattes en sapin de 0^m,03 d'éguarrissage ; ces lattes
sont posées en claire-voie et à une distance qui
varie avec la grandeur de la panne, et sont assujetties avec un clou sur chaque chevron.

C'est à ce lattis que sont accrochées les pannes,
au moyen du mentonnet dont elles sont garnies.
On doit faire la plus grande attention à ce qu'elles
se recouvrent latéralement de la manière la plus
exacte, afin qu'il n'existe point de joint par où l'eau
puisse passer (fig. 61, 62 et 63).

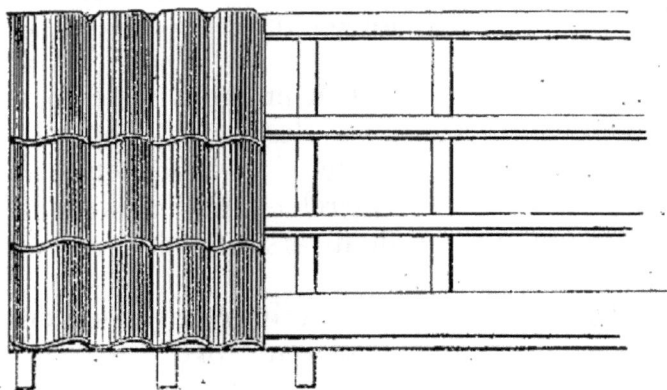

Fig. 61.

Tous les joints des pannes sont ordinairement jointoyés avec soin à l'intérieur. On jointoie seule-

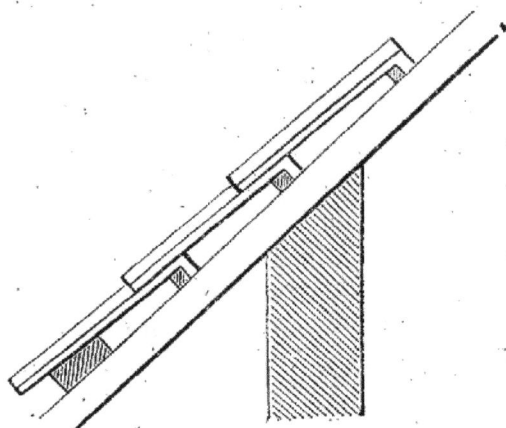

Fig. 62.

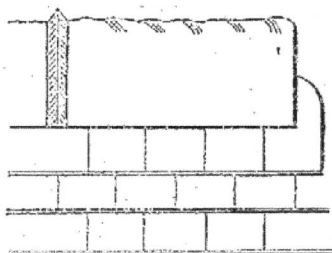

Fig. 63.

ment à l'extérieur les rangées placées près des faites, des arêtiers, des noues ; le mortier hydraulique que l'on emploie doit être mêlé de 10 kilogrammes de bourre par mètre cube.

§ 38. — Du zinc employé à couvrir les toits.

Les toitures faites avec ce métal peuvent lutter avantageusement contre les différentes espèces de matériaux propres à la couverture des bâtiments. C'est surtout lorsqu'il a été bien épuré et mis en œuvre avec le soin et les précautions nécessaires, qu'il l'emporte sur les autres toitures.

Les ouvrages exécutés en France et à l'étranger, dans lesquels on a fait l'emploi du zinc, en attestent la solidité ; mais on doit apporter le plus grand soin à l'isoler du fer, des différents mortiers ou enduits, et à le préserver du passage ou de l'infiltration des eaux qui auraient à traverser un conduit en fonte.

On remarque dans le zinc une propriété qui lui est commune en quelque sorte avec le bronze et qui contribue beaucoup sans doute à le faire durer longtemps : un oxyde se forme à la surface et y devient adhérent.

Un grand avantage des couvertures métalliques, c'est de laisser beaucoup moins que les autres d'accès au vent et d'offrir à l'eau moins d'issue que la tuile ou l'ardoise. —En outre, l'inclinaison des toits ainsi couverts n'a pas besoin d'être aussi forte. L'angle des toits ordinaires revêtus de tuiles ou d'ardoises est de 45° à 50°, et de 20° à 25° seulement pour ceux couverts en métal ; d'où il résulte diminution de la surface à couvrir, diminution de la quantité de bois à employer dans le comble ; par conséquent économie sensible.

Il est essentiel que le zinc soit employé avec les précautions et suivant les procédés convenables. Ces procédés bien simples consistent à n'assujettir le zinc que par des ourlets et des agrafes qui lui permettent de se débiter sans déchirement et à ne le fixer sur la volige qu'avec des clous du même métal. — Ce sujet intéresse assez les propriétaires ruraux pour que nous parlions ici du mode que nous croyons le plus convenable dans l'emploi du zinc.

L'objection la plus grave qu'on puisse élever contre cette sorte de couverture, c'est qu'elle est sujette à s'altérer au froid comme à la chaleur, à se bosseler, à se déchirer par suite des changements trop subits de température. On ne peut nier ces inconvénients, mais ce n'est pas au zinc seul qu'on pourrait les reprocher : toutes les couvertures métalliques en sont plus ou moins susceptibles.

Lorsqu'il s'agira de couvrir de grandes surfaces, on aura soin d'assembler les feuilles de manière à en laisser la dilatation parfaitement libre.

§ 59. — Assemblage par agrafes.

Dans cet assemblage, chaque feuille se termine sur les bords parallèles aux chevrons du toit par deux boudins ou enroulements en spirale; ces boudins doivent avoir au moins 0m,01 de diamètre.

Pour faire la toiture, l'on commence par placer la première feuille que l'on fixe au lattis au moyen de plusieurs mains : on leur donne ordinairement 8 à 10 centimètres de largeur sur 0m,12 à 0m,15 de longueur développée; on les fait en zinc fort et on les attache au lattis avec quatre clous au moins. Cela fait, on pose une deuxième feuille dans le prolongement de la première, en ayant soin de faire pénétrer ses enroulements en spirale dans ceux de la première jusqu'à ce qu'elle la recouvre d'une certaine quantité.

On reproche à ce premier système de rendre difficile la reconnaissance des *fuites* qui se manifestent le long des boudins, et d'obliger à démonter souvent une grande partie de la toiture pour porter remède à la moindre déchirure; mais il a pour lui son extrême simplicité et une économie de métal assez marquée.

Dans un autre mode d'assemblage, les feuilles sont garnies latéralement de deux relèvements courbes, se juxtaposant lors de la mise en place, et qu'on recouvre par un chapeau dit *couvre-joint* à coulisse. L'assemblage de toutes ces pièces se fait de la même manière que la précédente, en employant les mains assemblées sur tringles ou tasseaux.

Voici une troisième manière de placer les feuilles de métal. Au lieu d'être juxtaposées comme tout à l'heure, elles sont séparées par une tringle en bois de 0^m,035 d'équarrissage, en chêne *blanc* sec, ou en bon sapin, clouée sur le lattis du toit, dans le sens parallèle aux chevrons, et on emploie le recouvrement usité.

§ 40. — Des toitures en paille, chaume, joncs.

Dans les campagnes, on fait souvent usage de couvertures en chaume et en joncs ou roseaux; ce qui consiste simplement à attacher avec des liens de même substance la paille ou les roseaux sur le lattis placé au travers des chevrons pour les recevoir. Les ouvriers qui travaillent à ces sortes de couvertures ne font ordinairement que cela, et suivant les usages du pays.

§ 41. — Couvertures en bardeaux.

Les couvertures en bardeaux se font comme celles en ardoises. — Les bardeaux ne sont rien autre chose que des ardoises de bois. — Ce genre de couverture est peu employé en Belgique.

§ 42. — Couvertures en planches.

Les couvertures en planches se font ordinairement en clouant sur les chevrons du toit, et perpendiculairement à leur direction, des planches que l'on place en recouvrement les unes sur les autres à la manière des tuiles ou des ardoises. — Ces couvertures se déjettent beaucoup par l'effet alternatif des pluies et du soleil.

§ 43. — Couvertures en toile peinte.

Ces couvertures s'appliqent sur une volige; la toile y est attachée par des clous à tête plate, par lés horizontaux en recouvrement les uns sur les autres. Chaque lé s'étend d'abord à l'envers sur le dernier lé posé, et environ 13 à 18 millimètres plus bas, afin d'en recouvrir le bord par la lisière de ce dernier lé et de former ainsi une espèce de bourrelet de trois épaisseurs de toile que l'on fixe par une ligne de clous. Cela fait, on retourne le lé et on l'étend sur la volige pour le reprendre avec le lé suivant de la manière qui vient d'être décrite.

ART. V.

§ 44. — Des pavements et carrelages.

Ils peuvent se diviser de la manière suivante, d'après l'espèce de matériaux que l'on emploie :

Les pavages en pierre.

    »   en bois.

Les aires en cailloutis.

Les pavages en dalles ou en carreaux.

    »   en briques.

Les dallages en mastic.

Les aires en mortier ou béton.

Les pavés se font ordinairement avec des pierres très-dures; on les façonne au marteau et on leur donne le plus souvent la forme d'un tronc de pyramide quadrangulaire.

Les pavés sont de divers échantillons, suivant

les usages auxquels on les destine; ils peuvent se diviser en quatre catégories.

La première comprend les pavés qui ont 18 à 20 centimètres de côté à la tête et $0^m,20$ à $0^m,22$ centimètres de queue; ils servent pour les grandes routes.

La deuxième comprend ceux de 0^m15 à 0^m18 de côté à la tête et 0^m18 à 0^m20 de queue.

La troisième ceux de 0^m12 à 0^m15 de côté à la tête et 0^m12 à 0^m15 de queue.

Enfin la quatrième ceux de 0^m12 à 0^m12 de côté à la tête et 0^m12 à 0^m15 de queue.

Ces deux dernières espèces servent pour le pavage des cours, des écuries, des étables, des magasins, etc., etc.

La pose de ces pavés peut se faire en employant du sable ou du mortier.

Dans le premier cas, on établit sur le terrain une forme de sable de 0^m12 à 0^m15 d'epaisseur, dans laquelle on loge les pavés les uns à côté des autres, en ayant soin : 1° de les séparer par une épaisseur de sable d'environ 0^m01; 2° de les disposer en lignes bien régulières; 3° de faire tomber les joints des pavés d'une ligne sur les pleins de ceux des lignes adjacentes.

Le pavé une fois établi, on le recouvre d'une couche de sable de 0^m02 à 0^m03 d'épaisseur.

§ 45. — Pavage en bois.

Un pavé en bois se compose de billes prismatiques de diverses sections, serrées debout les unes contre les autres et réunies par de fausses languettes qui s'enchassent dans des rainures pratiquées dans les côtés des billes.

Ce genre de pavé est très-durable. — Les pavés

en bois doivent être établis sur une aire en sable bien battue, mais on n'en interpose pas entre les joints; ils sont seulement serrés avec force les uns contre les autres.

§ 46. — Aires en Cailloutis.

Les aires en cailloutis sont souvent employées à la construction des routes. Le cailloutis est renfermé dans un encaissement de section convenable, creusé en contre-bas de la surface de la route. La profondeur de cet encaissement varie de 0^m15 à 0^m50 suivant la nature des matériaux employés, celle du sol et le poids des voitures qui doivent circuler sur la route.

Il est essentiel que l'encaissement soit parfaitement asséché, car c'est de là que dépendent principalement la bonté et la durée de la route. À cet effet, il faut pratiquer des rigoles et des fossés dans des endroits convenables pour l'écoulement des eaux.

§ 47. — Pavage en Dalles ou en Carreaux.

La surface qui doit en être revêtue doit être convenablement dressée, damée et recouverte d'une couche de sable : les dalles et les carreaux y sont placés à bain flottant de mortier et à joints très-serrés. — Il faut que toutes les dalles ou les carreaux soient bien uniformément placés dans le même plan, que les balèvres soient évitées et que les joints soient disposés avec régularité.

On peut en employant des carreaux de couleurs et de formes différentes former des dessins très-variés.

§ 48. — Pavage en briques.

Les pavages en briques s'exécutent comme les carrelages. — Les briques peuvent être posées de plat ou de champ, suivant diverses combinaisons. — Les pavements en briques sont souvent composés de plusieurs couches superposées et croisées de diverses manières, de briques posées de plat et de briques posées de champ.

On doit choisir pour les pavages les briques les plus solides et les mieux cuites.

On trouvera quelques exemples de ces disposi- tions pour l'arrangement des briques dans les figures 64 et 65.

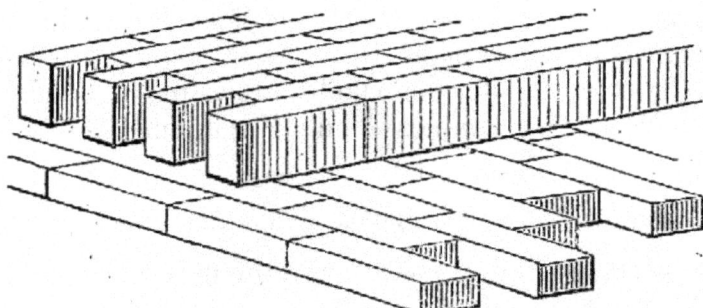

Fig. 64.

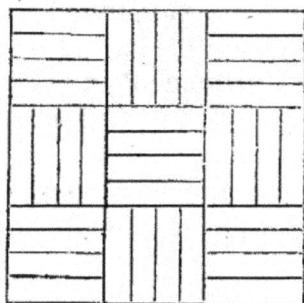

Fig. 65.

§ 49. — Dallages en mastic bitumineux.

Un de ceux dont on fait usage en Belgique pour la formation des aires est le produit du mélange à chaud d'un goudron minéral extrait par la distillation d'un grès bitumineux qui s'exploite principalement à Seyssel et à Lobsann, avec un calcaire également bitumineux que l'on trouve dans les mêmes lieux. — Le calcaire est réduit à l'état de poussière ; on le chauffe à cet effet dans des cylindres en fer, puis on le pile et on le broie au moulin.

La proportion du mélange est de 93 parties p. c. de calcaire bitumineux et de 7 p. c. de bitume.— On y ajoute une petite quantité de sable pur siliceux.

Le mastic obtenu par ce mélange est solide à la température ordinaire, mais il se liquéfie aisément par la chaleur.

§ 50. — Aires en mortier ou en béton.

Les aires sont formées d'une couche plus ou moins épaisse de mortier ou de béton qu'on étend à la pelle sur des surfaces convenablement préparées, qu'on unit au moyen de la truelle et qu'on polit avec un grès dur.

Les aires de granges destinées à battre le blé sont formées d'une terre franche, légèrement argileuse, que l'on étend, sur la surface à couvrir, en couche de 15 à 16 centimètres : après cela, on l'arrose et on laisse l'eau agir pendant un jour ou deux ; puis on piétine fortement cette terre pour la rendre bien homogène. — Quand elle est ressuyée, on la bat fortement avec des dames pesantes pendant plusieurs jours consécutifs, jusqu'à ce que le mortier soit bien sec et uni. — Lorsque l'argile se crevasse, on a soin de remplir les fentes avec du mortier d'argile, que l'on comprime fortement pour l'incorporer avec les parties adjacentes.

§ 51. — Dallage en mortier de cendrée.

On construit souvent à la campagne, pour couvrir le sol des pièces du rez-de-chaussée, un dallage en mortier très-solide ; il se compose de la manière suivante :

Chaux hydraulique en poudre.	4 volumes.
Cendres d'usine	3 »
Gravier bien lavé.	1 »
TOTAL.	8 volumes.

Ces ingrédients, après avoir été bien mélangés à sec, sont ensuite battus avec du sang de bœuf, jusqu'à ce qu'on obtienne un mortier bien homogène. — Ce mortier est préparé trois semaines avant d'être employé, et est battu tous les jours au moyen d'une dame en fer ; la chaux est éteinte plusieurs jours avant de la faire entrer dans le mélange. — Ce mortier doit être appliqué sur un fond solide ou sur un pavé en briques. On l'étend en couche de 8 à 10 centimètres d'épaisseur, puis on le bat à la dame plusieurs jours de suite et plusieurs fois par jour, jusqu'à ce qu'il soit entièrement durci et exempt de fissures, puis on le polit avec un grès dur et à l'eau.

Ce dallage est extrêmement solide, économique et d'un aspect agréable.

ART. VI.

§ 52. De la Menuiserie.

L'art de la menuiserie trouve de si nombreuses applications dans un bâtiment, quel qu'il soit, que nous ne pouvons donner dans cet article que des idées très-générales sur les différentes parties les plus utiles qui entrent dans les constructions.

Quoique les bois ne soient pas tous également propres aux ouvrages de la menuiserie, nous ferons observer que presque toujours des motifs d'économie engagent à se servir de ceux que le pays ou la propriété du constructeur peuvent fournir. — Mais il ne faut pas oublier que les qualités essentielles pour les bois de menuiserie sont d'être secs, sciés depuis 4 ou 5 années, sans nœuds et sans aubier. — Le chêne et le sapin sont à peu près les seuls bois que l'on emploie dans la menuiserie.

Les principaux ouvrages de menuiserie sont les portes, les croisées, les volets et les contrevents, les lambris et armoires, les cloisons, les planchers et les escaliers.

§ 53. Croisées, Volets, Persiennes, Portes.

La dimension des croisées est toujours en raison de la hauteur des étages; on doit avoir soin, seulement, de laisser de 0^m15 à 0^m20 entre l'arête du plafond d'embrasement et le dernier membre des corniches intérieures. — Dans les grands étages, la hauteur des croisées est de deux fois et même deux fois et demie leur largeur.

Les persiennes sont composées d'un bâtis dans lequel viennent s'assembler des lattes inclinées et à quelque distance les unes des autres; quelquefois une portion de ces lattes est mobile, et particulièrement celles qui se trouvent à la hauteur de l'œil.

Lorsque l'on fait des contrevents au rez-dechaussée à la place des persiennes, comme ces contrevents sont destinés à la sûreté intérieure, il faut les faire en bois de chêne de 0^m34, em-

boités en haut et en bas avec clefs dans les joints,
ainsi que pour les portes d'écuries ou autres portes
extérieures. — On remplace souvent l'emboiture
du bas par une barre à queue, qui se pourrit
moins vite.

Les portes peuvent se distinguer en portes charretières, portes cochères, portes bâtardes et portes d'intérieur; elles ont toujours au moins 2ᵐ00 de hauteur : leur largeur varie de 0ᵐ80 à 3ᵐ00. Les portes
charretières sont celles qui donnent passage aux
voitures de toutes dimensions ; elles sont la réunion de deux battants ou ventaux d'égales dimensions, lesquels tournent sur des gonds scellés sur
les tableaux de la baie qu'ils doivent former et auxquels ils sont suspendus par de fortes pentures.
Chaque ventail est fait de planches épaisses em-
boitées haut et bas dans des traverses à mortaises
ou rainures ; ensuite, suivant la solidité que l'on
désire, on fixe une, deux ou trois traverses dans
la hauteur au moyen de clous rivés en dedans. —
Quelquefois même on en ajoute encore d'autres
qui viennent rencontrer celles-ci à leurs extrémités
et diagonalement. — Des modifications de cette
porte peuvent servir pour des granges et autres
dépendances.

Les portes cochères sont les portes à deux battants, pouvant livrer passage aux voitures, et qui
servent d'entrée principale aux habitants.

Les portes bâtardes peuvent être faites comme
les portes charretières, avec cette différence qu'elles
n'ont qu'un battant. — Elles servent pour les dépendances et exigent plus ou moins de solidité,
suivant qu'elles sont employées à la clôture ou
dans l'intérieur de l'établissement. — Souvent les
portes bâtardes ferment l'entrée du bâtiment d'ha-

bitation. — On peut alors les construire de deux panneaux épais assemblés à languettes dans les rainures faites aux traverses et montants ; elles sont ordinairement ferrées de pommelles à gonds.

Les portes d'intérieur sont de trois espèces : portes à deux battants, à un battant, et portes coupées dans la boiserie. Les deux premières peuvent être avec ou sans chambranles, à panneaux, ou arasées ; la dernière est destinée à établir dans les appartements des communications qui ne soient pas apparentes : elle est d'un usage bien rare dans la construction dont nous nous occupons.

Dans les constructions rurales, pour les cours, les enclos, etc., on fait encore des portes à clairevoie, lorsqu'il n'est pas nécessaire d'avoir une grande solidité, ou d'empêcher la circulation de l'air, ou l'entrée aux animaux nuisibles ; souvent elles servent à enclore les animaux domestiques.

Les planchers en menuiserie sont formés de planches clouées sur des solives qui reposent sur des poutres entaillées pour les recevoir. — Les dimensions de ces solives varient comme celles des planches. — Nous avons parlé des planchers à l'article charpente ; ces planchers ne diffèrent de ceux en menuiserie qu'en ce que ces derniers sont plus légers, faits et assemblés avec plus de précision.

ART. VII.

§ 54. De la Vitrerie.

L'art du vitrier a pour objet la mise en œuvre du verre à vitre.

Le verre à vitre se pose sur plomb ou sur châssis en bois ou en métal. Pour monter le verre à vitre sur plomb, on se sert de bandelettes étirées au cylindre dont la section offre la figure d'un double T très-aplati, entre les branches duquel le verre est maintenu. (Fig. 66.)

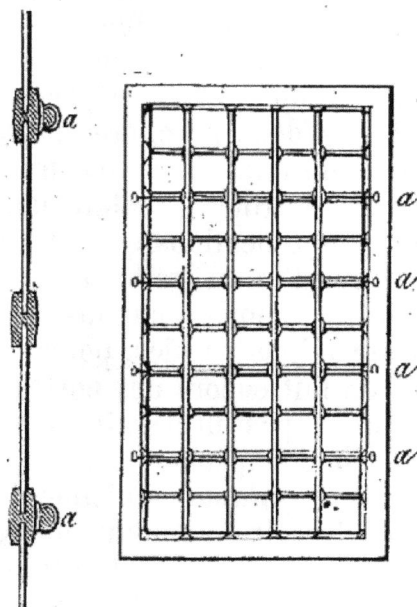

Fig. 66.

Ces bandelettes sont soudées les unes aux autres de manière à former des carrés, des losanges ou des hexagones de diverses grandeurs. — Leur ensemble, formant panneau, est fortifié par des tigelles de fer *a* attachées à des anneaux en même métal soudés au panneau, et clouées ou vissées sur les bords du châssis, en bois ou en fer, qui sert toujours d'encadrement extérieur. (Fig. 67.)

Ce procédé qui était autrefois très-employé, est assez rarement en usage aujourd'hui. Le plus souvent la besogne du vitrier consiste à découper le verre à vitre suivant la forme des carreaux pratiqués dans les châssis de fenêtres,

F. 67. avec des croisillons en bois ou en fer, et à les y fixer solidement.

Les carreaux des lanterneaux qui servent à éclairer les vestibules, les cages d'escalier, les salles, etc., se placent à recouvrement les uns sur les autres comme les ardoises d'un toit; on les termine inférieurement en pointe pour faciliter l'égouttement de l'eau et afin d'éviter qu'ils ne soient soulevés par le vent.—Lorsqu'ils sont de grande dimension, on les maintient les uns sur les autres au moyen d'agraffes en cuivre ou en plomb. (A. Fig. 68.)

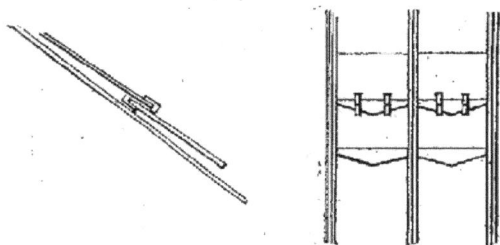

Fig. 68.

On emploie ordinairement à cet usage du verre (dit double épaisseur) plus épais que pour les vitres ordinaires.

Quand les châssis sont en bois, ainsi que les croisillons, leur pourtour est muni, vers l'extérieur, de feuillures (fig. 67) contre le fond desquelles on applique la vitre. — Quand les châssis ou les croisillons seulement sont en fer, il arrive souvent qu'on n'y pratique pas de feuillures. Alors la vitre est maintenue par un certain nombre de goupilles. (Fig. 69.)

F. 69.

ART. VIII.

§ 55. De la Peinture.

Les murs, les boiseries et les ferrures qui entrent dans la composition d'un bâtiment sont souvent peints, et quelquefois vernis. — Cette opération a pour objet de les soustraire à l'action destructive de l'atmosphère, ou de leur donner un aspect plus agréable à l'œil.

La peinture à l'huile peut s'employer à l'air, à la pluie, et partout ailleurs; elle est la meilleure de toutes les peintures.

La peinture en détrempe ou à la colle ne peut s'employer qu'en dedans des bâtiments, sur toutes les boiseries, aussi bien que sur les enduits des murs, sur ceux des plafonds et planchers supérieurs.

La peinture à fresque ou à l'eau peut s'employer partout en plein air, particulièrement sur le pisé; elle est plus solide, plus vive, plus agréable à l'œil et moins chère que toutes les autres.

Les peintures à l'huile contribuent beaucoup à la conservation des bois : il en faut au moins trois couches. — La première doit être nourrie à l'huile et les autres en couleur. — Il ne faut pas mettre une couche avant que la précédente ne soit bien sèche. Plus elles sont broyées, plus elles sont belles et luisantes; pour les sécher plus vite, on y met de l'essence de térébenthine et un peu de litharge.

§ 56. Du Goudronnage.

Le goudron, quoique spécialement réservé à l'enduit des bois de charpente exposés aux intempéries de l'air, tels que ceux des palissades, des ponts, etc., s'applique également bien sur les murs exposés aux pluies. On l'étend bouillant, au moyen d'un brosse, par couches minces qu'on tâche de faire pénétrer, autant qu'on le peut, dans toutes les fentes du bois, de la maçonnerie ou du crépi. Or-

dinairement on applique trois couches, attendant
que la première soit sèche avant de passer à l'application de la seconde, et ainsi de suite pour les
autres. — Il ne faut employer à ce travail que le
goudron minéral : le goudron végétal est assez so-
luble dans l'eau pour être rapidement entraîné par
les pluies.

§ 57. De la Peinture à la bière.

On fait actuellement un très-grand usage, pour
peindre les boiseries, d'une espèce de peinture à laquelle on a donné le nom de peinture à la bière.

On commence par étendre sur le bois deux ou
trois couches de bonne couleur d'impression à
l'huile de la nuance voulue. Lorsqu'elles sont parfaitement sèches, on repeint dessus avec de la couleur broyée à l'eau et détrempée dans de la bière, et
aussitôt que cette dernière est sèche, on la recouvre
de deux ou trois couches de vernis à l'alcool. —
Cette espèce de peinture est surtout employée pour
imiter le bois de chêne. — Les couches d'impression se font avec de la couleur jaune composée
d'ocre et de blanc de céruse; on imite par-dessus
les veines de bois, en se servant de terre de Sienne
naturelle et de terre de Cassel broyées à l'eau et
détrempées dans de la bière.

§ 58. — Ciment hydrofuge pour préserver les bois de l'humidité.

On prend de la chaux de bonne qualité, bien
cuite, et que l'on éteint avec la quantité d'eau rigoureusement nécessaire; on la passe ensuite
au travers d'un tamis, puis on y incorpore de
l'huile de poisson, et l'on remue ce mélange jusqu'à ce qu'il ait acquis la consistance du mastic de

vitrier. On l'applique ensuite avec une truelle sur le bois. Le lendemain, il est devenu assez dur, quoique le bois sur lequel on l'a appliqué soit resté immergé dans l'eau. Ce mastic peut être avantageusement employé pour boucher les cavités des portes et fenêtres qu'on se propose de peindre.

ART. IX.

§ 59. — Des Cheminées et de ce qui s'y rattache.

De tous les détails de construction relatifs à une habitation rurale, ceux auxquels on apporte ordinairement le moins d'attention sont les cheminées. — Leur position dans les chambres est presque toujours sacrifiée à la commodité des distributions, et leurs dimensions sont, pour ainsi dire, abandonnées au caprice et à la routine des maçons.

Il résulte de cette négligence que presque toujours les cheminées fument, et qu'en sortant des mains de ceux qui les ont construites, il faut souvent l'intelligence d'un fumiste pour corriger ce défaut capital de leur mauvaise construction.

Il est vrai que la forme des chéminées est en général essentiellement vicieuse : non-seulement elle favorise les causes de la fumée, mais encore cette forme est la plus mauvaise pour l'économie des combustibles.

Le plus grand inconvénient de ces cheminées, celui qui est véritablement insupportable, c'est la fumée qu'elles repandent dans l'intérieur. — Le perfectionnement de leur construction consiste principalement à les préserver de ce défaut. — Mais parmi les causes nombreuses qui les font fumer, les unes sont intérieures et tiennent à leur mauvaise position dans les chambres, ou à la mauvaise construction de leurs différentes parties, tandis que les autres, purement accidentelles et extérieures, sont, pour ainsi dire, indépendantes des premières.

Francklin porte au nombre de neuf les causes qui occasionnent la fumée des cheminées, elles diffèrent les unes des autres et demandent par conséquent des remèdes différents.

1° Les cheminées ne fument souvent dans une maison que par un simple défaut d'air. — La structure des chambres étant bien achevée, les jointures du plancher et de toutes les boiseries sont très-justes et serrées, d'autant plus peut-être que la maçonnerie n'étant pas bien essuyée communique au bois une certaine humidité qui les fait gonfler et serrer les joints d'assemblage. Les portes et les fenêtres étant travaillées avec soin et fermées avec exactitude, il en résulte que la chambre est aussi close qu'une boîte et qu'il ne reste aucun passage à l'air pour entrer, excepté par le trou de la serrure.

Ceux qui bouchent toutes les fentes dans une chambre pour empêcher l'introduction de l'air extérieur, et qui désirent cependant que leurs cheminées portent en haut la fumée, demandent des choses contradictoires.

Remède. — Quand vous trouverez, par l'expérience, que l'ouverture d'une porte ou d'une fenêtre fait ressortir la fumée de la cheminée et produit un tirage, vous pouvez être certain que le défaut d'air est la cause du mal. La question se réduit à connaître la quantité d'air à laquelle il faut donner accès. Pour découvrir cette quantité, fermez la porte par degrés, pendant qu'on entretient un feu modéré, jusqu'à ce que l'on s'aperçoive, avant

14

qu'elle soit entièrement fermée, que la fumée commence à se repandre dans la chambre. Ouvrez alors un peu, jusqu'à ce que vous remarquerez que la fumée ne se répand plus. Observez l'ouverture qui reste, faites le carré de la quantité, et pratiquez une ouverture qui vous donne cette quantité. La cheminée ne fumera plus.

Il reste maintenant à considérer comment cette quantité d'air extérieur doit être introduite pour produire le moins d'inconvénients. Si on laissé entrer l'air par la porte ouverte, il se rend directement vers la cheminée, et on éprouve le froid au dos et aux talons tant qu'on reste assis devant le feu. — On a imaginé diverses inventions pour remédier à cet inconvénient. On a introduit l'air extérieur par des canaux conduits dans les jambages de la cheminée ; on a aussi pratiqué des passages dans la partie supérieure du tuyau de la cheminée pour y introduire l'air dans la même vue ; mais ces moyens produisent un effet contraire à celui qu'on s'était proposé, car, comme c'est le courant d'air qui passe de la chambre, à travers l'ouverture de la cheminée, dans son tuyau, qui empêche la fumée de se répandre dans la chambre, si vous fournissez au tuyau, par d'autres moyens ou d'une autre manière, l'air dont il a besoin, et surtout si cet air est froid, vous diminuez la force de ce courant, et la fumée, en faisant effort pour entrer dans la chambre, trouve moins de résistance.

Dans les chambres où il y a du feu, la portion d'air qui est raréfiée devant la cheminée change continuellement de lieu et fait place à d'autre air qui doit être échauffé à son tour. Une partie entre et monte dans la cheminée ; le reste s'élève et va se placer près du plafond. Si la chambre est élevée, cet air chaud reste au-dessus de nos têtes, et il nous est peu utile, parce qu'il ne descend pas avant qu'il ne soit considérablement refroidi.

Peu de personnes pourraient s'imaginer la grande différence de température qu'il y a entre les parties supérieures et inférieures d'une pareille chambre. — C'est donc dans cet air chaud que la quantité d'air extérieur qui manque, doit être introduite, parce que, en s'y mêlant, la froidure est diminuée, et l'inconvénient qui résulte de cette quantité devient à peine sensible.

2° Une seconde cause qui fait fumer les cheminées est leur trop grande embouchure, peut-être trop large, trop haute, ou toutes les deux ensemble. La vraie dimension de l'ouverture d'une cheminée doit être en rapport avec la hauteur du tuyau : or, ceux-ci, dans différents étages d'une maison, sont nécessairement de diverses hauteurs ou longueurs.

Comme la force d'aspiration est en raison de la hauteur du tuyau rempli d'air raréfié, et comme le volume d'air qui entre de la chambre dans la cheminée doit être assez considérable pour remplir constamment l'embouchure, afin de pouvoir s'opposer au retour de la fumée dans la chambre, il s'ensuit que l'embouchure des tuyaux les plus longs peut être plus étendue que celle des tuyaux plus courts, comme aussi elle peut être plus petite.

Remède. — Si vous soupçonnez que votre cheminée fume par la trop grande dimension de son ouverture, resserrez-la en y plaçant des planches mobiles, de manière à la rendre par degrés plus basse et plus étroite, jusqu'à ce que vous remarquiez que la fumée ne se répand plus dans la chambre. — La proportion qu'on trouvera ainsi sera celle qui est convenable pour la cheminée.

3° Une troisième cause qui fait fumer les cheminées est un tuyau trop court. Cela arrive nécessairement quand on construit une cheminée dans un bâtiment peu élevé; car si on élève le tuyau beaucoup au-dessus du toit pour que la cheminée tire bien, il peut alors être renversé par le vent et écraser le toit par sa chute.

Remède. — Resserrez l'embouchure de la cheminée de manière à forcer tout l'air qui entre à passer au travers ou tout près du feu; par là, il sera plus dilaté et raréfié; le tuyau lui-même sera échauffé, et l'air qu'il contiendra aura plus de légèreté, tendra à monter avec plus de force et maintiendra un fort tirage à l'embouchure.

4° Une quatrième cause, très-ordinaire, qui fait fumer les cheminées, c'est qu'elles se contre-balancent les unes les autres, ou plutôt qu'une cheminée a une supériorité de force par rapport à une autre, construite soit dans la même pièce, soit dans une pièce voisine. Par exemple, s'il y a deux cheminées dans une grande chambre et que vous fassiez du feu dans les deux, les portes et les fenêtres étant bien fermées, vous trouverez que le feu le plus considérable et le plus fort vaincra le plus faible et attirera l'air dans son tuyau pour fournir à son propre besoin; cet air, en descendant par le tuyau du feu le plus faible, entraînera en bas la fumée et la forcera de se répandre dans la chambre. — Si au lieu d'être dans une seule chambre, les deux cheminées sont dans deux pièces différentes qui communiquent par une porte, le cas est le même pendant que cette porte est ouverte.

Remède. — Ayez soin que chaque chambre ait

les moyens de recevoir elle-même, du dehors, toute
la quantité d'air que la cheminée peut demander ;
de sorte qu'aucune d'elles ne soit obligée d'emprunter
de l'air d'une autre, ni dans la nécessité d'en en-
voyer.

5° Une cinquième cause qui fait fumer les cheminées, c'est quand le sommet de leur tuyau est
dominé par des édifices plus hauts ou par des éminences; de sorte que le vent en soufflant sur de pareilles éminences tombe, comme l'eau qui surpasse
une digue, quelquefois presque verticalement sur
le sommet des cheminées qui se trouvent sur son
passage et refoule la fumée que leur tuyau contient.

Remède. — On emploie ordinairement, dans ce
cas, un tournant ou gueule de loup, ou l'un des
appareils fumifuges fig. 70, 71, 72, 73, 74, 75, 76,

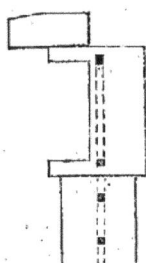 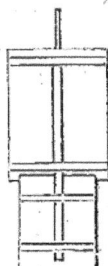 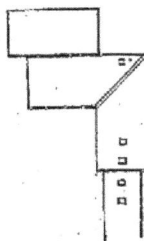 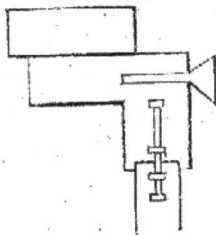

Fig. 70.   Fig. 71.   Fig. 72.   Fig. 73.

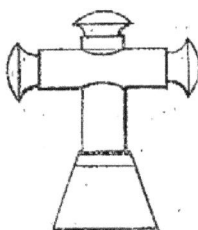  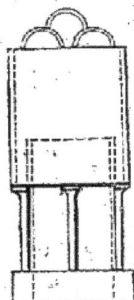 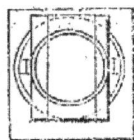

Fig. 74.   Fig. 75.   Fig. 76.

14.

qui recouvre la cheminée au-dessus et sur trois côtés, et qui est ouvert du quatrième; il tourne sur un pivot, et étant dirigé et gouverné par une aile, il présente toujours le dos au vent courant. — Ce moyen est en général utile, quoiqu'il ne soit pas toujours certain; il est plus sûr d'élever ou d'allonger, si l'on peut, les tuyaux de cheminée, de manière que leurs sommets soient plus hauts, ou au moins d'une hauteur égale à l'éminence qui les domine.

Si l'on était obligé de bâtir dans une semblable position, il conviendrait de placer les portes du côté voisin de l'éminence et le dos de la cheminée du côté opposé.

6° Il y a une sixième cause qui fait fumer certaines cheminées et qui est analogue à la dernière mentionnée : c'est lorsque l'éminence qui domine le vent est placée au delà de la cheminée. — Supposons un bâtiment dont l'un des côtés soit exposé au vent et forme une espèce de digue contre son cours : l'air, retenu par cette digue, doit exercer contre elle, de même que l'eau, une pression et chercher à s'y frayer un passage; trouvant une ouverture au sommet de la cheminée, il se précipitera avec force dans le tuyau pour s'échapper par quelque porte ou quelque fenêtre ouverte de l'autre côté du bâtiment, et s'il y a du feu dans une pareille cheminée, la fumée sera repoussée en bas et remplira la chambre.

Remède. — Le seul remède efficace est d'élever le tuyau au-dessus du toit et de l'étager, s'il est nécessaire, avec des barres de fer, car une seule gueule de loup, dans ce cas, n'a point d'effet, parce que l'air qui est refoulé pèse par en bas et s'insinue dans la cheminée, dans quelque position que son ouverture se trouve placée.

7° La septième cause agit sur les cheminées qui, quoique bien conditionnées, fument cependant par suite de la situation peu convenable d'une porte. — Quand la porte et la cheminée sont du même côté de la chambre, si la porte, étant dans le coin, s'ouvre contre le mur, ce qui est ordinaire, comme étant moins embarrassante lorsqu'elle est ouverte, il s'ensuit que lorsqu'elle est seulement ouverte en partie, un courant d'air se porte le long du mur de la cheminée, et l'autre en passant entraîne une partie de la fumée dans la chambre. Cela arrive encore plus certainement dans le moment où l'on ferme la porte, car alors la force du courant est augmentée et devient très-incommode à ceux qui, en se chauffant auprès du feu, se trouvent assis dans la direction de son cours.

Remède. — Dans ce cas, les remèdes sautent aux yeux et sont faciles à exécuter. Ou bien mettez un paravent intermédiaire, appuyé d'un côté contre le mur et qui enveloppe une grande partie du lieu où l'on se chauffe, ou, ce qui est préférable, changez les gonds de la porte, de sorte qu'elle s'ouvre dans un autre sens et que, quand elle est ouverte, l'air se dirige le long de l'autre mur.

8° Une huitième cause se fait sentir dans les chambres où l'on ne fait pas de feu, et qui se trouvent quelquefois remplies de la fumée qu'elles reçoivent au sommet de leur tuyau des cheminées voisines en activité, et qui descend dans la chambre. — L'atmosphère ou l'air ouvert change souvent de température. Si après un temps chaud, l'air intérieur devient tout à coup froid, les tuyaux chauds et vides commencent d'abord à tirer fortement en haut; cet air donc monte, et un autre plus froid, entré par le bas, prend la place. Celui-ci est raréfié à son tour ; il s'élève, et ce mouvement continue jusqu'à ce que le tuyau devienne plus froid ou l'air extérieur plus chaud, ou si les deux choses ont lieu, alors ce mouvement cesse. D'un autre côté, si, après un temps froid, l'air extérieur s'échauffe brusquement et devient ainsi plus léger, l'air qui est contenu dans les tuyaux froids, étant alors plus pesant, descend dans la chambre, et l'air plus chaud qui entre dans leur sommet se refroidit à son tour, devient plus pesant et continue à descendre ; et ce mouvement continue jusqu'à ce que les tuyaux soient échauffés par le passage de l'air chaud ou que l'air intérieur lui-même soit devenu plus froid. Quand la température de l'air et du tuyau de la cheminée est presque égale, la différence de chaleur dans l'air entre la nuit et le jour est suffisante pour produire ces courants ; l'air commencera à monter dans les tuyaux à mesure que le froid du soir surviendra, et ce courant continuera jusqu'à peut-être neuf à dix heures du matin environ. — Lorsque ce courant commence à balancer et à mesure que la chaleur du jour augmente, ce courant se dirige de haut en bas et continue jusque vers le soir, et alors il est de nouveau suspendu pour quelque temps ; mais bientôt il recommence à monter pour toute la nuit, comme nous venons de le dire. — Maintenant, s'il arrive que la fumée, en sortant des tuyaux voisins, passe au-dessus des sommets des tuyaux qui tirent dans ce temps vers le bas, comme c'est souvent le cas vers midi, une telle fumée est nécessairement entraînée dans ces tuyaux et descend avec l'air dans la chambre.

Le remède est de fermer parfaitement le tuyau de la cheminée par le moyen d'une trappe à bascule.

9° Enfin, la neuvième cause opère dans les cheminées tirant bien et donnant cependant quelquefois de la fumée dans les chambres, celle-ci étant entraînée en bas par un vent violent qui passe sur le sommet des tuyaux, quoiqu'il ne descende d'aucune éminence dominante. — Ce cas est fréquent lorsque le tuyau est court et que son ouverture est détournée du vent. Pour comprendre ce phénomène, il faut considérer que l'air léger, en s'élevant pour obtenir une libre issue par le tuyau, doit pousser devant lui et obliger l'air qui est au-dessous de s'élever. — Dans un temps de calme ou de peu de vent, cela est très-manifeste, car alors vous voyez que la fumée est entraînée en haut par l'air qui s'élève en pyramide au-dessus de la cheminée ; mais quand un courant d'air violent, c'est-à-dire un vent fort, passe au-dessus du sommet de la cheminée, ces colonnes ont reçu tant de force, qu'elles se tiennent dans une direction horizontale et se suivent les unes les autres avec tant de rapidité, que l'air léger qui monte dans le tuyau n'a pas assez de force pour les obliger à quitter cette direction et à se mouvoir vers le haut pour permettre une issue à l'air de la cheminée.

Remède. — Dans quelques endroits et particulièrement à Venise, où il n'y a point de rangée de cheminées, mais de simples tuyaux, la coutume est d'élargir le sommet de ce conduit en lui donnant la forme d'un entonnoir arrondi. Quelques-uns croient que cette forme peut empêcher l'effet dont nous venons de parler, parce que l'air, en soufflant au-dessus de l'un des bords de cet entonnoir, peut être dirigé ou réfléchi obliquement vers le haut et sortir ainsi par l'autre côté en raison de cette forme. — D'autres, au contraire, rétrécissent les tuyaux en haut de manière à former, pour l'issue de la fumée, une fente aussi longue que la largeur du tuyau, et seulement large de 0m10. — Cette forme semble avoir été imaginée dans la supposition que l'entrée du vent sera par là empêchée parce que la force de l'air chaud qui s'élève, étant d'une certaine façon rassemblée sur une petite surface, pourrait être augmentée de manière à vaincre la résistance du vent.

§ 60. — Détails de construction.

On distingue deux choses principales dans la construction d'une cheminée :

1° Sa position intérieure; 2° les dimensions de toutes ses parties.

1° Position intérieure.

La place que doit occuper une cheminée dans une chambre, un appartement, etc., n'est point chose indifférente ; elle doit être, autant que possible, à l'endroit où elle pourra le mieux échauffer l'intérieur de la chambre, sans cependant nuire à sa décoration. Mais on doit éviter surtout qu'elle s'y trouve en face d'une porte, car chaque fois qu'on ouvrira ou fermera cette porte, il se fera un bouleversement dans la colonne d'air de la cheminée, qui donnera de la fumée dans l'appartement. — L'effet serait le même vis-à-vis d'une fenêtre qu'on ouvrirait souvent ; mais comme on les ouvre rarement en hiver, ce sera au contraire la meilleure place pour la cheminée, surtout si elle occupe le côté le plus étroit, parce qu'elle en sera plus éloignée et y fera fond d'appartement.

Si deux portes opposées dans une chambre se trouvent ouvertes en même temps et qu'il y ait du feu, il s'y établira presque toujours un courant d'air qui entraînera la fumée avec lui.

Quand on construit des cheminées dans deux chambres qui communiquent ensemble par une porte, il vaut mieux adosser ces cheminées sur le même mur que de les placer en regard ou dans le même sens, car si l'on fait du feu dans toutes les deux en même temps, celle qui a le moins de feu fume ordinairement, parce que le feu de l'autre attire l'air des deux appartements. — L'inconvénient est moindre, ou il n'existe pas, quand les cheminées sont adossées ou que des portes ferment la communication.

2° Dimensions des différentes parties.

Une cheminée est composée de deux parties principales dont la dimension plus ou moins proportionnée influe directement sur la bonté de sa construction. Ces parties sont le foyer et le tuyau.

Les dimensions du foyer doivent être proportionnées à la grandeur de la chambre, et il est aussi défectueux de construire une grande cheminée dans une petite pièce, que de donner une petite cheminée à un grand appartement. — Dans le premier cas, c'est une dépense superflue, et dans le second, la cheminée ne pourrait pas échauffer suffisamment la chambre. — Voici les dimensions les mieux proportionnées suivant la grandeur des pièces:

1° Aux cheminées de cuisine, depuis 1^{m}60 jusqu'à 2^{m}20 de largeur, prise en dehors des jambages; environ 0^{m}70 de profondeur et 1^{m}50 à 2^{m}00 de hauteur, prise au-dessous du manteau.

2° Aux cheminées de salon ou de grandes chambres à coucher, depuis 1^{m}60 jusqu'à 2^{m}00 de largeur et 0^{m}65 de profondeur et environ 1^{m}20 de hauteur.

3° Aux cheminées de chambres ordinaires, depuis 1ᵐ50 jusqu'à 1ᵐ70 de largeur, 0ᵐ50 à 0ᵐ60 de profondeur et 1ᵐ00 de hauteur.

4° Aux petites cheminées, depuis 1ᵐ00 jusqu'à 1ᵐ31 de largeur, 0ᵐ50 de profondeur et 0ᵐ90 de hauteur.

Les jambages de ces cheminées reposent ordinairement en équerre sur le contre-cœur; mais à l'exception des cheminées de cuisine, où cette position des jambages devient nécessaire pour ne rien faire perdre au foyer de sa capacité, il vaut mieux, dans toutes les autres, remplir les coins, biaiser ces jambages et même en arrondir les rencontres avec le contre-cœur. Alors la chaleur de la flamme se communique de plus près et en plus grande quantité aux jambages, et ils la reflètent plus directement et en plus grande abondance dans l'appartement, que lorsque leurs côtés intérieurs sont établis perpendiculairement sur le contre-cœur.

Les dimensions des foyers étant ainsi déterminées, il faut ensuite examiner celles qu'il convient de donner aux tuyaux. — Ces dimensions doivent être dans une juste proportion avec celles du foyer pour que la fumée puisse s'élever sans rencontrer d'obstacle.

Pour obtenir cet avantage dans tous les tuyaux de cheminées, le meilleur moyen serait, sans doute, de leur donner la forme même que prend la colonne de fumée ascendante, car il n'y resterait plus d'espace pour l'introduction de l'air extérieur. Ces tuyaux devraient donc avoir celle d'une pyramide tronquée dont la base inférieure serait la section horizontale du foyer, prise au niveau de la tablette du chambranle, ou de celui du manteau, et dont la base supérieure pourrait être déterminée par la voie de l'analyse, en ayant égard à la hauteur locale et obligée du tuyau.

Mais il ne suffit par de construire une cheminée qui ne fume point, il est encore désirable, dans certains cas, de pouvoir introduire un ramoneur pour le nettoyage et pour les réparations.

Afin de concilier toutes choses, on a eu recours à l'observation, et c'est d'après les rapports qui existaient entre les dimensions des tuyaux et celles des foyers de cheminées qui ne fumaient pas, que l'on a fixé la forme qu'il fallait donner à toutes pour en obtenir cet avantage.

Dans cette forme, que l'on voit représentée (fig. 77), les tuyaux de cheminées sont composés de deux parties. La première, $a.\ b.$, comprise depuis le niveau du plafond de l'appartement jusqu'à son extrémité supérieure, se nomme la souche ; et la second, $a.\ c.$, ou partie inférieure, s'appelle la hotte. Dans les grandes cheminées, on donne à la base de la souche environ 0^m95 de largeur sur 0^m30 à 0^m35 de gorge, et à son extrémité supérieure 0^m80 sur 0^m22 de largeur. Dans les plus petites, la base de la souche a 0^m80 sur 0^m22 de largeur, et sa partie supérieure 0^m70 sur 0^m20 de gorge. Mais ces dimensions peuvent être réduites.

Quoi qu'il en soit, les dimensions de la souche d'une cheminée étant ainsi déterminées, la construction de sa hotte ne présente plus de difficulté, car ayant pour base inférieure la section supérieure du foyer et pour base supérieure la section inférieure du tuyau, il ne s'agit que de les raccorder ensemble.

On voit par ces détails que l'on a été forcé de conserver aux tuyaux de cheminées des dimensions assez grandes. — Nous ferons observer qu'il ne

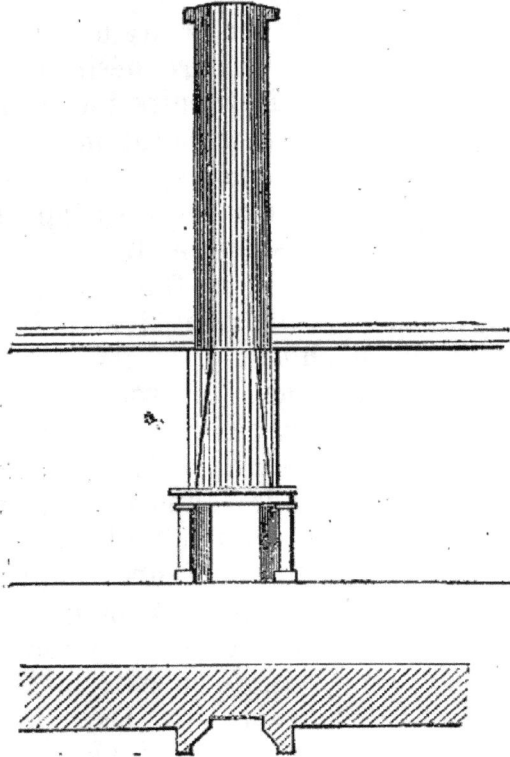

Fig. 77.

s'agit ici que des tuyaux de cuisine, les plus usités à la campagne.

§ 61. — Moyen de chauffer une chambre sans bois ni charbon.

Il s'agit d'avoir une boîte d'étain dans laquelle on met deux ou trois morceaux de chaux vive, après les avoir trempés dans de l'eau froide. On ferme la boîte hermétiquement, et après une minute il n'est plus possible de la toucher, tant elle est brûlante. La chaleur qui en sort est douce et propre

à vivifier les plantes dans une serre. — Le pauvre,
à l'aide de ce moyen, ne courra plus de risque d'ê-
tre asphyxié par les vapeurs du charbon ; les oc-
casions d'incendie dans les lieux où il n'y a point
de cheminée seront moins fréquentes. On ne déterminera point la grandeur de la boîte, elle doit être
proportionnée à celle de l'appartement ou à sa
destination. — Lorsque la matière a entièrement
perdu sa chaleur, on en substitue d'autre successivement, et la chaux une fois éteinte peut toujours
servir à l'emploi auquel on la destine ordinairement.

§ 62. — Fourneau économique.

Ce fourneau s'établit ordinairement dans le
fournil, dont nous parlerons dans le chapitre suivant, pour faire le pain, lessiver le linge, échauffer les ustensiles de ménage et de la laiterie, préparer la buvée des bestiaux, etc. — Il faut de l'eau
chaude ; il est encore utile de faire cuire souvent
des légumes et des racines qu'on donne aux volailles. Si pour satisfaire à ces différents besoins d'une
exploitation rurale, on se servait du feu de la cuisine, on dérangerait souvent la ménagère dans ses
fonctions. Si pour éviter cet inconvénient, on employait la cheminée du fournil, on y consommerait
beaucoup de bois, et l'on tomberait ainsi dans un
autre inconvénient également préjudiciable, car il
est reconnu, par des expériences très-nombreuses
et très-variées, que dans les mauvais foyers les $\frac{7}{8}$ de
la chaleur produite par un combustible donné, ou
de celle qu'on aurait pu lui faire produire, s'é-
chappent dans l'air avec la fumée et que cette
quantité est réellement perdue.

Pour obvier à ces inconvénients, on place dans

le fournil, à l'endroit le plus commode, un fourneau à réverbère, garni d'une chaudière en fonte
établie à demeure au-dessus et dans laquelle on
opère la cuisson de certains aliments. On parvient
aussi à échauffer à beaucoup moins de frais, et dans
un temps beaucoup plus court, toute l'eau nécessaire aux différents besoins d'un ménage des
champs. La construction de ce fourneau ne présente aucune difficulté et peut être exécutée aisément par les maçons de la campagne.

Il consiste: 1° en un massif de maçonnerie A (fig. 78)
de $1^m 10$ de base sur $9^m 85$ de hauteur, placé au
plus près de la cheminée, du côté opposé au four.
On l'adosse au mur de refend dans lequel la cheminée est construite, afin que le conduit de la fumée
de ce fourneau puisse être placé dans l'épaisseur
du mur et que le massif du fourneau n'ait plus
alors qu'un mètre de saillie dans la pierre. — Pour
diminuer encore davantage la place qu'il occupe,
on supprime les angles saillants, et c'est sur le parement de ces deux pans coupés que l'on pratique
les entrées du foyer et du cendrier. — Le fourneau
construit dans ces strictes dimensions ne gêne en
aucune manière le service du four, non plus que celui des cuviers de lessive.

2° En un cendrier circulaire B (fig. 78) ménagé
dans l'intérieur du massif et prenant naissance au
niveau même du carrelage de la pièce. On lui
donne ordinairement $0^m 18$ de diamètre et autant
d'élévation. — Son entrée est établie, ainsi que nous
l'avons indiqué, sur l'un des pans coupés du massif, et de la hauteur et de la largeur du cendrier,
afin d'avoir toute l'aisance nécessaire pour le nettoyer. — On place à la partie supérieure du cendrier un grillage en fer. C'est le nouveau massif,

ainsi arasé et construit, qui sert de base au foyer·
Il est bon de donner à cet arasement une légère pente

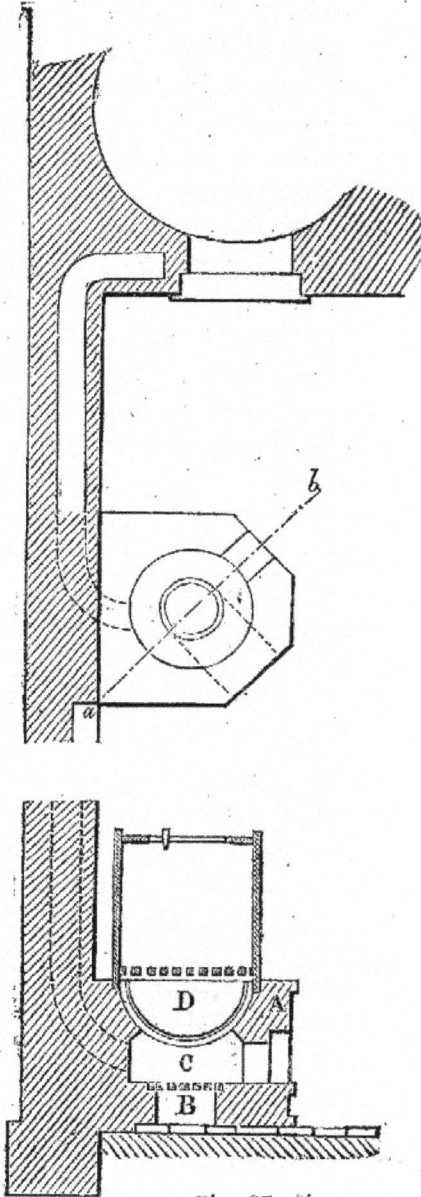

Fig. 87.

autour du grillage, afin de faciliter la chute des cendres du foyer dans le cendrier.

3° En un foyer circulaire *C* d'un diamètre égal au plus grand diamètre de la chaudière et dont l'axe est le prolongement de celui du cendrier. Il est nécessaire de faire observer ici que la plus petite épaisseur de maçonnerie que l'on puisse admettre autour du foyer est de 0^{m}20 environ, afin qu'il conserve plus longtemps la chaleur acquise. — Comme le diamètre du foyer est déterminé par celui de la chaudière, il en résulte que la base du massif est composée : 1° du diamètre de la chaudière *D*; 2° de 0^{m}45 pour l'épaisseur de la maçonnerie du foyer. Ainsi, en supposant à la chaudière un diamètre de 0^{m}80, la base du massif devra avoir 1^{m}10 de longueur. — Quant à la largeur, elle est composée : 1° du diamètre de la chaudière, de 0^{m}80 ; 2° de 0^{m}18 pour l'épaisseur de la maçonnerie du foyer à l'intérieur, de 0^{m}08 d'aisance qu'il faut laisser entre le bord de la chaudière et le mur de refend contre lequel le fourneau est adossé.

L'entrée du foyer se place au-dessous de celle du cendrier; on lui donne les dimensions suffisantes pour pouvoir y passer le bois nécessaire à l'alimentation du feu ; et comme il est inutile d'y employer de gros bois, on peut en réduire les proportions à environ 0^{m}15 de large sur 0^{m}20 à 0^{m}25 de hauteur : plus elle sera petite, plus le foyer sera facile à chauffer. — On la ferme pendant la combustion avec une porte en tôle folle.

Lorsque le tour du foyer est élevé à la hauteur d'environ 0^{m}22, on en diminue peu à peu le diamètre en forme de voûte, de manière à embrasser étroitement la partie supérieure de la chaudière qui tient lieu de clef.

4° Dans une chaudière de fonte D : elle est maintenue par un cercle de fer scellé dans la maçonnerie supérieure, et à une élévation suffisante pour que sa partie supérieure offre une saillie d'environ un demi-pied au-dessus du niveau du couronnement du fourneau et que sa partie inférieure descende ou soit apparente dans le foyer d'environ un quart de sa profondeur.

5° Enfin, dans un conduit de la fumée de 0^m12 de côté au plus, placé dans la paroi du foyer en opposition avec l'entrée, et que l'on dirige dans la cheminée du fournil.

La saillie supérieure de la chaudière dont on vient de parler, ne devient nécessaire que lorsqu'on veut faire cuire des racines alimentaires, des herbes potagères et autres légumes à la vapeur, comme on le pratique avec beaucoup d'avantage, afin de pouvoir luter plus aisément sur le fourneau le tonneau qui les contient.—Pour opérer cette cuisson, il suffit de percer de plusieurs trous le fond d'un tonneau qu'on place au-dessus de la chaudière, après avoir mis un peu d'eau dans celle-ci ; on met alors les légumes dans le tonneau qu'on lute ensuite exactement avec de la terre glaise dans le pourtour de la partie inférieure. Pour empêcher que la vapeur ne trouve une issue entre le tonneau et la chaudière, on le couvre ensuite avec un couvercle bien adapté. Il est nécessaire de pratiquer un trou dans le couvercle. — On fixe perpendiculairement un tuyau pour donner un passage à l'air ; on le bouche avec un bouchon, ou mieux, on le couvre avec une plaque de plomb bien ajustée et qui se meut avec une charnière de même métal. Ainsi la vapeur, trouvant une issue, ne pourra endommager le tonneau. — Lorsque les aliments sont suffisamments cuits, ce qu'on reconnaît en ôtant le couvercle, on les retire avec une cuillère, ou bien on les jette dans un vase quelconque, en penchant le tonneau qu'on remplit de nouveau s'il est nécessaire. — Une seule chaudière peut suffire à la fois à plusieurs tonneaux. Ainsi on peut se servir, au lieu d'un tonneau, d'un vase à demeure, ayant à sa partie inférieure une ouverture qui ferme exactement et par laquelle on tire les pommes de terre qu'on fait tomber dans une brouette placée en dessous.

Observations. — En général, la partie du foyer d'un fourneau qui doit supporter la plus grande chaleur doit être faite en briques réfractaires. — Le meilleur mortier pour *briqueter* et à employer dans tous les cas où l'on veut avoir un mauvais conducteur du calorique, est un mélange de parties égales en volume de tannée et d'argile; la tannée empêche le mortier de se fendre et lui procure une onctuosité qui, par sa dessiccation, lui donne beaucoup de fermeté. — Tous les fourneaux peuvent être également construits avec un semblable mortier; ceux qui sont destinés à être fortement échauffés doivent être revêtus extérieurement d'un mur isolé de quelques centimètres du fourneau; par ce moyen on ne perd que très-peu de calorique.

On doit introduire le courant d'air par la partie inférieure du foyer, de manière que la flamme, chassée par l'air qui alimente le feu, puisse frapper le fond de la chaudière perpendiculairement de bas en haut, et non pas obliquement, comme dans la plupart des fourneaux et des poêles.

La hauteur d'une chaudière doit être d'environ les deux tiers de son diamètre. En faisant tourner le tuyau de la fumée deux fois autour de la chaudière, on augmentera l'économie du combustible, toutefois, on ne devra le faire que pour les chaudières contenant au delà de soixante pintes.

Le couvercle d'une chaudière est ordinairement en bois de chêne doublé de fer-blanc. — Le bois sert à contenir la chaleur; le fer-blanc empêche le bois de pourrir. Deux trous ronds dans le couvercle servent, l'un à passer le manche d'une spatule, souvent utile pour remuer les aliments, l'autre à donner issue à la vapeur.

Enfin, il est à propos de construire au-dessus de la chaudière un manteau en bois ou en métal pour recevoir la vapeur qui s'élève lorsqu'on découvre la chaudière et que l'eau est en ébullition; cette vapeur, qui pourrait incommoder si elle restait dans la chambre, est entraînée par ce moyen dans le tuyau de la cheminée.

En réunissant toutes les conditions que nous venons d'indiquer pour la construction des fourneaux en général, on est assuré d'obtenir une grande économie de combustible soit pour la cuisson des aliments, soit pour les autres usages auxquels ils sont destinés.

§ 63. Moyen de prévenir les incendies.

On ne peut douter que la malveillance et le défaut de soins ne soient les deux causes de beaucoup d'incendies. — C'est aux agents de l'autorité, et surtout aux propriétaires, à y veiller de près, à y tenir la main, et à se défier sans cesse des enfants, des domestiques, des gens de journée et subordonnés.

Cependant, quelque précaution et quelque soin

que l'on ait pour nos intérèts, il est des circonstances qu'on ne peut prévoir, des accidents
dus au hasard, qui, venant à surgir pendant notre
absence ou notre sommeil, peuvent tout à coup faire
éclater chez nous ou chez nos voisins un incendie
qui devient d'autant plus dévastateur que l'air est
plus froid et le vent plus violent. — Alors nos habitations, nos meubles, nos provisions, nos bestiaux, tout notre avoir, et souvent même notre vie,
sont en péril.

Parmi les précautions à prendre, nous mettrons
en première ligne le choix des matériaux avec lesquels on peut construire nos habitations et leurs
dépendances, ensuite la préparation qu'on peut
leur faire subir, puis la manière dont il faut les
employer. — Or, de tous les matériaux dont on
peut se servir dans nos bâtiments, il n'y en a certainement point de plus susceptible d'incendies que
les bois dont on les fait et la paille dont on les couvre dans bien des endroits.

L'expérience a prouvé que les bois imprégnés
d'une décoction d'ail ou d'une dissolution de sels,
de carbonate de potasse, et surtout d'alun, ne prenaient pas feu, ou au moins brûlaient sans flamme.
— Ainsi, tous morceaux de bois, soit poutres ou
solives, planches, portes ou fenêtres, etc., qui par
leur position ou leur usage peuvent être exposés à
être brûlés, devraient donc être imprégnés d'une de
ces substances qui reviennent également à bon
marché.

Pour en enduire les bois, on prendra la quantité d'eau nécessaire pour couvrir les surfaces
qu'on se propose de passer à cette détrempe; on y
fera dissoudre de l'alun ou de la potasse jusqu'à complète saturation, ou, ce qui est plus

simple et revient à peu près au même, on fera avec de bonnes cendres tamisées ce qu'on appelle une forte lessive dont on se servira pour donner une première couche à tous les bois, etc., et ensuite on délayera cette lessive avec un peu d'eau dans laquelle on fera macérer de l'argile ou, ce qui est préférable, de l'oxyde de fer (rouille), soit de l'ocre colorié. On ajoutera une portion de lait crêmé ou de colle afin d'unir fortement ensemble toutes les parties qui composent cette détrempe: on s'en servira pour donner successivement deux ou trois couches ou davantage aux bois qu'on veut mettre à l'abri de la combustion.

Ce moyen suffit sinon pour arrêter, au moins pour retarder les progrès du feu dans l'intérieur des bâtiments, de manière à pouvoir y faire pénétrer les secours, sauver les personnes, les meubles, les effets qui s'y trouveraient.

Il s'agit donc moins par ce procédé d'empêcher que de restreindre les ravages d'un fléau destructeur de la fortune publique.

Le feu a souvent fait perdre en peu d'heures au laborieux cultivateur les fruits de plusieurs années de travaux et d'économie. — Cet élément a tout détruit, sa maison, ses granges, ses moissons, ses bestiaux, et parfois la flamme n'a pas même épargné le vieillard infirme et l'enfant au berceau.

Ces malheurs, comme nous l'avons dit, ont eu pour cause la malveillance ou l'inimitié; mais plus souvent ils ont été la suite de l'imprudence et de l'incurie de l'habitant des chaumières : il a suffi d'un peu de cendres mal éteintes ou d'une étincelle enlevée par le vent à la pipe d'un fumeur, pour porter l'incendie dans toute l'étendue d'un village.

Tous les jours ces accidents sont signalés ; tous

les jours on déplore les funestes effets du feu, et cependant ils se reproduisent, et cependant celui dont la ferme a été embrasée la reconstruit et ose la couvrir encore d'un toit de paille.

Si de semblables désastres sont ruineux pour ceux qui en sont immédiatement les victimes, ils refluent nécessairement sur les propriétaires dont l'âme souffrirait, sans doute, d'exiger des fermages et des redevances de celui qui a tout perdu ; ils refluent également sur le trésor public, par la raison qu'un gouvernement paternel ne saurait prétendre à des contributions de la part de celui qu'une force majeure a ruiné, et qui, sans asile comme sans pain, se touve réduit à implorer la commisération publique pour procurer à sa famille une existence précaire et misérable.

Profondément affligé de la fréquence des incendies dans les campagnes, et jugeant qu'ils prenaient leur source dans l'usage pernicieux des toits de paille ou de chaume, une société savante avait mis au concours *la recherche des moyens les plus économiques de suppléer le chaume dans les couvertures des constructions rurales, ou au moins de faire disparaître les dangers et les inconvénients de cette espèce de couverture.*

Ce problème fut résolu avec succès par M. Legavriau par son projet de toitures *ignifuges* remplissant les trois conditions qui doivent les faire admettre dans les constructions rurales ; elles sont à la fois solides, légères et économiques. — Elles présentent, outre leur mérite principal qui est de s'opposer à la naissance et à la propagation des incendies, beaucoup d'autres avantages qui se trouvent détaillés ci-après. — Elles consistent en paille arrangée de la manière que nous allons décrire et recouverte d'un enduit particulier que nous indiquerons tout à l'heure.

§ 65. — Toitures ignifuges.

ATELIER POUR FABRIQUER LES PANNEAUX.

Dans un local quelconque, un cellier, une grange ou un hangar, on fera sceller dans les murs, à un mètre du sol et à environ 0m80 les uns des autres, des crochets en fer dont l'extrémité recourbée en demi-cercle et la pointe tournée vers le mur formeront une broche aiguë de 0m50 de longueur. — Ainsi, un bâtiment qui aura 16 mètres de muraille suffira pour 20 travailleurs dont chacun occupera une broche.

§ 66. — Composition des panneaux.

On forme avec toute espèce de paille, mais de préférence avec celle de seigle, qui ordinairement ne sert pas à la nourriture ni à la litière des bestiaux, des cordes de la grosseur d'environ un pouce et de la longueur nécessaire pour couvrir, de milieu en milieu, trois chevrons de la charpente, de manière que la corde présentée au centre du premier chevron s'étende jusqu'au milieu du quatrième.

On rend les cordes d'épaisseur égale dans toute leur étendue en croisant l'une sur l'autre, en sens opposé, chaque moitié du faisceau de paille que l'on a pris pour les former, et on lie dans son milieu ce faisceau, afin que les deux parties croisées ne se séparent point.

Cela fait, on entoure l'une des extrémités du faisceau et on la serre fortement avec une espèce de lien flexible, tel que la tille (seconde écorce du

tilleul) divisée en rubans de 1 centimètre, l'osier
franc ou la ronce sarmenteuse des bois. — La tille
doit être préférée, parce qu'on peut la tourner et
la tordre dans tous les sens, en garnir un carrelet
et la mieux arrêter en la passant à travers les
cordes.

Le faisceau de paille étant serré à l'un de ses
bouts par trois ou quatre tours de lien, comme on
vient de l'expliquer, on accroche ce bout à la broche de fer, et on continue de serrer fortement le
faisceau dans toute sa longueur, en décrivant une
spirale avec le lien et laissant entre chaque circon-
volution 2 centimètres de distance jusqu'au bout
opposé; après quoi on arrête le lien et la corde est
faite.

On prend un second faisceau que l'on forme en
corde comme le premier, puis un troisième et successivement tous les autres.

Pour éviter de s'écorcher en serrant, l'ouvrier
garnira de linge ou de peau l'endroit de sa main
droite qui sert de point d'appui aux liens.

Lorsqu'il se trouve assez de cordes de paille
pour former un panneau, on les égalise exactement
à la mesure exigée; on enfile la première par son
milieu, soit avec de la tille passée dans un carrelet,
soit avec l'espèce de ficelle qu'on appelle mèche de
fouet; on entoure et on traverse cette corde, puis
on en prend une seconde que l'on enfile au juste
milieu sans l'entourer, puis une troisième et toutes
les autres à la suite.

Quand toutes les cordes d'un panneau sont jointes et arrêtées par leur centre, on recommence
à les enfiler à cinq ou six pouces de distance du
point central, et de chaque côté, jusqu'à ce qu'on ait
joint la ligature des extrémités; puis on approche

et on serre fortement les cordes les unes contre les autres et on arrête les liens.

Les fragments destinés aux croisées ou lucarnes et aux autres parties irrégulières du toit peuvent être préalablement taillés dans la forme que nécessitent ces parties de couverture, à moins qu'on ne préfère les clouer d'abord et retrancher ensuite l'excédant inutile.

§ 67 — Attache des Panneaux sur la charpente.

Lorsqu'on a un nombre suffisant de panneaux pour garnir tout ou partie du toit à couvrir, on prend l'un de ceux destinés aux bords latéraux de ce toit : ils doivent être de 0^m10 plus larges que les panneaux intermédiaires. — On le couche sur la charpente de manière à revêtir le faîte également des deux côtés, et on le fixe de pied en pied sur les chevrons avec des clous de $3\frac{1}{2}$ centimètres de longueur et à large tête. — Un panneau se place à la suite de l'autre en descendant ; parvenu au bas du toit, s'il arrive qu'un panneau le dépasse de plus d'un pouce, on détache le nombre de cordes nécessaires pour qu'elles viennent l'affleurer et on arrête de nouveau les liens.

Une seconde route de panneaux s'applique à la suite de la première qu'a laissée à découvert une demi-épaisseur de chevron, et on continue de même jusqu'à ce que le toit soit en entier couvert de panneaux.

Il convient de faire observer que l'on doit clouer au bas des chevrons et en travers une planchette ou volige, afin que les échelles et le poids de l'ouvrier n'occasionnent point de courbures. — Le haut des échelles doit, par la même raison, être muni d'une planchette attachée ou d'une fascine de paille.

§ 68. — Composition et application des enduits qui doivent recouvrir les panneaux.

Ces enduits sont de trois sortes qui nécessitent la même manipulation et possèdent les mêmes propriétés ; par conséquent, on pourra employer l'un ou l'autre, selon qu'il sera plus facile, dans les diverses localités, de se procurer les matériaux nécessaires à sa confection. Dans les lieux où l'on se sert de houille ou de charbon de terre pour le chauffage habituel et pour les usines, on pourra employer l'enduit n° 1, qui a pour base, outre la chaux, la cendre ou les scories de ce combustible.

Dans d'autres lieux où le charbon de terre est rarement employé, on se servira du ciment rouge provenant des tuileaux, briques ou carreaux pulvérisés et passés au crible d'osier : c'est l'enduit n° 2.

Enfin l'enduit n° 3, qui a pour base le sable, sera employé dans les endroits où il serait difficile et dispendieux de se procurer de la cendre de houille ou du ciment de tuiles. Ce dernier enduit est le moins cher, quoique à peu près d'égale bonté, et on doit présumer qu'il sera le plus généralement employé.

PROPORTIONS.

Enduit. n° 1.

Cendres et scories de houille passées au crible   2
Chaux éteinte d'avance et réduite en pâte.   2

Argile ou glaise trempée et délayée dans l'eau 1

Sang de bœuf ou autre, $2\frac{1}{2}$ kilog. par hectolitre des autres matériaux.

Bourre de vache éparpillée et battue, $1/_6$e de kilogramme par hectolitre des autres matériaux.

Enduit n° 2.

Tuiles ou briques pulvérisées et passées au crible. 2
   Chaux en pâte 1
   Argile ou glaise trempée et délayée. . . . $\frac{1}{2}$
   Sang de bœuf ⎫
   Bourre de vache ⎭ comme au n° 1.

Enduit n° 3.

Sable fossile ou falaise de rivière. 2
Chaux en pâte 2
Argile ou glaise délayée 1
Sang de bœuf ⎫
Bourre de vache ⎭ comme au n° 1.

§ 69. — Préparation des enduits.

Sur un terrain ferme et uni répandez en forme de cercle la cendre de houille, ou le ciment, ou enfin le sable, selon l'espèce d'enduit que vous aurez adopté; versez la chaux au milieu de cette enceinte et la délayez avec l'eau argileuse que vous aurez préparée à l'avance; rabotez ces matières aussi longtemps que cela est utile, en incorporant le sable ou les autres matières pulvérisées au fur et à mesure; ajoutez ensuite la bourre éparpillée et battue avec l'eau nécessaire pour faire du tout une bouillie épaisse; incorporez le reste, et gâchez longtemps ce composé en relevant les bords avec la pelle et en les rejetant au milieu pour être également gâchés; enfin relevez le tout en un seul tas hémisphérique aplati. Si, au moment de l'employer, l'enduit se trouvait trop compact, il faudrait l'humecter et le ramollir soit avec du sang de bœuf, soit, à défaut, avec de l'eau de mare; mais il faut ne le faire que partiellement, gâcher et piler longtemps, car de là dépend la bonne qualité de l'enduit. Dans cette préparation, les bras du manœuvre ne doivent pas être épargnés, et le meilleur serait d'en avoir deux qui se relèveraient alternativement.

§ 70. — Moyen d'appliquer l'enduit.

Après avoir donné à l'enduit la consistance de mortier ordinaire, l'ouvrier couvreur s'en fait apporter un baquet à la fois. Il commence par le haut du toit, et en étend le plus également possible, avec une large truelle, une couche d'environ 0ᵐ005 d'épaisseur sur les panneaux, en ayant soin d'unir son ouvrage au fur et à mesure avec la planche emmanchée que les plafonneurs et les plâtriers nomment taloche.

Quand l'enduit commence à sécher, il convient de le refouler avec la truelle mouillée, afin de boucher les fentes et les gerçures, s'il arrive que par un temps trop sec il s'en soit formé; après quoi on laisse sécher l'ouvrage parfaitement. — Il sera d'autant plus durable et mieux fait que le temps aura été un peu humide et couvert; une trop prompte dessiccation par un soleil ardent occasionnera des fissures ou fentes, et dans ce cas on est obligé de refouler deux fois l'ouvrage avec la truelle trempée dans l'eau.

Une seule couche d'enduit suffit si elle a été appliquée, unie et refoulée avec soin,

L'enduit s'applique à la main contre les bords des toits, des croisées et du faîte ; on y passe ensuite légèrement une petite pièce de bois formant gorge ou quart de rond, trempée de temps en temps dans un seau d'eau.

On croit devoir rappeler ici que les échelles des couvreurs doivent être garnies à leurs extrémités d'une fascine de paille ou de jonc, pour ne point endommager les couches d'enduit.

Dans les lieux ou il sera possible de se procurer du goudron ou brai liquide dont on fait usage pour calfater les bateaux, il sera très-bon d'en appliquer une couche au pinceau sur l'enduit quand il sera à peu près sec ; mais cet emploi n'est pas indispensable, et le sang de bœuf peut d'ailleurs y suppléer.

§ 71. — Colorage.

De quelque sorte que l'on ait choisi et employé les enduits ci-dessus, il est nécessaire, après leur dessiccation, de les revêtir de deux couches de couleur, tant pour donner aux toitures un aspect agréable que pour les rendre totalement imperméables à l'humidité. On peut, à volonté, leur faire imiter la tuile ou l'ardoise. Voici les proportions des matières qui composent la couleur.

§ 72. — Imitation des tuiles.

Lait écrémé et non tourné, 20 litres ou 20 kilog
Chaux vive,   5 $\frac{1}{4}$
Huile de lin, de noix ou d'œillette,   2 $\frac{1}{2}$

Poix blanche de Bourgogne, $^1/_2$
Rouge de Prusse bien pulvérisé,   2
Blanc de Bougival,   5

Ces proportions suffisent pour 150 mètres de couverture.

PRÉPARATION.

On écrase la poix de Bourgogne et on la met fondre dans l'huile à une douce chaleur; on plonge la chaux dans l'eau et on la laisse effleurer à l'air; après quoi on la met dans un vase de grandeur convenable et on verse dessus une portion de lait suffisante pour en former une bouillie assez épaisse. On ajoute ensuite l'huile dans laquelle on a fait dissoudre la poix, en ayant soin de remuer le composé avec une spatule; puis on verse le restant du lait en agitant toujours le mélange. — On écrase le blanc de Bougival et on le répand doucement à la surface du liquide; il s'imbibe bientôt et finit par plonger : on mêle alors avec la spatule, et on termine en incorporant le rouge de Prusse; enfin on passe le tout à travers une grosse étamine ou une passoire.

On emploie, pour appliquer deux couches de cette couleur, la brosse du badigeonneur, fixée au besoin à une perche pour atteindre le sommet du toit. — Ces deux couches doivent être données le plus promptement possible, afin d'éviter le caillage du lait, et il faut avoir soin de mêler de temps en temps le composé avant de reprendre de la couleur, afin d'obtenir une teinte égale. — Si elle devenait trop épaisse, on ajouterait du lait écrémé et on l'emploierait immédiatement.

§ 73. — Imitation des ardoises.

La composition est absolument la même que pour la couleur des tuiles ; seulement, on substitue au rouge de Prusse 100 kilogramme de noir d'ivoire ou d'os et $\frac{1}{2}$ kilog. de bleu commun, ce dernier détrempé pendant 48 heures dans l'eau; alors on incorpore le noir en poudre dans les autres matières, et on suit en tout, pour l'application, le même procédé que pour la couleur des tuiles. Pour l'une comme pour l'autre, il faut laisser parfaitement sécher la première couche avant de donner la seconde.

Le prix des couvertures ignifuges ne va pas au sixième de celui de l'ardoise; il est à peu près la moitié de celui de la tuile ordinaire, comme des pannes, et enfin ce mode de couverture est encore moins dispendieux que la paille et le chaume dont l'usage expose à tant de dangers.

Sous le rapport de la légèreté, il a été reconnu que le poids de 4^{m}00 de couverture en ardoises, compris la volige, était de 85 kilog. ; que celui de 4^{m}00 en tuiles plates ou en pannes était au moins de 340 kilog. ; enfin que 4^{m}00 couverts en chaume ou en paille pèsent 170 kil. dans l'état de parfaite siccité.

Dans les temps pluvieux et humides, le poids des tuiles ou du chaume augmente d'un huitième au moins.

Une surface de 4^{m}00 de couverture ignifuge toute finie et séchée pèse au plus 90 kilog. et n'augmente pas de 3 p. % après plusieurs jours d'exposition à la pluie.

Il est donc évident que, sous le rapport de la lé-

gèreté, comme sous celui du moindre coût, le mode
ignifuge mériterait la préférence. — Quant à la solidité, on peut l'apprécier d'après les épreuves qui
ont été faites ; et puisqu'il est démontré que les
transitions de sécheresse et d'humidité, les alternatives de gelée, de verglas et de dégel ne peuvent en rien détériorer l'enduit, on peut présumer
avec fondement que la durée égalera celle des plafonds intérieurs, sauf toutefois les cas majeurs et
accidentels auxquels toute autre espèce de couverture est également exposée.

L'humidité qui règne constamment dans les étables ou écuries pourrait peut-être nuire à la conservation de la paille dont les panneaux sont
formés ; mais il sera facile de remédier à cet inconvénient en délayant dans un baquet trois parties d'argile, une partie de chaux. en pâte et un
sixième de partie de bourre éparpillée ou de balle
d'orge, en se servant de ce composé réduit à la
consistance de bouillie épaisse pour crépir les panneaux à l'intérieur au moyen d'un balai de bouleau.

§ 74. — Avantages principaux résultant de l'usage
du mode ignifuge.

Si le principal mérite du mode économique dont
il est question réside dans sa propriété reconnue
de s'opposer aux incendies qui ont lieu par communication, à cet avantage inappréciable s'en joi-
gnent d'autres qu'il convient d'énumérer :

1° Les panneaux ignifuges peuvent être appliqués à toute espèce d'édifice, comme usines, celliers, magasins, etc., mais plus particulièrement
aux habitations rurales et aux bâtiments qui en

dépendent, même aux meules de grains. Ils pourront par la suite être susceptibles de beaucoup d'autres destinations; mais leur utilité actuelle se restreint à remplacer le chaume et la paille, tels qu'on les emploie journellement dans les constructions rurales.

2° Une fois fixés sur les charpentes, ces panneaux auront rarement besoin de réparations. Si par l'effet imprévu d'une grêle de grosseur extraordinaire, chassée par un ouragan, quelques parcelles de l'enduit qui les recouvre venaient à se fendre ou à se détacher, l'habitant pourra y remédier lui-même au moyen de l'enduit dont il connaîtra la composition; tandis que toutes autres couvertures, sans en excepter *celle d'ardoises*, réclament souvent la visite et la main du couvreur.

3° Les panneaux n'ont pas, comme l'ardoise et la tuile, l'inconvénient de retenir et de concentrer la chaleur des rayons solaires, chaleur qui nuit singulièrement à la conservation des grains dans les granges et des vins dans les celliers. La paille tissue dont ils sont formés n'est rien moins que calorifère, et c'est ce seul motif de l'échauffement des céréales qui a porté jusqu'à présent les cultivateurs à préférer, malgré le danger de leur emploi, le chaume et la paille à la tuile et à l'ardoise pour couverture de leurs bâtiments.

4° Les couvertures ignifuges seront sans doute reconnues par la suite éminemment préservatrices des effets du tonnerre, et l'expérience a prouvé que le fluide électrique fulminant se partage et se divise à l'infini dans chaque tube séparé du végétal qui forme les panneaux.

5° L'enduit ne peut que se consolider par le contact d'un feu médiocre et qui ne le rougirait pas;

ce que l'expérience a fait connaître dans la superposition d'une couche de paille épaisse de $2\frac{1}{2}$ centimètres, enflammée et consumée sur un toit
ignifuge. Cette épreuve a été réitérée quatre fois
sur le même fragment, où il n'est survenu que quelques légères fissures qu'un nouveau colorage a
réparées.

6° Les bois les plus communs et par conséquent
les moins chers, tels que le peuplier, le tremble,
le platane, etc., peuvent servir et être réduits d'é-
paisseur pour former les charpentes destinées à
recevoir les panneaux; tandis qu'il est indispensable d'employer le chêne et le sapin pour les couvertures d'ardoises et de terre cuite.

7° Un ouvrier couvreur peut dans sa journée de
douze heures de travail attacher au moins 28ᵐ00
de panneaux et y appliquer l'enduit; le même ouvrier ne pourrait couvrir dans le même espace de
temps que 20ᵐ00 en pannes, 16ᵐ00 en tuiles et
8ᵐ00 en ardoises.

8° La paille dont se composent les panneaux se
trouve abondamment dans toutes les campagnes.
Les cultivateurs l'ont en tout temps à leur disposition puisqu'ils la récoltent eux-mêmes; ils peuvent
employer à la confection de ces tissus, surtout
dans les longues soirées d'hiver, les femmes, les enfants de 12 ans, ainsi que les domestiques de la
ferme, ce qui réduit de beaucoup le prix. — Les
matériaux constitutifs de l'une ou de l'autre espèce
d'enduit sont également dans toutes les localités.

9° Enfin, un dernier avantage qui doit être d'un
grand poids dans l'économie agricole est celui de
pouvoir convertir en fumier et en engrais pour
l'amélioration des terres les $\frac{5}{6}$ᵉ de la paille ou du

chaume que l'on emploie journellement aux couvertures de l'ancien mode.

Espérons que la réunion des avantages que nous
avons cités n'échappera pas à la sollicitude des propriétaires et des agriculteurs. — Ils ne tarderont
pas à reconnaître les bénéfices qu'ils peuvent retirer d'une découverte faite entièrement dans leur
intérêt, et dont le mérite, outre son extrême simplicité, est de détruire peu à peu la cause des incendies qui ont si souvent désolé nos campagnes.
On verra se tarir d'elle-même la source d'un fléau
qui compromet journellement la fortune publique
et fait gémir l'humanité.

§ 75. — Des feux de cheminée.

Un simple feu de cheminée peut facilement causer un grand incendie, soit par la flamme et les
flammerons qui s'échappent au haut de la cheminée
et que le vent peut porter au loin, soit que cette
cheminée, qui peut être vieille et presque toujours
bâtie avec peu de mortier (surtout dans les campagnes), laisse ordinairement beaucoup d'issues à
la flamme comme à la fumée dans les chambres
ou les greniers de la maison même où le feu se
manifeste. Il est donc important d'étouffer promptement ce commencement d'incendie, et l'on ne doit
rien négliger pour y parvenir.

Dès qu'on s'aperçoit que le feu a pris dans un
tuyau de cheminée, on doit aussitôt jeter dans le
foyer allumé trois ou quatre poignées de soufre
réduit en poudre. — On bouche immédiatement
après le devant de la cheminée en y plaçant un
bouchon ou un drap mouillé qu'on a soin de tenir
fortement, de manière que l'accès de l'air soit
impossible.

Lorsque le tuyau de la cheminée est garni à sa partie inférieure, vers la gorge, d'une trappe à bascule, il suffit de la fermer pour intercepter tout passage à l'air et étouffer le feu allumé dans ce tuyau.

§ 76. — Appareil pour donner l'éveil partout où le feu vient à se manifester.

Cet appareil, inventé par M. Colbert, physicien à Londres, consiste en une certaine quantité de mercure qu'il renferme dans un tube et sur lequel on met un piston flottant qui s'élève ou s'abaisse au gré de ce fluide. A la partie supérieure du tube est un levier qui est fixé à la verge du piston de telle manière que lorsque le levier est soulevé, il fait jouer une espèce de cliquette dont le bruit sert à donner l'éveil dans la maison.

Cet appareil, renfermé dans un étui, se place ordinairement dans un corridor au sommet d'un escalier. Si le feu se manifeste, la fumée par sa direction ascendante va agir sur le mercure et fait monter le piston jusqu'au point où le ressort met la cliquette en mouvement. Alors chacun s'éveille et peut courir au feu.

§ 77. — De la manière d'éteindre très-promptement toute sorte d'incendies sans aucune pompe et sans eau, particulièrement à la campagne.

Dans les campagnes, nous regardons comme impraticable, en général, l'emploi des pompes à incendie, parce qu'on ne peut compter sur ces utiles appareils que lorsqu'on a une ou plusieurs personnes affectées à leur entretien, pour ainsi dire journalier. Or, les moyens pécuniaires manquent dans bien des localités pour satisfaire à cette nécessité.

D'un autre côté, l'éloignement et la difficulté des communications apportent nécessairement un long retard à l'arrivée des pompes de la ville voisine, pour combattre les effets d'un incendie, dans un village, et les plus éloignés sont toujours sûrs d'être les plus malheureux ; de plus, l'eau nécessaire à l'alimentation des pompes se trouve souvent trop éloignée et trop rare, surtout dans la belle saison, et les bras n'y sont point assez nombreux pour former des chaînes suffisamment longues. Donc, avec la meilleure volonté du monde, les sapeurs-pompiers arrivent toujours trop tard, ou sont inutiles pour combattre un incendie à la campagne. — Toutes ces raisons nous déterminent à publier un moyen simple, peu coûteux, à la portée de tout le monde, et particulièrement des simples villageois, d'éteindre facilement en très-peu de temps toute sorte d'incendies.

Ce moyen qui n'est pas nouveau et dont l'emploi sera toujours prompt et facile, c'est de se servir de terre. — On comprend que partout où elle pourra être jetée et maintenue en quantité suffisante sur des substances en ignition, surtout sur des planchers, elle étouffera la flamme et empêchera l'émission de la fumée.

Voici de quelle manière on doit opérer : Lorsqu'un incendie s'est déclaré, les autorités compétentes placent d'abord des travailleurs qui s'empressent à creuser un ou plusieurs trous près de la maison où le malheur est arrivé, en même temps que d'autres se mettent à couper, à tailler et à abattre les parties enflammées.

Les échelles sont placées à l'instant ; des gra-
pins ou crochets à long manche servent à atteindre et à retirer du feu les effets ; les hommes,
les enfants même, portent sur le dos des hottes
pleines de terre et les versent sur le feu. — L'ordre étant le meilleur expédient, tout le monde observe le plus grand silence, afin de ne pas s'étourdir,
et il ne faut que peu de temps pour le commencement et la fin d'un incendie.

On voit que dans ces circonstances il ne faut
user d'aucun ménagement, abattre, culbuter, détruire, et partout couvrir la partie enflammée du
bâtiment, d'un tas de décombres, de matériaux et
de terre. — Par cette diligence et ce travail forcé,
on endommagera une maison, mais on sauvera
souvent tout un village.—Nous disons même qu'en
interceptant le contact de l'air, on occasionne bien
moins de dégâts que si on cherche à éteindre le
feu avec des pompes, qui l'éteignent d'un côté,
mais ne l'empêchent pas d'aller presque en même
temps reprendre ailleurs. Il n'en est pas ainsi
des matières sans fluide ; elles demeurent où on les
jette et éteignent sur-le-champ et complétement
le feu. Elles permettent de s'introduire dans la
maison embrasée, puisqu'elles détruisent la fumée
aussi bien que les flammes, tandis que l'eau jetée
sur le feu augmente cette fumée et empêche les
personnes de se voir, de s'entendre et de se porter
d'utiles secours.

ART. X.

§ 78. — De la ventilation.

Dans un lieu fermé, l'air continuellement as-
piré, expiré et, de plus, altéré par les émanations

de toute espèce, devient impropre à la respiration et nuit à la santé, s'il n'est fréquemment renouvelé. Les bases suivantes devront servir à établir les calculs relatifs à la ventilation.

On compte que 95 mètres cubes d'air atmosphérique peuvent suffire à la respiration d'une personne pendant vingt-quatre heures ; mais pour que la respiration soit agréable, on quadruple cette quantité, ce qui fait 580 mètres cubes d'air en vingt-quatre heures. — Ainsi, dans une chambre d'une grandeur quelconque, où l'on veut que le renouvellement de l'air se fasse d'une manière continuelle, il faudra, pour alimenter la respiration d'une seule personne, que l'introduction, comme la sortie, soit de 16 mètres cubes par heure.

Il est indispensable, quand le manque d'air se fait sentir, d'établir une ventilation pour le renouveler, soit d'une manière continue, soit périodiquement. — Nous avons vu que pour alimenter la respiration d'une personne, il fallait 16 mètres cubes d'air atmosphérique par heure ; ainsi, pour une réunion de vingt personnes, il sera nécessaire de renouveler 320 mètres cubes d'air par heure.

Pour renouveler l'air d'une chambre, on pourra en chasser l'air vicié en pratiquant dans la cheminée, et à la hauteur du plafond, un trou de 10 centimètres de diamètre. — Il s'établira par cette ouverture un courant d'autant plus rapide que l'air contenu dans le canal de la cheminée sera plus chaud.

Si ce courant, par sa rapidité et sa proximité de la cheminée, devenait incommode, on pourrait, pour éviter son impression, adapter au trou un tuyau de fer-blanc, de zinc ou de carton, que l'on ferait aboutir à l'endroit de la chambre le moins habité.

Si la chambre est chauffée par un poêle, ce trou en ralentira un peu le tirage, c'est pourquoi il ne faut pas le faire très-grand ; mais si c'est un feu de cheminée, l'effet de ce ralentissement ne sera pas sensible.

Un autre moyen de ventilation qui remplit bien son objet, consiste à placer dans une cheminée l'une des branches d'un syphon renversé assez près du feu pour que l'air de cette branche devienne plus chaud que celui de l'autre branche. Il en résultera : 1° que l'air montera dans la branche échauffée et se portera dans la cheminée ; 2° qu'un courant descendra dans la branche froide et entraînera l'air de la chambre.

Pour rendre utile l'application de ce principe, il faut que l'ouverture de la branche froide du syphon soit près du plafond de la chambre ; la partie la plus basse de la courbe doit être, autant que possible, au-dessous du point où la chaleur s'applique, et l'ouverture par laquelle l'air s'échappe de la cheminée doit être faite de manière que la suie ne puisse pas tomber dans le tuyau. — Il doit aussi y avoir un registre au haut du tuyau pour régler la ventilation. — Soit donc (fig. 79) A l'ouverture du tuyau, avec son registre, vers le plafond de la chambre ; C la place où la branche placée dans la cheminée est en contact avec le côté ou le derrière du foyer ; B la partie basse du syphon, et D l'ouverture de la branche dans la cheminée, et qui est recouverte par un cône renversé pour la garantir de la suie.

Un tube de cette espèce peut se placer facilement dans l'angle de la cheminée ou dans le mur.

Lorsque, par une cause quelconque, l'air d'une chambre a été infecté de miasmes, la substitution

d'un nouvel air ne suffit pas toujours ; il faut alors
des agents chimiques pour les neutraliser. On em-

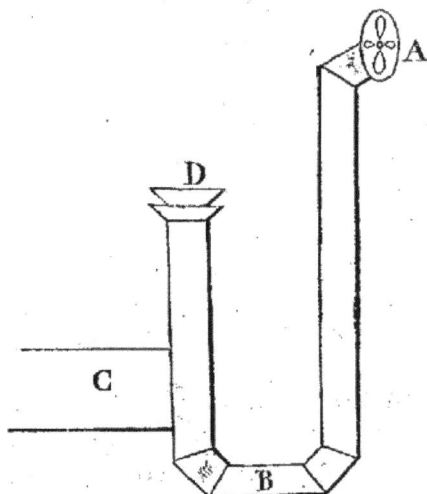

Fig. 79.

ploie avec succès le dégagement du gaz acide
hydrochlorique, qu'on obtient en mêlant de l'a-
cide sulfurique, étendu d'eau, avec du sel marin.
On pose ce mélange sur un réchaud et on laisse la
pièce fermée pendant vingt-quatre heures ; après
quoi, on renouvelle l'air.

On parvient bien mieux encore à désorganiser
les émanations animales par le chore et les chlorures de chaux ou de soude. — Il n'est pas inutile
de prévenir qu'il faut user de ce moyen avec certaines précautions que les circonstances indiquent
d'elles-mêmes, et il suffit de rappeler que ce gaz
antiputride est lui-même délétère. — En Angleterre, on emploie beaucoup l'acide nitrique pour
cet usage.

CHAPITRE III.

DES BATIMENTS RURAUX. — GÉNÉRALITÉS.

—

Les bâtiments d'un établissement rural dépendent évidemment du genre de culture auquel il est destiné. — Une entreprise viticole ou sericicole, comme toute autre ayant exclusivement pour objet des cultures spéciales, telles que celles du lin, du tabac, du houblon, etc., exige dans les bâtiments des conditions particulières qui n'ont plus rien de commun avec celles des exploitations rurales proprement dites, dans lesquelles on se livre à des opérations diverses, mais où la culture des céréales, des prairies et l'éducation des bestiaux tiennent toujours une place importante.

C'est principalement en vue de ces dernières exploitations que nous avons à présenter quelques considérations utiles sur la meilleure exposition des bâtiments et constructions. — A part les différences de dimensions résultant de l'importance plus ou moins considérable des domaines, ces considérations peuvent s'appliquer d'une façon générale.

Pour arrêter de la manière la plus convenable l'ensemble des bâtiments ruraux, il faut avant tout se rendre compte exactement de leur importance et de leur objet. — Cette importance n'est pas, à beaucoup près, en raison de l'étendue des terres; elle dépend davantage de leur fertilité et aussi des capitaux affectés à leur mise en valeur, du degré d'intelligence du fermier, enfin des débouchés plus ou moins faciles que trouvent les divers produits.

Les grandes, moyennes et petites fermes ne peuvent donc être classées comme telles d'après leur seule superficie. — Un domaine de 50 à 60 hectares, par exemple, sera une très-petite exploitation, insignifiante même pour la subsistance d'une famille de cultivateurs tenus de payer la moindre rente dans un pays de landes improductives. — Ainsi, pour bien concevoir les dispositions et dimensions les plus convenables à donner aux diverses constructions dépendant d'un même domaine, il faut parfaitement connaître les conditions dans lesquelles il se trouve placé, c'est-à-dire le mode de production qui y sera le plus avantageux.

Tel domaine situé dans un pays frais et accidenté conviendra mieux à l'élève du bétail qu'à la production des grains; tel autre situé près d'une ville ou dans le voisinage de fabriques dont les résidus peuvent fournir des engrais à bon marché, sera, au contraire, bien placé pour entreprendre le jardinage en grand, les céréales, les plantes oléagineuses, etc.

Dans ces diverses situations, l'étendue, la consistance et la disposition des bâtiments à construire doivent différer complétement. — Or, les dépenses nécessitées par les constructions sont généralement plus considérables qu'elles ne l'étaient autrefois, et peu de propriétaires seraient à même de faire ces dépenses deux fois au lieu d'une.

Cela posé, examinons rapidement les convenances principales que réclament les diverses constructions de ce genre.

SECTION PREMIÈRE.

ARTICLE PREMIER.

§ 1. — De l'économie dans les constructions.

Par économie nous n'entendons pas cette parcimonie que l'on met trop souvent dans l'exécution des constructions rurales et qui est une cause prochaine d'augmentation dans leur dépense d'entretien, mais bien cette circonspection sage et éclairée au moyen de laquelle on parvient au but avec le moins de frais possible, sans compromettre la solidité ou la convenance d'aucune des parties du travail. — C'est là une vérité qui doit être évidente pour tout homme qui veut se livrer à l'amélioration de ses propriétés. — L'économie doit s'étendre : 1° au nombre et à l'étendue des bâtiments que peut exiger chaque espèce d'établissement rural ; 2° au choix des matériaux disponibles et à la manière de les employer, sans nuire à la solidité des constructions ; 3° à la convenance de leur décoration, et 4° à la dépense de leur entretien.

Il faut donc observer avec attention le climat du pays, les mœurs et les occupations de ses habitants, enfin les matériaux qu'il peut fournir.

Après avoir mûrement déterminé le nombre et la grandeur des bâtiments d'une exploitation rurale, il faut examiner la manière la plus économique de les construire.

Ces différentes constructions n'ont pas toutes besoin d'une égale solidité, et cette solidité ne doit être que relative à leur destination.

§ 2. — Du nombre et de l'étendue des bâtiments.

Les constructions rurales comprennent l'habitation du propriétaire ou du fermier, la demeure des agents subalternes de l'exploitation, les bâtiments destinés aux animaux domestiques, ceux qui servent à la conservation et à la multiplication des végétaux, ceux dans lesquels on réunit les divers objets utiles aux besoins journaliers de la culture ou du ménage, ceux qu'on destine à la préparation, à la formation ou à la conservation de différentes récoltes; ceux qui n'ont souvent d'autre but que la décoration des jardins ou des parcs, et que l'on a réunis sous le nom de fabriques; enfin les travaux d'art qui se rattachent immédiatement aux besoins de l'économie rurale.

On peut considérer les constructions d'abord isolément, sous le point de vue de leur convenance particulière, puis collectivement, sous le rapport de leur arrangement entre elles. — Isolément, elles doivent être saines, commodes, construites avec solidité, propreté et économie. — Collectivement, il faut qu'elles soient calculées, en nombre et en étendue, d'après la nature et l'importance de chaque exploitation; qu'elles soient situées les unes relativement aux autres et toutes ensemble, relativement à la propriété entière, de manière que les communications soient aussi faciles et aussi promptes que possible, pour éviter tout surcroît de travail et toute perte de temps; enfin, il convient qu'elles soient distribuées avec cette régularité et cette élégance modeste qui plaisent à la raison autant qu'à l'œil, parce que sans nuire à l'économie et à la durée, elles sont un indice certain d'aisance et de bien-être.

Il est de l'intérêt bien entendu du propriétaire de doter tout établissement rural du nombre et de l'étendue de bâtiments nécessaires à tous les besoins de son exploitation. — S'il y avait insuffisance, il ne retirerait pas de sa propriété un fermage aussi élevé que celui dont elle serait susceptible, parce que le fermier ne pourrait pas y exercer toute son industrie. — Si les bâtiments étaient trop nombreux et trop étendus, la condition du propriétaire deviendrait également désavantageuse; parce que les bâtiments superflus lui occasionneraient annuellement une augmentation de dépense d'entretien et, quelquefois, de reconstructions qui diminuerait d'autant le fermage qu'il en obtient.

Ainsi, tout le nécessaire, rien que le nécessaire est la maxime qu'il faut admettre dans les constructions que l'on se propose d'édifier ou d'entretenir. Mais pour pouvoir la pratiquer en toutes circonstances, il faut connaître dans le plus grand détail les besoins ordinaires de chaque classe de cultivateurs, et même ceux qui seraient occasionnés par des cultures particulières. — Les nécessités de culture une fois connues, il n'est pas difficile de projeter avec précision le nombre et l'étendue des bâtiments qu'il faut assigner à un établissement rural.

Pour y parvenir sûrement et sans rien oublier, il faut suivre l'ordre naturel des besoins de l'établissement; on peut le fixer ainsi : 1° habitation ; 2° logements des animaux domestiques ; 3° bâtiments nécessaires pour serrer les récoltes et les fourrages ; 4° ceux destinés à conserver les grains ainsi que les autres productions de la terre.

§ 3. — De la disposition des bâtiments.

La salubrité étant une question très-importante pour l'établissement d'un bâtiment rural, c'est d'elle que nous devons nous occuper d'abord.

La salubrité dépend : 1° de l'emplacement; 2° de l'orientement; 3° de l'ordonnance et de la distribution des divers bâtiments, et 4° des moyens dont on peut disposer pour combattre les influences délétères.

Quant à l'emplacement, on n'est pas toujours le maître de choisir celui qui serait le plus convenable pour y construire une habitation : souvent on est obligé de s'en tenir à un terrain donné; le plus souvent on est réduit à améliorer des constructions existantes.

Si l'on est à même de choisir, il faut bien étudier le site eu égard au climat, la nature du sol, la position des sources, les vents dominants, les chemins environnants et la situation des terres que l'on veut exploiter.

L'on cherchera, autant que possible, à l'établir au centre de l'exploitation et sur une pente douce, afin que l'écoulement des eaux et le transport des fumiers puissent s'opérer facilement et à peu de frais. Une chose essentielle est de se trouver à proximité d'une source ou d'une fontaine qui puisse suffire aux besoins de l'habitation et des animaux domestiques, ou dans un endroit qui permette de construire un puits à peu de frais.

Cependant, si les sources et les fontaines se trouvaient dans des lieux bas, ces lieux étant souvent insalubres, il faudrait que les bâtiments fussent établis à une certaine distance et dans une position un peu élevée. — Faute de prendre ce soin, la difficulté du renouvellement de l'air et la stagnation des eaux, qui sont le partage des localités basses, feraient bientôt sentir leur fâcheuse influence; les miasmes et l'humidité, en se développant, auraient pour résultat, surtout dans les années fort pluvieuses, d'engendrer des maladies pour les êtres organisés et d'entretenir dans les bâtiments une humidité permanente.

Pour obtenir aussi complétement que possible ce grand bienfait de la salubrité sans renoncer aux autres avantages de position centrale et de minimum de transport, etc., on a aujourd'hui deux moyens : 1° choisir, toutes les fois qu'on le peut, une situation naturellement saine; 2° recourir, dans le cas contraire, à la puissante ressource du drainage qui procure à coup sûr cet assainissement là où il n'existait pas.

Si l'air, sans être assez mauvais pour empêcher que les bâtiments ne soient habitables, n'a pas toute la pureté désirable, il faut en combattre les effets par divers moyens. Il faut interposer un rideau d'arbres entre les bâtiments et les marécages, placer toutes les ouvertures du côté opposé aux sources du mauvais air, s'asseoir aussi près que possible des eaux courantes, s'il y en a à proximité; garantir les issues par des châssis, voûter les différentes pièces de l'habitation et donner de l'épaisseur aux murs pour éviter les variations de température et par suite la précipitation des miasmes, enfin prendre toutes les précautions hygiéniques recommandées tant pour les hommes que pour les animaux.

§ 4. — De l'orientement.

L'exposition la plus favorable aux bâtiments ruraux est absolument relative à leur destination et à la position topographique de la localité ; les vents dominants doivent être surtout consultés, en ne négligeant pas de (*consulter*) remarquer que les chaînes de montagnes ou d'autres obstacles les brisent et les font refluer.

Les marais et les étangs les chargent de miasmes et de matières insalubres ; enfin, il y a une infinité d'autres causes physiques toujours agissantes qu'on ne peut ni prévoir ni décrire.

En général, l'exposition nord et sud paraît la plus saine et par conséquent la plus favorable pour la demeure de l'homme. Cette double exposition procure à son habitation l'avantage d'être moins froide en hiver, si l'on peut supprimer en cette saison l'usage des ouvertures au nord, et celui non moins grand de pouvoir tempérer la trop vive chaleur de l'été par des courants d'air venant du nord au midi.

L'exposition principale du levant au midi est très-avantageuse aussi dans les contrées du Nord ; celles du nord-ouest ou de l'ouest sont généralement regardées comme les plus malsaines pour les habitations.

Les oiseaux et insectes ne prospèrent qu'aux expositions du levant et du midi ; il n'en est pas de même pour les bestiaux, et l'exposition nord est la seule qui convienne à leur demeure. Dans les climats froids, il faut cependant préférer les expositions du levant et du midi.

En principe, et sauf de rares exceptions, la

meilleure exposition pour l'homme est aussi la meilleure pour les animaux domestiques et pour la conservation des denrées. — Mais comme il est difficile, sans des développements fàcheux sous d'autres rapports et notamment sous celui de la dépense, de donner à tous les bâtiments d'une ferme la même exposition, il faut poser une limite à l'application du principe et se contenter de se rapprocher, autant que possible, des expositions reconnues les plus avantageuses, dans le pays où l'on construit, pour éviter les brusques changements de température. — Personne n'ignore que ces variations sont une des causes qui affectent dangereusement l'homme et les animaux, tout aussi bien que les plantes, en altérant les fonctions respiratoires.

C'est à l'art à réparer les défauts d'orientement et à les corriger par des courants d'air convenablement établis.

§ 5. — De l'ordonnance et de la distribution des bâtiments ruraux.

L'ordonnance est la distribution suivant laquelle les bâtiments doivent être placés autour de l'habitation principale. On doit l'établir d'après l'importance que le propriétaire attache, dans chaque espèce d'exploitation, à la surveillance du service de chacun de ces bâtiments; en sorte que ceux qu'il doit surveiller le plus fréquemment seront plus près de son habitation. La prudence veut aussi que les récoltes les plus susceptibles de propager ou de déterminer un incendie, soient entièrement isolées. — La meilleure ordonnance sera celle qui procurera au fermier la surveillance la plus directe et le service le plus commode.

L'habitation du fermier s'accordera avec l'importance du domaine. Si la ferme est considérable, si elle représente un loyer annuel de six à dix mille francs par exemple, et, à plus forte raison, supérieur à cette somme, celui qui l'exploite devra être nécessairement dans une position aisée. — Il lui faut un fonds de roulement de 15 à 25 mille francs. Son rôle consiste principalement à surveiller et à diriger les ouvriers et agents qu'il emploie; un travail manuel ne lui serait pas possible; en un mot, c'est un entrepreneur d'industrie. Ses relations commerciales exigent qu'il puisse recevoir convenablement les personnes avec lesquelles il fait des affaires sur les grains, sur les laines, sur les bestiaux, etc. Il est donc utile de lui attribuer un appartement en rapport avec la situation de fortune qu'on exige de lui.

On entend par distribution l'arrangement des différentes parties dont un bâtiment est composé. Le nombre de pièces, leur étendue et leur distribution intérieure dépendent de la destination de l'établissement et doivent être combinés avec goût et convenance, c'est-à-dire que leur ensemble doit présenter le coup d'œil le plus régulier et les distributions les plus commodes.

Les conditions de salubrité étant satisfaisantes, il en est d'autres auxquelles il est important de pourvoir et qu'il est ordinairement facile de concilier avec les premières. — La disposition des bâtiments relativement aux terrains de la ferme est généralement considérée comme une question fort grave. — Cette position est déterminée par la condition de donner le minimum de fatigue pour le service des terres et la rentrée des produits. — En supposant un domaine horizontal et dont les terres sont homogènes, cette position est le centre de figure du domaine.—Elle varie dans les terrains inclinés, par la considération que les poids les plus lourds sont tantôt ceux de sortie, tantôt ceux de rentrée. Dans le premier cas, l'emplacement devrait être choisi en amont du centre de la figure; dans le second cas, en aval. Cette position devrait descendre encore si, comme il arrive quelquefois, les terrains les plus élevés étaient d'un produit moindre que ceux qui occupent le bas du domaine et demandaient aussi des soins de charrois de toute nature. — En général, à notre avis, entre de certaines limites, la question n'a pas toute l'importance qu'on lui attribue ; elle est dominée par la position des chemins ruraux, par la forme des terres qu'il est souvent nécessaire de ne pas altérer, par la possibilité de se procurer des eaux permanentes pour le service de la ferme, par la proximité de chemins publics en bon état, qui facilitent les transports et rendent moins lourde la charge de l'entretien qu'un propriétaire soigneux ne manque pas de s'imposer.

§ 6. — De la salubrité des bâtiments.

Pour obtenir la salubrité des bâtiments, tout aussi désirable que leur solidité, comme on n'est pas toujours le maître de leur position et de leur orientement, on doit considérer que l'humidité, principal agent de leur dégradation, est aussi une cause qui affecte toujours plus ou moins dangereusement les hommes et les animaux, et le principe de quelques-unes des maladies qui abrégent leur vie. — L'humidité, d'ailleurs, est l'état atmosphérique le plus favorable à la fermentation des grains et à la multiplication des insectes qui les dévorent.

— Cette cause nuisible doit être pesée en raison de son importance dans le choix d'un emplacement, car elle affecte plus les animaux que ne le ferait un air impur. — Quand elle est inévitable, l'art offre des ressources pour la combattre.

En général, il est facile de trouver dans une propriété un emplacement à l'abri de l'humidité ; ces endroits sont, du reste, ceux sur lesquels on peut construire d'une manière plus économique, car les sols humides présentent des difficultés de fondations qu'on ne surmonte que par une augmentation de dépense. — Ainsi, on doit éviter les fonds de tourbe ou de glaise, dont la présence cause la stagnation des eaux ; on doit éviter aussi les sous-sols argileux, car leur imperméabilité entretient une humidité constante à l'endroit de leur contact avec les terrains perméables. — Nous devons observer qu'indépendamment des précautions dans le choix de l'emplacement et dans la construction, la salubrité des bâtiments dépend aussi beaucoup de la propreté avec laquelle on les tient ; on ne saurait trop la recommander à leurs habitants, tant pour eux-mêmes que pour leur bestiaux et leurs denrées.

Il peut arriver, dit M. de Perthuis, que par suite de maladies contagieuses, pestilentielles ou épizootiques, il y ait du danger à faire habiter des bâtiments ruraux, soit par des hommes, soit par des animaux, avant d'avoir neutralisé les miasmes méphitiques qui pourraient compromettre leur santé.

Les sciences médico-chimiques donnent aujourd'hui les moyens prompts et certains d'assainir ces bâtiments et de les rendre aussi salubres qu'auparavant.

S'il est question de maladies pestilentielles, il

faut d'abord brûler tous les vêtements et le linge des hommes qui auront été atteints, ensuite gratter les murs intérieurs, les planchers, décarreler les chambres, les recarreler à neuf et réenduire les murs, le tout à la chaux vive s'il est possible; enfin employer, pour désinfecter les logements, les fumigations, les chlorures, etc.; moyens simples, peu dispendieux, que le moindre pharmacien peut indiquer aujourd'hui et dont l'expérience atteste tous les jours les succès.

Les mêmes précautions doivent être prises scrupuleusement à l'égard des écuries, des étables et des bergeries infectées par différentes maladies épizootiques.

§ 7. — De l'humidité des bâtiments.

L'humidité, si nuisible dans l'intérieur des bâtiments, est souvent occasionnée par celle du sol même sur lequel ils ont été construits. — Quelquefois elle est l'effet des pluies ou des vents dominants qui, avant de les frapper, ont traversé des nappes d'eau et en ont entraîné des molécules.

Dans le premier cas, il faut assainir le terrain naturellement humide, tenir le rez-de-chaussée du bâtiment qu'on veut y élever à un niveau supérieur à celui du terrain desséché, et établir son pavé ou carrelage sur un lit de terre absorbante, de charbon de bois pulvérisé, de tan, de mâchefer ou de sciure de bois.

Si l'humidité est due à celle du terrain et occasionnée par des terres à un niveau supérieur à celui de l'emplacement imposé, il n'y a d'autres moyens bien certains que de faire des fossés extérieurs de trois mètres de largeur au moins sur une profondeur suffisante pour que le niveau du rez-de-chaussée soit partout supérieur de 0ᵐ60 environ à celui du terrain attenant.

Dans le second cas, c'est-à-dire lorsque l'insalubrité de l'établissement provient des vents dominants, il faut autant que possible supprimer toutes les ouvertures à ces dispositions contraires et les multiplier aux autres aspects.

Pour les cours et les bâtiments des dépendances, on doit maintenir le niveau du sol à 0ᵐ25 au-dessus des terrains environnants. Cette précaution est indispensable et malheureusement trop négligée ; elle n'entraîne cependant pas d'augmentation sensible dans la dépense, puisqu'elle permet d'utiliser les déblais provenant des fouilles des caves. — Tous les agriculteurs comprendront l'avantage de ces exhaussements pour faciliter l'écoulement des eaux ménagères et autres.

Pour empêcher l'humidité de pénétrer dans les fondations d'un bâtiment, d'où elle monte et se répand dans tout son intérieur, il convient de creuser au pied des murs un petit fossé en pente douce ; il facilitera l'écoulement des eaux pluviales dont on peut déjà détourner une grande quantité par des cheneaux ou chantalles posés immédiatement sur les toitures.

§ 8. — Des plantations d'arbres.

Pour rompre l'influence des vents dominants sur un bâtiment, il convient de l'abriter de ce côté par des plantations. — Ce moyen que l'on peut employer le plus souvent avec beaucoup de facilité, est généralement trop négligé dans les campagnes. Ces plantations garantiraient les bâtiments des avaries que les vents impétueux y occasionnent.

L'expérience a démontré les bons effets des plantations autour des constructions rurales.—Les arbres doivent être plantés, selon leur essence, à une distance variable des murailles. — Cette distance doit être suffisante pour qu'ils n'entretiennent pas les murailles dans un état permanent d'humidité qui serait préjudiciable à leur durée; elle doit aussi être telle que la croissance et le développement des arbres ne soient pas entravés et que leur feuillage n'empêche ni l'air ni le jour de pénétrer dans le bâtiment qu'ils protégent.

Il est à désirer que tous les établissements agricoles soient embellis par de semblables plantations qui, d'ailleurs, deviendraient une source de revenus pour les propriétaires.

La disposition des ombrages aux abords de la ferme exerce aussi une influence marquée sur la santé et la sûreté de ses habitants. Il ne convient généralement pas de placer les arbres trop près des constructions ni dans toutes les directions, car alors, comme nous venons de le dire, ils gêneraient la circulation de l'air et l'action bienfaisante du soleil, et contribueraient ainsi à rendre humides les bâtiments, et particulièrement les greniers, par l'effet des feuilles accumulées sur les toits. Il n'est pas moins certain aussi que dans chaque localité telle ou telle direction affecte d'une manière fâcheuse, pendant toute la durée de son action, la santé des colons et celle des animaux d'exploitation, provoque la fermentation des grains et accélère la corruption des provisions de la ferme.—Quelle que soit la cause à laquelle on puisse attribuer ces résultats, il est positif que l'interposition d'un massif d'arbres dans la direction du vent qui les produit, a des effets salutaires et peut présenter, dans d'autres circonstances, des abris, un ombrage et de précieuses ressources. En ménageant dans le massif des arbres à hautes tiges, on se crée de véritables paratonnerres, et cette considération n'est pas sans importance.

Enfin, l'agrément de l'aspect du corps de logis de la ferme doit aussi être mis en ligne de compte, et il gagne beaucoup à cette disposition. — Il est un autre genre de plantations que les conditions particulières du climat peuvent rendre utiles : ce sont celles qui sont destinées à préserver les bâtiments de l'action des vents froids qui affectent désagréablement les habitants de la ferme en hiver par leur violence et leur température, et occasionnent quelquefois des maladies inflammatoires, particulièrement dans l'espèce bovine.

Cette seconde catégorie d'abris, qui est nécessairement formée d'arbres verts, a toutefois des effets fâcheux en empêchant la circulation de l'air en été, et l'exagération de son emploi a ordinairement plus d'inconvénients que d'avantages. — Nous pensons qu'il vaut mieux atténuer les effets du vent froid par l'épaisseur des murs qui font face au nord, l'aménagement des ouvertures, les bonnes fermetures et au besoin les fermetures doubles. — Nous n'entendons pas néanmoins proscrire l'usage de ces abris, d'autant mieux qu'il est toujours facile de les supprimer dès qu'on s'aperçoit que les inconvénients surpassent les avantages.

§ 9. — Des chemins d'exploitation.

Les chemins publics ou particuliers sont les moyens de communication d'une ferme avec les terres de son exploitation et en général avec les localités où elle exporte ses produits et d'où elle tire les matières premières.

Leur proximité ou leur éloignement de la ferme n'est point une chose indifférente pour le fermier, et cette circonstance entre, ainsi que nous l'avons dit, comme élément dans le calcul des avantages et des inconvénients de l'emplacement d'un établissement rural. — Quand les chemins existants sont fortement en déblai ou en remblai, on l'exposerait à une charge très-lourde en voulant changer leur position, surtout en raison du mouvement des terres auquel ce changement donnerait lieu. — Il faut donc les conserver et rejeter les emplacements qui forceraient à en altérer notablement le système. — Néanmoins, il faut avoir soin de ne pas s'exagérer les conséquences de toute modification à faire aux voies existantes, car il arrive souvent qu'il y en a d'avantageuses à l'exploitation, surtout si elles tendent à substituer, sans trop de frais, un parcours facile à des communications mauvaises en tout temps et impraticables pendant une partie de l'année.

On conçoit donc combien il importe d'avoir égard à la disposition et à l'état des chemins d'exploitation, quand il s'agit du choix d'un emplacement, puisque tous les transports doivent partir de la ferme ou y aboutir, et combien il est utile par conséquent de se placer près d'une voie de grande communication, s'il s'en trouve par bonheur une traversant ou longeant la propriété sur une étendue assez grande. Si tous les chemins étaient entretenus avec le soin et l'intelligence que demande leur conservation, on ne verrait pas autant d'établissements ruraux privés de communications souvent pendant quatre mois de l'année. — Le mauvais état des chemins fait un grand tort à l'agriculture, à cause de la quantité de bêtes de trait qu'il faut atteler aux voitures pour transporter les fumiers sur les terres, ou pour en rapporter les récoltes. Il en résulte de grands frais qui diminuent nécessairement la valeur locative.

Les pluies abondantes sont une des causes les plus actives de la dégradation des chemins. S'ils sont en pente, l'eau les ravive et en approfondit les ornières; et lorsqu'ils sont en terrain plat, si ce terrain est glaiseux, la stagnation des eaux y occasionne des fondrières. Ainsi, pour atténuer cette source de dégradations aux chemins, il faut les garantir continuellement ou du cours rapide des eaux pluviales, ou de leur stagnation, en leur ménageant un écoulement facile dans des fossés latéraux.

Les grandes routes, en procurant de grands avantages à l'agriculture, occasionnent toutefois quelques dommages aux propriétés riveraines. Elles sont plus exposées que les autres au maraudage des bestiaux; en second lieu, l'ombrage des arbres dont les routes sont bordées, et surtout l'extension de leurs racines, font quelque tort aux récoltes des terres limitrophes. — Ces torts deviennent de plus en plus grands à mesure que les arbres avancent en âge.

Le nombre des chemins pourrait être réduit dans beaucoup de localités de la Belgique et leur emplacement être rendu à l'agriculture; mais pour effectuer cette réduction, il faudrait souvent changer leur position, afin que chaque chemin pût communiquer immédiatement à toutes les pièces de terre d'un même territoire. Cette opération qui serait avantageuse à tous les propriétaires, ne peut être entreprise que par le concours de leur volonté et avec l'assistance du gouvernement, à cause des échanges qu'il faudrait faire pour arriver à ce but.

ART. II. — *Résumé des différentes conditions qui doivent guider dans le choix d'un emplacement pour un établissement rural.*

§ 10. — Salubrité par rapport à l'air.

1° Exposition au midi en général ;
2° Voisinage des eaux courantes ;
3° Plantation garantissant les bâtiments contre la chaleur et l'humidité ;
4° Abri du côté du nord ;
5° Épaisseur des murs ;
6° Exposition opposée à la source des miasmes dans les pays de mauvais air.

§ 11. — Salubrité par rapport à l'humidité.

1° Terrain incliné légèrement au sud ;
2° Exposition au midi ou au sud-est ;
3° Sous-sol perméable ;
4° Élévation du rez-de-chaussée au-dessus du terrain naturel ;
5° Espacement des plantations.

§ 12. — Position par rapport à l'exploitation.

1° Position voisine du centre de gravité des transports ;
2° Proximité d'un bon chemin central d'exploitation ;
3° Possibilité d'avoir toujours de bonnes eaux.

§ 13. — Conditions économiques de construction.

1° Fond sec et incompressible ;

2° Terrain faiblement incliné ;

3° Proximité de l'eau et des matériaux de construction.

§ 14. — Aménagement des bâtiments existants.

Quand il s'agit de bâtiments existants, les principes que nous avons exposés doivent toujours être présents à la pensée du propriétaire. — Avant tout il convient d'examiner avec soin si ces bâtiments ont assez de solidité et d'importance pour qu'il soit d'une économie bien entendue de les faire servir de base aux améliorations qu'on se propose d'opérer. — Si cet examen est satisfaisant, deux cas peuvent se présenter : celui d'accroissement et celui de réduction des bâtiments existants.

Quand il s'agit d'accroître ou de compléter les bâtiments insuffisants d'une ferme, bien que le choix de l'emplacement ne soit plus à faire sous le rapport topographique, il peut encore varier dans de certaines limites. — D'ordinaire il est possible de choisir une bonne exposition pour le nouveau corps de bâtiment, d'en rendre l'intérieur sain, l'accès facile, le sol sec et les écoulements commodes. Souvent un simple changement dans la disposition des ouvertures de l'ancien bâtiment rend évident ce qui semblait impossible au premier abord ; l'élévation des planchers par les moyens mécaniques permet de transformer un rez-de-chaussée bas et humide en salles aérées et salubres, et de mettre en rapport les plans de l'ancien bâtiment et du nouveau. — Quelquefois enfin les vieux bâtiments peuvent recevoir une destination tout à fait spéciale et être conservés dans leurs formes et dimensions sans qu'il en résulte aucun assujettissement obligatoire pour la construction et la disposition des nouveaux.

Quand il s'agit de réduire des bâtiments trop considérables et dont l'entretien est onéreux en pure perte, il faut examiner les meilleures conditions d'établissement d'une ferme en général avec les modifications que permet la localité, pour déterminer la partie que l'on doit sacrifier et les modifications avantageuses que comportent les bâtiments que l'on conserve. — Mais dans ce dernier cas c'est surtout la disposition intérieure des bâtiments qui est à considérer, et nous allons entrer dans l'examen de cette importante partie des constructions rurales.

ART. IV.

§ 15. — Proportions des bâtiments et des cours.

Avant tout il est très-important de déterminer avec soin la disposition générale des bâtiments en raison de leur importance, et nous ne saurions trop insister sur ce sujet. — Souvent la vanité et l'esprit d'imitation conduisent un propriétaire à créer une cour et à adopter une disposition de bâtiments rectangulaire, quand un bâtiment double sur une seule ligne aurait suffi pour l'exploitation commode de sa propriété. — Aussi sa cour étroite et mesquine se prête mal aux manœuvres des attelages, à la disposition des fumiers, à celle de la mare, et cette gêne pèse éternellement sur le domaine. Il ne faut pas oublier que les conditions de commodité d'une cour sont les mêmes, sauf de petites différences, pour une ferme de grande im-

portance et celle d'une importance moyenne. Le
minimum du côté du carré est donc une constante,
et par suite le choix d'une disposition quadrangulaire pour le bâtiment est aussi limité, si l'on veut,
comme on le doit, proportionner l'étendue des bâtiments aux nécessités de l'exploitation. Si l'on ob-
jectait qu'une cour de ferme est pourtant indispensable, nous répondrions qu'il vaut mieux en former
une attenante au bâtiment principal avec des
murs de clôture, que de se créer une cour insuffisante ou de faire des constructions inutiles.

Ce minimum nécessaire au service d'une cour
de ferme est de 16 mètres pour le côté du carré
ou le petit côté du rectangle. (*Voyez* fig. 80.) Cette

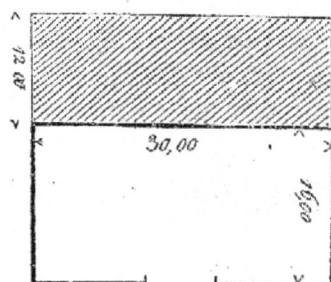

Fig. 80.

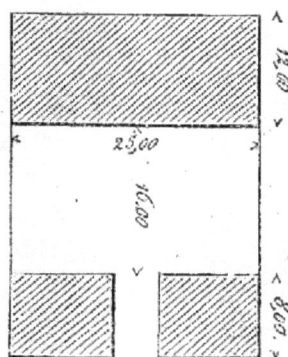

Fig. 81.

longueur, augmentée de deux largeurs de bâtiments
simples hors d'œuvre, ou 12 mètres environ, donne
la limite à laquelle doit cesser la constructiion sur
une seule ligne. Ainsi en général, toutes les fois
que le développement des bâtiments d'exploitation
ne doit pas dépasser 32 mètres, on doit les établir
sur une seule ligne.

Entre 32 et 50 mètres, on doit les établir sur
deux lignes parallèles, espacées l'une de l'autre de

19.

16 mètres au moins et placées toutes deux à l'exposition principale. (Fig. 81.)

Entre 50 et 75 mètres, on peut placer deux bâtiments à retour d'équerre sur le corps principal. (Fig. 82.)

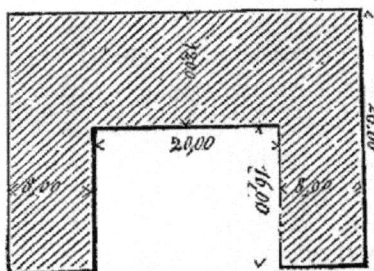

Fig. 82.

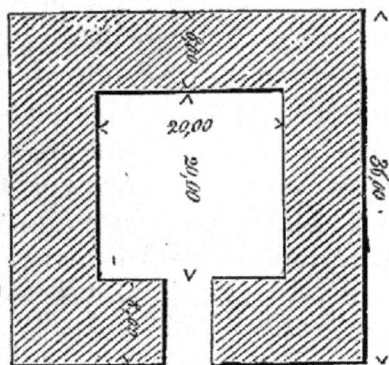

Fig. 83.

Après 75 mètres et au delà, il convient de former le carré pour les bâtiments. (Fig. 83.)

Les différentes dispositions des bâtiments ci-joints sont sans les détails, afin de ne pas ôter à ces observations le caractère de généralité qu'elles doivent conserver.

Il ne faudrait cependant pas attacher une valeur trop absolue aux considérations qui viennent d'être présentées. D'abord, il est évident que pour des différences du simple au double de développement, on ne doit pas sacrifier une disposition qui plaît davantage, qui peut permettre une élévation plus agréable ou des dispositions intérieures plus adaptées aux conditions particulières de la culture du pays dans lequel on construit. Ce qui est absolu dans ces conditions, c'est, d'une part, le développement des bâtiments, réglé rigoureusement par la capacité des récoltes, la quantité de bétail, le nombre de bêtes de somme, les convenances du fermier et de sa famille, quelquefois aussi celles du propriétaire qui veut résider sur la terre; d'autre part, le minimum de dimension de la cour. Ces conditions satisfaites, une meilleure relation entre les différentes parties, la facilité des communications à couvert, peuvent faire préférer les dispositions des fig. 80 et 81 à la disposition 82.—Enfin certains genres d'exploitation peuvent faire prévaloir la disposition 75 sur celle 76. La masse du plan 75 a du reste l'avantage de pouvoir être mise en communication facile avec le potager et le fruitier sans traverser les bâtiments d'exploitation, et de donner une disposition avantageuse aux bergeries.

Dans les contrées où le bétail consiste presque exclusivement en bêtes à laine, c'est au propriétaire à peser mûrement ces considérations, de manière à ne rien oublier et à ne faire aucun sacrifice inutile.

ART. V.

§ 16. — Bâtiment d'habitation.

La forme générale des bâtiments étant déterminée, il s'agit d'effectuer une position dans ces bâtiments à chacun des services de la ferme.

En ce qui concerne l'habitation du fermier ou de la famille, les pièces essentielles sont : la cuisine, les chambres d'habitation, la dépense, le fournil et la laiterie dans certains cas : — La cuisine est la pièce la plus habituellement occupée de la maison : dans le grand nombre des cas, elle sert de salle à manger ; elle doit donc être parfaitement orientée et salubre, située à l'exposition principale du bâtiment.

En général, une bonne disposition, un bon orientement sont ce qu'il y a de plus essentiel pour l'agrément et la salubrité des habitations, ce qu'il est presque toujours facile de se procurer quand on vient bâtir à la campagne ; et cependant il est rare de trouver l'un ou l'autre de ces agréments. Il en est à peu près de même de la disposition intérieure des logements. Si l'emplacement ou la volonté décident à ne bâtir qu'une chambre, ce sera simplement un carré ou un rectangle avec une porte et une croisée donnant sur la rue, plutôt que sur la cour s'il y en a une, sans avoir égard à la direction du soleil. Ainsi, par exemple, M. de Fontenay dit avoir habité longtemps un vieux château bien exposé au levant, entre cour et jardin ; mais toutes les autres maisons du village avaient leurs portes et leurs fenêtres au nord-ouest, à la pluie la plus froide, à l'exposition la plus désagréable, et pourquoi ? parce qu'elles bordaient la rue principale ; elles étaient cependant écartées les unes des autres. Rien n'était cependant plus facile, lors de leur construction, toute en bois, de leur faire faire un quart de conversion seulement ; alors tous les habitants eussent joui du soleil levant et du midi toute l'année, ainsi que leurs cours et jardins, et les maladies endémiques auxquelles ils étaient très-sujets ne les eussent par décimés.

Il dit aussi que pendant un séjour de 15 ans parmi eux, ni lui ni ses domestiques ne furent malades. Il en fit l'observation à ceux qui voulaient élever de nouvelles constructions ; il n'en put déterminer aucun à disposer convenablement leurs portes et leurs fenêtres, tant l'habitude et l'ignorance sont difficiles à vaincre dans les campagnes.

La chambre du fermier doit être placée au

rez-de-chaussée et à l'exposition principale. Les chambres des fils du fermier, trop jeunes pour être isolés des filles de la fermière ou des filles de service, s'il y en a, doivent être au premier, au-dessus de la cuisine et de l'appartement du fermier, et sans communication possible avec les autres bâtiments de la ferme, autre que celle qui traverse le rez-de-chaussée en passant devant la chambre du fermier.

Quant aux fils adultes et aux valets de ferme, ils doivent être distribués dans les différents bâtiments de l'exploitation, suivant les besoins du service et de la surveillance.

Les dépenses, lingerie, armoires à provisions, buanderie, doivent être placées dans le logement d'habitation du fermier, à l'exposition du nord. La laiterie doit aussi être placée au nord si le bâtiment n'est pas établi sur caves; si le bâtiment est sur caves, celles-ci doivent être disposées de manière à contenir la laiterie, les provisions de pommes de terre, etc., et en général tout ce qui souffre des alternatives des températures extrêmes sans trop craindre l'humidité. — On doit du reste tenir à l'établissement de caves sous l'habitation, parce que, indépendamment de leur commodité, elles contribuent à rendre le rez-de-chaussée parfaitement sain.

Les greniers à blé, à colza, ou destinés à renfermer des récoltes présentant une grande valeur sous un petit volume, doivent être sous la main et sous la clef du fermier; on doit par conséquent les placer dans le bâtiment d'habitation et à l'exposition du nord.

Quant à la meilleure manière de disposer ces divers locaux autour de la cour de ferme, c'est à l'intelligence de l'ingénieur à y pourvoir. Il doit faire en sorte que l'on puisse réunir le plus grand nombre de convenances possible, sans trop viser à la symétrie, ni à l'effet architectural ; il doit mettre chaque bâtiment dans la place où il peut le mieux remplir sa destination, et lui donner des dimensions en rapport avec les besoins de l'exploitation.

Si l'on peut isoler les uns des autres les divers bâtiments, tels que granges, écuries, logements, etc., ce sera toujours un avantage : d'abord, parce que cette disposition étant celle qui assure le mieux la circulation de l'air, est la meilleure pour la salubrité ; puis pour les cas d'incendie, qu'il est prudent de prévoir malgré toutes les précautions que l'on peut prendre pour les éviter ; enfin, en prévision de maladies contagieuses sur les bestiaux, ce qui est, pour le plus grand nombre des domaines ruraux, un danger plus à craindre que celui dont on vient de parler.

On arrive ainsi, par application des principes développés dans le présent chapitre, à arrêter un ensemble dont les dispositions principales sont à peu près celles du plan présenté figure 84. Il convient à un domaine de grande culture, d'une étendue de 100 à 150 hectares.

Disposition générale des bâtiments d'une ferme d'environ 115 hectares.

La légende explicative qui suit indique suffisamment la disposition des divers locaux, ainsi que leur destination. Nous n'y ajouterons que de courtes observations. Le principe d'isolement des diverses constructions, que nous avons signalé ci-dessus comme fort important, se trouve complètement observé ici : 1° pour la bergerie, qui est l'établissement principal, 2° pour le bâtiment d'habitation,

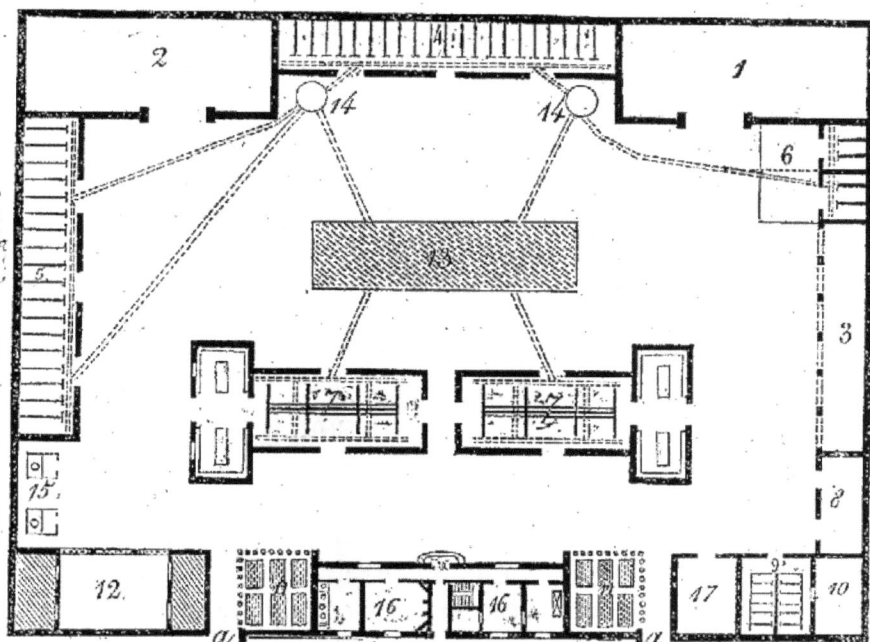

Fig. 84.

Echelle de 0.001 p. c.

a	a	Entrées.	10		Petite cour.
1	2	Granges.	11	11	Portion du jardin potager.
3		Hangar.	12		Basse-cour.
4		Étable pour 22 vaches.	13		Trou à fumier.
5		Écurie.	14	14	Citerne à purine.
6		Boxes pour les juments.	15		Fosse mobile.
7	7	Bergerie pour 300 moutons.	16	16	Bâtiment d'habitation
8		Laiterie.			(plan du rez-de-chaussée).
9		Toits à porcs.			

entouré de toutes parts de cours. Il ne l'est que partiellement pour les écuries et étables aboutissant sur les deux granges. Mais on doit remarquer qu'il serait toujours facile d'établir à très-peu de frais cet isolement par la distance d'environ un mètre entre ses murs et ceux des écuries.

Quant à la capacité des étables et bergeries, elle est calculée de manière à pouvoir remplir la condition que nous avons indiquée ci-dessus comme étant la plus avantageuse, c'est-à-dire qu'on peut atteindre à une tête de gros bétail par hectare. Ici les moutons étant l'objet essentiel de l'exploitation animale, on les compterait à raison de sept pour une tête de gros bétail. La bergerie, divisée en deux corps principaux par un passage praticable aux voitures, a, dans la partie du milieu, les dimensions d'une écurie double, de 8m40 de largeur, avec des couloirs pour la distribution des fourrages. Les deux ailes à chaque extrémité n'ont que les dimensions d'une écurie simple, de 4m60 à 5 mètres de largeur. Cette disposition a l'avantage d'utiliser le terrain et de faciliter le développement des râteliers ; ce qui est très-important dans l'intérieur d'une bergerie où l'on tient un troupeau nombreux.

La fosse à fumier, pouvant être couverte ou découverte, se trouve à une grande proximité des issues de toutes les écuries qui sont les lieux de production. Les citernes à purin sont elles-mêmes situées de manière à recevoir facilement la totalité de l'engrais liquide qui s'écoule soit directement des étables, soit des égouttements du fumier.

Les fosses mobiles indiquées dans le n° 15 du plan sont disposées de manière que tout leur produit se trouve utilisé presque sans frais, soit à l'état de poudrette, soit à l'état d'engrais liquide par le mélange d'une quantité d'eau suffisante.

Les emplacements MM. indiqués dans les espaces vides de la cour de ferme, à proximité des granges et des écuries, sont les plus convenables pour les meules de paille et de fourrage. On a supposé les meules de gerbes habituellement placées hors des murs de la cour de ferme, et de préférence le long du mur du fond. En effet, elles se trouveraient alors, au moyen d'une porte ordinaire, en communication directe avec les granges et la machine à battre.

A deux des extrémités des avant-corps des bâtiments et des bergeries, sont placés des abreuvoirs pour le gros bétail. Les dimensions de ces ouvrages accessoires sont celles qui se trouvent indiquées plus loin dans les considérations générales sur le même objet.

Enfin, le bâtiment d'habitation, dont le rez-de-chaussée se trouve indiqué au plan, est en rapport avec l'étendue de l'exploitation. Ce bâtiment, élevé en partie sur caves et ayant son rez-de-chaussée à environ 0ᵐ80 au-dessus du sol, pourrait être composé de deux étages ayant un nombre convenable de chambres destinées tant pour l'habitation que pour y loger une grande quantité de provisions. La distribution intérieure du rez-de-chaussée est celle qui peut offrir le plus de ressources pour ce genre de destination. De chaque côté d'un large corridor sont deux pièces principales, dont l'une est la cuisine, l'autre une grande salle propre à divers usages. De chaque côté du bâtiment sont la basse-cour, les toits à porcs et des portions de jardin potager. Ces divers objets réclament des soins, des clôtures, et, autant que possible, la proximité de l'habitation.

Au surplus, cet ensemble, présenté simplement comme programme des conditions générales à remplir dans les bâtiments d'une exploitation rurale, laisse à part toutes les dispositions secondaires qui sont souvent fort importantes dans telles ou telles localités.

20

Ferme expérimentale de la Sauvresie (Aisne).

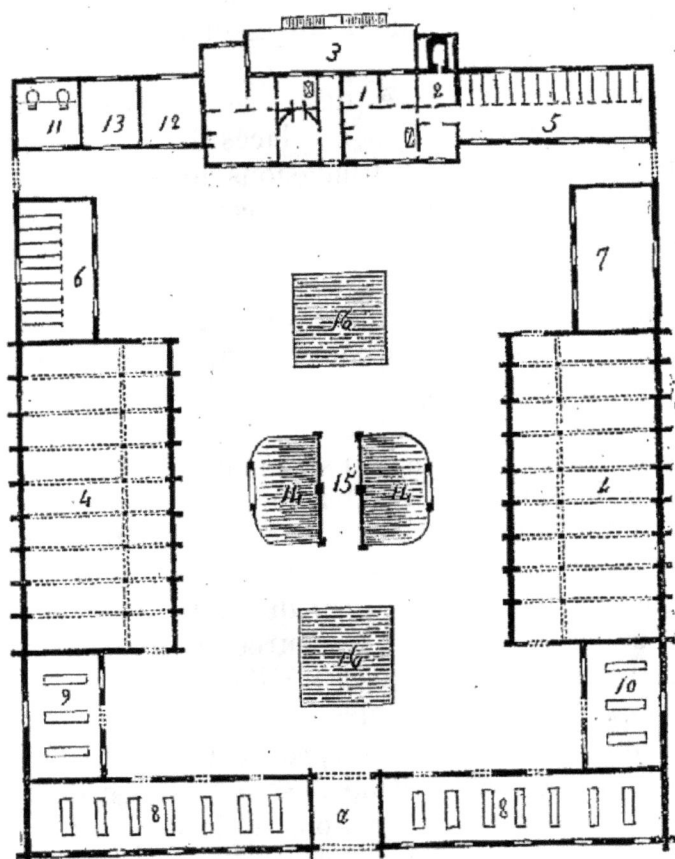

Fig. 85.

Échelle de 0.001 p. c.

LÉGENDE.

a	Entrée.	8 8	Bergerie.
1	Bâtiment d'habitation.	9	Ecurie pour les béliers.
	(plan du rez-de-chaussée).	10	« pour les mérinos
2	Fournil.	11	Pressoir.
3	Terrasse.	12	Buanderie.
4 4	Hangar.	13	Chaulage.
5	Ecurie.	14 15	Abreuvoir et pont.
6	Ecurie pour les poulains.	16 16	Trou à fumier.
7	Etable.		

Le plan représenté par la figure 85, qui est relatif à la ferme expérimentale de la Sauvresie (Aisne), donne, à quelques modifications près, un type de cette espèce.

Les plans généraux qui précèdent indiquent les dispositions essentielles, ou du moins indispensables, dans les bâtiments d'un domaine d'une étendue moyenne de 100 à 150 hectares ou à peu près. Mais lorsqu'il s'agit d'exploiter une très-grande superficie de terrain de nature variée; lorsqu'on veut que cette exploitation ait lieu d'après les méthodes et les procédés que la science moderne a indiqués comme supérieurs aux anciens; lorsqu'on prétend, en un mot, à une agriculture véritablement progressive, il faut, outre les bâtiments principaux que nous venons d'indiquer, d'autres emplacements ouverts servant à diverses manutentions.

C'est ce qui est rendu sensible par le plan, très-incomplet, que nous donnons ci-après, et qui appartient à la ferme-modèle de Liscart, récemment établie en Angleterre (Cheshire).

Cette belle ferme, comprenant une étendue de plus de 230 hectares, en terres de qualités diverses, a été disposée pour une exploitation expérimentale s'appliquant aux points les plus importants de la science agricole. Environ 100 têtes de gros bétail, mais particulièrement 25 vaches laitières, choisies parmi les meilleures races d'Ecosse et d'Angleterre, y sont entretenues en parfait état par les procédés modernes d'alimentation qui donnent de si bons résultats. L'éducation des porcs y est également très-développée.

Les engrais et amendements s'y traitent d'après les meilleures méthodes.

Au surplus, le plan ci-joint et la légende détaillée qui l'accompagne, donnent une idée suffisamment exacte des divers travaux qui se trouvent centralisés dans un établissement mis parfaitement en rapport avec l'état actuel des progrès de l'agriculture anglaise.

Ferme-modèle de Liscart.

PLAN GÉNÉRAL.

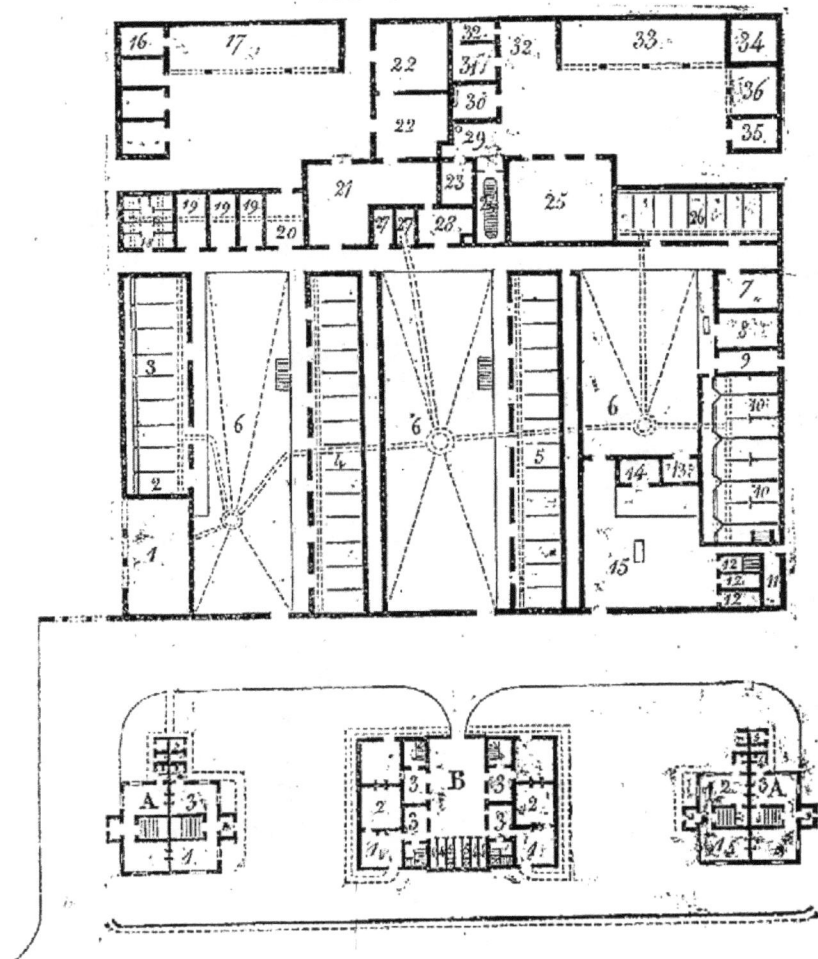

Fig. 86.

LÉGENDE.

1	Hangar pour le dépôt du fumier.	27	Emplacement du hache-paille.
2	Etable des taureaux.	28	Cuisson des racines.
3	Idem pour 16 vaches.	29	Lieux d'aisances.
4	Idem pour 28 »	30	Forge et maréchalerie.
5	Idem pour 32 »	31	Atelier de charpentier.
6	Trou pour recevoir l'urine des bestiaux.	32	Laiterie et baraderie.
		33	Hangar pour les charrettes.
7	Sellerie.	34	Chambre pour les engrais composés.
8	Ecurie des juments.		
9	Nourriture des porcs.	35	Abattoir.
10	Etable à porcs.	36	Cour à fumier.
11 12	Canards, dindons, oies, etc.		
13	Hangar pour les truies.		PLAN A.
14	Idem pour les volailles.		
15	Basse-cour.	1	Chambre d'habitation.
16	Dépôt de pommes de terre.	2	Escalier et garde-manger.
17	Hangar pour les instruments.	3	Cuisine.
18	Etable des veaux.	4	Dépôt de charbon, cendres, etc.
19	Outils, objets divers.		
20	Dépôt de grains.		PLAN B.
21	Première grange.		
22	Deuxième grange.	1	Chambre d'habitation.
23	Chaudière pour la cuisson des rations préparées.	2	Cuisine et salle.
		3	Celliers.
24	Buanderie.	4	Charbon.
25	Grenier.	5	Dépôt de cendres à employer aux amendements.
26	Ecurie pour dix chevaux.		

ART. VI.

§ 17. — Bâtiments d'exploitation.

L'exposition préférable pour l'habitation des hommes est aussi la meilleure pour les animaux de la ferme.

On devra choisir pour les chevaux et les bestiaux l'exposition du midi, si l'importance ou le mode de l'exploitation permettent d'y établir tous les bâtiments sur une même ligne, comme cela arrive fréquemment dans certains cantons. On devra encore choisir l'exposition du midi pour les animaux, si ceux-ci sont établis sur des lignes parallèles.

Dans le cas où le bâtiment de la ferme se composerait d'un corps de logis principal avec deux ailes en retour d'équerre comme dans la figure 86,

20.

les chevaux ou les bestiaux qui ne pourront pas être placés à l'exposition principale devront être mis dans le bâtiment situé au couchant, dont les ouvertures vers la cour seront orientées au levant. Le bâtiment du levant, orienté au couchant quant aux ouvertures, doit être réservé pour les hangars et granges.

Les bergeries doivent être toujours à l'exposition du midi ; cette exposition s'obtient tout naturellement dans les dispositions fig. 1, 2, 4, et dans la disposition de la fig. 3, en plaçant les ouvertures des extrémités des ailes à l'exposition du midi. On destinera cette partie des bâtiments aux bergeries.

Le fournil doit être écarté de toutes les matières inflammables, et quelquefois on l'isole complétement des autres bâtiments de la ferme. Le poulalier est bien placé auprès du fournil. — Les loges à porcs doivent être invariablement exposées au midi et parfaitement sèches. Il n'est pas indispensable qu'elles soient attenantes aux bâtiments principaux dont elles dérangeraient la symétrie et la propreté; mais elles doivent être dans un enclos attenant et à proximité de l'habitation de la fermière. — En général, c'est une bonne combinaison de faire un petit corps isolé du fournil, du poulalier et des toits à porcs. — Le même enclos pourrait aussi recevoir l'aire à fumier, dans le cas où la cour de la ferme ne pourrait pas la contenir sans inconvénient.

Les greniers à fourrages doivent être placés autant que possible au-dessus des animaux auxquels les fourrages sont destinés, à moins qu'on ne préfère les placer en meules. — Quant aux granges, nous avons parlé de leur disposition. — Lorsqu'on jugera à propos d'en établir, elles seront placées au levant de la cour de la ferme, ou ouvertes sur cette cour au couchant. Quand au lieu de granges on adoptera une cour aux meules, cette cour sera attenante aux bâtiments de la ferme, située au levant de la cour principale, hors de l'atteinte du feu et sous l'œil des habitants de la ferme.

SECTION II.

DÉTAILS SPÉCIAUX.

ART. VII. — *Des parties souterraines des bâtiments.*

§ 18. — Des caves.

Une cave doit être sèche et assez profonde pour que la température s'y soutienne d'une manière invariable, pendant l'été comme pendant l'hiver, entre le 10e et le 11e degré au-dessus de zéro du thermomètre de Réaumur.

Il est important d'avoir une cave sèche, non-seulement pour la conservation des liquides, mais pour celle des tonneaux. — Dans une cave humide, les cercles périssent en très-peu de temps, ainsi que les douves; d'ailleurs, l'humidité pénètre insensiblement le bois et à la longue communique aux liquides un goût de moisi.

Pour qu'une cave soit constamment sèche, il faut qu'elle soit creusée dans un terrain très-sain par lui-même et impénétrable à l'eau.

Il est possible de se procurer des caves assez saines dans les terrains humides, soit en garnissant les parois et le fond de terre glaise bien battue, sur 0m30 d'épaisseur, soit en les pavant et les garnissant de pierres dures ou de briques doubles, scellées avec des substances hydrauliques, et assises sur un lit de terre glaise bien battue, d'environ

50 centimètres. On pave également le pourtour extérieur des murs de la cave avec les mêmes mortiers, sur une largeur de 1 mètre, et on donne à ce pavé extérieur une contre-pente suffisante pour éloigner de la cave les eaux pluviales.

§ 19. — De la profondeur des caves.

L'expérience a fait connaître qu'une cave voûtée en maçonnerie d'épaisseur convenable, et enfoncée d'environ 4 mètres, conservait en tout temps le degré de température prescrit ci-dessus. — La bonté d'une cave augmente, dit-on, avec la profondeur. Il est à remarquer, cependant, qu'au-dessous d'une certaine profondeur, l'air a beaucoup de peine à s'y renouveler ; peu à peu il se corrompt, se vicie et peut devenir très-nuisible à la santé. — On reconnaît que l'air est vicié quand la lumière d'une lampe n'est pas vive comme à l'ordinaire. — Si une cave n'était pas assez profonde, il faudrait la creuser davantage ou la charger de terre. — Si elle est trop exposée à l'action de l'air, on devra la mettre à l'abri, l'environner de murs, lui donner un toit, multiplier les portes, diminuer les soupiraux, fermer ceux qui sont mal placés, en ouvrir de nouveaux, établir des courants d'air frais, etc., suivant les circonstances.

Pour qu'une cave soit bonne, il faut qu'elle soit éloignée de tout passage de voitures, de tout atelier de forgeron et d'autres ouvriers frappant sans cesse. — Ces coups, ces trémoussements répondent jusqu'aux tonneaux et aux bouteilles, et les fluides qu'ils contiennent se gâtent rapidement. Il est encore important qu'il n'y ait pas dans le voisinage d'égouts, de boucheries, de latrines, de trous à fu-

mier et autres matières susceptibles de fermentation, parce que ces foyers de putréfaction pourraient corrompre l'air de la cave et nuire aux
substances qui y seraient renfermées.

§ 20 — Voûtes des caves.

La courbure que l'on doit préférer pour les
voûtes des caves est celle en plein cintre; elles sont
généralement plus solides que les voûtes surbaissées
et elles n'exigent pas une aussi grande épaisseur de
pieds droits pour résister à la poussée. On est cependant obligé d'employer cette dernière courbure
toutes les fois que la nature du sol ne permet pas
d'enfoncer la cave assez avant pour que l'extrados
de la voûte se trouve au-dessous du terrain environnant. — Un grand inconvénient existe cependant aux caves à plein cintre, à moins que les
naissances et conséquemment la clef de la voûte
ne soient très-élevées. Si, comme de coutume, surtout à la campagne, la courbure de cette voûte
commence au niveau du sol ou peu au-dessus, et
que son diamètre ne soit pas assez grand, il est
presque impossible de s'y tenir debout, et encore
moins d'agir derrière les tonneaux rangés le long
des murs; ce qui est souvent indispensable. Les
voûtes surbaissées sont donc préférables sous ce
rapport.

Les soupiraux ne doivent pas être très-grands,
car ils ne sont nécessaires que pour renouveler
l'air. Il est bien d'en avoir deux à des expositions
différentes, et surtout au nord, afin qu'en tenant
leurs volets ouverts ou fermés alternativement, on
puisse toujours maintenir la température de la cave
au degré convenable.

Il est évident que si un support de voûte se trouve soumis à l'action de deux ou de plusieurs poussées égales et diamétralement opposées, ces poussées se détruiront réciproquement, et le support ne sera soumis qu'à l'action verticale du poids des portions de voûte qui lui correspondent. — Une voûte sera d'autant mieux faite que la masse aura plus de cohérence et de continuité.

Quoique l'action des mortiers ait intimement relié toutes les parties d'une voûte, elle sera sujette à des ruptures si les supports fléchissent inégalement, soit par défaut de consistance du sol, soit par le tassement que la compression de la maçonnerie fraîche produit, et, dans ce cas, la poussée aura lieu et elle tendra à renverser les supports qui n'auraient pas les dimensions suffisantes.

Il est essentiel de connaître les points où une voûte peut éprouver des ruptures par suite du défaut de stabilité des pieds droits. — Il est reconnu que les voûtes en plein cintre se rompent vers le milieu de la demi-voûte, c'est-à-dire à 45 degrés au-dessus de la naissance de la voûte, et que dans les voûtes surbaissées au tiers et formées de trois arcs de 60 degrés chacun, le point de rupture a lieu à la jonction des arcs.

Puisque, comme l'expérience le démontre, les voûtes se fendent vers le milieu des reins, il est convenable, pour s'opposer à cet effet nuisible, de renforcer la voûte dans ces endroits, c'est-à-dire de garnir le dessus en maçonnerie jusque vers la moitié de sa hauteur.

Il est essentiel que la voûte ait une épaisseur suffisante, qui doit, d'ailleurs, varier suivant sa destination.

Nous donnons ci-après une table comprenant la

force que les pieds droits et la clef d'une voûte
dont les reins sont remplis jusqu'au niveau de
l'extrados, doivent avoir par rapport à l'ouverture
de ces voûtes.

TABLE *donnant l'épaisseur des voûtes en plein cintre et*
celle des pieds droits.

DIAMÈTRE des voûtes.	ÉPAISSEUR de la voûte.	ÉPAISSEUR DES PIEDS DROITS, LEUR HAUTEUR ÉTANT :					
		1m00	2m00	3m00	4m00	6m00	8m00
1	0.36	0.50	0.60	0.65	0.70	0.75	0.80
2	0.40	0.70	0.80	0.85	0.95	1.00	1.10
3	0.43	0.80	0.95	1.05	1.15	1.25	1.35
4	0.46	0.90	1.10	1.20	1.30	1.40	1.50
5	0.50	1.00	1.20	1.30	1.45	1.55	1.70
6	0.53	1.10	1.30	1.45	1.60	1.75	1.90
7	0.56	1.20	1.40	1.60	1.75	1.90	2.10

TABLE donnant l'épaisseur à la clef des voûtes surbaissées au tiers et celle des pieds droits.

LARGEUR des voûtes.	ÉPAISSEUR à la clef.	ÉPAISSEUR DES PIEDS DROITS, LEUR HAUTEUR ÉTANT :						
		1m00	2m00	3m00	4m00	5m00	6m00	8m00
1	0.38	0.65	0.75	0.80	0.85	0.90	0.95	1.00
2	0.43	0.90	1.05	1.10	1.15	1.20	1.25	1.35
3	0.50	1.10	1.35	1.45	1.50	1.60	1.65	1.70
4	0.56	1.35	1.65	1.80	1.90	1.95	2.00	2.10
5	0.61	1.55	1.85	2.00	2.10	2.20	2.30	2.40
6	0.66	1.65	1.95	2.15	2.30	2.45	2.55	2.70
7	0.70	1.75	2.05	2.55	2.50	2.65	2.75	3.00

§ 21. — Des celliers.

Le cellier est souvent un lieu voûté au rez-de-chaussée d'une maison, où l'on dépose les vins, etc., avant de les descendre dans la cave, en attendant que leur fermentation vineuse soit apaisée. On peut aussi y déposer d'autres provisions pendant l'hiver. (*Voir* fig. 87, 88, 89.)

Dans les localités trop basses ou trop humides, le cellier sert de cave; on cherche seulement à l'approfondir le plus possible, à le bien voûter, ou au moins à le mettre à l'abri de la gelée. Alors on pourrait élever au-dessus un bâtiment pouvant servir de magasin.

Il serait avantageux que le cellier fût au-dessus

de la cave principale, dont la voûte serait percée
pour pouvoir y descendre le vin facilement.

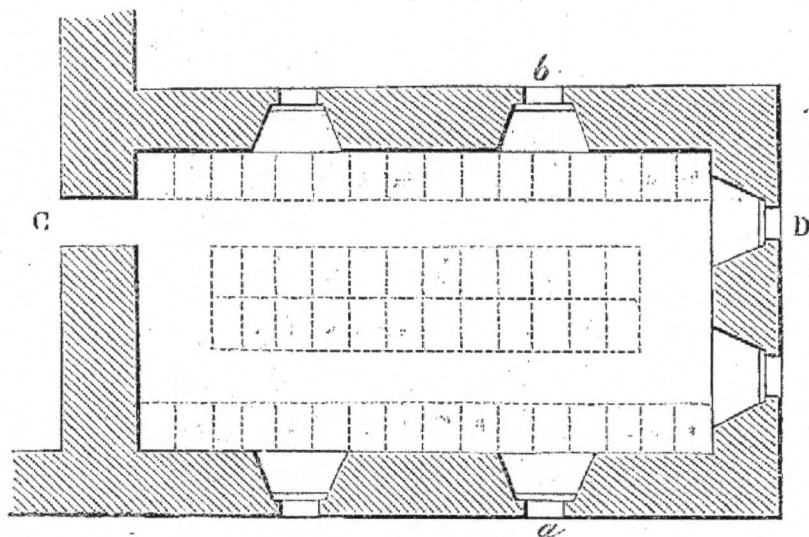

Fig. 87.

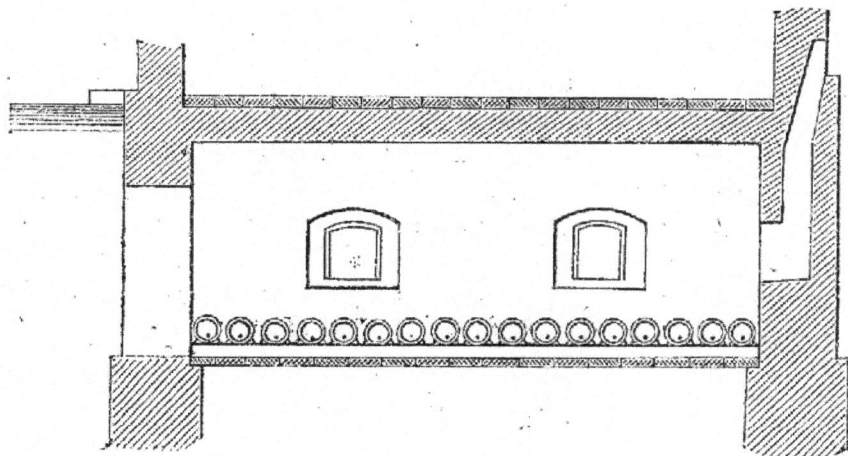

Fig. 88.

Les portes et fenêtres doivent, autant que possible, être au nord ou au couchant, à cause des

21

grandes chaleurs de l'été. Il est nécessaire qu'elles
soient bien fermées pendant les chaleurs et l'hiver

Fig. 89.

pour garantir de la gelée. — Il faut aussi que le
cellier soit pavé en dalles ou en grès formant un
petit écoulement et un réceptacle au bout, afin
de recueillir les liquides qui s'échapperaient des
tonneaux. — Les celliers voûtés avec une fenêtre
au nord conservent bien ce qu'ils contiennent.

On place ordinairement le pressoir dans le cellier pour que la manipulation soit facile.

Dans les pays froids, les celliers servent à conserver, l'hiver, les racines et les légumes qui doivent
être consommés pendant cette saison.

§ 22. — Des citernes.

Lorsque la localité se refuse absolument à la
construction des puits, ou que la dépense est au-
dessus des moyens du propriétaire, il n'y en a pas

d'autres que celui de réunir dans un réservoir souterrain et voûté les eaux pluviales qui proviennent
des toitures. Ce réservoir se nomme une citerne.

La construction des citernes exige beaucoup
de soins et de précautions, et devient nécessairement dispendieuse. C'est pourquoi on trouve encore
tant de localités qui n'en ont point et où cet établissement serait indispensable pour préserver les
habitants des maladies annuelles auxquelles les
expose la privation d'eau ou l'usage d'eau malsaine.

Une citerne doit être enfoncée dans la terre
comme une cave, tenir parfaitement l'eau et la conserver potable au moins autant de temps que peuvent durer localement les plus longues sécheresses
de l'année. — A moins qu'on ne manque absolument d'eau, il faut avoir l'attention de n'y pas introduire celle des premières pluies qui tombent
après une longue sécheresse ou pendant un orage,
parce qu'elles entraînent beaucoup de limon et sont
imprégnées des exhalaisons de la terre, élevées et
suspendues dans l'atmosphère. — Les meilleures
eaux sont celles qu'on recueille au printemps et à
l'automne, et dans l'été celles qui succèdent aux
orages, parce qu'alors l'air est épuré, les toits des
habitations sont lavés, et que toutes les ordures accumulées dans les tuyaux et les gouttières en ont
été entraînées.

La grandeur de la citerne se calcule sur les besoins du ménage; il vaut mieux qu'elle soit profonde et moins large et dépasse ses besoins, plutôt
que d'être trop petite. — On l'entoure ordinairement de deux murs à 50 centimètres l'un de l'autre (fig. 90 et 91), et on remplit l'intervalle de
terre glaise bien pétrie, quand on ne peut se procu-

rer de la chaux hydraulique ou de béton. Le fond
doit être d'abord un massif de moellons de 50 cen-

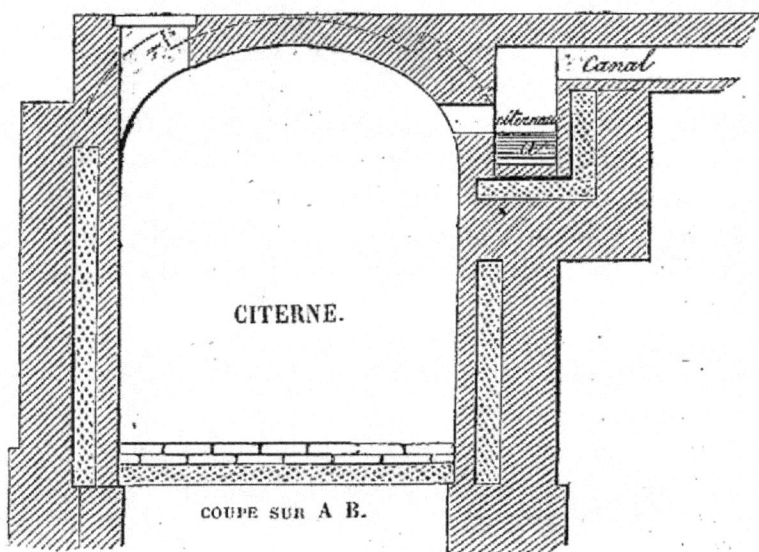

CITERNE.

COUPE SUR A B.

Fig. 90.

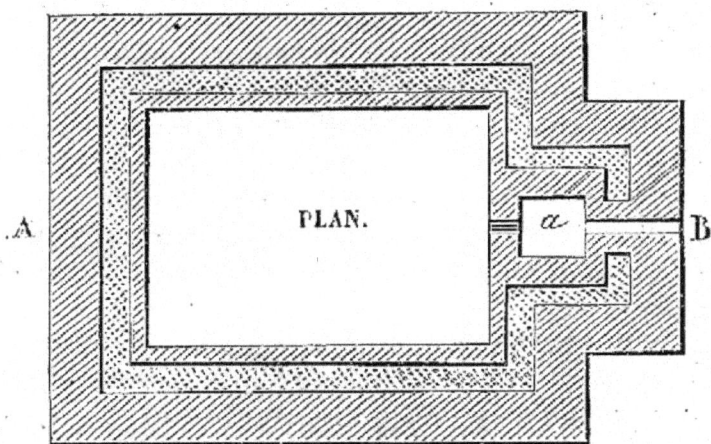

A PLAN. α B

Fig. 91.

timètres d'épaisseur, puis un lit de terre glaise,
également épais, avec un petit pavé par-dessus, lié

avec du sable de rivière, sans chaux ni ciment. — Le fond doit être un peu en pente pour faciliter le nettoiement de la citerne au moins une fois chaque année. On couvre cette citerne d'une voûte au milieu de laquelle on laisse un trou pour y puiser l'eau et y descendre au besoin.

On ne doit pas négliger de construire à côté de la citerne un citerneau *a* dans lequel les eaux puissent déposer avant de passer dans la citerne. Son établissement exige les mêmes précautions; et pour la construction de tous ces murs, il faut, sinon se servir de béton, au moins de ciment de tuiles bien cuites et de chaux vive ou fraîchement éteinte. — Il est d'autres travaux accessoires qu'il faut faire pour assurer le jeu et l'usage de ces eaux, pour les refuser lorsqu'elles ne sont pas de bonne qualité, pour faire écouler le trop plein de la citerne et préserver les bâtiments des infiltrations nuisibles que le voisinage des eaux pourrait occasionner.

Ces différents travaux doivent être exécutés avec les meilleurs matériaux disponibles, tant pour les briques ou pierres que pour les ciments. — L'économie, dans cette espèce de construction, consiste particulièrement à ne rien ménager pour lui procurer toutes les qualités qu'elle doit avoir; autrement on s'expose ou à recommencer l'ouvrage ou à des réparations fréquentes qui équivalent souvent pour la dépense à une deuxième construction.

On voûte les citernes, afin d'éviter que l'eau n'y gèle en hiver et ne s'échauffe en été. — En général il faut avoir l'attention de leur donner le plus de profondeur possible; l'eau s'y conservera beaucoup mieux.

Il est fâcheux que cette espèce de construction ne soit pas à la portée du pauvre, car une boisson

saine est indispensable à tout ménage; mais si la
dépense est trop forte pour chaque particulier, il
serait encore possible d'établir une grande citerne
commune dans chaque village qui posséderait une
église ou autre bâtiment public; et cette eau serait
exclusivement consacrée à la boisson des habitants.
Dans tous les cas, les plus pauvres ne devraient
pas ignorer les moyens simples pour ôter aux eaux
les plus crues ou les plus malsaines leurs qualités
nuisibles.

§ 25. — Citernes à purin et des fosses à fumier.

Elles sont aujourd'hui comprises comme une dépendance nécessaire parmi les constructions d'une
ferme bien pourvue de bestiaux. Si elles devaient
être de grandes dimensions, comme il est indispensables qu'elles soient recouvertes d'une voûte, on
leur donnerait une forme rectangulaire; mais leur
capacité effective résulte toujours du produit de
leur section horizontale par la hauteur que peut
occuper le liquide.

C'est principalement des étables que découlent
des urines surabondantes, et quand l'égouttement
des fumiers a eu lieu de cette manière, ils ne laissent échapper aucun liquide, s'ils sont tenus à
couvert. — Mais comme il est encore rare de voir
des fosses à fumier couvertes, les eaux pluviales,
en délayant une partie de l'urine et des principes
azotés des fumiers, leur enlèvent ainsi une portion
notable de leur valeur. — C'est pourquoi on doit
toujours faire en sorte que les écoulements d'une
fosse à fumier se dirigent dans les citernes disposées pour recueillir l'urine des étables.

Elles n'ont pas besoin de grandes dimensions.

Étant généralement pourvues d'une pompe ou autre machine élévatoire, on peut en enlever le contenu aussi souvent qu'on le désire, pour le répandre soit sur les fumiers, soit sur des *compos*, soit sur les terres en culture, en ayant soin, dans ce cas, d'étendre d'eau le purin pour en diminuer la force.

Il est dans l'intérêt de l'hygiène publique comme dans celui de l'agriculture que les fosses à purin et les fosses d'aisances soient étanches, construites d'après les règles de l'art, pourvues d'une ventilation convenable, et que les matières soient désinfectées dans les fosses avant leur extraction, enfin, que la désinfection ait lieu au fur et à mesure de la production des matières. — Les avantages hygiéniques qui résulteraient de cet usage et la minime dépense qu'il occasionnerait, nous font espérer que cette méthode sera suivie par les propriétaires et les agriculteurs.

§ 24. — Fosses fixes.

Pour éviter toute perte, soit par filtration, soit par dégagement de gaz, et pour assainir en même temps ces lieux, il faut remplir trois conditions : 1° rendre ces fosses étanches; 2° y ménager une ventilation convenable; 3° désinfecter les matières par des agents chimiques qui absorbent les gaz infects et transforment en sels fixes les sels ammoniacaux.

Relativement au premier point, nous rappellerons les principes de construction ci-après :

1° Les fuites dans les réservoirs de liquides ayant le plus souvent lieu par les angles et les arètes, on arrondira tous les angles.

2° De toutes les formes de réservoirs souterrains, celle qui, à volume égal de maçonnerie, présente le plus de solidité, le moins de surface d'enduit, le plus de capacité intérieure, et par conséquent le plus d'économie, c'est la forme cylindrique verticale.

3° Pour faciliter la vidange de ces réservoirs, il faut faire converger par une pente toute l'étendue de leur sol vers un même point, soit par une calotte sphérique, soit par une nappe tranconique.

4° Pour permettre à un homme d'y descendre et d'y travailler, elles auront au moins 1m20 de diamètre et une hauteur de 2 mètres au moins sous clef. — L'ouverture pratiquée à cet effet dans la voûte aura la dimension nécessaire pour le passage d'un homme.

5° Pour rendre un mur de bassin étanche sous terre, il faut dammer fortement entre le sol et le muraillement, au fur et à mesure que celui-ci s'élève, une couche d'argile sèche en poudre, de 12 à 15 centimètres d'épaisseur, qui doit envelopper sans interruption les murs de parois et le sol du réservoir, et s'élever jusqu'à la voûte.

6° Dans le même but, l'on applique sur toute la surface intérieure de la citerne un enduit imperméable, un rejointoiement soigné avec du bitume de Lobsann; de l'asphalte ou du goudron de gazomètre pourraient avantageusement remplacer cet enduit.

7° Avec les précautions indiquées aux deux paragraphes qui précèdent, l'infiltration des eaux du sol dans la fosse et les fuites des liquides de la fosse dans le sol sont également prévenues, et l'on peut impunément établir ces réservoirs dans les terrains sujets aux inondations, mais, toutefois, à une conditions : c'est que les matériaux employés à la maçonnerie ne soient pas susceptibles d'être décomposés par l'action des urines. — Pour prévenir ce danger, l'on ne fera usage que de grès ou de pierres siliceuses; néanmoins, à défaut de celles-ci, l'on pourra employer des briques fortement cuites et d'une façon particulière (1).

8° Tout ceci sans préjudice des lois réglant la distance des murs mitoyens, des puits, des citernes et des murs des habitations.

On ménagera une ventilation convenable en établissant sur la fosse un tuyau d'évent ayant au moins 20 centimètres de diamètre intérieur et qui s'élèvera jusqu'au-dessus des toits. — L'orifice inférieur de ce tuyau sera placé sur une ouverture pratiquée dans la voûte de la fosse, à l'opposite du tuyau de chute, et pour activer le courant d'air, l'on devra profiter du voisinage de quelque foyer ou de toute autre source de chaleur, pour y diriger le tuyau.

La désinfection des matières peut avoir lieu de bien des manières. Désinfecter une fosse, c'est neutraliser ou absorber, au fur et à mesure de leur production, les produits volatils et infects de la décomposition putride des matières qu'elle renferme.

Les urines et les matières fécales, projetées dans les fosses ordinaires, s'y disposent, par l'effet de la gravité de la fermentation des matières, en quatre couches distinctes. La couche supérieure forme généralement une croûte plus ou moins épaisse;

(1) Il conviendrait de façonner des briques exprès pour cet usage et de les fabriquer à pâte très-épaisse, bien corroyée, surcuite ; de leur donner la forme des briquettes de puits et une épaisseur égale au tiers de la longueur, comme les briques anglaises, afin de diminuer les joints.

celle qui suit ne contient que des liquides ; la troisième présente un mélange de liquides et de matières solides, et prend le nom de cour basse ; enfin, la dernière couche, au fond, est uniquement composée de matières solides, dont la densité et la compacité varient avec l'âge des matières et présentent quelquefois une grande résistance à la pelle.

La moyenne des déjections par personne et par jour est de 750 grammes, dont 625 d'urine et 125 grammes de matières solides.

Lorsque, sous l'influence d'une température ordinaire, la décomposition de ces matières a lieu, l'urine se décompose en carbonate d'ammoniaque, et le soufre s'empare de l'hydrogène des matières organiques pour former de l'acide hydrosulfurique. C'est donc l'hydrosulfate et le carbonate d'ammoniaque qui forment en grande partie les gaz fétides qui émanent des fosses.

Pour absorber et neutraliser ces substances volatiles au fur et à mesure de leur formation, on peut recourir à l'emploi des sels métalliques neutres, ou du moins très-peu acides, et à celui des poudres absorbantes.

Emploi du sulfate de fer. — Parmi ces sels, le moins cher et le plus abondant dans le commerce est le sulfate de protoxyde de fer (couperose verte). Pour obtenir la neutralité presque parfaite de la couperose du commerce, il suffit d'ajouter à la dissolution de ce sel un peu de chaux vive ou éteinte en poudre.

Une dissolution de couperose, faite à chaud ou à froid dans la proportion de 1 kilogramme de ce sel sur un litre d'eau, et donnant une lessive de 25° ou 30° à l'aréomètre de Beaumé, remplit complétement le but de la désinfection. — Il suffit en général de 2 à 3 kilogrammes de couperose pour un hectolitre de matières.

Du reste, la richesse des matières fécales en ammoniaque étant variable, la quantité de sulfate de fer à employer doit varier aussi. — Pour reconnaître la saturation, on met une goutte de la matière putréfiée sur une feuille de papier blanc; on y passe le bout d'une barbe de plume trempée dans une dissolution de prussiate de potasse rouge. — Dès qu'il y a excès de sulfate de fer, il se forme du bleu de Prusse, et c'est un signe certain que la matière est saturée et qu'il y a un excès de sulfate de fer.

§ 25. — Matières qui peuvent augmenter les effets de la désinfection.

On peut ajouter au sulfate de fer une certaine quantité de sulfate de chaux qui décompose le carbonate d'ammoniaque bien plus abondamment que l'hydrosulfate, et aussi un peu de charbon en poudre qui sert à absorber les odeurs particulières autres que celles des gaz ammoniacaux volatils qui pourraient s'exhaler.

C'est ainsi qu'on arriverait à la composition de la poudre désinfectante conseillée par M. Siray, pharmacien à Meaux, et dont l'expérience a prouvé la supériorité. En voici la formule : Prenez : sulfate de fer, 30 grammes; sulfate de zinc, 2,75; charbon végétal, 1,00; sulfate de chaux, 59,75. Mêlez.

Le même a donné une autre poudre désinfectante composée de sulfate de fer, de sulfate de chaux, de houille, de goudron, de charbon de bois et de chaux vive; il en faut 15 à 18 grammes pour rendre inodores les défections d'un individu, chaque jour, et cette quantité revient à un demi-centime.

M. Siray conseille plusieurs autres recettes.

Nous citerons les deux suivantes :

1° Couperose,	100 kil.	
Sulfate de zinc,	50 »	
Tan,	40 »	200 kilog.
Goudron de gazon,	5 »	
Huile,	5 »	

Cette matière désinfectante, contenant du goudron et de l'huile, est spécialement conseillée pour les fosses mobiles, afin de maintenir plus longtemps la poudre désinfectante à la surface des matières fécales et d'en faire, pour ainsi dire, un couvercle qui en complète la désinfection.

2° sulfate de fer, 25 kilogrammes.

1/2 kilogramme limaille de cuivre dissoute dans 10 kilogrammes d'acide hydrochlorique..

25 décagrammes d'éther sulfurique.

Cette quantité suffit pour désinfecter 4,000 litres.

Procédé Paulet.

M. Paulet, chimiste à Paris, prend 1 kilogramme de couperose sur 1 litre d'eau, et il ajoute à la dissolution 2 décilitres de chaux en poudre et autant de suie ou de charbon pilé.

Couperose et Charbon.

Pour désinfecter les matières épaisses lors de la vidange, l'on peut se servir de la couperose broyée sur une meule avec du poussier de charbon de bois; cette poudre doit contenir, sur 1 hectolitre de charbon, 5 kilogrammes de couperose. La société Baronnet employait 4 litres de poudre désinfectante sur 100 litres de matières épaisses.

Le couperose revenait à 10 francs l'hectolitre et le poussier de charbon, qui n'était que le résidu des bateaux, à 75 centimes.

Charbon. — C'est ici le lieu de parler du charbon, agent désinfectant qui ne dénature pas, comme les sels métalliques neutres, les gaz méphitiques ou odorants, et dont l'action sur les gaz, déjà répandus dans l'atmosphère est nulle ou peu sensible, mais qui, mis en contact avec les matières en putréfaction, absorbe les gaz avant leur émanation, les retient, pour ainsi dire, au passage et empêche la putréfaction de se manifester au dehors de la matière attaquée.

On connaît depuis plus d'un demi-siècle la propriété désinfectante du charbon; on sait qu'il absorbe 90 fois son volume des gaz ammoniacaux et que cette propriété, qui est d'autant plus sensible que le charbon est plus divisé, est bien plus énergique encore que le charbon animal.

Le prix élevé de ce dernier doit faire renoncer à son emploi pour la désinfection des fosses.

M. Megnier, directeur actuel de l'usine aux engrais de Willeurbanne, emploie, comme désinfectant des matières solides, uniquement de la poussière de charbon de bois, et cela dans le rapport de 133 litres de charbon pour 1 mètre cube de matière à désinfecter. L'engrais qui en résulte est parfaitement inodore.

Des expériences récentes qui ont été faites ont donné la conviction qu'un mélange de tan, de charbon de bois et de chaux en poudre, dans le rapport de 75 de tan, 20 de charbon et 5 de chaux en poudre, constituait une matière désinfectante parfaite. — La chaux n'a d'autre but que de neutraliser le reste de tannin contenu dans le tan et qui pourrait nuire à la qualité de l'engrais ; quant au tan lui-même, il doit avoir subi la fermentation après sa sortie des fosses au cuir.

Dans les localités qui possèdent des alunières, l'on peut se procurer à bas prix un liquide contenant en très-grande quantité le proto-sulfate de fer désinfectant. Ce sont les eaux-mères de ces fabriques.

Après avoir donné quelques recettes de matières désinfectantes les plus usitées, nous croyons nécessaire de comparer les principales d'entre elles, d'abord sous le rapport de leur prix et de leur volume.

On sait qu'en général les déjections solides et liquides d'un individu peuvent être évaluées au poids de 0,750 kil. par jour.

En admettat cette donnée qui nous paraît plutôt trop forte que trop faible, nous obtiendrons les résultats consignés dans le tableau suivant :

NOMS.	COMPOSITION.	DÉSINFECTION de 100 litres DE CADOUE.		PRIX de la désinfection DES MATIÈRES.	
		Volume.	Prix.	1° par personne et par an.	2° pour un ménage de 10 personnes et par an.
		litres.	francs.	francs.	francs.
1 Dissolution de couperose.	Proto-sulfate de fer.....1 lit. Eau.....1 »	60	4.200	0,00315	12,60
2 Dissolution indiquée par M. Paulet.	Proto-sulfate de fer....1.00 Eau.....1.00 Chaux en poudre.....0.20 Suie ou charbon pilé...0.20	60	3.675	0,00275	11,00
3 Eaux-mères.	Composition variable.....	100	1.000	0,00075	3,00
4 Poudres.	Sulfate de fer....100 k. Sulfate de zinc....50 » Tan tamisé....40 » Goudron de gazomètre 5 » Huile...5 »	60	11.400	0,00855	34,20
5 Charbon de bois poussier.	Voir la colonne des observations.	133	0.665	0,00050	1,99
6 Tan, poussier de charbon et chaux.	Tan.....75 lit. Poussier de charbon..20 » Chaux en poudre..5 »	250	0.957	0,00070	2,81

Observations relatives au tableau ci-dessus.

La *couperose* menue est payée à raison de 14 fr. les 100 kilogrammes ; ce prix pourrait être réduit de moitié si les commandes étaient considérables et continues.

La *chaux* vive vaut 10 francs les 1,000 litres. — En choisissant de la chaux grasse, elle peut fournir, par l'extinction spontanée, 2,000 litres en moyenne de chaux éteinte.

La *suie* de cheminée vaut 5 francs l'hectolitre.

Les fabriques d'alun fourniraient leurs résidus (eaux-mères d'alun) à vil prix, puisqu'on les jette aujourd'hui. Le prix peut être de 1 franc par hectolitre.

Le *sulfate de zinc* est payé à raison de 36 francs les 100 kilogrammes.

Le *tan* épuisé est jeté dans les rivières ; nous admettons le chiffre de 2 francs par mètre cube.

Le *goudron* de gazomètre vaut 2 francs l'hecto-litre.

Nous comptons l'huile à 1 franc 15 centimes le litre.

Le *charbon de bois* doit être en grande quantité et de première main.

Le charbon se présente dans le commerce sous trois échantillons : le charbon proprement dit, les paillettes de charbon, qui se vendent sur place à moitié prix, et le *faisier* ou *poussier* de charbon, qui se vendent au tiers du bon charbon. — Ce faisier doit être transporté dans des sacs et non dans des *baunes*, comme cela se pratique pour le bon charbon, afin d'en perdre le moins possible par le chaos du roulage.

Les avantages éminents qui résulteraient pour l'hygiène des habitations, de la désinfection des matières fécales et des urines dans les fosses, nous portent à croire que l'habitant des villes ainsi que le laboureur sauront, dans un avenir très-prochain, mettre à profit les puissantes considérations de salubrité que nous avons fait valoir.

§ 26. — Fosses mobiles.

Dans un grand nombre d'habitations, tantôt la disposition des emplacements, tantôt d'autres circonstances empêchent d'y pratiquer des fosses d'aisances fixes ; on se trouve alors dans la nécessité d'employer un tonneau mobile, placé dans un enclos quelconque, comme un coin de cave, de cour, de jardin, ou un dessous d'escalier.

Ce tonneau, pour remplir parfaitement son but, doit offrir, sur l'un de ses fonds, une ouverture d'environ 20 centimètres de diamètre où s'emboîte le tuyau de chute des lieux d'aisances. Lorsqu'on transporte le tonneau plein, cette ouverture est fermée par un tampon à ressort dont les joints sont luttés avec de l'argile. Les figures 92 et 93 donnent tous les détails de cette construction. — Lorsqu'on veut ouvrir le tampon, l'on se sert d'une clef F (figure 94) dont l'œil pénétrant dans le crochet A (figure 95) y trouve un point d'appui ; tandis que la pointe dont cette clef est pourvue abaisse le ressort c et le détache du crochet b, qui est mobile autour de son axe et qu'on tourne pour soulever le tampon après l'avoir retiré de l'anneau e. — Cette construction permet d'enlever le tonneau, de le rouler jusque sur la voie publique, et de le charger sans souiller le sol, ni répandre des odeurs.

22

— On prolongerait la durée de ce tonneau en le carbonisant à l'intérieur.

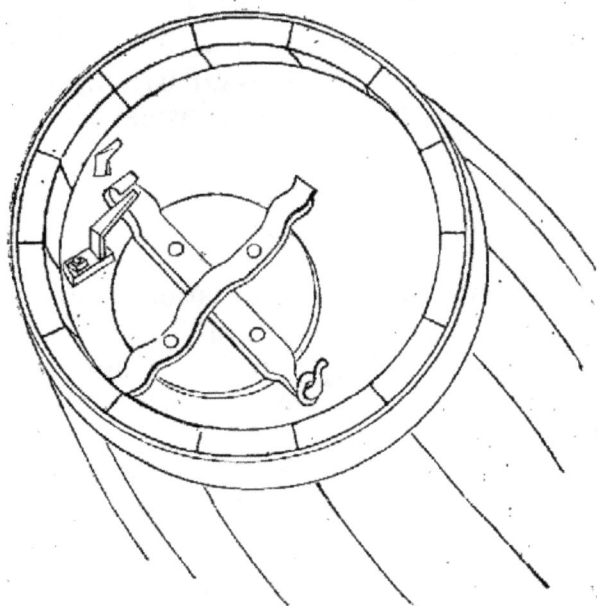

Fig. 92.

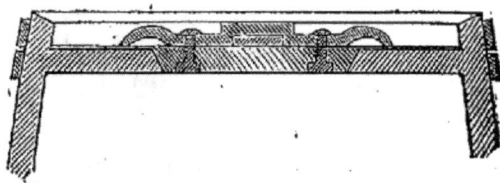

Fig. 93.

Pour les nouvelles constructions de maisons, le meilleur emplacement des fosses mobiles serait sous les trottoirs, dans une cavité muraillée solidement pour résister à la poussée des terres, et recouverte par une dalle en fonte. Des conduits souterrains amèneraient les matières fécales depuis les siéges jusqu'aux trous ou fosses mobiles.

Cette cavité ou loge de la fosse mobile aurait à
peine un mètre carré de surface; on pourrait la
faire correspondre à la porte d'entrée.

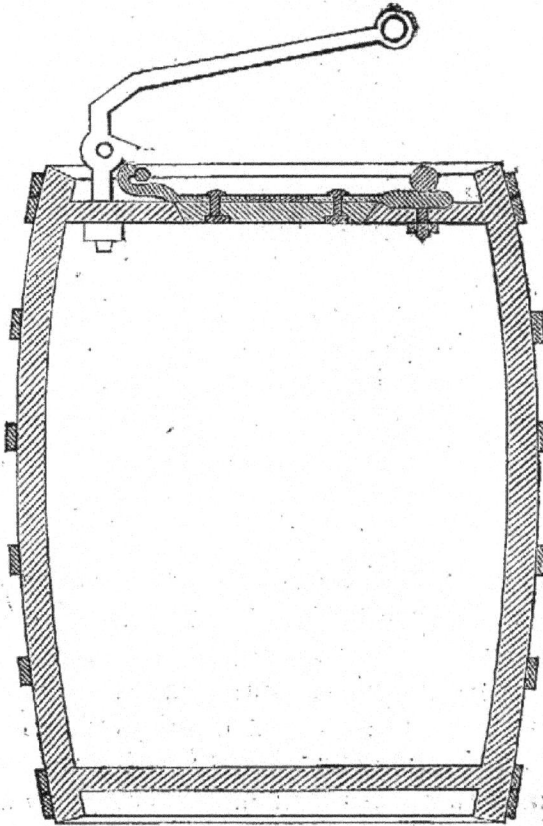

Fig. 94.

On comprend combien la vidange serait simplifiée par cette disposition qui permettrait d'enlever les tonneaux sans pénétrer dans les maisons,
et en se bornant à soulever la dalle en fonte.

Le soulèvement des tonneaux et leur placement
sur le baquet se feraient sans la moindre difficulté,
par des moyens très-simples sur lesquels nous

croyons inutile de nous arrêter : un trépied à poulie,
par exemple, servirait à les hisser jusqu'au niveau
du trottoir.

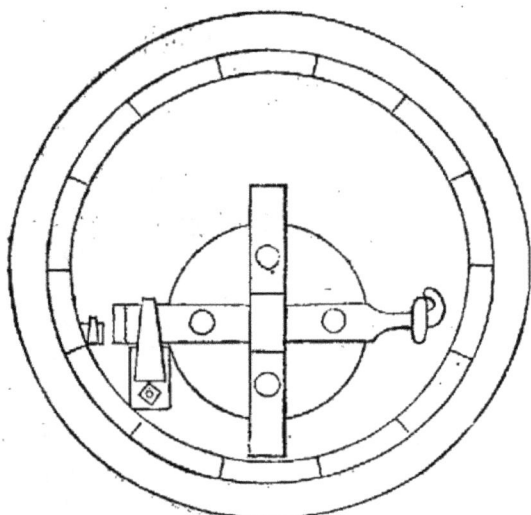

Fig. 95.

Un tonneau de l'espèce que nous venons de décrire, d'une capacité de 100 litres, coûterait au
plus 20 francs et serait rempli par un ménage de
10 personnes en quinze jours environ, en admettant, comme nous l'avons déjà fait, que les excréments d'une personne s'élèvent à 750 grammes par
jour. Chaque maison aurait un tonneau de rechange;
la dépense totale serait donc de 40 fr.

Par ce moyen la désinfection, de quelque manière
qu'elle s'effectue, est plus facile et plus complète;
le transport s'opère sans blesser ni la vue ni l'odo-
rat, le tonneau étant hermétiquement fermé et les
matières désinfectées. On supprime les vidanges
dont on évite les désagréments et la dépense; l'o-
pération qui les remplace, quoique se répétant à
des intervalles beaucoup plus rapprochés, ne peut

être nullement comparée avec les procédés même les plus perfectionnés (les vidanges inodores); enfin on évite la dépense considérable résultant de la construction et de l'entretien des fosses.

En effet, une fosse étanche et dont la capacité serait réglée sur la production d'un ménage de 10 personnes, pendant un an, devrait, pour n'être vidée qu'une fois par an, avoir une capacité de 3 à 4 mètres cubes au moins, et coûterait pour frais de construction environ 200 francs. — On range parmi les petites fosses celles qui n'ont que 8 ou 10 mètres cubes de capacité et dont la dépense atteindrait facilement le double de cette somme.

En effet, si l'on considère les émanations que les fosses fixes dégagent incessamment dans l'atmosphère des villes, les accidents qui arrivent à ces fosses, dont la capacité est souvent énorme, les fuites des matières dans les citernes, celles qui vont corrompre les eaux, les filtrations des liquides salins au travers des murs, et l'humidité qu'elles entretiennent souvent à une grande distance, l'on reconnaîtra peut-être que l'établissement des fosses mobiles est de la plus haute importance, autant pour l'hygiène des habitations et l'intérêt des habitants, que pour la police des vidanges.

Nous pensons qu'en raison des avantages de toute espèce que présentent les fosses mobiles, les autorités urbaines devraient imposer leur usage à toute maison qui n'est pas pourvue de fosse fixe et interdire, dès à présent, le déversement des matières stérocales dans les puits perdus.

§ 27. — Des précautions à prendre pour la vidange
des fosses fixes.

Pour prévenir de fâcheux accidents lors de la
vidange d'une fosse, il est nécessaire de s'assurer
qu'elle ne contient pas de gaz capables d'asphyxier
les personnes qui y descendront. Pour cela on jette
dans la fosse d'aisances de la chaux vive réduite en
poudre délayée dans un peu d'eau ; on l'introduit
dans la matière en l'agitant avec une perche, afin
de faciliter le dégagement du gaz méphitique qui
se trouve ordinairement sous une croûte qui se
forme à la surface des matières fécales. La proportion de chaux dépend de la masse des matières et
de la cessation du méphitisme.

Les fosses d'aisances pour le simple habitant de
la campagne ou pour les ouvriers et domestiques
exigent moins de précautions que les autres, parce qu'elles doivent être nettoyées tous les quinze
jours. Le coin d'une cour dans la partie la plus re-
culée du terrain ; un mur léger par devant, une porte
et une toiture légère suffisent. Une planche large
et épaisse de 5 à 6 pouces doit recouvrir un petit
mur, ou mieux encore une séparation en planches
fortes. — Le fond de ce cabinet d'aisances, ainsi
que la circonférence des murs, sera garni de terre
glaise bien corroyée, afin d'empêcher l'infiltration.
La fosse aura un mètre au plus de profondeur et
sera aussi large que le cabinet ; elle sera recouverte
par des planches mobiles qui porteront par leurs
extrémités sur des chevrons fixés au mur. — Cette
fosse sera remplie de mauvaise paille jusqu'à la
moitié de la hauteur pendant l'été, et tous les
quinze jours ou trois semaines le fumier sera en-

levé. — Le point qui indique le moment de le faire
est lorsque la paille paraît bien humectée, et il
convient même, en la jetant dans la fosse, de l'arroser de quelques seaux d'eau.

ART. VIII.

§ 28. — Des arrosements en grandes cultures. — Des
engrais liquides. — Cause et origine des arrosages
en grand.

Quand La Fontaine se riait si spirituellement du
métayer de Jupiter, il ne se doutait certainement
pas qu'en plein XIXᵉ siècle de *vrais cultivateurs*
voudraient tenter de se mettre dans des conditions
sinon identiques, au moins analogues à certains
égards. — L'exemple qu'il citait n'était pourtant
pas encourageant pour les novateurs.

Au lieu d'échouer, les novateurs ont réussi à
quintupler leurs récoltes. — Il est vrai qu'ils ne
sont pas placés précisément dans les conditions de
l'homme de la fable; car, s'ils peuvent à volonté
faire la *pluie* sur leurs champs, ils sont, quant à
présent, obligés de se contenter du temps qui vient,
absolument comme le commun des martyrs. —
Quant au moyen mis en usage, et c'est là ce qui
nous intéresse le plus, nous pouvons affirmer de la
manière la plus positive qu'il est déjà vulgarisé en
Angleterre et qu'il peut être appliqué avec succès
dans tous les pays agricoles. — Il est par conséquent inutile d'ajouter que la Belgique ne pourrait
manquer d'en obtenir les plus heureux résultats.—
Maintenant, examinons les raisons qui peuvent nous
faire espérer qu'actuellement cette innovation ne

rencontrera pas la résistance qu'elle aurait pu éprouver jadis.

Aujourd'hui heureusement, la valeur fertilisante des *engrais liquides*, et notamment de ceux qui proviennent des déjections animales (depuis les urines jusqu'aux eaux-vannes), a cessé d'être contestée. Depuis longtemps on a pu se convaincre, par une observation plus attentive, que les plus belles *touffes* qui se rencontrent dans les champs ensemencés, et qu'on attribuait autrefois aux fèces ou *crottins* des chevaux, sont spécialement dues à leurs déjections urinaires. — Ceci est le premier pas fait vers le progrès que nous espérons; car, toute simple qu'elle peut paraître, cette découverte a eu cet avantage de déraciner un préjugé chez une classe d'hommes dont les croyances ne cèdent jamais qu'à l'évidence la plus manifeste, et encore pas toujours.

Cependant les cultivateurs du nord de la France, mettant à profit cette observation, ou se basant sur d'autres faits de ce genre, ont non-seulement recueilli les liquides fertilisants jusqu'alors inutilisés, mais ils en ont encore artificiellement fabriqué. — En délayant les matières solides avec les liquides, ils ont obtenu ce qu'ils appellent *gutte, lizier*, et ils ont eu tout lieu de s'applaudir des applications qu'ils en ont faites.

D'après la marche actuelle des améliorations agricoles, on pourrait espérer une rapide propagation de ces méthodes déjà très-avancées dans nos grands pays de culture. — Cependant, on voit encore, même aux environs des grandes villes, le jus précieux des fumiers aller se perdre sans emploi sur les chemins, dans les mares ou dans les fossés. — On peut donc désirer encore pour le pays cet amour du progrès, cette initiative, ce feu sacré du métier, qui distinguent si éminemment les agriculteurs d'outre-Manche. — Aujourd'hui, il faut accélérer les bonnes tendances et se montrer plus difficile que par le passé, car les dernières applications pratiques dont nous allons parler viennent de mettre entre nos voisins et nous une distance considérable. — Il nous faut absolument chercher à la diminuer.

Un mot d'abord sur l'origine de la découverte.

A Port-Dundass, près Glascow, se trouve depuis 1843 une vacherie monstre, contenant mille vaches, et dirigée par M. Harvey, qui la possède encore aujourd'hui. — Une vache, en moyenne, absorbant quotidiennement 60 kilogrammes d'eau, rendant de 8 à 10 kilogrammes d'urine et de 28 à 30 kilogrammes de déjections fécales, on peut calculer la masse immense d'engrais qui était produite : c'étaient 10,000 kilogrammes, soit 40 pièces bordelaises par jour ou 146,000 par année.

Bien que le canal calédonien servît à la consommation de la ville, M. Harvey y laissait couler le précieux liquide, par suite d'une tolérance monstrueuse, analogue à celle qui permettait, il y a peu d'années encore, quand la clarification des eaux était relativement dans l'enfance, aux eaux de Montfaucon de se décharger en amont de la Seine.

Cependant, l'administration municipale de Glascow signifia un jour à M. Harvey, dans un intérêt de salubrité publique, qu'il eût à changer de système ou à porter son exploitation ailleurs. — La vacherie de M. Harvey était alors en plein rapport ; il plaçait fructueusement *tout le lait de ses vaches*, sans avoir besoin de faire ni beurre, ni fromage ; cette branche de son industrie suffisait à elle seule, on le conçoit, à la prospérité de l'établissement. — En présence de cette nouvelle mesure, il prit son parti résolûment et se décida à utiliser sur ses propriétés la matière qu'emportait le canal, sans se douter alors qu'elle dût décupler sa fortune et apporter à l'agriculture une des plus importantes révolutions qu'elle ait subies de nos jours *après le drainage.*

Ses terrains ayant une faible pente et se trouvant encaissés par de petits coteaux, on disposa sur les crètes principales de vastes cuves qui communiquaient par des tuyaux souterrains avec un réservoir général dans lequel sont aujourd'hui encore recueillies toutes les urines du nombreux troupeau de M. Harvey. — Une pompe, mue par une machine à vapeur de la force de douze chevaux, fut destinée à monter le liquide dans les réservoirs, auxquels s'adaptent des tuyaux en fer mis simplement bout à bout en *gobelets d'escamoteurs* et qu'on peut allonger ou raccourcir à volonté.

Les choses étant ainsi disposées, quand il veut arroser ses prairies, M. Harvey se contente d'ajuster un tube de gutta-percha d'une longueur de 2 à 3 mètres, que terminent d'un côté une douille à vis et de l'autre une *lance* ordinaire, comme celle des pompes à incendie. — Un homme ouvre à un signal donné le robinet de la cuve qui communique avec le tube articulé, et l'arrosement s'effectue avec une grande facilité ; on laisse tomber le liquide presque à fleur de terre. — Pour les mouvements circonscrits peu éloignés, le grand tuyau est *traîné* sur le sol. — Lorsqu'il devient nécessaire de le transporter plus loin, à une autre cuve, on ferme le robinet, et on laisse le tube s'égoutter.

— Deux hommes suffisent pour cette opération, grâce à la disjonction commode des tubes compositeurs qui forment l'ensemble de l'appareil.

La plus haute des cuves n'est élevée que de 50ᵐ475 au-dessus du niveau du grand réservoir.

Depuis cette époque, M. Harvey, par un hasard heureux, sous la pression d'une nécessité prospère, a vu tout changer de face. — Ses récoltes sont *plus que triplées*. — Une distillerie de wiskey lui procure de grandes quantités d'eau fertilisante. Il en donne même une partie à ses vaches qui la boivent de préférence à l'eau ordinaire. Le reste va se réunir aux urines ; car maintenant, guidé par l'expérience, il s'efforce d'accroître les liquides dont il avait naguère tant de peine à se débarrasser.

Enfin, il faut encore ajouter à tous ces avantages celui de pouvoir *vendre* la totalité de ses *fumiers* solides, dont la valeur représente, à peu de chose près, le prix même de son fermage.

Quand la grande réforme sur les céréales vint agiter les cultivateurs anglais et faire sentir aux plus intelligents l'urgence de modifier leurs méthodes s'ils voulaient échapper à une ruine plus ou moins éloignée peut-être, mais à coup sûr inévitable, un fermier du Aryshire, M. Kennedy, songea à l'application du moyen de M. Harvey. — Fut-ce de sa part imitation d'un procédé qu'il connaissait, ou inspiration personnelle née d'une combinaison savante ? nos informations ont laissé ce point douteux. — Quoi qu'il en soit, M. Kennedy ne tarda pas à faire de son plein gré, avec amour et par calcul, ce que M. Harvey n'avait fait que par force, avec répugnance, nous dirons même sans beaucoup de goût ; car, malgré les avantages de sa situation, son exploitation est mal tenue.

Quoi qu'il en soit, M. Kennedy était certainement édifié par un exemple qui devait l'affermir dans l'exécution de ses projets : il avait vu les prairies bordant *Quæn's Brire*, près d'Edimbourg, présentant une surface totale de 150 hectares environ, et qui, arrosées à l'aide des rigoles, à ciel découvert, par les *vidanges* de la ville, produisent en moyenne de *cinq à sept coupes* par année.

Chaque hectare se loue dès longtemps, de notoriété publique, de 1,000 à 1,500 francs.

Arrivons maintenant à l'exploitation de M. Kennedy, qui, on peut l'affirmer, présente un des plus beaux modèles du genre, qui puisse être offert à l'imitation.

La description que nous allons en faire comporte toute exactitude; elle résulte d'une excursion faite récemment.

La ferme de M. *Myer-Mill* est située à Maybole à 8 kilomètres d'Ayr. — Exploitée par M. Kennedy, elle appartient à son homonyme, M. Kennedy, l'un des principaux banquiers d'Edimbourg.

Le terrain, accidenté, est généralement assez médiocre; il repose sur un sous-sol argileux imperméable. — M. Kennedy ne pouvait en 1848 y nourrir qu'une tête de gros bétail ou cinq moutons par hectare. — La mise en pratique de son système a *quintuplé* cette proportion.

Toute amélioration devant, selon l'excellente méthode anglaise, commencer par le *drainage* des terres qui réclament ce soin, les 800 acres (433 hectares) dont l'exploitation se compose, furent attaqués à 50 centimètres de profondeur. A ce degré, l'assainissement n'étant pas complet, l'on a dû recommencer immédiatement à 1m20.

La préparation étant ainsi devenue suffisante,

et les terres pouvant profiter des bonnes conditions qu'on voulait leur faire acquérir, on entreprit les grands travaux que l'arrosement nécessitait.

M. Kennedy ne voulut pas procéder comme M. Harvey. — Il crut devoir, dès le début, employer la force motrice à la *projection directe* de l'engrais sur le sol, tandis que M. Harvey ne s'en était servi que pour *monter les liquides* dans les cuves.

Voici d'ailleurs comment il procéda. Sur le plateau médian, autour duquel sont groupés tous les bâtiments de la ferme, quatre grands réservoirs furent creusés à la suite les uns des autres, sans communication directe ni forcée entre eux.

		Gallons.	Litres.
Le 1er contient		70,000	318,042
Le 2e	id.	50,000	227,172
Le 3e	id.	120,000	545,214
Le 4e	id.	60,000	272,607
Total		300,000	Total 1,363,035.

La brique est la principale matière employée. Ces fosses immenses sont voûtées et munies chacune d'un appareil qu'on appelle *agitateur*, dont les dispositions sont intéressantes à connaître.

Un axe vertical, situé au centre de la fosse, traverse deux grandes pièces de bois qui se croisent à angle droit, comme les ailes d'un moulin à vent. Cependant, au lieu de se toucher, comme dans l'exemple que nous citons, elles sont l'une au-dessus de l'autre, à un mètre de distance environ. — Elles forment ainsi quatre *grands bras* par lesquels le liquide est agité dès que l'appareil est en mouvement.

La partie inférieure de l'axe est coudée à 20 cen-

23.

timètres au-dessus de la crapaudine, de manière à former excentrique.—C'est de là que partent, dans des directions radicalement opposées, deux tiges de fer à articulations terminales annulaires qui commandent à une série de pièces en bois de grandeur moyenne, lesquelles forment rabot et sont destinées, par un *grattage* successif, à empêcher les adhérences de matières qui pourraient s'établir au fond du bassin.

Ces morceaux de bois, au nombre de trois de chaque côté, sont reliés entre eux, formant ainsi des cadres ou châssis mobiles par des tringles de fer articulées comme il est dit ci-dessus. — Si nous voulions donner une idée de la marche de cet appareil en prenant un exemple vulgaire et analogue seulement, nous citerions ces petits quadrilles des enfants, portant assez souvent des bonshommes ou des soldats qu'ils croient faire marcher, soit en resserrant, soit en allongeant leur petit mécanisme.

Il est à remarquer, toutefois, que les points d'attache qui relient entre elles les pièces de cette partie inférieure, au lieu d'être symétriquement espacés par rapport à une ligne médiane, sont placés à des distances inégales. — Il en résulte que, dans chaque mouvement qui tend à éloigner ou à approcher l'ensemble des traverses du pivot de l'axe, il s'opère des deux côtés des écartements qui rendent le brassage des matières aussi complet et aussi satisfaisant que possible.

Nous avons vu comment les réservoirs de Myer-Mill étaient établis. — Il s'agit maintenant de faire savoir comment on les alimente d'eau, d'urine ou d'engrais artificiels.

L'eau manquait. M. Kennedy, après quelques

recherches, réussit à se la procurer dans une petite source, cours d'eau à 22 mètres et demi au-
dessous et à côté de l'exploitation, au moyen d'une
pompe ingénieusement disposée. — Les conduites
et les tiges des pistons sont à fleur de terre et ram-
pent le long de la pente qu'il faut gravir pour arriver sur le plateau des bassins.

Les urines furent recueillies dans les étables et
les écuries sur un sol bétonné, garni de rigoles à
pentes combinées qui les amènent directement
dans un des réservoirs appropriés à cet usage. —
Afin d'éviter les engorgements et l'introduction des
matières étrangères, plusieurs grillages successifs
opèrent le filtrage grossier de ces matières qu'on
laisse d'ailleurs pendant quatre mois en fermentation pour favoriser, par ce long séjour, la formation des produits ammoniacaux. — Les quantités
d'urines étant insuffisantes pour délayer toutes
les parties excrémentielles, des eaux abondantes
viennent faciliter cette opération, tout en servant
aux lavages continuels qui tiennent les habitations
des animaux dans un état d'irréprochable propreté.

Les engrais artificiels sont préparés sous un
hangar voisin, par la combinaison de 100 parties
d'os pulvérisés avec 100 d'acide sulfurique (les os
coûtent 150 frs les 1,000 kilogrammes et l'acide
sulfurique 175 frs) et 260 d'eau bouillante. — Le
tout est placé dans une marmite et fortement agité
pendant trente-six heures. Au bout de deux jours,
M. Kennedy se trouve, par cette application dont
la formule est empruntée au chimiste Liebig, en
possession d'une bouillie ou magma qui, porté
dans un réservoir, est alors délayé avec une quantité d'eau proportionnée au degré de concentration
que M. Kennedy veut donner à ses arrosages.

Bien que les bassins, comme nous l'avons dit, ne communiquent pas ensemble, chacun d'eux peut livrer ses produits à un réservoir général de capacité moyenne qui se trouve en rapport avec la machine et d'où part la grande artère distributrice.

Ces vastes conduits couchés, enterrés à une profondeur de 76 centimètres, sont formés de tuyaux de fonte de 8 à 10 centimètres de diamètre. — Les tuyaux secondaires, assemblés à l'instar de nos anciennes conduites à gaz, n'est que de 5 à 7 centimètres ; cette artère principale se termine enfin en *cul-de-sac* et reste constamment pleine lorsque la machine est en mouvement. — Il paraît certain que ces pressions inutiles n'ont jamais causé d'accidents.

De cette grande ligne centrale rayonnent les différentes ramifications qui ont leur point d'arrêt ou, pour mieux dire, leur bouche, au milieu des pièces ; une coudure ascensionnelle s'élève presque au niveau du sol et présente, à portée de la maison, une douille à vis précédée d'un robinet. — L'excavation pratiquée en cet endroit forme ce que nos agriculteurs appellent un *regard* et ce que les cultivateurs anglais nomment un *hydiant*. — La pratique a indiqué déjà qu'il en faudrait un par chaque 9 acres superficiels. (L'acre d'Ecosse vaut 51 ares 419.)

Les principaux éléments du système étant décrits, il ne reste plus qu'à en faire connaître maintenant la puissance active et les résultats.

Une machine de la force de 12 chevaux fait mouvoir une forte pompe qui attire l'engrais et le chasse ensuite vigoureusement dans les conduites, où il ne tarde pas à se répandre à la manière des liquides poussés dans les artères d'un cadavre qu'on veut injecter.

Il est évident, si toutes les ouvertures étaient interceptées, qu'une rupture ne tarderait pas à s'effectuer sur un point quelconque de ce vaste *appareil circulatoire*. — Mais on évite ces accidents en ne mettant la machine en marche que sur l'ordre de l'arroseur.

Quand on veut arroser, un homme et un enfant transportent sur la pièce de terre à fertiliser un long tube en gutta-percha terminé à l'une de ses extrémités par un pas de vis qui s'adapte à la douille du tympan d'un *hydiant* voisin ; l'autre extrémité porte une véritable *lance*.

Le robinet étant ouvert, le signal est donné au mécanicien, placé de façon à pouvoir suivre du regard les opérations.

La machine fonctionne ; le liquide, projeté avec force, petille en sortant par l'ouverture étroite qu'il doit franchir. — La lance recevant une inclinaison moyenne de 50 à 60 degrés, le jet s'élève avec impétuosité d'abord ; puis il se divise, perd, à 12 ou 14 mètres, toute sa force ascensionnelle et retombe en une pluie fine et salutaire, dans des proportions qu'il est toujours possible de varier suivant les besoins.

Voilà ce qu'on est convenu d'appeler, quant à présent, le système Kennedy.

L'eau étant à discrétion, on peut non-seulement délayer à volonté les engrais ou s'en servir même à la façon d'un *arrosage simple*, mais on la distribue encore, suivant l'occurrence, dans les diverses parties de la ferme où elle se trouve être nécessaire ; avantage important et que, bien entendu, la machine elle-même se charge de réaliser.

Cette dernière, fonctionnant pendant une journée de 12 heures, suffit à l'arrosement de 10 hectares et aux besoins de la maison, sans consommer plus de 750 kilogrammes de charbon, lequel coûte fr. 6 10 les 1,000 kilogrammes. Les frais de combustible pour ce travail quotidien montent, par conséquent, à fr. 4 61.

43,600 litres de liquide constituent pour M. Kennedy la proportion normale des fumures par hectare ; ce qui étend sur la totalité de la surface une nappe de 4 millimètres d'épaisseur et forme l'équivalent d'une pluie moyenne de 2 heures.

Quant aux frais généraux d'établissement, ils se répartissent de la manière suivante :

Réservoirs . . . . fr.	7,500	00
Machine à vapeur (d'occasion). .	3,750	00
Pompes. . . . . , . . .	2,000	00
Tuyaux en fonte et regards . . .	25,000	00
Boyaux de distribution en gutta-		
percha	1,400	00
Total. . . . fr.	39.650	00

soit, fr. 198 25 par hectare.

Les tuyaux seuls et les frais de pose sont estimés à 38 sch. par acre (fr. 44 80), soit environ 85 fr. par hectare.

Les dépenses annuelles sont représentées :

Par les intérêts des amortissements		
à 7 1/2 p. c. . . . . fr.	2,973	75
Par les salaires annuels, etc. . .	2,600	00
Par le combustible	1,462	50
Par l'entretien, les réparations, le		
fraiment.	400	00
Total. . . . fr.	7,436	25

ou, par hectare, fr. 37 18.

Que l'on compare maintenant les frais dont nous venons de donner le détail avec les résultats obtenus, on pourra juger par soi-même de l'importance du système que nous voulons préconiser. Sans entrer davantage dans l'énumération des faits positifs dont nous savons assez actuellement toute la valeur, bornons-nous à ce simple énoncé :

Les faibles dépenses citées plus haut ont donné des produits tels, qu'ils ont conduit l'agriculteur qui a fait ces frais à des récoltes quadruples, quintuples et même sextuples. — M. Kennedy, avant l'application de son système, louait l'hectare 100 fr. et n'y nourrissait que 2 têtes de gros bétail. — Cette location lui revient aujourd'hui à fr. 137 18. Mettons, si l'on veut, 150 ; mais alors nous voyons qu'il en nourrit et en engraisse 5, c'est-à-dire qu'il a accru de 400 p. c. ses bénéfices en augmentant de 50 p. c. seulement sa dépense.

M. Kennedy fait régulièrement de 5 à 7 coupes par an; celles-ci lui procurent 142,000 kilogrammes de fourrages vert, ou, à sa volonté, 30 milliers métriques de fourrages secs par hectare. — D'après sa propre estimation, ce dernier produit ne lui revient qu'à 8 fr. les 1,000 kilogrammes. — Dans de beaux jours d'été, il a observé jusqu'à 5 centimètres de croissance par jour.

Les propriétaires et les fermiers anglais ont imité déjà leur compatriote ; les petits cultivateurs même n'ont pas hésité à se servir de sa méthode.

M. l'ingénieur Young d'Ayr, qui a exécuté tous les travaux du système Kennedy, ne cesse, depuis cette époque, d'en propager l'application.

M. Méchi, près de Londres, et M. Balston, qui exploite une ferme à six milles d'Ayr, sur le bord

de la mer, sont entrés avec avantage dans cette voie
d'amélioration. — Enfin, un modeste cultivateur du
Domphrieshire, M. Kallender, en poursuit actuellement la mise en pratique dans sa ferme de Cairn-
Mill, qui n'offre à la culture qu'une trentaine
d'hectares, mais où il a eu l'heureuse idée d'utiliser un cours d'eau qu'il y possède, comme force
motrice et comme alimentation du système.

Les prix de revient que voici donnent un aperçu
de la dépense des travaux exécutés.

	liv. st.	francs.
Les bâtiments pour cet appro- priation spéciale ont coûté .	65	1,625 00
Les matériaux de construction et de cimentation.	25	625 00
La chaux hydraulique	10	250 00
Les tuyaux, pose et boyaux. .	42	1,050 00
Totaux. . . .	142	3,550 00

M. Kallender dispose de 64 acres de terre, soit
32 hectares 90 centiares. — La dépense est donc
de 55 francs 45 centimes par acre ou de 107 francs
90 centimes par hectare.

Quelle que soit respectivement, en Angleterre
et en France, la différence dans le prix des fontes,
nous croyons à la possibilité d'établir chez nous,
d'une manière très-fructueuse, l'application Kennedy et de contre-balancer bien au delà cette différence par les avantages qu'on en obtiendra. —
Au reste, certains produits deviennent chaque
jour plus réalisables, grâce à l'établissement des
nombreuses usines qui les fournissent avec abondance. Ainsi, la gutta-percha peut aisément s'obtenir, toute manufacturée, moyennant 5 à 5 francs
50 centimes le kilogramme. — Nous avons sous les

yeux un prix courant de MM. Levert et Cᵉ, de Paris, qui ne s'éloigne guère de ces chiffres. — En Angleterre, les fournisseurs reprennent les tuyaux, quand ils sont usés, pour *un tiers* de leur valeur. — Il peut donc être permis d'espérer chez nous des facilités analogues.

Répétons, en terminant un aperçu aride peut-être, mais exact, que les propriétaires qui vont essayer cette productive méthode, et ceux des fermiers qui n'attendent qu'un encouragement pour les imiter, feront une spéculation doublement utile, puisqu'elle sera scientifiquement favorable à l'agriculture et matériellement avantageuse à leurs intérêts.

Nous connaissons des propriétaires qui bientôt essayeront cette méthode avantageuse; nous connaissons aussi certains fermiers de nos amis qui y seraient tout disposés si leurs propriétaires les y aidaient un peu largement. — Les premiers qui donneront cet exemple ne manqueront pas d'encouragements mérités; nous ne pouvons donc que les engager à persévérer dans cette voie d'amélioration capitale dont ils seront d'ailleurs largement récompensés par les résultats qu'ils obtiendront bientôt.

ART. IX.

§ 29. — Usages agricoles de l'eau, de l'abreuvage, des puits; inconvénients des eaux froides provenant des puits et citernes; avantages des eaux courantes, sources naturelles ou artificielles, eaux pluviales; construction des abreuvoirs en maçonnerie.

Rien n'est plus désirable dans une exploitation rurale que d'avoir toutes les facilités possibles relativement aux nombreux usages de l'eau. — Le plus important, après les besoins domestiques, est l'abreuvage du bétail, dont la santé est intéressée à ce qu'il ait lieu dans de bonnes conditions. — Les graves inconvénients des eaux de puits ou de citernes, eaux généralement trop froides, sont connus de tout le monde. — C'est pourquoi l'on attache tant d'importance à la proximité d'un ruisseau ou d'une rivière qui évite cette cause permanente d'accidents. — Mais peu de domaines peuvent jouir de cet avantage; et d'ailleurs, si ce que l'on regarde comme proximité s'étend encore à une distance de 1 à 2 kilomètres, ce parcours, répété aussi fréquemment que l'exige l'usage journalier dont il s'agit, ne laisse pas d'être assez onéreux, soit qu'on ait à transporter à cette distance un volume d'eau considérable, soit qu'on fasse sortir les bestiaux par tous les mauvais temps.

Toutes les fois qu'on ne peut se procurer d'une manière quelconque des eaux de bonne qualité pour un abreuvoir de dimension suffisante, établi dans l'intérieur même des cours de ferme, on ne doit jamais négliger ce précieux avantage. — Les eaux alimentaires peuvent provenir soit d'une source, soit d'une dérivation faite à une eau courante, prise à un niveau assez élevé, soit d'un sondage, soit enfin des eaux pluviales recueillies dans des espaces à ciel couvert. — Ces diverses manières d'obtenir l'eau sont toutes bonnes quand elles sont économiques; mais on conçoit qu'il y a à cet égard de grandes différences dans les avantages naturels d'une position à une autre. C'est pourquoi le voisinage de l'eau, et surtout de l'eau courante, est presque toujours une cause déterminante dans le choix d'emplacement des bâtiments d'un domaine rural.

Nous allons examiner les avantages que présentent ces différentes ressources.

§ 30. — Des puits.

La plus grande incommodité que puisse éprouver un établissement rural est celle du manque d'eau ; il en faut absolument pour les hommes, pour les animaux et pour les jardins de la ferme. — Une grande perte de temps pour s'en procurer est encore le moindre inconvénient qui résulte de cette privation pendant les sécheresses de l'été. On n'en fait ordinairement venir que pour la consommation du ménage ; on envoie abreuver les bestiaux aux cours d'eau les plus voisins, et si, pendant cette saison, il survient un incendie, on est privé des moyens les plus actifs d'en arrêter les progrès.

Telle est la situation fâcheuse dans laquelle se trouvent beaucoup de fermes et d'habitations rurales, sans que leurs propriétaires aient rien tenté pour remédier à cet inconvénient. — Cela tient à l'incertitude où l'on est de trouver de l'eau, ou à ce que la dépense est trop onéreuse pour la plupart des propriétaires.

Avant de creuser un puits, pour ne pas hasarder une dépense inutile, il faut s'assurer de la profondeur à laquelle on peut espérer trouver l'eau. On se sert pour cela d'une sonde qui consiste en une tarière de plusieurs pièces, avec laquelle on peut percer les terres et les rochers.

Pour creuser un puits, on fait ordinairement un trou circulaire que l'on continue jusqu'à ce que l'on ait trouvé l'eau. — On établit au fond du trou un rouet en bois dur sur lequel on élève la maçonnerie du puits.

Telle est la construction des puits ordinaires, dont le procédé est assez connu des maçons de la campagne pour que nous ne nous y arrêtions pas plus longtemps.

L'art de construire les puits est donc particulièrement celui de savoir si une localité contient une nappe d'eau ou des sources et de reconnaître leur position au-dessous du terrain, car si l'on choisit au hasard, on risque fortement de ne point trouver de source ou de n'en rencontrer qu'à une trop grande profondeur.

Avant de creuser, il faut trouver les éléments nécessaires pour établir en toute circonstance le succès de l'entreprise.

Les montagnes sont les réservoirs principaux des eaux qui se répandent dans les vallées, et qui, suivant leur volume, y prennent le nom de sources, de ruisseaux, etc. Ces eaux se rendent dans les lacs ou dans la mer, d'où elles sont constamment extraites par l'évaporation, pour retourner ensuite vers leurs réservoirs primitifs, sous la forme de pluie ou de neige. — En tombant et en coulant sur les plateaux qui couronnent les montagnes et sur les montagnes elles-mêmes, l'eau y rencontre soit des couches imperméables, comme le sont celles qui constituent les terrains argileux (dont le schiste ou aguesse est le type), soit des roches perméables ou des roches fissurées, comme le sont, parmi les uns, les marnes et les sables, et parmi les autres, le calcaire anthraxifer des bords de la Meuse.—Les premières retiennent les eaux; les secondes leur permettent de s'infiltrer dans l'intérieur de la terre pour ne reparaître qu'à de grandes distances. — On comprend que si l'on a des chances presque certaines de trouver des sources dans les premières, on n'en a aucune d'en rencontrer dans les secondes. — Ces sources apparaissent dans les vallées ou sur les coteaux, à des expositions solaires à peu près constantes, du moins dans les montagnes stratifiées, pour chaque chaîne de montagnes. Lorsqu'un de leurs côtés présente une source visible, celui qui est placé à l'exposition solaire opposée est ordinairement privé d'eau.

Ces sources deviennent visibles sur les versants des montagnes et dans les vallons, à des niveaux plus ou moins élevés, suivant l'inclinaison naturelle plus ou moins grande des couches de roche qui leur servent de lit; en sorte que lorsque l'inclinaison est assez forte pour se prolonger au-dessous du niveau du vallon inférieur, les sources que la montagne peut contenir restent cachées pour la localité.

Il résulte de ces observations :

1° Que si l'on creuse un puits dans un vallon ou sur un emplacement dominé par des hauteurs voisines, et que l'on fouille à une profondeur suffisante, on est à peu près sûr d'y rencontrer une source;

2° Que lorsque l'emplacement est éloigné des hauteurs dominantes, ou sur un tertre isolé, on ne doit point y trouver de source, sinon à une grande profondeur ;

3° Qu'en creusant un puits sur le penchant d'une montagne où il y a des sources visibles, on est sûr d'y trouver de l'eau ;

4° Que si le penchant sur lequel on veut le construire n'offre point de sources visibles, et qu'elles soient apparentes du côté opposé, on ne pourra y trouver l'eau qu'à une grande profondeur.

Le succès de la construction d'un puits étant ainsi constaté, il ne s'agit que de trouver les moyens de reconnaître en toutes circonstances la profondeur qu'il faut lui donner, afin de pouvoir évaluer d'avance la dépense de sa construction.

Il faut éloigner les puits des écuries, des étables et des fumiers, et généralement de tous les lieux qui pourraient communiquer à l'eau une odeur désagréable. — On ne doit cependant pas conclure de ce précepte qu'il soit impossible d'établir un puits dans une basse-cour, mais seulement qu'il est nécessaire de le placer au-dessus de l'égout naturel des fumiers ; et comme en général ces eaux ont moins d'air que celles des sources naturelles, elles sont ordinairement dures, pesantes, indigestes, ne désaltèrent pas, ne dissolvent pas le savon, et ne cuisent pas bien les légumes. C'est pourquoi, dans ces différents cas, on sera obligé de les exposer à l'air longtemps d'avance. — Ainsi, dans une ferme bien administrée, on doit placer plusieurs auges dans lesquelles on mettra l'eau destinée à la boisson des animaux.

Plus on tire d'eau d'un puits, plus elle est légère et par conséquent bonne. Si elle n'est pas claire et qu'elle ait un goût de limon, il faut la faire filtrer à travers le sable ou le charbon pulvérisé.

Il y a certaines pierres sableuses qui servent à filtrer l'eau et à la rendre bonne et claire. On en fait des fontaines portatives excellentes qui sont très en usage dans les villes.

Un puits bien établi peut durer des siècles, mais il a besoin d'être nettoyé de temps en temps, nonseulement pour ôter les pierres que l'infiltration des eaux y amène continuellement, mais encore parce qu'il y tombe toujours ou on y jette des pierres ou même des matières qui altèrent la bonté de l'eau qu'on en tire. Cette opération doit se faire en automne, époque où les eaux sont ordinairement les plus basses.

§ 54. — Des abreuvoirs.

Il reste à dire quelques mots sur la construction des abreuvoirs en maçonnerie, lesquels, à moins de circonstances exceptionnelles, sont les plus avantageux. — En effet, les mares existantes au milieu des cours de ferme, ou dans le voisinage, ne donnent fréquemment qu'une eau croupissante, chargée de principes nuisibles. Aux étangs, le bétail doit piétiner dans la boue; autre cause de malpropreté et de maladies. Les gués, souvent fort éloignés, sont plus ou moins voisins de hauts fonds où les animaux attachés sont fort exposés à se noyer.

L'établissement de ces réservoirs devient très-simple par l'emploi de matériaux hydrauliques, tels que ciments, chaux, pouzzolanes naturelles ou artificielles, qui rendent chaque jour de si éminents services à l'art des constructions.

La hauteur la plus convenable, pour le gros bétail, est de 0m70 au-dessus du sol. — Quant aux dimensions en longueur et en largeur, elles sont proportionnées, ainsi que cela vient d'être dit, à la consommation journalière et au volume d'eau alimentaire.

Il est d'ailleurs inutile qu'un tel abreuvoir soit très-spacieux, attendu que tout le bétail d'une ferme ne doit pas s'y désaltérer simultanément. — Rien n'est plus facile que de régler les heures de manière que le service se fasse partiellement, avec ordre et régularité, et sans perte de temps pour les employés. — La maçonnerie de briques, et même de moellons, revêtue intérieurement d'un enduit plein en ciment, est ce qu'il y a de plus convenable pour cette destination.

Les murs maçonnés comme il vient d'être dit, ayant le parement extérieur vertical et le parement intérieur un peu incliné en talus, n'ont que $0^m,25$ à $0^m,28$ d'épaisseur moyenne. — Si l'on dispose de larges dalles, il y a de l'avantage à les employer pour le fond, qui doit être un peu au-dessus du sol pour faciliter le nettoyage et, s'il y a lieu, la mise à sec pendant l'hiver.

Les dimensions suivantes, mises en rapport avec une dérivation de 20 mètres cubes par jour ou de $0^{lit}22$ par seconde, sont suffisantes pour un établissement pouvant comporter de 80 à 100 têtes de gros bétail, ou leur équivalent.

Longueur. . . . . 5^m00		
Largeur moyenne. 1^m20	6^m00	$4^m,20$
Profondeur.	0^m70	

Capacité de l'abreuvoir. 4, 20 ou 4,200 litres.

Le renouvellement ayant lieu ainsi près de cinq fois par jour, cette eau est toujours pure, et de plus il est facile d'en régler la consommation de manière qu'elle soit constamment à une température convenable.

Quant à la dépense d'établissement, elle est très-minime, vu le prix modéré des matériaux hydrauliques dont on ne manque plus aujourd'hui nulle part. —Un abreuvoir avec les dimensions que nous venons de citer n'occupe qu'environ un mètre cube de maçonnerie de briques et 10 à 12 mètres super-

ficiels d'enduit dépassant rarement le prix de 3 fr.
l'un. — C'est donc pour une dépense moindre de
100 francs que l'on peut généralement procurer ce
moyen d'abreuvage au bétail d'une ferme d'une
assez grande étendue. Mais tout se rattache à la
question d'alimentation.

Ces réservoirs en maçonnerie, placés au milieu
de la cour, pourraient servir à un plus grand nombre de bestiaux à la fois ; mais on préfère les adosser à un mur de bâtiment, parce qu'ils gênent beaucoup moins la circulation. — On évite en outre
la construction d'une des parois, tout en leur donnant ainsi plus de solidité.

La hauteur des abreuvoirs à moutons n'est que
de $0^m 33$ à $0^m 35$. — Ils peuvent se placer à côté
de ceux destinés au gros bétail, et sont sans aucun
inconvénient alimentés par leur trop plein. —
Quant aux lavoirs qu'on annexe ordinairement à
ces abreuvoirs dans les établissements ruraux, ils
offrent une excellente ressource ; mais ils doivent
être placés hors de communication avec ceux-ci, vu
l'altération de la qualité de leurs eaux.

§ 32. — Dérivation d'une eau courante.

C'est la meilleure manière d'alimenter une
conduite d'eau destinée aux usages agricoles et domestiques, car si la température des eaux a de
l'importance pour l'abreuvage, leur qualité en a
beaucoup aussi. Or, une eau courante, sauf le cas
où elle serait habituellement chargée de matières
étrangères, est généralement bien préférable aux
eaux souterraines, réputées crues ou indigestes
d'après la nature des dissolutions qu'elles contiennent ordinairement.

On ne doit se déterminer à faire des constructions destinées à des eaux souterraines que quand on a dû renoncer complétement à celles dont nous venons de parler,

§ 33. — Eaux pluviales.

Plusieurs hypothèses doivent être examinées si l'on doit se servir des eaux de pluie. Il s'agit d'un nombreux bétail ; l'abreuvage par les eaux pluviales ne peut se faire convenablement que dans de grandes mares ou même dans de véritables étangs remplis par la surabondance des eaux d'hiver. — On y fait boire pendant l'été le bétail, qui y trouve en outre un pâturage de quelque valeur.

En dehors des mares et des étangs, il n'y a plus que des réservoirs en maçonnerie, alimentés par les toitures. Ces réservoirs sont de deux espèces, savoir : 1° ou bien il sera établi à ciel ouvert, d'une capacité notable et suffisamment alimenté pour qu'on puisse y abreuver, pendant une partie de l'année, le bétail avec les eaux de la température de l'atmosphère ; 2° ou bien il sera souterrain et formera citerne. Le premier est extrêmement rare, car pour peu qu'un bétail soit nombreux, sa consommation courante excéderait le volume produit moyennement par des toitures d'une étendue ordinaire.

Il faut alors nécessairement recourir à une ou à plusieurs citernes et mettre à contribution la totalité des toitures des bâtiments faisant partie de l'exploitation. — Cela exige un certain développement de chenéeaux, gouttières, etc., et par conséquent une dépense première assez élevée. — Mais quand ces ouvrages sont bien établis et qu'on y emploie de bons matériaux, leur entretien est peu considérable. — Pour calculer le produit à attendre de ce mode, il faut connaître la moyenne des pluies habituelles dans la localité et appliquer à la superficie horizontale des bâtiments utilisés ce chiffre modifié par un certain coefficient variable d'un point à un autre et représentant le déchet provenant de l'évaporation, de l'absorption par la surface des toitures, les pertes et filtrations.

Lorsqu'on est obligé de recourir aux citernes, il faut, pour remplir les abreuvoirs, employer une pompe ou autre machine élévatoire; ce qui occasionne une main-d'œuvre assez considérable, outre que l'eau sera trop froide, si, comme il est à craindre, les domestiques de ferme n'ont pas constamment la précaution de la puiser un certain temps avant de la présenter au bétail. (Fig. 96, 97, 98, 99.)

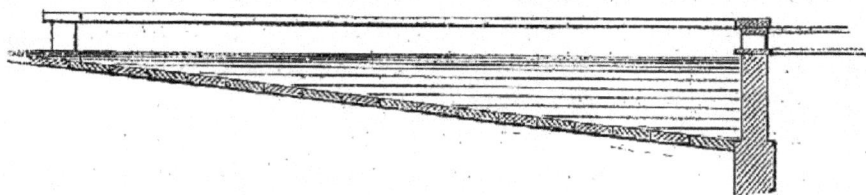

Fig. 96.

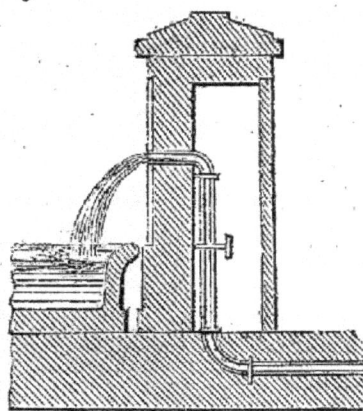

Fig. 98.

Fig. 97.

Fig 99.

§. 34. —Moyens de rendre bonnes les eaux crues ou
malsaines.

Indépendamment des procédés indiqués à l'article précédent, on y parvient souvent en faisant bouillir ces eaux, ou en y plongeant un fer rougi au feu, ou en les faisant filtrer au travers d'une couche de charbon concassé. Mais le procédé le plus économique est l'emploi des vases en bois, carbonnés intérieurement.

L'opération du charbonnage d'un tonneau est très-facile. On commence par le fond : on y met du sarment bien sec ou des brindilles de bois; on les allume, et on entretient le feu jusqu'à ce que tous les points du fond soient bien carbonisés à l'épaisseur de deux lignes au moins. On carbonise également le pourtour, et quand la futaille est renfoncée, on la lave exactement. Le charbon ayant la propriété de purifier l'eau, tout vase ainsi carbonisé servira très-bien pendant deux ou trois mois à rendre potable l'eau qui y aura été déposée; mais, passé ce temps, il faudra renouveler partiellement, au moins, cette opération. Ainsi, en sacrifiant quelques tonneaux pour les carboniser et pour servir de petites citernes, on pourrait se procurer dans tous les temps une boisson saine qui garantirait de diverses maladies. — On pourrait aussi se borner à déposer dans le tonneau non préparé une certaine quantité de charbon de bois en menus morceaux, que l'on renouvellerait de temps en temps.

§ 35. — De la quantité d'eau nécessaire à une
exploitation.

Une citerne couverte est préférable à une mare;

on évite ainsi toutes les impuretés, les inconvénients
de la gelée, et l'eau peut facilement être distribuée
au moyen d'une pompe dans les abreuvoirs ou
auges au fur et à mesure des besoins. — La capacité de la citerne, si l'eau peut se renouveler tous
les deux mois, P étant le nombre de personnes
adultes, C le nombre des chevaux, B celui des
bœufs, M celui des moutons, V celui des porcs,
est exprimée en mètres cubes par

$$0.61\,P + 3\,C + 2\,B + 0.12\,M + 0.20\,V.$$

Supposons 8 personnes, 5 chevaux, 8 bœufs,
100 moutons et 10 porcs. — La capacité de la citerne, d'après ce que nous venons de dire, doit
être de 50 mètres cubes; et en supposant que l'eau
soit sur une profondeur de 4 mètres, la longueur
de la citerne doit être de 4 mètres et sa largeur de
3 mètres. — 800 mètres carrés de toitures, c'est-
à-dire un bâtiment qui aurait 100 mètres de développement sur 8 mètres de largeur, suffira à l'alimentation complète de la citerne; mais il n'est
jamais permis, en général, de compter sur les
eaux pluviales pour l'alimentation complète d'une
ferme.

Les mares et les citernes exclusivement alimen-
tées par les eaux pluviales doivent donc être seulement considérées comme des auxiliaires utiles;
mais elles ne sauraient suffire exclusivement aux
besoins de l'exploitation. — Il est de la plus haute
importance de ne jamais se placer complétement
hors de la portée des eaux potables, car il est
telles années (et on l'a éprouvé en 1840) où l'on
serait réduit aux dernières extrémités.

§ 36. — Des lavoirs.

Les lavoirs sont de deux espèces : les premiers
pour les chevaux, les moutons et autres animaux
de la ferme; les seconds pour le linge de la maison. La plupart du temps, c'est dans l'abreuvoir
même qu'on lave les chevaux lorsqu'ils sont couverts de boue; ce qui nuit à la bonté et à la limpi-
dité des eaux. — Souvent on n'a qu'un seul abreuvoir pour toute une commune; il y faudrait aussi
un lavoir destiné uniquement à laver tous les bestiaux.

Le lavoir pour le linge est un établissement important aux yeux de la mère de famille, surtout à
la campagne, car la surveillance des lessives est
ordinairement une de ses occupations favorites.
Les lavoirs devraient être plus multipliés; leur
utilité devrait engager toutes les communes à s'en
procurer. Leur construction n'est ni compliquée
ni très-coûteuse.

A défaut d'eau courante ou de sources visibles,
on pourrait s'en procurer à l'aide de puits forés.

Dans une grande habitation, le lavoir domestique devrait être placé le plus près possible de la
buanderie; mais cette position plus commode est
subordonnée à la situation des sources ou des eaux
disponibles.

Lorsque la fortune du propriétaire le permet,
un lavoir de cette espèce doit être composé :
1° d'un bassin de la forme la plus commode à la
destination; 2° d'une enceinte couverte pour mettre les laveuses à l'abri de la pluie et du soleil;
3° d'une petite vanne avec empellement, destinée à
maintenir l'eau dans le bassin ou à le vider;

4° d'une longueur suffisante de chevalets placés dans le pourtour de l'enceinte, sur lesquels on dépose le linge au fur et à mesure qu'il est lavé.

La charpente des lavoirs doit être supportée par des poteaux en bois, et le fond du bassin doit être pavé solidement et proprement, afin de pouvoir le nettoyer facilement. (*Voy.* fig. 100 et 101.)

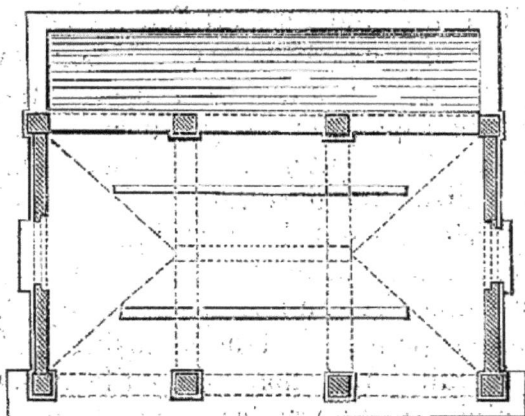

PLAN DU LAVOIR.

Fig. 100.

ÉLÉVATION D'UN LAVOIR.

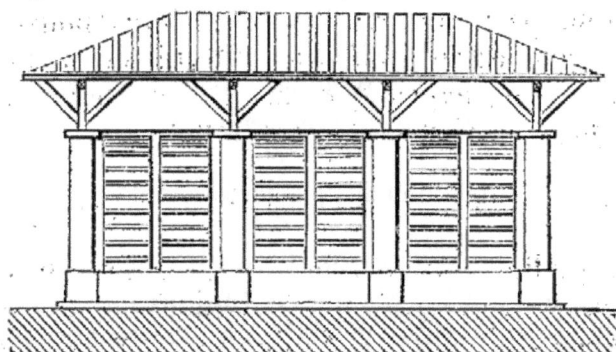

Fig. 101.

§ 37. — Des glacières.

Une glacière est un ouvrage d'art spécialement destiné à conserver de la glace pendant les grandes chaleurs. — Les glacières ne doivent pas être tout à fait regardées comme des constructions de luxe. — La glace sert à rafraîchir les boissons. — Un autre avantage qui est inappréciable pour ceux qui vivent à la campagne pendant l'été, c'est celui de pouvoir, au moyen des glacières, conserver les viandes, les fruits et autres provisions ou denrées à porter au marché, denrées qui se corrompent partout ailleurs, et souvent dans la journée même. Pendant cette saison, la glace est aussi, dans bien des cas, un précieux agent thérapeutique.

D'ailleurs, lorsque le local s'y prête, la construction d'une glacière n'est pas coûteuse, et nous ne voyons pas pourquoi, dans sa position, l'homme aisé se priverait d'une chose aussi utile qu'agréable.

Nous allons énumérer les travaux que sa construction exige, suivant la nature plus ou moins favorable du terrain, afin que les propriétaires soient à même d'évaluer les dépenses qu'elle doit leur occasionner selon ces différentes circonstances. Nous parlerons aussi des glacières nouvellement exécutées en Amérique, et qui sont établies d'après des principes contraires à ceux admis jusqu'ici dans cette espèce de construction.

§ 38. — Construction des glacières ordinaires.

Les qualités qui constituent une bonne glacière de cette espèce sont : 1° d'être toujours saine et sans aucune humidité ; 2° de jouir constamment d'une température assez froide pour empêcher la

glace de s'y fondre ; 3° de n'avoir aucune communication immédiate avec l'air extérieur, lors même
qu'on est obligé d'y pénétrer pour en retirer la glace.

Pour obtenir ces qualités essentielles, on choisit
un terrain sec qui ne soit point ou qui soit très-
peu exposé au soleil. — On y creuse une fosse A
(fig. 102) de 4 à 5 mètres de diamètre par le haut,
en finissant en bas comme un pain de sucre renversé, dont la pointe aurait été tronquée. — Sa
profondeur ordinaire est d'environ 6 mètres. Plus
une glacière est profonde et large, mieux la glace
et la neige s'y conservent. — Il est bon de revêtir
cette fosse, depuis le bas jusqu'en haut, d'un petit
mur de moellons de 0^m30 d'épaisseur, bien enduit
avec du mortier, et de percer dans le fond un
puits C, fig. 102 de 0^m66 de diamètre et de 1^m30
de profondeur. On garnit ensuite le dessus de ce

PLAN D'UNE GLACIÈRE ORDINAIRE.

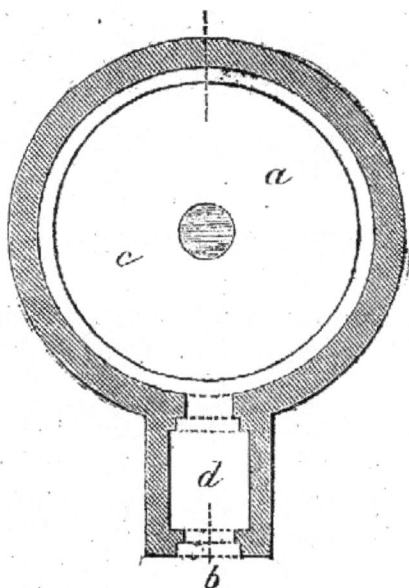

Fig. 102.

puits d'un grillage de fer pour laisser passer l'eau qui s'écoule du massif de glace. — Quelquefois on revêt la maçonnerie d'une cloison en chevrons et planches; mais quand le terrain où est creusée la glacière est bon et bien ferme, on peut se passer de charpente et mettre la glace dans le trou sans rien craindre; toutefois, on garnit toujours les côtés avec de la paille, afin que la glace ne soit pas en contact immédiat avec le terrain de la fosse.

On couvre le dessus B de la glacière en paille, attachée sur une charpente élevée en pyramide, de manière que le bas de cette couverture descende jusqu'à terre.

Pour entrer dans la glacière, on pratique au nord de sa position un vestibule D d'environ 2^{m}70 de longueur sur 1^{m}20 de largeur intérieure, que l'on couvre également en paille. — Ce vestibule est garni de deux portes, l'une intérieure et l'autre exrieure. — Elles servent à entrer dans la glacière et à en sortir, sans permettre aucune communication directe de l'air extérieur, et c'est dans ce vestibule qu'en été l'on peut très-bien conserver les viandes, le beurre, etc.

Enfin, on a l'attention d'éloigner les eaux pluviales de la glacière, en les détournant par des rigoles convenablement disposées.

Tels sont les moyens que l'on emploie dans les localités les plus favorables pour y conserver la glace en été.

Souvent on construit autour de la fosse servant de glacière, et à environ 0^{m}60 de ses bords, un mur circulaire de 2^{m}00 de hauteur de maçonnerie et 0^{m}50 d'épaisseur, qui leur procure une clôture encore plus fraîche et forme autour de cette fosse un marchepied très-commode pour les ouvriers; et

c'est sur ce mur extérieur que l'on pose la charpente du toit, dont la couverture pendra jusqu'à
terre pour préserver l'enceinte des influences de la
température extérieure. — On produit aussi le
même effet en formant ce prolongement de la couverture avec un remblai suffisant des terres extraites de la fosse, comme on le voit dans la glacière
dont les figures 102 et 103 donnent le plan et le

COUPE SUR A, B.

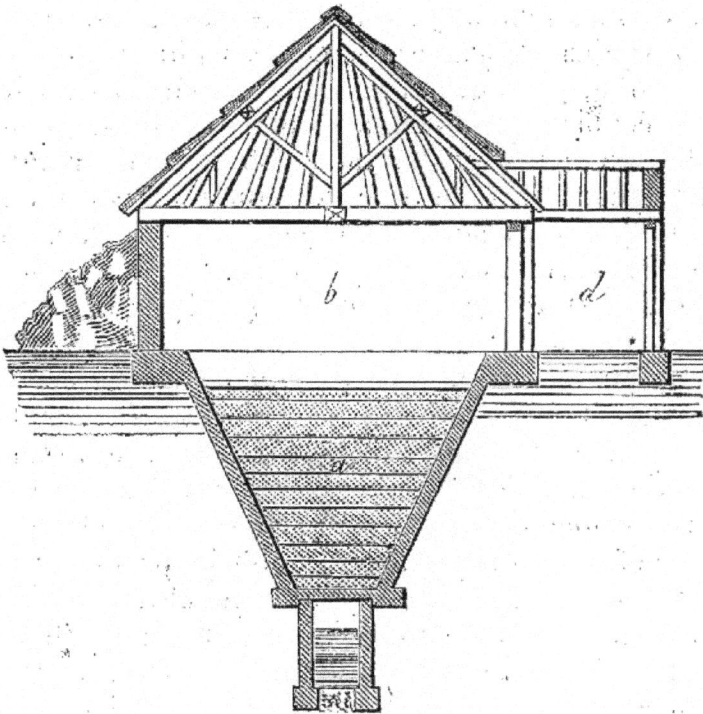

Fig. 103.

profil. — Lorsqu'on ne craint pas la dépense, on
voûte le dessus de la glacière; elle en devient
meilleure. On peut alors la couvrir en paille,

comme dans la construction précédente ; ou mieux, on en recouvre extérieurement la maçonnerie, d'abord avec un lit de glaise bien corroyée, de 0ᵐ65 d'épaisseur, et ensuite avec un lit de terre végétale de la plus grande épaisseur possible, afin de préserver la couche de glaise des effets de la sécheresse. — Cette manière donne la facilité de l'entourer de plantations de grands arbres, et même de garnir sa partie supérieure en arbustes à racines déliées, qui assureront à l'air intérieur de la glacière une température toujours également fraîche.

Jusqu'ici la dépense de construction d'une glacière n'est pas assez grande pour excéder les facultés pécuniaires de l'homme aisé ; mais lorsque le sol est naturellement humide, cette dépense augmente dans la proportion de l'humidité naturelle, parce que, pour pouvoir conserver la glace dans un terrain de cette nature, il faut encore plus de précautions et des travaux d'autant plus multipliés qu'il est plus ingrat.

Du moment que le sol ne peut plus absorber promptement et naturellement l'humidité, il faut, pour ainsi dire, isoler la fosse de tout le terrain environnant, afin de procurer à l'air intérieur de la glacière une température constamment sèche. — A cet effet, on est quelquefois obligé, particulièrement dans les terrains argileux et marneux, d'élever un second mur autour du cône, à 0ᵐ70 de distance, et de remplir d'argile bien corroyée l'entre-deux de ces murs. — De plus, dans ces sortes de terrains, le puits du fond du cône ne peut pas absorber les eaux de glace qui y tombent, comme dans les sols perméables. Il est donc nécessaire de procurer un écoulement extérieur à ces eaux, car le puits pourrait en être rempli, et leur contact avec la glace la ferait fondre. — Mais pour pouvoir effectuer cet écoulement, il faut que le fond du puits se trouve, au moins d'un côté, à un niveau plus élevé que celui du terrain environnant, et à une distance plus ou moins rapprochée; autrement il serait impossible de procurer une pente convenable au conduit souterrain qui doit dégorger les eaux de ce puits. — D'un autre côté, ce conduit établit une communication directe avec l'air extérieur et celui de l'intérieur de la glacière, et cette communication peut quelquefois avoir une influence fâcheuse sur sa température intérieure et conséquemment en faire fondre la glace.

Pour prévenir ce dernier inconvénient, on fera bien de placer dans le conduit un coupe-air pour intercepter toute communication.

Enfin, dans les terrains exposés aux inondations, on ne peut creuser en terre le cône de la glacière, car les eaux y pénétreraient à la longue, malgré les précautions que l'on prendrait pour la préserver de cet accident. — Le puits même doit être élevé au-dessus du sol, afin d'assurer l'écoulement des eaux de glace qui s'y réunissent.

Il arrive souvent que la glace fond dans une glacière nouvellement construite, parce que les murs ne sont pas encore secs; mais lorsqu'elle a été bien faite, la glace n'y fond plus la seconde année.

§ 39. — Détails de construction d'une glacière américaine.

Nous empruntons à l'ouvrage de M. Bordley la description d'une glacière telle qu'on les construit dans le nouveau monde.

En 1771 (c'est M. Bordley qui parle), je construisis une glacière sur un terrain plat, dont le niveau était élevé de 5^m00 au-dessus des plus hautes inondations d'une rivière salée, et à 80 mètres de ses bords. J'eus un soin particulier, selon l'usage alors dominant, d'empêcher que l'air n'y pénétrât. La capacité de la fosse étant de 1,728 pieds cubes, on put y arranger jusqu'à 1,700 pieds de glace ; mais la glace s'y fondit, même avant l'été, parce que la fosse était trop humide et la glacière trop close. Effectivement, lorsqu'on la creusa, l'on aperçut un peu d'humidité au fond, et, pour une glacière, un peu est trop. La moindre humidité, soit au fond, soit sur les côtés, s'élève en vapeurs aux parois du dôme par l'effet d'une chaleur qui est encore de beaucoup supérieure au degré de congélation ; car, dans les puits les plus profonds et les plus frais, le thermomètre marque environ 9 degrés de température au-dessus de zéro, et la glacière étant bien close, ces vapeurs retombent sur la glace, faute de soupirail par où elles puissent s'échapper.

— D'où il résulte : 1° que si une glacière bien close n'est pas souvent ouverte, elle devient tout à fait chaude et la glace s'y ramollit à la surface comme de la neige ; 2° qu'aucune profondeur ne peut préserver la glace de fusion, et même que c'est en voulant donner trop de profondeur à une glacière, qu'elle est plutôt exposée à cette moiteur du sol qui la fait fondre.

Quelques années après, je fis une autre glacière à 150 mètres de la précédente ; mais je procédai sur d'autres principes. — Mon principal objet fut d'avoir de l'air et de la ventilation, afin d'obtenir sécheresse et fraîcheur. Je conçus l'idée d'isoler du terrain la masse de glace, en la mettant dans une caisse en bois, éloignée d'un pied par le bas et

de deux pieds par le haut, de la clôture de la glacière. — La fosse fut creusée dans un lieu exposé
au vent et au soleil, afin de la rendre bien sèche.
La profondeur fut de 9 pieds anglais. — La cage
fut placée dans cette fosse, et le vide entre ses parois et celles de la cage fut rempli avec de la paille
bien sèche et bien foulée, comme étant le plus
mauvais conducteur de la chaleur. — Cette cage
contenait à peine 700 pieds cubes de glace, c'est-
à-dire la moitié des glacières ordinaires. — Je la
couvris d'une petite cloison de planches mal jointes pour la préserver de la pluie plutôt que pour la
clore. — Les côtés de cette maison étaient élevés
de 5 à 6 pieds, et je laissai au faîte du toit un
soupirail recouvert. Le dessus de la cage fut aussi
couvert de paille après l'introduction de la
glace.

L'on usa largement et sans économie des 700 pieds
cubes de glace, et cependant elle dura, sans se
fondre, aussi longtemps que la quantité double
d'une autre glacière placée dans un terrain sec et
graveleux, mais qui était fermée selon le principe
ordinaire.

Une autre glacière construite suivant les principes de M. Bordley est celle que nous allons décrire. Le fond de sa caisse est établi à 4 pieds
seulement au-dessus du niveau de l'eau, et elle
n'est enterrée que de 3 pieds.—Cette glacière présente quelques différences avec celle que nous venons de décrire. 1° Au lieu de la petite maison en
planches mal jointes pour enclore la cage, on a
remblayé les côtés extérieurs de cette clôture jusqu'à la hauteur du bas de la couverture qui est ici
en paille. 2° La cage est recouverte par un toit
particulier en planches mal jointes, et cette ouver-

ture extérieure n'existe pas dans le premier exemple. Pour le reste, elles sont en tout semblables.

§ 40. — Comparaison des glacières ordinaires avec les glacières américaines.

Quelque opposés que paraissent être les principes qui servent de base à la construction de ces deux espèces de glacières, il n'en est pas moins certain que la glace se conserve bien dans les glacières ordinaires, quoique parfaitement closes, mais que dans les terrains naturellement humides ou exposés aux inondations, leur construction occasionne des dépenses auxquelles l'homme simplement aisé ne pourrait pas toujours se livrer.

D'un autre côté, il est également prouvé, par le rapport des voyageurs, que dans l'Amérique septentrionale et sous une température analogue à la nôtre, on construit d'excellentes glacières sur des principes absolument différents, et que leur construction devient comparativement d'autant moins dispendieuse que les circonstances locales sont plus défavorables à leur établissement.

En effet, on a vu que dans les terrains les plus secs et les plus imperméables à l'eau, la construction d'une glacière ordinaire n'était pas d'une grande dépense. — Dans les mêmes circonstances locales, celle d'une glacière américaine de même capacité ne serait pas plus coûteuse; mais, dans ce cas même, celle-ci aurait sur la première un grand avantage, car une glacière ordinaire, pour bien conserver la glace, doit avoir une certaine capacité dont le minimum paraît être de 1,400 pieds cubes, tandis qu'une glacière américaine peut être réduite, sans inconvénient, à des dimensions pro-

portionnées aux besoins d'un ménage d'une aisance ordinaire, besoins que l'on peut évaluer à
300 ou 400 pieds cubes de glace. — Cette facilité
de réduire les dimensions de la glacière américaine suivant les besoins doit donc nécessairement
diminuer la dépense de construction.

Il résulte de ces rapprochements et de l'agréable
utilité de l'usage de la glacière en été, que l'on devrait chercher à imiter en Belgique les glacières
américaines. — Pour en faciliter les moyens, nous
en avons projeté une dont les figures 104, 105 et
106 offrent le plan, l'élévation et la coupe.

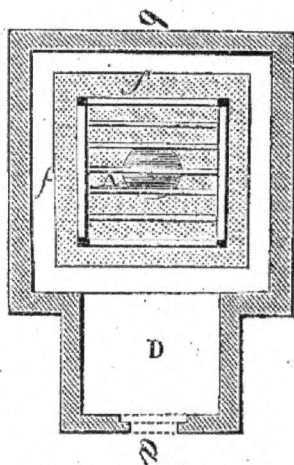

PLAN D'UNE GLACIÈRE AMÉRICAINE
Fig. 104.

A est une cage dont le bâtis est en charpente de
0ᵐ12 et 0ᵐ18 d'équarrissage et les barreaux en
chevrons. — Elle est posée dans le fond du trou, sur
deux patins de charpente qui l'isolent du point G.
— Cet intervalle est rempli par des fagots, pour
garantir la glace entassée dans la cage de l'humidité inférieure, et en même temps pour que les

eaux de la glace puissent s'égoutter dans le puits en filtrant à travers les branchages.

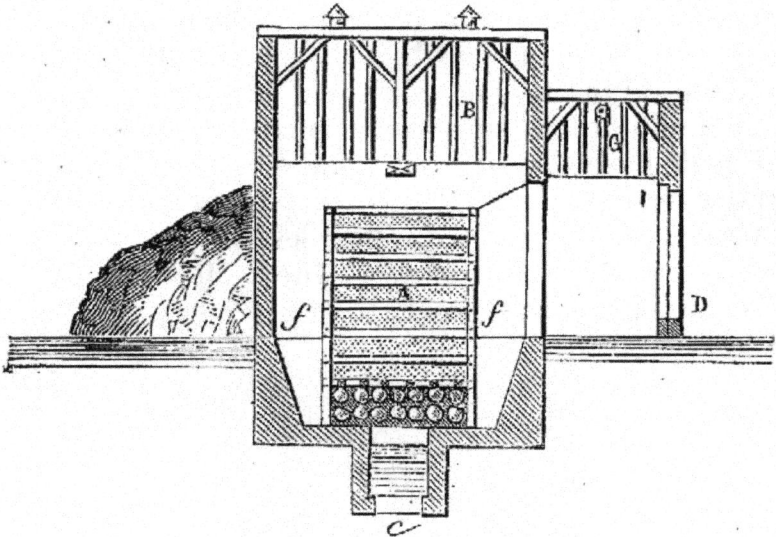

COUPE SUR LA LIGNE A, B.
Fig. 105.

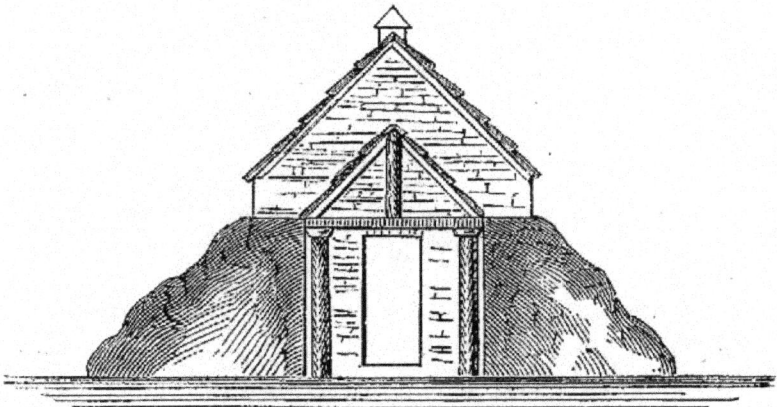

ÉLÉVATION.
Fig. 106.

Cette cage est enclose extérieurement par un mur de 1ᵐ80 à 2ᵐ10 de hauteur et de 0ᵐ30 d'épaisseur, qui en est éloigné de 0ᵐ60 dans la partie supérieure et d'un pied seulement dans la partie inférieure. — Le vide restant est rempli de paille et présente deux auvents, c, e, sur son faîtage pour l'écoulement extérieur des vapeurs qui s'élèvent de la glace.

Si l'on ne veut point que la glacière serve de garde-manger l'été, elle n'a pas besoin de vestibule, comme les glacières ordinaires où celui-ci est de nécessité absolue. Alors on pratique dans le pignon de la clôture exposé au nord une petite porte pour pouvoir entrer dans la glacière à l'aide d'une échelle. — Cette porte s'ouvre extérieurement et est percée d'un assez grand nombre de petits trous, afin de procurer un courant d'air à l'intérieur.

Le pourtour de la glacière est remblayé à la hauteur des murs du vestibule. — La lettre C indique la place où le croc des viandes doit être posé.

La cage de cette glacière à 1ᵐ80 de côtés et 2ᵐ70 de profondeur, en sorte qu'elle peut contenir environ 9 mètres cubes de glace. — Elle est enfoncée de 0ᵐ20 en terre, et cet enfoncement est relatif à la nature plus ou moins sèche du sol.

Dans les terrains les plus secs et les plus imperméables à l'eau, on pourrait enfoncer cette cage de toute sa hauteur. — Le service en serait plus commode, et la clôture extérieure, qui doit avoir au moins cinq pieds et demi de hauteur, pourrait servir de garde-manger sans que pour cela un vestibule fût nécessaire. Pour peu que la cage ait d'élévation au-dessus du sol, le vestibule est de rigueur, lorsqu'on veut déplacer la cage pour renouveler les fagots qui sont au-dessus du puits, retirer les pailles qui ont servi à l'isoler du sol, nettoyer et aérer l'intérieur.

En estimant la dépense de construction de chacune des deux glacières pour une localité donnée, nous avons trouvé une économie de moitié en faveur de la glacière américaine.

§ 41. — Des fosses à fumier.

Personne ne pourrait contester que les fumiers, ou, plus généralement, les engrais d'étable, sont la principale richesse de l'agriculture; aussi attache-t-on partout une grande importance à leur production. — Quant à leur conservation, les systèmes varient, et c'est sur ce point qu'il y a encore beaucoup à améliorer. — Les considérations relatives à la nature de l'engrais dont il s'agit et aux conditions essentielles à sa bonne conservation, se trouvent dans le chapitre spécial consacré à cet objet, et auquel il est utile de se reporter pour comprendre parfaitement les détails donnés dans ce paragraphe. — Mais il est quelques points sur lesquels les règles de la conservation coïncident tellement avec celles relatives au choix du local, ou de la construction, qu'elles ne sont, en quelque sorte, qu'une seule et même chose. — De là les développements un peu étendus que présente ce paragraphe.

Dans la plupart des villages et des fermes, la fosse à fumier se trouve devant la porte ou sous les fenêtres de l'habitation, ce qui fait qu'on y respire un air malsain.

Il faut placer la fosse à fumier à une distance convenable, en y faisant aboutir les rigoles qui servent de conduits aux urines des bestiaux. — La demeure du fermier sera alors exempte de toute odeur fétide.

C'est au milieu des cours de ferme que la fosse à fumier trouve son emplacement le plus naturel. C'est là en effet, généralement, qu'a lieu le minimum du transport, soit pour le dépôt journalier des fumiers enlevés des écuries à la brouette, soit pour leur chargement et charriage dans les champs. Quand les cours de ferme n'ont que juste les dimensions suffisantes pour les autres parties du service; quand surtout les écuries, étables ou bergeries se trouvent sur une seule ligne de bâtiments ayant une communication facile avec l'extérieur, on peut adopter pour la fosse à fumier un emplacement en dehors de la cour, et celle-ci se trouve ainsi considérablement dégagée. Cela peut se faire surtout dans le cas où de vastes étables, assez larges pour être traversées par les voitures, sont pourvues à leurs extrémités de portes charretières spécialement destinées à cet usage. — Mais dans le cas général, la place de la fosse à fumier et de ses accessoires est dans la cour, et les dimensions de celle-ci doivent être calculées en conséquence.

La conservation des qualités fertilisantes des fumiers est du plus haut intérêt pour l'agriculture; cependant on semble, dans le plus grand nombre des cas, n'y attacher qu'un faible intérêt.—Quand les fumiers sont, au sortir des étables, seulement déposés sur le sol et restent ainsi, pendant un temps assez long, exposés aux variations de la température, à la pluie, à la sécheresse, ils s'altèrent d'une manière très-marquée, et l'on ne peut guère évaluer à moins de 0^m08 à 0^m10 la proportion moyenne de cette perte pour le séjour de cinq ou six mois que les fumiers font ordinairement dans les cours de ferme sans aucune préservation.

L'expérience a démontré que la meilleure manière de placer les fumiers frais pour en développer le plus possible les principes utiles, était de les tenir dans des lieux entièrement clos, exempts d'évaporation, à l'abri aussi des changements de température, de la sécheresse et de l'humidité.

Les caves et les silos sont d'excellents emplacements pour cet objet. — Mais comme on craint avec raison toute augmentation de main d'œuvre, on se borne généralement à déposer les fumiers des étables dans une fosse ou encaissement de dimensions proportionnées au volume à recueillir.

Le fumier, ainsi préservé des influences extérieures sur toutes les faces, excepté une, se trouve donc placé, sans frais, dans des conditions bien meilleures que lorsqu'il est disposé en simple tas, comme c'est encore l'usage presque partout. — Pour améliorer notablement la conservation des fumiers déposés dans une fosse, il faudrait la couvrir soit d'une voûte, soit d'une toiture très-basse, donnant à la construction le caractère d'une cave bien plus que celui d'un hangar ou d'un gerbier. — Mais ce complément de dépenses peut être évité sans beaucoup d'inconvénients si l'on a eu soin de placer le fumier dans une fosse de bonne dimension, au-dessus de laquelle il ne déborde jamais que d'une faible hauteur, car les couvrements successifs de litières préservent le fumier consommé de l'évaporation qui lui est nuisible. — La principale cause de dommages se trouve donc évitée.

Les fosses à fumier ont toujours beaucoup plus de superficie que de profondeur. — Si elles étaient creuses et très-basses, le chargement deviendrait extrêmement difficile, et l'eau qui s'y amasserait dans beaucoup de cas altérerait la qualité de l'engrais. — Enfin, plus la fosse serait profonde, plus on éprouverait de difficultés à établir les citernes à purin, qui doivent être nécessairement à un niveau inférieur.

Quand le terrain est solide, on peut se contenter d'une simple fouille à parois presque verticales, et dont on emploie le déblai de manière à dresser convenablement le sol environnant; dans le cas contraire, les parois de la fosse à fumier sont revêtues d'un simple mur à sec, en pierres ou en briques. — Ce n'est que dans des cas fort rares qu'il y aurait lieu d'employer au fond des fosses du pavé ou du béton; car, presque toujours, le sol naturel est assez consistant à une certaine profondeur pour que les égouttements du fumier n'y soient pas absorbés et se rendent dans les citernes à purin avec le seul secours de quelques tuyaux convenablement placés.

Une condition essentielle de ce genre de fosses, c'est que le chargement du fumier puisse s'y faire rapidement, quand vient l'époque de son emploi. — Les plus petites ont le fond disposé en pente douce, depuis le niveau de la cour qui est le point o, jusqu'à la profondeur maximum qui se trouve au côté opposé du parallélogramme. — De cette manière les voitures qui y reculent à vide, à mesure que le fumier diminue, remontent chargées, sous une rampe qui ne doit pas excéder 0^m03 à 0^m04 par mètre. — Dans ce cas, l'enlèvement du fumier est rapide et peu dispendieux.

Quand la masse des fumiers est très-grande, les fosses disposées suivant une seule rampe, comme il vient d'être dit, doivent être assez larges pour

que plusieurs voitures puissent y être chargées simultanément. — Mais une forme bien préférable,
dans ce cas, consiste à rendre la fosse accessible
aux voitures dans sa plus grande longueur. — Elle
présente alors deux pentes opposées, aboutissant à
une charrière sous les rives de laquelle se réunissent tous les égouttements et d'où partent les conduits qui les dirigent vers les citernes disposées
pour les recevoir.

Un fait incontestable, c'est que des écoulements
d'urine et de purin se produisent. — Or, ne pas
les recueillir serait doublement dommageable et
occasionnerait à la fois la perte d'un engrais précieux et une affreuse malpropreté. — En les réunissant dans une fosse ou une mare, on n'évite-
rait qu'en partie ces deux graves inconvénients, et
on occuperait un espace inutile au détriment de la
libre circulation, si nécessaire à maintenir dans
une cour de ferme.

Dans les sécheresses, il est à propos d'arroser le
dos des fumiers pour qu'ils ne moisissent pas, car
alors ils n'auraient plus d'effet.

La quantité de fumier produite par une ferme
est égale en poids au double de la consommation
en fourrage ou en litière. La consommation en
fourrage est égale à celle en litière, et les deux con-
sommations sont égales à 25 kilogrammes par tête
de cheval ou de bœuf. — La quantité de fumier
produite est donc par cheval ou bœuf, et par jour,
de 50 kilogrammes; pour l'année, quand les chevaux et les bœufs sont supposés toujours à l'écurie, elle est de 18,250 kilogrammes.

Mais cette supposition n'est jamais conforme aux
faits. En général, on doit compter sur les trois
quarts de cette quantité, et pour les bœufs et les

vaches, sur une proportion déterminée d'après la durée du pacage et des travaux qui les tiennent hors de l'étable. Si le pacage est de six mois, on doit seulement compter sur la moitié de cette quantité par tête de gros bétail ; en sorte que la quantité du fumier, c étant le nombre des chevaux et B celui des bœufs, serait exprimée par $12{,}170 \times c + 9{,}125 \times B$.

La quantité de fumier produite par les brebis ou moutons, d'après les mêmes principes et en les supposant hors de la bergerie pendant la moitié de l'année, est de $1{,}022 \times m, m$, désignant le nombre des moutons. Le mètre cube de fumier pesant 800 kilogrammes, la quantité de mètres cubes de fumier produite par la ferme est exprimée par

$$\frac{12{,}170 \times c + 9{,}125 \times b \times 1{,}022 \times m}{800}$$

Si pour la confection des fumiers on les place sur deux plans légèrement inclinés, séparés par une fosse où se rendent les eaux de la ferme, on ne peut pas mettre le fumier sur plus de 1^m50 d'élévation moyenne, et la surface occupée en mètres carrés est exprimée

$$10{,}10 \times c + 7{,}60 \times 6 + 0{,}87 \times m.$$

Prenons un exemple pour donner une idée de la surface nécessaire à cette opération, la plus importante sans contredit de toutes celles de la ferme. Supposons une ferme exploitée par 6 bêtes de somme, ayant 8 vaches et un troupeau de 100 bêtes à laine : la surface nécessaire à la confection et à l'entretien du fumier sera exprimée par 208^m40 et sera obtenue au moyen de deux aires carrées de 10 mètres de côté chacune, séparées par un fossé de 0^m50, (fig. 107, 108 et 109). Si les fumiers, ainsi qu'il arrive dans beaucoup d'exploitations, sont enlevés à deux époques distantes l'une de l'autre de sept mois, la surface nécessaire se réduit à 121ᵐ60, et

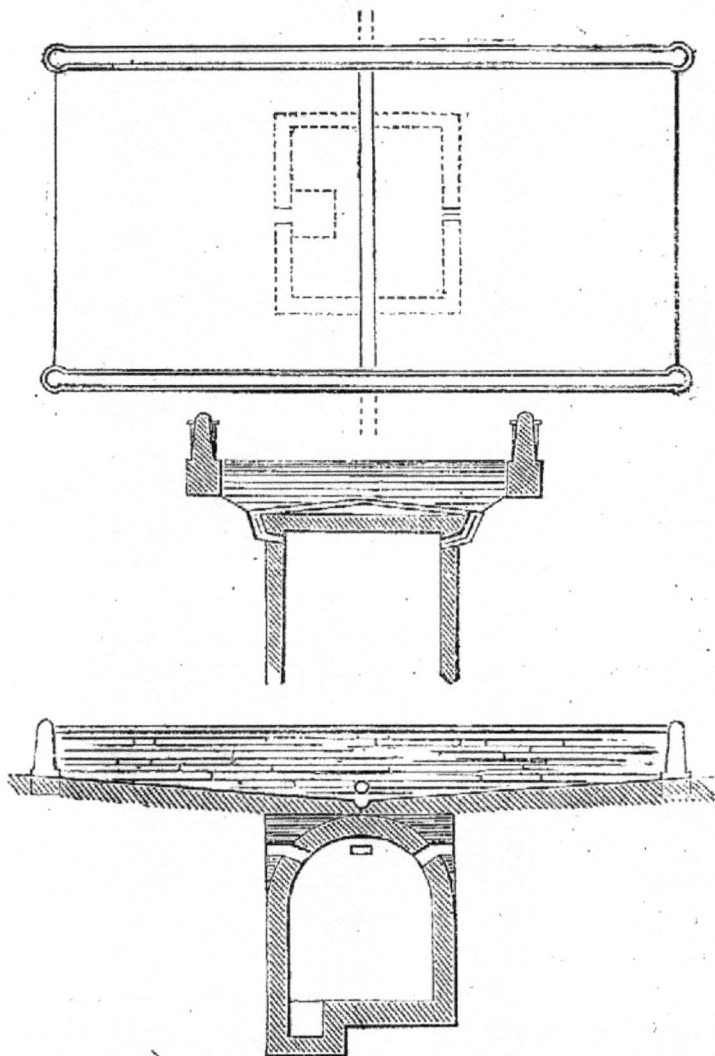

Fig. 107. PLAN D'UN TROU A FUMIER ET CITERNE.
Fig. 108. COUPE EN TRAVERS.
Fig. 109. COUPE EN LONG.

s'obtient par deux aires carrées de 8 mètres de côté chacune.

On comprend, sur ce simple aperçu, que dans certains cas il puisse convenir de placer le fumier dans la cour, si la grandeur de celle-ci est proportionnée aux dimensions calculées de l'aire à fumier, et que le plus souvent il est plus à propos de laisser à la cour les dimensions qu'elle doit avoir pour les autres services, et de placer l'atelier à fumier en dehors et parallèlement aux étables dont les eaux doivent être conduites par des rigoles dans le conduit de séparation où se trouve la pompe destinée à arroser le fumier.

Cette disposition qui est indispensable dans de grandes exploitations est bien préférable à l'usage dégoûtant et ruineux de placer le fumier dans un trou au milieu de la cour, de l'entasser en hauteurs prodigieuses, et de laisser les eaux qui suintent en souiller toutes les approches, gâter l'eau des abreuvoirs, et entretenir dans la cour, au grand détriment de la qualité du fumier lui-même, une saleté repoussante.

Dans les établissements servant de centre à une agriculture perfectionnée, on manutentionne non-seulement les fumiers, mais aussi on mélange ces fumiers avec d'autres matières organiques ou inorganiques. — Ces mélanges, connus en agriculture sous le nom de *compost*, réclament aussi des emplacements spéciaux. — Ils peuvent s'effectuer soit dans de simples fosses semblables à celles où l'on place les fumiers, soit dans des endroits couverts. C'est ce dernier moyen que l'on préfère partout où l'on apprécie à sa véritable importance la perte des principes volatils qui entrent pour une grande partie dans la valeur effective des engrais.

— Nous avons vu plus haut, dans le plan d'ensemble des bâtiments de la grande ferme anglaise, représentée fig. 86, que l'emplacement des compost est une chambre et non une fosse. — Si l'on pouvait agir ainsi pour les engrais eux-mêmes, ce serait un grand avantage; mais nous avons indiqué les motifs qui s'opposent à la généralisation de ce procédé.

§ 42. — Des puisards.

Le puisard est une fosse destinée à recevoir les eaux des cuisines, offices, laiteries, etc., lorsqu'on ne peut pas les faire écouler naturellement en dehors des habitations.—On le fait plus ou moins profond selon la quantité d'eau qu'il doit recevoir. Quelquefois on est obligé de l'entourer d'un mur pour soutenir les terres environnantes et de le terminer par une voûte au haut de laquelle on laisse une ouverture ronde ou carrée pour y pouvoir descendre, et sur laquelle on pose une grille en fer à mailles serrées, afin d'empêcher les ordures d'y entrer. — C'est une espèce de puits au fond duquel les eaux pourront s'imbiber, ainsi qu'au travers de ses murs, (qu'on peut faire à sec (fig. 110)

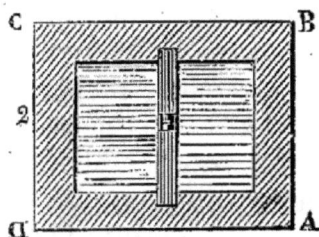

PLAN DE LA CUVETTE.
Fig. 110.

si le fond et les alentours sont graveleux. Cette

imbibition n'aura lieu que pendant les premiers temps. Bientôt la vase visqueuse que déposent les eaux sales et impures glaisera le sable ou gravier tant au fond que sur les côtés du puisard et les rendra imperméables. — L'eau, ne pouvant plus être absorbée, emplira le puisard, croupira, fermentera et répandra l'infection, car ses émanations sont plus nuisibles que celles des fosses d'aisances, en raison des substances grasses et huileuses que charrient ses eaux, surtout si ce sont des eaux de cuisine.

Un puisard est donc en général un voisinage très-incommode pour les habitations ; l'odeur qui pénètre par le conduit même de l'écoulement de ses eaux est parfois si insupportable, qu'elle rend les cuisines inhabitables et gâte tout le laitage dans les laiteries.

On tâche de remédier à cet inconvénient en faisant curer les puisards de temps à autre, ou en y pratiquant des events de cheminée ; mais ces palliatifs n'empêchent pas qu'il n'en sorte une odeur insupportable qui est attirée dans le bâtiment par le courant d'air formé par le feu des cuisines ou par l'état de l'atmosphère.

Le seul moyen efficace de garantir les cuisines et les laiteries des effets pernicieux des puisards est heureusement facile et simple.—L'on pose sur l'orifice du tuyau qui conduit les eaux sales au puisard, une marmite de terre défoncée, ayant une gorge profonde ; dans cette gorge, on place trois petites pierres plates, destinées à isoler le couvercle de la marmite. Ce couvercle ainsi posé, l'eau a la facilité de couler dans le puisard ; mais les émanations qui s'en exhalent sont retenues par la couche de la dernière eau écoulée, qui, restant dans la

27

gorge et immergeant le bord inférieur du couvercle,
qui ne doit jamais être enlevé, ferme hermétiquement l'orifice. Quand on ne régarde pas à la dépense, il vaut mieux employer les coupe-air en
pierre. (*Voy.* fig. 111 et 112.)

ÊLÉVATION DU PUISARD.
Fig. 111.

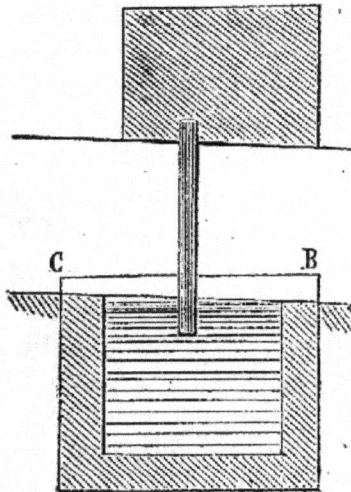

PROFIL.
Fig. 112

L'eau qui coupe l'introduction de l'air du puisard pourrait se corrompre comme celle du puisard si on lui en laissait le temps ; mais elle ne reste jamais assez longtemps pour répandre de l'odeur, étant chassée et renouvelée par la dernière eau qui arrive ou par quelques seaux d'eau propre. —On prendra, pour curer les puisards, les mêmes précautions que celles que nous avons indiquées pour les fosses d'aisances.

Les matières contenues dans un puisard, à l'état solide ou liquide, sont de nature à être employées comme engrais : il est bon d'avoir une pompe pour en enlever les eaux. — Les matières solides sont aussi retirées lorsqu'elles sont en assez grande quantité.

Les puisards ordinaires, qui absorbent de grandes quantités d'eaux infectes, presque toujours altèrent les eaux des puits voisins. — Il faut donc, lorsqu'on les construit, avoir la précaution d'aller chercher des couches de terre absorbante en contrebas de la nappe d'eau qui alimente les puits du pays.

Art. 10. — Construction pour logement des animaux domestiques.

§ 45. — Des écuries.

Le mot *écurie* s'applique au logement des chevaux, des mulets et des ânes.

Le cheval transpire beaucoup et aspire une grande quantité d'air ; cet air, ressortant de ses poumons, est vicié, et ainsi son expiration et sa respiration altèrent singulièrement les qualités atmosphériques de l'écurie.

Parmi les causes des maladies des chevaux, on doit signaler particulièrement la mauvaise construction des écuries et la malpropreté dans laquelle on les tient communément.

Les écuries sont souvent mal situées, sans autres air ni lumière que ceux venant de la porte ; les chevaux, les juments poulinières et leurs poulains y sont couchés sur une litière fangeuse. — Non-seulement le séjour des chevaux dans ces écuries est nuisible à leur santé, mais encore l'air vicié par l'abondante transpiration de ces animaux s'attache aux bois et en accélère la pourriture.

Le cube d'air nécessaire pour la transpiration d'un cheval est de 25 à 30 mètres cubes. L'on a reconnu que la composition de l'air d'une écurie était représentée pour 100 parties :

Azote.	79 00
Oxygène	20 75
Acide carbonique. .	0 25
Total. . . .	100 00

Or, la proportion de l'acide carbonique dans cette analyse est 7 fois plus considérable que dans l'air pur de la campagne, et bien qu'une telle proportion soit sans action immédiate nuisible sur l'organisation, il serait à craindre que son effet n'eût à la longue une influence fâcheuse sur la santé générale des animaux.

Les conditions de respiration se concilient parfaitement avec les conditions de commodité ; en accordant à chaque cheval une largeur de 1ᵐ75 et une longueur de 4 mètres, y compris la crèche, la mangeoire et le passage, il en résulte pour chaque cheval une surface de 7 mètres carrés, et si l'écurie a 4 mètres de hauteur, le cube affecté à chaque

cheval est de 28 mètres et diffère très-peu de celui
que nous avons adopté, fig. 113 et 114.

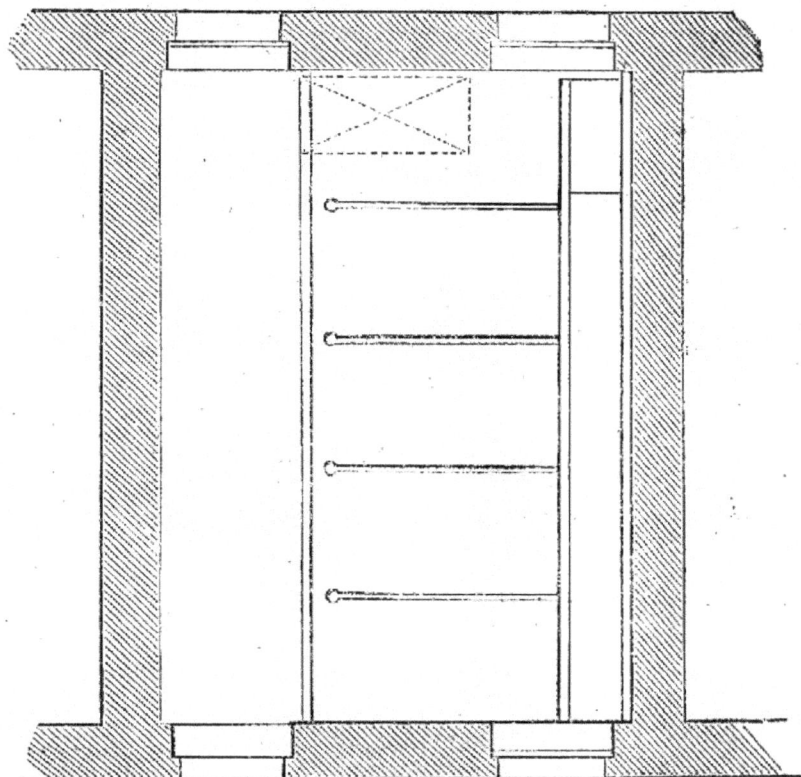

PLAN D'UNE ÉCURIE.
Fig. 113.

L'écurie doit contenir en outre un lit pour
le valet chargé du soin des chevaux, et ce lit occupera la place d'un cheval; le coffre à avoine occupera aussi la même surface: pour la sellerie,
quand l'écurie est sur un seul rang, on prendra
0^m60 de largeur de plus, ce qui porte la totalité à
4^m60. On peut mettre vis-à-vis de chaque cheval
les harnais, qui occuperont ainsi 1^m00 carré. Si

27.

elle est sur deux rangs, cette disposition serait incommode, et la sellerie devra être à part, com-

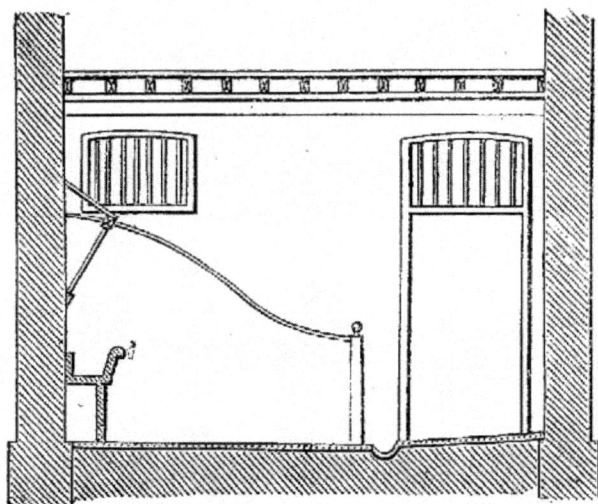

COUPE SUR LA LARGEUR.
Fig. 114.

prenant autant de mètres carrés qu'il y a de
chevaux.

Quand l'écurie est sur deux rangs, on peut ré-

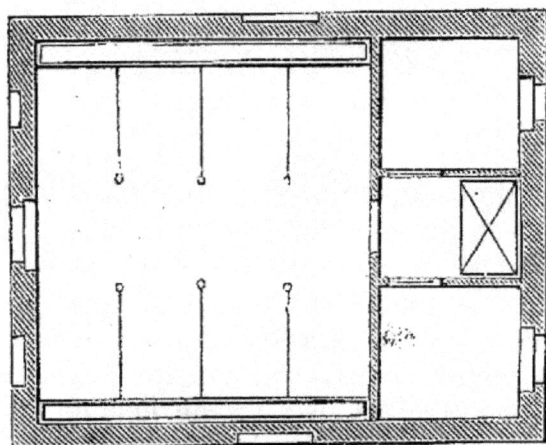

PLAN D'UNE ECURIE.
Fig. 115.

duire sans beaucoup d'inconvénient la largeur de 4 mètres affectée à chaque cheval, le même passage pouvant servir pour les deux rangs; néanmoins, il vaut mieux pécher par excès que par défaut. Nous donnons le plan d'une écurie double pour 8 chevaux, fig. 115.

La surface de cette écurie est de 80 mètres. Le cube déterminé par la formule de 8 chevaux étant de 312 mètres, la hauteur du plancher doit être de $\frac{312}{80}$ ou de 4 mètres, à peu de chose près.

§ 44. — De la position des écuries.

Il est convenable que dans une exploitation rurale toutes les écuries soient placées du même côté et les étables du côté opposé. — Pour les chevaux, l'exposition du nord est en été préférable à celle du midi, attendu que le vent du nord est plus sain et rafraîchit plus que les autres vents. Pendant l'hiver, l'exposition au midi est plus avantageuse. C'est pourquoi il faut à toutes les écuries des ouvertures aux deux côtés opposés; c'est aussi le moyen d'y renouveler l'air et d'y entretenir la salubrité, sauf à boucher momentanément celles de ces ouvertures qui ne conviendraient pas ou offriraient quelque inconvénient. — D'un autre côté, la prudence exige que les écuries soient suffisamment éclairées, afin que les bestiaux, et particulièrement les chevaux, ne s'effraient pas en sortant, en voyant brusquement la lumière, et que ceux qui les soignent puissent les panser commodément, aussi bien que nettoyer ce qui leur est relatif.

Les écuries sombres font un tort infini aux yeux des chevaux; aussi on en voit une multitude de borgnes ou d'aveugles dans les campagnes, où on

les tient dans une espèce d'obscurité perpétuelle.
C'est pourquoi il leur faut des fenêtres dont la
place et la hauteur soient fixées de manière que le
grand jour ne frappe pas trop directement la vue
des animaux, qui souffriraient sans cette précaution.

§ 45. — Du sol des écuries.

Le sol d'une écurie doit être plus élevé que celui
de la cour. Toute écurie enterrée est toujours malsaine, parce qu'elle est humide ; or, l'humidité et la
chaleur sont deux causes de putréfaction. Le sol
sur lequel repose le cheval doit être imperméable
et en pente (0^{m}03 environ par mètre). Le cheval
souffre sur un plan trop incliné, et cette position
nuit beaucoup à son repos. — Pour conserver les
pieds des chevaux, leur place doit être battue
comme une aire de grange, avec une pente suffisante pour l'écoulement des urines dans un canal
qui doit être pavé et cimenté, ainsi que les autres
parties de l'écurie. Ce ruisseau conduira les urines
dans une citerne placée en dehors.

Toute écurie doit être éloignée des rangs à porcs,
des poulaillers, même des fumiers, enfin de tout
ce qui produit une odeur forte et putride.

§ 46. — Formes et dimensions générales des écuries.

Les écuries, comme nous l'avons dit, sont simples
ou doubles, selon qu'elles peuvent contenir des chevaux d'un seul côté ou des deux côtés opposés. Une
écurie simple doit avoir au moins 4 mètres de largeur, et une double au moins 7 mètres ; leur longueur ne peut être fixée que selon le nombre des

animaux qu'elles doivent contenir : quant à la hauteur, elle ne doit pas être moindre de 3 à 4 mètres.

A l'écurie, un cheval dont les mouvements ne sont point gênés, autour duquel règne un courant d'air tempéré, et qui n'est point touché par son voisin, se porte mieux que celui qui est pressé et serré de tous côtés. L'espace ne peut être moindre de 1^{m}20 à 1^{m}50. On ne doit pas se contenter d'une barre entre deux, il faut y mettre une séparation solide et continue en planches ou madriers jointifs; alors le cheval se couche et se relève quand il veut et est à l'abri des atteintes des autres.

Les portes d'entrée doivent avoir de 1^{m}10 à 1^{m}30 de largeur sur 2^{m}00 à 2^{m}30 de hauteur. Une porte extérieure à claire-voie est souvent utile, même nécessaire pour laisser circuler l'air librement, et surtout pour empêcher les poules d'aller partager l'avoine des chevaux et leur laisser des plumes en échange, ce qui leur est très-nuisible.

Dans une exploitation agricole, il est convenable de ne point mettre de verres aux fenêtres. Un simple volet fermant bien, qu'on peut ouvrir à demi ou entièrement, peut suffire dans les grandes chaleurs, surtout en automne. Si les mouches tourmentent le bétail, on est obligé de fermer les volets presque entièrement pour les garantir; elles y ont alors beaucoup moins d'activité; les animaux sont plus fraîchement logés, car l'obscurité est préférable au grand air et au grand jour, qui n'amènent que des mouches et une chaleur insupportable. Les feuilles de noyer dont on frotte le bétail et l'huile de laurier dont on enduit les harnais, ou quelques parties des mors et des râteliers, éloignent, dit-on, ces insectes incommodes.

§ 47. — De l'auge, crèche ou mangeoire.

Elle sert à mettre l'avoine, le son, les fèveroles, destinés à la nourriture des animaux, et à retenir le foin et les graines qui tombent du râtelier. — Les mangeoires doivent être élevées au-dessus du pavé de l'écurie, à une hauteur telle que les chevaux puissent y manger sans être obligés pour cela de prendre une position forcée; et comme tous les chevaux ne sont pas de même taille, on a fixé les limites de cette élévation de 1^{m}20 à 1^{m}30.

On fait les mangeoires en pierre de taille (*voyez* fig. 116), ou à leur défaut en maçonnerie, et le plus ordinairement en madriers de chêne. — Lorsque les mangeoires sont en bois, il faut avoir soin d'en arrondir les angles, afin que les chevaux, en s'y frottant, ne puissent pas s'y blesser. — Ces mangeoires se placent sur un contre-mur ou sur de petits dés espacés convenablement. — Le fond des mangeoires doit être plus étroit que le haut, afin que l'animal puisse rassembler plus facilement le fourrage et les graines.

§ 48. — Des râteliers.

Ils sont formés ordinairement de deux longues pièces de bois suspendues ou attachées au-dessus de la mangeoire, et traversées de barreaux en bois rond, espacés les uns des autres de 8 à 12 centimètres, pour recevoir le foin et la paille. Les râteliers doivent être scellés au mur au-dessus de la mangeoire; leur partie supérieure doit être en saillie de 40 centimètres du nu du mur. Dans cette position déversée des râteliers au-dessus des mangeoires, la tête des chevaux, lorsqu'ils mangent, se trouve tout à fait au-dessous ; les graines des four-

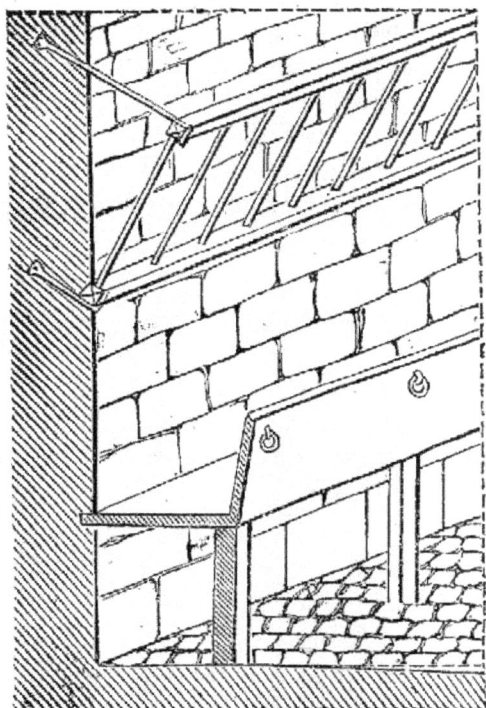

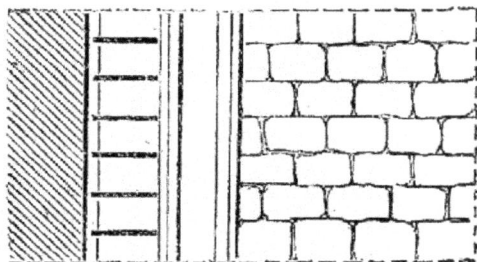

PLAN DU RATELIER.

Fig. 116.

rages doivent nécessairement tomber dans la mangeoire. — Pour l'approvisionnement du râtelier, souvent des trappes sont pratiquées dans le plancher supérieur, ou bien il existe une coulisse de séparation avec la grange, si l'écurie en est voisine. Cette dernière méthode est avantageuse en ce que le fourrage, d'abord jeté dans la grange, peut y être secoué et débarrassé de toute ordure avant d'être présenté aux chevaux. Ces ouvertures ont encore l'avantage de faire l'office de ventilateurs et d'entretenir la salubrité de l'air et la fraîcheur dans l'écurie. (Fig. 116.)

§ 49. — Considérations sur la salubrité des écuries.

La salubrité des écuries dépend de plusieurs dispositions qu'il est essentiel de connaître.

1° Le sol des écuries doit être sain et exempt de toute espèce d'humidité ; ainsi, il ne doit pas être plus bas que le sol environnant. Il suffit de l'établir autant qu'il est possible à 1 ou 2 décimètres au-dessus du niveau naturel, et si une écurie se trouvait encaissée de plusieurs côtés, il serait indispensable de l'isoler des pentes supérieures de la manière que nous l'avons indiqué.

2° Le sol d'une écurie doit être pavé, et par sa position au-dessus du niveau de la cour, il sera facile d'en disposer le pavé de manière que les urines des chevaux s'écoulent naturellement au dehors. — Cet écoulement sera dirigé vers le fumier ou vers la citerne à purin, afin que ces urines ne soient point perdues pour les engrais. La pente de ce pavé peut être fixée à 5 ou 6 centimètres, depuis les mangeoires jusqu'à la rigole qui conduit les parties liquides à l'extérieur ; mais il faudra donner une pente assez forte à ces conduits, afin d'accélérer l'écoulement.

3° Il faut établir des courants d'air capables de renouveler continuellement celui que les chevaux consomment et de chasser l'air méphitique qu'ils exhalent par la respiration. — Les ouvertures destinées à produire ces courants d'air devraient être placées immédiatement au-dessous du plafond, et afin que rien ne puisse arrêter l'effet, il faut que le plancher soit voûté ou plafonné.

Les courants d'air seront d'autant plus actifs que ces ouvertures auront moins de hauteur et qu'elles seront placées plus directement en face les unes des autres. — Souvent on y substitue des cheminées d'appel dont les ouvertures sont placées au niveau intérieur du plancher. Cette innovation, qui est imitée des bures d'aérage, est très-avantageuse et peut être regardée comme le meilleur moyen que l'on puisse employer pour maintenir la pureté de l'air dans les habitations des animaux.

Dans les écuries destinées à l'agriculture, on pourrait peut-être économiser la dépense d'un plafonnage entier ; mais nous regardons comme indispensable celui de la partie au-dessus des mangeoires, sur une largeur d'environ 2 mètres, afin de faciliter la propreté intérieure si nécessaire à la santé des chevaux. — Il préserve les animaux de la poussière qui tombe des entre-voûtes et de celle qui s'amasse dans les toiles d'araignées que l'on y voit si ordinairement.

Ce moyen répugnera peut-être à un grand nombre de cultivateurs, parce que les araignées trouveront moins de facilité pour établir leurs toiles. Ceux-ci les regardent comme un préservatif contre les mouches, c'est ce motif qui les engage à les laisser subsister.

Ce préjugé est d'autant plus pernicieux qu'il est très-facile de préserver les écuries, même les plus mal orientées et les plus mal aérées, de cette quantité de mouches qui tourmentent si vivement les chevaux pendant l'été.

Les plafonnages sont nécessaires pour empêcher que l'humidité qui s'exhale de la transpiration ne fasse disjoindre les planchers. Cette humidité chargée de miasmes putrides pénètre les fourrages que l'on met ordinairement au-dessus, d'autant plus avant que ces fourrages sont moins pressés. Ceux qui craindraient la dépense de ces plafonds peuvent les remplacer, ainsi que les planchers, par de fortes claies bien assujetties, puis garnies dessus et dessous de paille pétrie et délayée avec de la terre glaise ou autre un peu grasse. Cela coûte peu, remplit bien son objet, et peut être fait par les cultivateurs eux-mêmes.

§ 50. — Des Étables.

Les logements des bêtes à cornes ne se construisent pas de la même manière dans toutes les localités.

Dans celles où l'on est dans l'usage de tenir constamment les bestiaux dans les pâturages, leurs logements habituels ne sont que de simples abris temporaires, des hangars sous lesquels ils vont se réfugier pour se soustraire aux intempéries des saisons et manger le fourrage sec qu'on leur donne pendant la saison morte pour la végétation. En Belgique, les bestiaux doivent forcément, au moins pendant une grande partie de l'année, être tenus dans des étables fermées.

L'engraissement des bœufs et l'éducation des

vaches laitières se font très-souvent et en entier
dans l'étable; il est donc indispensable de proportionner la capacité des bâtiments à la consommation d'air de ces animaux.

Les vaches ou les bœufs couchés occupent moins
de place que les chevaux, soit par la différence de
longueur de leurs extrémités, soit par la position
qu'ils affectent dans le repos; aussi une largeur de
1^{m}30 est-elle suffisante pour l'espacement. La longueur en ménageant les crèches, mangeoires et un
passage, doit être de 4 mètres, et la hauteur des
planchers de 4 mètres au plus au-dessus du sol.
Cette capacité est suffisante, d'autant mieux que les
vaches craignent beaucoup moins que les chevaux
la chaleur de l'étable et une légère altération dans
la composition de l'eau.

La hauteur indiquée peut paraître trop élevée;
mais nous ferons remarquer que l'abaissement des
planchers est une des causes qui contribuent à maintenir le bétail dans un état de souffrance; d'ailleurs, l'augmentation de dépense qui en résulte
est presque nulle. — L'étable doit toujours présenter une capacité de 24 mètres par tête de gros
bétail; elle doit contenir, en outre, la place du
gardien, des jougs, ou harnais, que l'on peut évaluer à deux fois la place d'une tête de bétail.

Les bœufs à l'engrais et les vaches mères doivent être séparés par des stalles, et il convient de
leur accorder une largeur plus grande que celle
réservée aux bœufs de travail. Cette largeur doit
être de 1^{m}75.

Les écoulements des étables doivent être disposés comme ceux des écuries que nous allons décrire
dans un paragraphe suivant.

Si la nourriture est jetée du haut, le plan des

étables diffère très-peu de celui des écuries ; nous
donnons, fig. 117 et 118, la disposition d'une étable

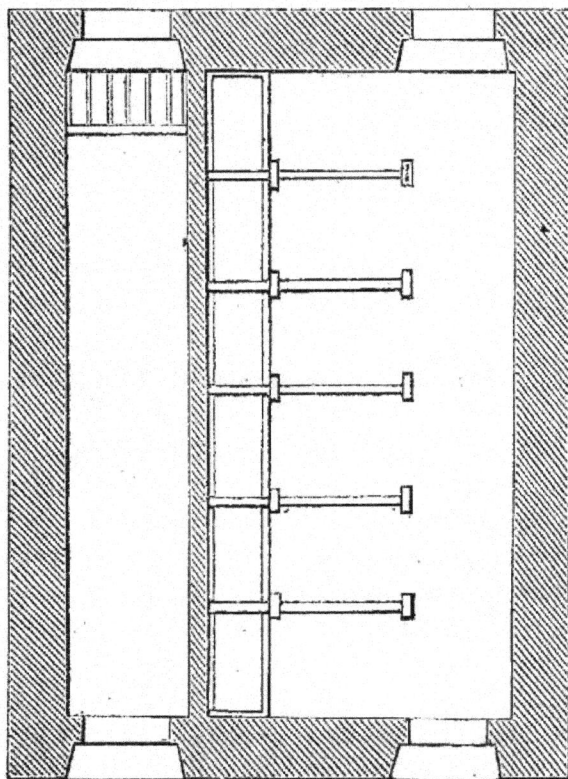

PLAN D'UNE ÉTABLE.

Fig. 117.

pour 6 bœufs auxquels la nourriture est donnée
par le corridor.

Les mangeoires doivent être plus larges que celles
des écuries ; elles doivent être construites en pierre
ou en briques. Dans ce cas, le fond doit être formé
par des dalles ; alors la propreté, si nécessaire, s'y
maintient facilement. — Cette méthode est bien
préférable à l'usage du bois, qui se détériore très-
promptement.

Les étables sont simples ou doubles, suivant que les bêtes à cornes y sont placées sur un ou deux rangs.

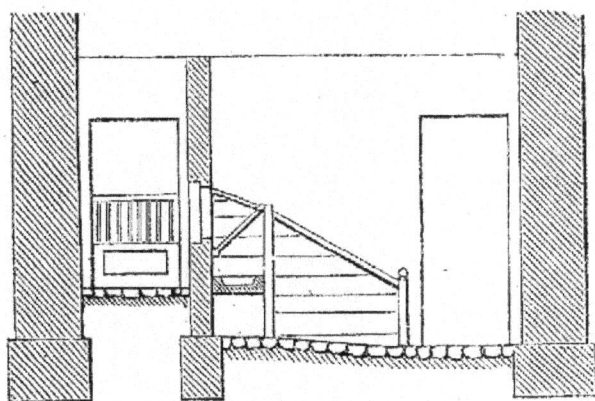

COUPE EN TRAVERS.
Fig. 118.

La longueur des mangeoires et râteliers est calculée à raison de 1^{m}50 par bœuf, de 1^{m}50 pour une vache et de 0^{m}75 par veau.

Une étable simple doit avoir 4^{m}50 de largeur, et une étable double de 7 à 8 mètres, suivant l'espèce de ces animaux.

Les Anglais, qui font de l'élève et de l'engraissement des bestiaux l'objet principal de leur agriculture, ont reconnu que la meilleure nourriture à donner en hiver pour entretenir les bêtes à cornes dans le meilleur état et dans la plus grande abondance de lait, était des cuvées copieuses de pommes de terre et d'autres racines cuites à l'eau, ou mieux encore à la vapeur d'eau. — Cette pratique est adoptée par un grand nombre de propriétaires et cultivateurs; mais la construction de nos étables, si soignée qu'elle puisse être, n'offre pas assez de commodité pour l'adoption de cette amélioration; car si tous les jours, soir et matin, on est

28.

obligé d'apporter une cuvée à chaque tête de bétail
et de traverser l'étable pour la verser dans les
mangeoires, on sent que pour peu que le troupeau
soit nombreux, ce service exigera un temps considérable.

Pour éviter cet inconvénient, il est convenable

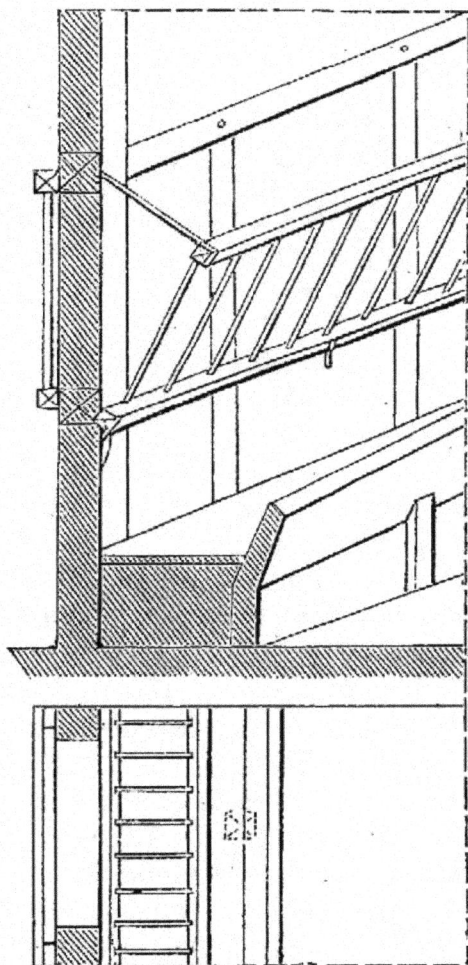

PLAN DU RATELIER.

Fig. 119.

de pratiquer derrière les mangeoires une galerie
sur laquelle on peut arriver avec une brouette
chargée de cuvées que l'on peut alors distribuer
avec autant de facilité et de sécurité que d'économie, comme nous l'avons indiqué dans notre dessin
fig. 119.

§ — 51. Des Bergeries.

Les opinions sont encore partagées sur le meilleur
logement à donner aux bêtes à laine. — Les mauvais cultivateurs croient que les bergeries doivent
être bien closes ; les gens sensés sont persuadés du
contraire et prétendent qu'elles doivent être aérées.
M. Daubenton, qui a contribué au perfectionnement des bêtes à laine, recommande de les tenir
toujours en plein air et sans aucun abri, pour les
conserver dans un parfait état de santé.

La conformation des bêtes à laine semble en
effet les rendre susceptibles de supporter sans
aucun danger les froids les plus rigoureux ; mais
l'humidité et les frimas sont singulièrement contraires à leur tempérament, et lorsque leur toison
est imprégnée d'eau pendant les températures basses, le froid les saisit, supprime leur abondante
transpiration ordinaire et leur occasionne alors des
maladies souvent incurables.

Il faut avouer que l'ancienne manière de gouver-
ner les bêtes à laine était défavorable ; mais ce n'est
pas une raison pour passer d'une extrémité à
l'autre.

Dans l'économie rurale, les bergeries ont différentes destinations qu'il faut prévoir dans leur
construction.

La première est de loger sainement les bêtes à

laine pendant l'hivernage, jusqu'à ce que la saison de parquer soit arrivée ; la seconde, de pouvoir y fabriquer des fumiers dont l'espèce est si précieuse, surtout pour l'engrais des terres humides ; la troisième, de se servir de hangars et de remises pendant le parcage.

Si les bergeries sont construites pour remplir cette dernière destination, le propriétaire y trouvera une grande économie, en ce qu'alors il sera dispensé de faire construire les remises et hangars nécessaires pour mettre toutes les voitures et les charrues à l'abri de la pluie et des chaleurs excessives, ainsi que les voitures de grains ou de fourrages qu'on n'aurait pas eu le temps de décharger avant les pluies dont on est menacé. — D'un autre côté, une seule bergerie ne suffit pas à des exploitations d'une certaine étendue. Il arrive souvent aux fermiers de ces exploitations de ne conserver qu'une petite quantité de bêtes à laine pendant l'hiver, et au printemps ils achètent ce qui leur manque pour le parc ; et comme ils font toujours cette acquisition quelque temps avant la saison de parquer, il en résulte qu'une ferme de grande culture doit avoir deux espèces de bergeries, savoir : bergerie d'hivernage et bergerie supplémentaire. — Il faut aussi des bergeries pour les béliers, d'autres pour les mères et agneaux, et une infirmerie pour les malades.

Il faut convenir que la manière ancienne et encore trop ordinaire est très-vicieuse.—La plupart des bergeries sont de véritables étuves ; il est impossible d'y entrer sans être suffoqué par l'air délétère qu'on y respire, et les bêtes à laine ne peuvent prospérer dans une atmosphère malsaine. — Le meilleur logement de ces animaux doit être entre les deux extrêmes; l'expérience a confirmé cette opinion et il est convenable de l'adopter.

Il ne reste donc plus qu'à choisir entre les bergeries ouvertes et les appentis pour loger convenablement un troupeau de moutons, ou plutôt qu'à adopter l'un ou l'autre de ces logements, suivant l'étendue de l'exploitation, parce que ces deux espèces seules sont susceptibles d'être disposées pour remplir les trois destinations que nous voulons donner aux bergeries, et qu'il est d'ailleurs facile, à l'aide de créneaux et de barbacanes inférieures, d'ôter à ces logements les défauts que Daubenton leur reproche.

Dans les moyennes cultures, une bergerie est un bâtiment de peu d'importance, parce que chaque métairie n'a ordinairement qu'un petit nombre de bêtes à laine. — Le perfectionnement des bergeries de cette classe se réduit donc à en rendre le sol plus sain et à y pratiquer des courants d'air pour renouveler suffisamment celui de leur intérieur.

Mais dans la grande culture, les bergeries sont placées parmi les bâtiments les plus considérables de la ferme, surtout depuis l'adoption de la race des mérinos.

§ 52. — Des dimensions des Bergeries.

Les dimensions d'une bergerie sont subordonnées au nombre des bêtes à laine qu'elle doit contenir. — Elles doivent être calculées suivant la position des crèches, de manière que toutes les bêtes à laine puissent en même temps y prendre aisément leur nourriture et sans qu'il y ait de terrain perdu ou non occupé. Nous disons suivant

la position des crèches, car on ne les place pas de
la même manière dans toutes les bergeries, et cette
différence dans leur position en apporte nécessairement dans les dimensions de chaque local.

L'emplacement à donner à chaque tête de l'espèce ovine doit être de 1 mètre carré pour chaque
brebis ou mouton, et 0″75 pour un agneau. Si
donc l représente la largeur de l'écurie, x sa longueur, b le nombre des brebis et a le nombre des
agneaux, on a $b + 0,75\,a = l\,x$. — Si l'on suppose la largeur de la bergerie de 8 mètres, le troupeau composé de 150 brebis, 50 agneaux, la longueur du bâtiment, déterminée par l'équation, sera
de 23 mètres à peu près.

D'après les usages, les bêtes à laine doivent
pouvoir manger toutes à la fois, et on calcule qu'il
faut 0m50 de crèche par tête. Dans un bâtiment de
8 mètres de largeur, le développement des crèches,
x étant la largeur, est exprimé, en supposant une
crèche double au milieu, une sur tout le pourtour
et un passage de 2 mètres à chaque extrémité de la
crèche double, par $x + 8$. S'il s'agit d'un troupeau
de 200 bêtes, on doit avoir $\frac{4\,x + 8}{0\,50} = 200$; d'où
$x = 23$ mètres.

On voit que les deux données font arriver au
même résultat. Le bâtiment doit avoir 4 mètres de
hauteur sous le plancher; la capacité appliquée à
chaque brebis est donc de 3m50 et de 2m62 pour
chaque agneau.

Si l'on diminuait la hauteur de la bergerie, on
devrait augmenter la surface, afin d'établir un volume suffisant pour entretenir la pureté de l'air.
En général, b étant le nombre des brebis et a celui
des agneaux, la capacité des bergeries sera 3m50 b
+ 2m62 a.

§ 53. — Du sol des Bergeries.

Le sol des bergeries doit être parfaitement sec. Les déjections liquides de l'espèce ovine sont absorbées par la litière, et l'on ne doit pas songer aux écoulements; mais c'est une faute grossière de croire pour cela qu'on peut se dispenser de tout soin de propreté, autre que l'enlèvement régulier de la litière. Il n'est personne qui n'ait pénétré dans ces bergeries où le sol, profondément imprégné de sels ammoniacaux, exhalait constamment une odeur pénétrante et malsaine. Nous sommes d'avis de rendre le sol imperméable, comme celui des étables, au moyen soit d'un pavé jointif, soit d'un béton placé au niveau du terrain naturel, et recouvert habituellement d'une couche de sable ou de marne, suivant la nature de l'amendement qui convient le mieux aux terres du domaine. Cette couche est enlevée régulièrement et remplacée par une autre. La propreté de la bergerie est entretenue, et on se procure à la fois un amendement et un engrais sans préjudice du fumier de litière.

§ 54. — Des Baies ou Fenêtres.

Elles doivent être fermées par des châssis en bois garnis de leur barreaux. (Fig. 120 121.) On y adap-

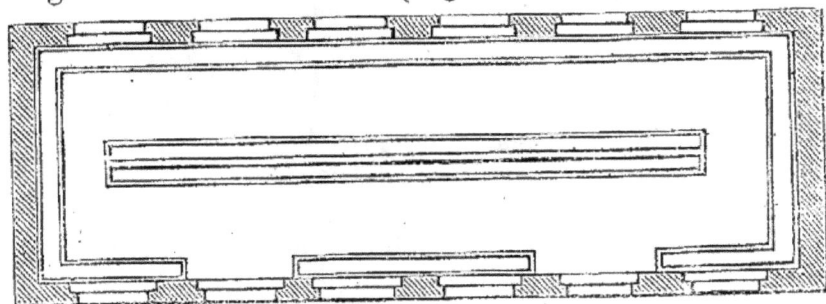

PLAN D'UNE BERGERIE.

Fig. 120.

tera des volets intérieurs que l'on fermera pendant
la nuit, et même pendant les grands froids. On

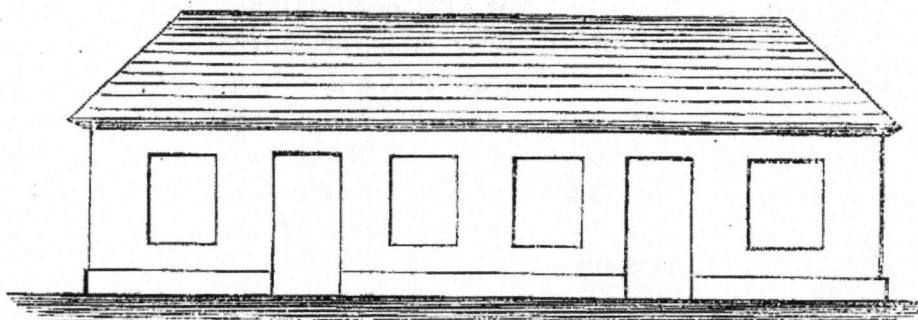

ÉLÉVATION.
Fig. 121.

pourrait fermer également les ouvertures au-dessus
de ces croisées, qui vont à la hauteur du plafond.
Des barbacanes sont pratiquées sous chaque appui
de croisée pour y introduire au besoin l'air convenable, savoir : en été celui du nord, et celui du
midi en hiver.

Quant à une bergerie supplémentaire, on peut la
faire en appentis contre un des murs de clôture
extérieur, ou à deux pentes, comme un hangar, et
lui donner toute la capacité nécessaire. Elle pourra
également servir de remise pendant l'hiver.

§ 55. — Des Râteliers.

Les râteliers seront solidement placés à la hauteur du dos de l'animal, pour qu'il puisse manger
commodément. On les scelle dans la longueur des
murs, ou bien on les consolide dans le milieu de
la bergerie. Ces derniers ont l'avantage de donner
la liberté de fermer d'une simple claie les deux
bouts du râtelier et de séparer ainsi la bergerie en
deux parties distinctes.

Les râteliers doivent être assez droits, légère-

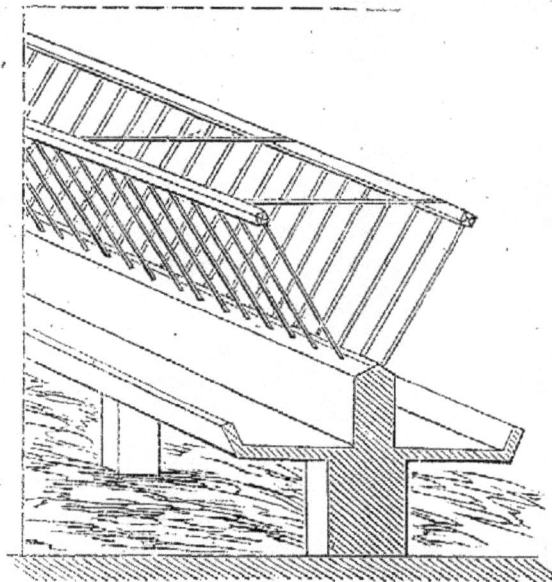

RATELIER A DEUX FACES.
Fig. 122.

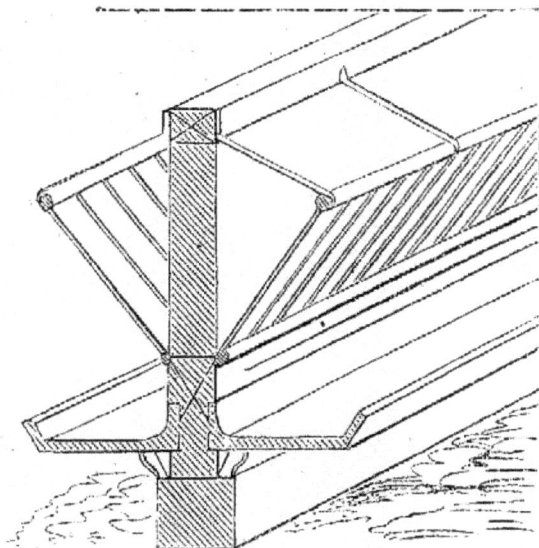

VUE PERSPECTIVE D'UN RATELIER A CLOISON.
Fig. 123.

ment inclinés en avant, et leurs barreaux assez serrés pour que les moutons et les brebis ne puissent passer leur tête au travers, afin que la laine du cou, ordinairement très-fine, ne soit pas taillée par les fourrages; qu'il n'en passe pas sur le dos, dont les voisins voudraient profiter, parce qu'alors ces animaux saisissent en même temps quelques filaments de laine, les arrachent, les avalent; ce qui forme des embarras, des pelotes dans leur estomac, et occasionne souvent leur mort. (Fig. 122 et 123.)

§ 56. — Des Mangeoires.

Les auges ou mangeoires (fig. 122 et 123) sans les râteliers doivent avoir la forme d'un prisme triangulaire, au moyen de la réunion de deux planches inclinées pour que les bêtes à laine ne puissent s'y tenir debout et y faire leurs ordures.

Elles doivent aussi être placées de manière à recevoir les graines de fourrages tombant des râteliers, ainsi que le sel, le son, l'avoine, les carottes, les pommes de terre, les topinambours et autres aliments que l'on y met pour leur nourriture.

Ce qu'on ne doit pas négliger, c'est de mettre le berger à même de surveiller son troupeau la nuit, ce qui exige une chambre tout près.

§ 57. — Moyens de tirer parti des vieilles Bergeries et de les rendre salubres.

Il faut percer aux murs de face, au niveau du sol ou pavé de la cour, un certain nombre de trous verticaux de 9 à 12 centimètres de large sur 0^m60 de hauteur, à des distances à peu près égales l'un de l'autre; percer également au-dessus d'autres trous de 20 à 24 centimètres en carré sous le plancher supérieur de la bergerie; dès lors vous obtiendrez un courant d'air plus ou moins fort, d'après l'effet du vent qui régnera. Il n'y a pas à appréhender que l'air entre par les trous supérieurs, surtout si vous tenez vos fenêtres et vos portes fermées; on peut donc les laisser ouverts constamment. Il n'en est pas de même des trous inférieurs, parce que l'air froid rase toujours le pavé ou le sol de la cour, et qu'une trop grande abondance de cet air refroidirait souvent les moutons. Il faut donc que le berger, selon le temps,

Bergerie nationale de Rambouillet.

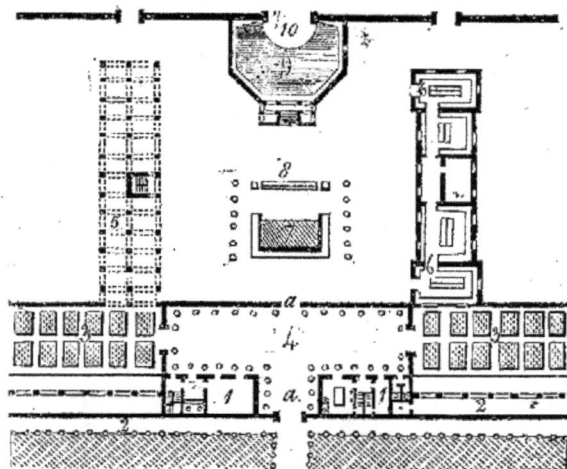

Fig. 124.

LÉGENDE.

A Entrée.
1 1 Habitation des employés.
2 2 Charreterie, instruments aratoires.
3 3 Potagers.
4 Cour d'entrée.
5 Grands hangars.
6 6 Bergerie, logement du berger principal.
7 Trou à fumier.
8 Auge, abreuvoir pour les moutons.
9 10 Lavoir et abreuvoir pour les bêtes à cornes.

bouche quelques-uns de ces trous. S'il fait trop chaud dans la bergerie, il condamnera avec un bouchon de paille ceux exposés au midi. S'il fait trop froid, il fermera ceux du nord. C'est un faible soin pour le gardien des moutons; bientôt il sera au courant de cette ventilation. Enfin, il faut que le fumier de la bergerie soit enlevé tous les huit jours en été, et tous les quinze jours en hiver, et recouvert tous les jours par de la paille ou litière fraîche; que les auges, les râteliers et les fenêtres soient lavés souvent, les murs blanchis à la chaux, etc. Par ces petits soins on conservera toujours son troupeau en bonne santé.

La figure 124, ci-dessus, représente le plan d'ensemble de la bergerie de Rambouillet, dont les dispositions sont regardées comme très-bonnes et ont la sanction de l'expérience, d'après le succès du précieux troupeau de mérinos qui y est placé depuis son introduction en France par les soins de Louis XVI, en 1777.

§ 58. — Des Boxes; examen de ce système moderne de stabulation. Ses applications à différentes sortes de Bestiaux.

Les boxes ne sont autre chose que des loges ou cabanes de la construction la plus simple, représentant des écuries particulières ou isolées, mais ayant pour caractères distinctifs que les bestiaux n'y sont point attachés, qu'ils jouissent, dans un certain parcours, de la faculté de rester à l'air, d'aller et de venir, en un mot, d'une sorte de liberté.

A une légère différence près dans l'orthographe du mot, on a conservé la dénomination anglaise de *boxe* pour désigner des loges, barraques ou bâtiments accompagnés d'une cour et destinés à recevoir des bestiaux qui ne sont pas attachés. Les emplacements par tête de bétail, dans la partie couverte, ne sont pas beaucoup plus grands que ceux en usage dans les écuries de l'ancien système ; mais l'espace à ciel ouvert est ordinairement double. Cette latitude et la suppression du licou constituent les deux principales conditions caractéristiques du mode de stabulation qui nous occupe.

Au premier abord, on pourrait croire qu'il n'y a là qu'une bien légère dérogation aux vieilles pratiques consacrées par un usage immémorial : il n'en est pas ainsi. Les modifications dont il s'agit ont une grande portée ; quoique minimes en apparence, elles constituent tout un système de stabulation. Or, l'expérience prouve, chaque jour, que ce système donne des résultats excellents ; que, de plus, ils sont obtenus dans des conditions très-économiques.

D'après l'importance des bestiaux dans toute exploitation rurale, il n'est personne qui ne comprenne combien l'on doit attacher d'intérêt au régime des boxes, puisqu'il fournit le moyen d'obtenir, aux moindres frais possibles, des résultats auxquels l'on n'arrivait jamais qu'imparfaitement quand on cherchait à y parvenir par des moyens indirects.

La production des animaux de boucherie a été reconnue, depuis quelques années, susceptible de très-grands perfectionnements ; mais on ne peut y atteindre qu'avec un ensemble de conditions qu'il est difficile de réunir.

Un bœuf gras, du genre de ceux que l'on couronne aujourd'hui dans les concours, est un objet de luxe qui ne s'obtient qu'avec les plus grands soins et un concours de circonstances favorables n'existant pas partout ; c'est toujours un produit remarquable, qu'on peut regarder comme le signe caractéristique d'une agriculture très-perfectionnée.

Pour arriver à ce résultat, pour obtenir cette rapide transformation de matière végétale en viande de première qualité, il faut non-seulement faire consommer une masse énorme de substances alimentaires, mais il faut encore des conditions hygiéniques et autres qui semblaient complétement ignorées il y a environ un demi-siècle.

Les recherches sur ce sujet, stimulées par des primes et des encouragements qui, en tout pays, ont pour but de favoriser la production du beau bétail, ont amené à connaître quelles sont les meilleures de ces conditions.

C'est ainsi que l'on a été conduit au régime des boxes, qui tend de plus en plus à se substituer à celui des étables ordinaires dans toutes les contrées où l'engraissement des bestiaux peut être regardé comme une industrie importante.

C'est d'abord dans les haras du gouvernement ou chez de riches propriétaires que ce système a pris naissance : en Angleterre, pour loger de la manière la plus confortable des étalons, des chevaux de course, ou des bestiaux de haute valeur. Ensuite, on a bientôt reconnu que ce même système, un peu modifié, était éminemment favorable aux bonnes conditions de l'engraissement chez les bêtes bovines, et c'est là effectivement que se trouve une de ses plus remarquables applications.

En s'occupant sérieusement de cette question, il n'était pas difficile de reconnaître qu'il y avait beaucoup à améliorer dans le régime des animaux tenus à l'attache et gênés de toutes les manières, quand ils sont constamment renfermés dans des étables souvent mal aérées et malpropres, et quelquefois infectes.

A un moindre degré peut-être que les personnes, les bestiaux souffrent du manque d'air et de lumière, du manque de mouvement, du manque d'espace. Quand ils sont libres de faire autrement, on ne les voit jamais se coucher dans leurs déjections, ni manger des herbes imprégnées d'une mauvaise odeur, etc. Ce peu de mots, basés sur des observations attentives, montrent que l'ensemble des nouvelles dispositions adoptées est d'une véritable importance pour procurer aux bestiaux, et surtout à ceux de l'espèce bovine, ce bien-être complet sous l'influence duquel les conditions de l'engraissement sont aussi promptement que complétement remplies.

Les boxes destinées aux bœufs à l'engrais peuvent se réduire à de simples cabanes construites en planches, en pans de bois, en claies, ou au moyen de ces trois systèmes réunis ; elles contiennent plusieurs bêtes qui jouissent du libre parcours dans une espèce de cour ou préau où on leur donne de préférence leur nourriture à l'air libre pendant la bonne saison. Les animaux vont et viennent dans ce petit espace qui suffit pour leur procurer un exercice salutaire. Leurs logis se font remarquer surtout par une propreté qui n'existe jamais dans le système des étables, où les animaux attachés dans des emplacements d'une dimension trop souvent insuffisante ne pourraient presque jamais se coucher tous à la fois.

Tels sont les avantages que présente le système des boxes, comparé à celui des étables ordinaires de l'ancien système.

Les boxes destinées à recevoir trois ou quatre bêtes à cornes, comme c'est actuellement le cas le plus général, ont une cour commune où se dépose le fumier, et dans laquelle on place un râtelier couvert pour distribuer aux animaux du fourrage sec ou vert.

Nous donnons plus loin les détails nécessaires sur les divers modes de construction que comporte ce genre d'étable, aujourd'hui de plus en plus apprécié.

MODIFICATIONS SUCCESSIVEMENT INTRODUITES DANS LE SYSTÈME DES BOXES.

§ 59. — Boxes destinées aux Bestiaux d'élève.

On en voit une application très-intelligente dans l'exploitation agricole de M. de Behagne, au château Dampierre (Loiret). Le mode de construction de ces boxes étant aussi simple que convenable, il est utile de le décrire avec ses principaux détails. Pour éviter l'inconvénient du simple pisé, ou murs en terre crue, qui se détériorent promptement par suite du frottement du gros bétail, on a adopté un système mixte, mais très-simple, de doubles claies dont l'intervalle est rempli en terre corroyée ou torchis; ce qui offre un mode de construction tout spécial, beaucoup plus économique que la maçonnerie de pierre ou de briques, mais bien plus résistant que le pisé. C'est ainsi que sont formés les soubassements ou parties pleines des boxes jusqu'à la hauteur de 1^{m}00, tant pour les loges couvertes que pour les cours qui y sont annexées. La construction de ces parois économiques est d'une extrême simplicité. Sur des pieux ou piquets en chêne, enfoncés en terre verticalement, à une pro-

fondeur suffisante, on cloue sur deux faces, intérieure et extérieure, des perchettes de bois en
grume, ou refendu, qui forment un encaissement
d'environ 0m20 de largeur, et cet espace vide est
rempli, au fur et à mesure, de terre corroyée et
comprimée à la manière du pisé.

Au-dessus de ce mur en terre boisée qui règne
sur toute la longueur antérieure et postérieure des
boxes, s'élèvent, sur une hauteur d'environ 2m00,
des pieux ou poteaux reliés entre eux horizontalement par des lignes de gros fil de fer, distantes
d'environ 0m40, de manière à former des séparations à claire-voie le plus simples possible. Enfin,
à l'extrémité de ces pieux ou poteaux qui se terminent à une hauteur maximum de 3m00 au-dessus
du sol, se trouve un clayonnage horizontal qui
forme le plafond des loges. Au-dessus est une toiture légère en tuiles creuses, qui ont plus tard été
remplacées, dans les constructions du même genre,
par de simples amas de bruyères ou autres her-
bages sans valeur, que l'on retire pour les renouveler lorsqu'ils sont en partie transformés en fumier.

Dans les boxes de la plus petite dimension,
chaque loge ou cabane a 4m00 de largeur sur autant de longueur, et la cour qui est en face a la
même longueur sur le double de largeur. Ces loges
sont destinées à deux veaux ou génisses qu'on peut
y placer dès l'âge de trois mois, c'est-à-dire bien
avant le sevrage; ils y reçoivent une nourriture
composée qui remplace peu à peu l'alimentation
naturelle. Elle se compose de farineux que l'on
mélange, en proportion croissante, avec le lait
écrémé.

Le long du mur est ménagé un couloir ou passage d'un mètre de largeur, dans lequel un homme, circulant avec une brouette, distribue prompte-ment à chaque bête une ration approchant plus ou moins de celle des animaux adultes. Ces rations sont déposées, trois fois par jour, dans des auges ou mangeoires en bois d'environ 1^{m}00 de longueur sur 8^{m}45 de largeur. Dans la partie intérieure de chaque loge, au milieu de la paroi opposée à la mangeoire, se trouve la porte de 1^{m}00 de largeur, donnant sur la cour où se déposent journellement les fumiers. Cette porte qu'on peut faire à un ou à deux ventaux, est toujours ouverte pendant l'été; mais on la ferme pendant l'hiver.

La fig. 126 donne une idée suffisamment exacte de ces dispositions.

Fig. 125

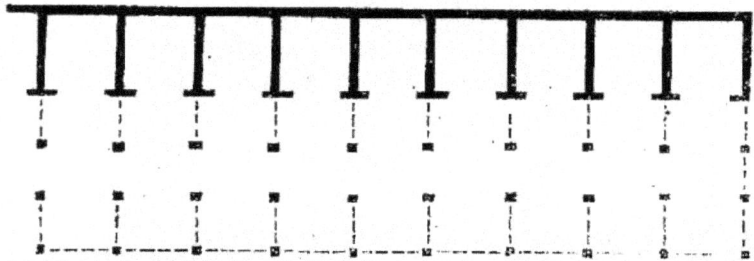

PLAN ET ÉLÉVATION LATÉRALE D'UNE BOXE POUR DES VEAUX A L'ENGRAIS.

Fig. 126.

Le sol légèrement incliné vers l'extérieur est
pavé en briques mises à plat. Des tuyaux de ventilation, en planches clouées, établis pour chaque
loge, traversent la toiture et s'élèvent à une hauteur suffisante pour assurer le renouvellement de
l'air quand les portes sont fermées.

Ce système ayant constamment donné les meilleurs résultats, M. de Behagne l'a successivement
étendu, et son exemple commence à être suivi dans
plusieurs exploitations. Après avoir observé ses
bons résultats sur les bestiaux d'élève, c'est-à-dire
sur des veaux pris fort jeunes et amenés ainsi, en
très-peu de temps, à l'état d'animaux de boucherie
de première classe, ce propriétaire en a fait aussi
l'application à des bêtes de travail, notamment à
des chevaux fatigués, ayant besoin de soins et d'un
bon régime. Dans ce cas, les dispositions principales restent à peu près les mêmes ; seulement, au
lieu de loges isolées, on a des étables dans lesquelles huit bêtes chevalines ou bovines peuvent
se placer ensemble, sans être attachées, et ne sont
séparées entre elles que par des perches et poteaux
garnis de fil de fer. (Fig. 127.)

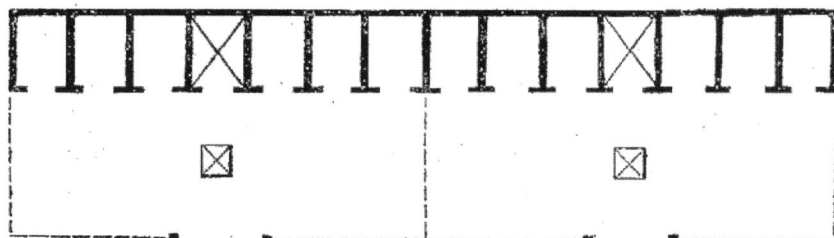

BOXES POUR BESTIAUX DE TRAVAIL.
Fig. 127.

Ces écuries-boxes ont 4ᵐ00 de largeur et 12ᵐ00
de longueur, ce qui donne à chaque tête de bétail
à peu près 1ᵐ40 d'espace libre, comme dans une

étable ordinaire. Les mangeoires, desservies par
des ouvertures à coulisses placées le long du couloir qui règne par derrière, existent comme dans
les boxes isolées.

Une cour commune, ayant 8ᵐ00 de largeur et la
longueur correspondante aux écuries, procure aux
animaux la faculté d'aller à l'air, de s'y reposer et
d'y manger. A cet effet, un râtelier couvert, ayant
la forme d'une petite cabane à claire-voie, de 1ᵐ50
sur chaque face, reçoit, au milieu de cette cour, le
fourrage vert ou sec qu'on y dépose.

Ce râtelier central, qu'on peut placer également
dans toute cour de ferme, de manière à procurer
aux bestiaux une partie des avantages des boxes,
sans avoir à retoucher les anciennes constructions,
se trouve fréquemment appliqué aujourd'hui en
Angleterre.

ÉLÉVATION D'UN RATELIER CENTRAL.
Fig. 128.

Le râtelier, couvert d'une toiture en chaume à
large saillie, est quelquefois entouré d'une mangeoire circulaire, avec compartiments, dans laquelle
on peut distribuer toute espèce d'aliments, outre le
fourrage; mais cette mangeoire n'est qu'un accessoire facultatif des râteliers de ce système, puisqu'il en existe dans l'intérieur des boxes ou étables
dans lesquelles les bestiaux rentrent toujours pendant la nuit.

A des heures déterminées, les bestiaux sont lâ-

chés par espèces et par groupes, de façon à profiter, pendant un certain temps, de cette demi-liberté
et du séjour au grand air qui leur est si favorable.
Il est inutile de dire que partout où l'on pratique
cette méthode intermédiaire, il est indispensable
que les cours de ferme soient exactement closes et
disposées en sorte que le gros bétail ne puisse s'y
blesser, ni causer de dommages en pénétrant dans
les lieux qui lui sont naturellement interdits, tels
que la cuisine, la laiterie, le jardin, etc.

Il est à remarquer que cet emploi des simples
cours de ferme, surtout quand elles sont spacieuses et bien assainies, peut, comme achemine-
ment au système des boxes, avoir une très-grande
utilité, en procurant aux bestiaux, dans les saisons
où ils ne sortent pas, l'air et un exercice modéré,
choses qui leur manquent généralement en hiver
dans les écuries et étables.

C'est donc là une bonne pratique; elle peut être
recommandée à tous les cultivateurs qui, ne voulant pas entreprendre des reconstructions ou au
moins des modifications notables à leurs bâtiments,
désirent cependant profiter autant que possible,
dans l'intérêt de leurs bestiaux, des essais qui ont
constamment produit de bons résultats.

Ce n'est que dans des cas très-rares que l'on se
trouverait dans le cas d'apporter des restrictions à
cet usage, sous le rapport du danger que pourraient courir les fermiers et domestiques par la
présence du gros bétail en liberté dans une cour
de ferme, à certaines heures de la journée.

Les bestiaux soumis au régime des boxes se
montrent constamment doux et dociles, et semblent
vouloir témoigner par là une sorte de reconnaissance pour le meilleur traitement qu'ils éprouvent.

§ 60. Boxes destinées aux bestiaux d'engraissement.

Elles deviennent de plus en plus multipliées en
Angleterre, où on les établit suivant divers systèmes. Nous pouvons citer, en France, celles qu'emploie avec succès M. Decrombecque, fabricant de
sucre et agriculteur très-distingué, à Lens (Pas-
de-Calais). Les animaux de race bovine mis à l'engraissement y sont tenus, sans être attachés, dans
des cases séparées les unes des autres par de simples cloisons à claire-voie. Ce qui caractérise le
système adopté par M. Decrombecque, c'est que
les animaux sont placés isolément dans ces loges
ayant 3 mètres sur chaque dimension, qu'ils n'en
sortent que pour être vendus, et que le fumier s'y
accumule sous leurs pieds pendant tout le temps
que dure l'engraissement. L'ensemble du système
ne représente donc qu'une étable à compartiments,
ou une simple modification du système des étables
employées de temps immémorial dans les écuries
de chevaux.

Ainsi que dans la méthode précédemment décrite, il existe le long du mur qui limite l'étable,
du côté opposé aux portes d'entrée, un sentier
d'environ un mètre de largeur, servant à la distribution des rations dans de larges mangeoires desservies par une baie fermée elle-même par une huis-
serie mobile dans des coulisseaux.

Ces baies de 0ᵐ35 de hauteur sur 0ᵐ50 de
largeur, étant ouvertes en totalité ou en partie, et
se trouvant opposées à la porte de chaque loge,
suffisent pour établir un aérage convenable sans le
secours des tuyaux ventilateurs qui fonctionnent
avec succès dans les boxes de Dampierre.

Le fumier n'étant jamais enlevé partiellement

dans ce système d'étables cellulaires, il s'y accumule bientôt à une assez grande hauteur. Cela exige, comme disposition particulière, que le sol en soit établi à environ 1^{m}00 de profondeur en contre-bas du terrain naturel, afin de laisser une latitude suffisante à ce remplissage successif. Pour déterminer les bœufs ou vaches à entrer dans ces cavités sans les violenter, il suffit d'y jeter quelques bottes de paille, que l'on retire ensuite quand l'animal est descendu. Cette disposition a plusieurs avantages très-essentiels. D'abord, la main d'œuvre journalière du nettoyage des écuries et étables est considérablement simplifiée, puisqu'au lieu de retirer fréquemment les fumiers, on se borne à les recouvrir, chaque jour, d'un peu de litière fraîche qui suffit pour entretenir la propreté des animaux. Les déjections sont seulement dissimulées et égalisées dans toute la capacité de la loge, de manière que la stratification s'en opère régulièrement. Avec cette précaution, les fumiers, soumis constamment à une forte compression, à une même température, et n'éprouvant que très-peu de fermentation, sortent de ces emplacements, à la fin de chaque engraissement, sans avoir éprouvé aucune déperdition. Aussi produisent-ils les meilleurs résultats sur toutes les récoltes.

C'est au bout de trois mois que l'accumulation des déjections et les additions successives de litière atteignent un mètre d'épaisseur; ce qui amène le remplissage de la fouille dont on vient de parler jusqu'au niveau naturel du sol.

Les mangeoires, séparées pour chaque loge, s'élèvent successivement à l'aide de crémaillières, au fur et à mesure que le fumier s'accumule sous les pieds des animaux.

On voit, d'après ces détails, que les boxes de ce système s'éloignent notablement de celles qui viennent d'être décrites. Elles se réduisent réellement à des cellules qui ne diffèrent que par la dimension des simples épinettes servant à engraisser les volailles. Aussi ne procurent-elles qu'une partie des avantages qu'on peut attendre des boxes proprement dites, parce que les animaux ne s'y trouvent pas placés dans les mêmes conditions. Ce qu'on peut signaler de plus remarquable, c'est leur grande écononomie et la manière ingénieuse dont le fumier s'y conserve sans fermentation, se trouvant non-seulement très-comprimé sous les pieds de l'animal qu'on engraisse, mais presque entièrement privé du contact de l'air.

§ 61. — Résumé sur les Boxes.

Les considérations qui précèdent, et qui pourraient être beaucoup plus étendues, doivent suffire pour faire comprendre les motifs pour lesquels on attache un intérêt des plus sérieux à ce système mixte, d'après lequel les bestiaux jouissent de facultés nouvelles dont ils étaient précédemment privés. Ces avantages sont obtenus à des frais inférieurs à ceux qui résultent de la construction des étables et écuries de l'ancien système. Nous avons cherché à nous rendre compte du chiffre auquel pouvait monter la dépense moyenne d'une boxe faite dans l'un des systèmes économiques dont nous venons de parler. Nous avons trouvé que cela ne devait pas dépasser la somme de 50 à 60 francs par tête de gros bétail ; ce qui est bien inférieur à la dépense correspondante des étables le plus économiquement construites. Les boxes, désormais

consacrées par l'expérience, peuvent être construites en toutes sortes de matériaux. Quant à la
méthode économique employée à l'établissement
de Dampierre, et à laquelle nous donnons un complet assentiment, elle ne présente pas le même inconvénient qu'aurait ce mode de construction appliqué à des établissements ruraux d'une autre
nature, par exemple à des écuries ou étables qui
demandent, relativement, une masse de matériaux
bien plus considérable. Ici les constructions à
claire-voie prédominent, et l'avantage d'un établissement peu coûteux n'est point détruit, comme
dans les autres cas, par l'inconvénient de la plus
courte durée. Le fil de fer, le treillage, le bois
rustique, etc., offrent donc, dans ce cas, des modes de constructions aussi commodes qu'économiques.

Quant à la supériorité du système des boxes
sur celui des étables closes, elle est incontestable.
Plus on y réfléchit, plus on reconnaît que les succès constamment obtenus par ce moyen étaient
dans la nature des choses.

Les animaux domestiques sont organisés, plus
encore que les personnes, pour jouir de l'air, de
la lumière et du soleil; les en priver, comme cela
a lieu dans le système des étables permanentes, c'est
déjà porter une première et grave atteinte aux lois
de la nature. Mais outre l'avantage principal de
l'économie, combien le nouveau mode de stabulation n'évite-t-il pas d'autres inconvénients? Les
animaux d'élève et de travail se trouvent ainsi
mieux placés, mieux nourris, sont plus doux, plus
dociles, et l'on en tire un meilleur parti. Ceux qui
sont destinés à la boucherie contractent dans les
mêmes circonstances une plus grande aptitude à

l'engraissement, et dèslors leur prix de revient est, à égalité de poids, toujours moindre que dans les autres méthodes.

Ajoutons que les frais du service proprement dit, soit pour la distribution des rations, soit pour la sortie des fumiers, se trouvent considérablement simplifiés. Cet avantage se joint à celui de la moindre dépense de premier établissement. Le couloir à l'aide duquel un seul homme, en un instant, distribue, à l'aide d'une pelle et d'une brouette, les rations de nourriture préparées, aujourd'hui généralement en usage chez tous les éleveurs éclairés; le dépôt de fumier dans la cour commune ou dans une place spéciale située à proximité; les magasins de fourrages ou de racines, intercalés entre les loges, toujours dans le but de simplifier le plus possible la main d'œuvre : ce sont là autant d'éléments vrais de minimum de dépenses, qu'il est si désirable d'atteindre dans toute exploitation bien administrée.

Parmi les autres avantages que présentent les boxes, on doit citer les mangeoires séparées, dans lesquelles chaque bête prend sa nourriture tranquillement et complétement, tandis que dans le système évidemment vicieux des mangeoires continues, les plus voraces affament les plus faibles.

§ 62. — Écuries avec plancher (système Huxtable).

Les applications de ce système sont toutes modernes; néanmoins ici, comme pour les boxes, des tentatives isolées avaient eu lieu, dès la fin du dernier siècle, dans le but d'arriver à la suppression de la paille comme litière et de pouvoir reporter sur l'alimentation les qualités nutritives de cette substance. Mais ces essais ne furent pas suivis, et ce n'est que vers 1835 que l'on a vu passer dans le domaine de la pratique ce procédé auquel on a conservé le nom du propriétaire anglais qui en a fait récemment une très-heureuse application à plusieurs espèces de bestiaux.

Actuellement, dans toute exploitation tant soit peu progressive, la méthode de nourrir les bestiaux, non plus seulement avec des fourrages, mais avec des rations mixtes, préparées avec intelligence, est celle que l'on préfère. L'usage des hache-paille volatifs, aujourd'hui généralement adopté, favorise également cette pratique.

Dans les exploitations où les méthodes perfectionnées pour la nourriture des bestiaux ont reçu beaucoup d'extension et où l'usage de la paille hachée joue un grand rôle dans la composition des rations, on est arrivé à reconnaître qu'il y aurait un notable avantage à supprimer la litière dans le double but d'une meilleure alimentation et d'une grande économie des fourrages ordinaires, pour répartir sur l'alimentation la quantité de paille qui serait ainsi économisée; c'est-à-dire qu'il y aurait plus de profit à utiliser cette substance en la faisant passer par l'estomac des animaux, qu'en la mêlant seulement avec leurs déjections.

Cet avantage était évident, puisque, outre l'animalisation de la substance végétale, opérée bien plus complétement par la digestion que de toute autre manière, il reste, comme bénéfice, un certain accroissement des animaux, correspondant à cette consommation.

Pour le gros bétail, voici comment on peut opérer :

Un encaissement général d'environ 0ᵐ30 de profondeur est pratiqué en contre-bas du sol de l'écurie ou de l'étable sur environ 1ᵐ50 de largeur, dans l'espace que les bestiaux occupent en arrière du râtelier. Cet espace est partagé par de petits murs de refend en maçonnerie commune, à peu près semblables à ceux que l'on place sous les parquets des appartements : leur distance peut varier de 0ᵐ50 à 0ᵐ60 de milieu en milieu ; puis sur ces murs on établit des châssis en bois de chêne dont la face supérieure est formée en petits madriers, laissant entre eux un intervalle de 6 à 12 millimètres, suivant qu'on le juge convenable. Ces châssis ayant depuis 1ᵐ00 jusqu'à 1ᵐ50 de largeur sont mobiles sur l'encaissement qu'ils recouvrent et se lèvent à volonté, soit totalement, soit à l'aide de charnières fixées à un dormant d'environ 0ᵐ15 d'équarrissage, qui règne longitudinalement du côté du râtelier.

Avec cette disposition, les urines s'écoulent complétement à travers les lames du plancher à claire-voie, et quant aux déjections sèches, il est facile de les y pousser à l'aide d'un balai, en les faisant tomber par le vide ménagé sous la mangeoire ou du côté opposé.

Toutes les déjections sont reçues ainsi sur de la terre ordinaire que l'on a soin d'introduire et de renouveler sous le plancher aussi souvent que cela est nécessaire. La main d'œuvre que cela exige n'apporte qu'une faible diminution aux avantages caractéristiques de ce système. Cette terre agit, en outre, comme un désinfectant qui retarde la fermentation ; et si l'on ne jugeait pas utile de l'employer, on serait toujours libre de la supprimer en donnant seulement plus de profondeur aux encaissements, d'où l'on ne retirerait que les matières

excrémentitielles seules du moment qu'elles auraient atteint une certaine hauteur. Mais partout
où l'on a des planchers à claire-voie, l'usage exige
d'y introduire de la terre, et la plus sèche possible.
Il est donc certain que cette opération offre un
avantage effectif.

En Écosse, cette méthode est également adoptée
par les plus habiles cultivateurs, qui paraissent
s'en trouver très-bien. Ils ont remarqué que les
animaux tenus sur des planchers à claire-voie sont
toujours propres; qu'ils n'ont jamais de boutons
de gale, comme cela a lieu, au contraire, quand
ils couchent sur des litières mal tenues; enfin, que
le piétin, affection si dangereuse dans les bergeries
humides, est complétement évité avec l'usage de ces
planchers.

Tels sont les principaux avantages de ce système
qui doit figurer désormais parmi les perfectionne-
nements les plus réels obtenus dans l'industrie
rurale.

Sauf quelques différences dans les dimensions, il
convient également au gros bétail que l'on veut
traiter de la même manière, et il en existe déjà des
applications nombreuses.

Des circonstances tendant à faire apprécier net-
tement les avantages attachés à la suppression de
la litière donnèrent lieu à la reprise des expériences anciennement faites pour le même objet; mais
cette fois leur résultat satisfaisant se trouve mis
hors de toute controverse. Depuis lors, ce procédé
est de plus en plus goûté par les cultivateurs in-
struits. Un procédé qui conserve les bestiaux en
parfaite santé sans le secours de la litière, ne pouvait manquer de trouver place dans une bonne
exploitation.

Le système en question, qui s'exécute d'une manière très-simple, peut être appliqué à toutes sortes de bestiaux, savoir, par ordre de grandeur, aux moutons, porcs, veaux, enfin aux animaux de race bovine et de race chevaline. Les procédés varient un peu suivant les divers cas et selon que les animaux sont tenus ou dans les boxes, ou à l'attache dans des écuries. Nous indiquerons ces différences ; quant à présent, il nous paraît utile, vu que ce procédé est encore nouveau, de décrire en détail la manière d'opérer sur l'une de ces espèces en particulier, par exemple, sur les moutons, pour lesquels la méthode en question donne d'excellents résultats.

Le local dont nous parlons peut avoir une largeur variable depuis 5 mètres jusqu'à 8 à 9 : dans le premier cas, il a la proportion d'une écurie simple ; dans le second, celle d'une écurie double. En fait de bergerie, pour peu que le troupeau soit nombreux, il est toujours d'usage de diviser l'espace intérieur en un certain nombre de compartiments séparés par des couloirs qui facilitent la surveillance du troupeau et la distribution des fourrages. Cette condition reste commune aux bergeries à la Huxtable, et l'on ne doit point, en conséquence, comprendre dans les dépenses relatives à ce dernier système tout ce qui a rapport au cloisonnement, c'est-à-dire aux claies, palissades, etc., à l'aide desquelles on juge convenable de séparer les moutons, béliers, brebis ou agneaux, puisque cela aurait lieu dans toute autre hypothèse. On doit, au contraire, y comprendre, comme en étant la disposition caractéristique, toutes les surfaces plancheiées existant entre les couloirs.

Suivant que l'écurie est simple ou double, les

compartiments varient de forme et de grandeur. Le couloir principal qui forme, dans tous les cas, comme l'axe du système, a une largeur à peu près constante de 1m20 à 1m33. Les couloirs latéraux, quand on les adopte, n'ont que 0m80; ils servent à faciliter la distribution de la nourriture, ainsi que les manutentions spéciales dont il va être parlé. On commence par paver le couloir principal avec un léger bombement, suivant le mode usité dans chaque pays; puis dans l'espace restant entre la rive de ce pavé et le mur latéral de chaque côté, on creuse, sur une profondeur moyenne de 0m25 à 0m30, des encaissements au-dessus desquels doivent être établis les planchers à claire-voie destinés à recevoir les moutons.

La manière la plus régulière d'établir ces planchers est de les faire reposer sur des lambourdes de 0m08 à 0m10 d'épaisseur, supportées elles-mêmes par de simple pieux ou piquets, de manière que tout cet ouvrage puisse se démonter sans rien détruire, si l'on jugeait convenable de le supprimer ou de le changer de place.

L'extrémité du côté du mur peut être encastrée, ou reposer aussi sur des piquets.

Ce bâti une fois établi avec des solives distancées d'environ 1m00 de milieu en milieu, on les recouvre transversalement avec des planches ordinaires de chêne, étroites et non jointives, simplement clouées, à chaque extrémité, sur des barres de même épaisseur, de manière à former des panneaux mobiles, de longueur arbitraire, reposant sur les lambourdes, en sorte que les aboutis de deux panneaux viennent se réunir sur le milieu de chacune d'elles. L'intervalle moyen à laisser libre entre les planchettes qui se trouvent disposées comme des lames de parquet à frise, peut aller de 0^{m}005 à 0^{m}010 ; au delà, les moutons courraient risque de s'y prendre le pied ; ce qui donnerait lieu à de graves accidents.

La mangeoire se place ordinairement du côté du mur, de manière que le fond soit élevé d'environ 0^{m}20 au-dessus du plancher, qui laisse un vide en cet endroit pour l'usage que nous allons indiquer, et le râtelier se pose le moins incliné qu'il est possible immédiatement au-dessus du bord supérieur de ladite mangeoire.

A raison de 0^{m}80 environ pour chaque mouton de taille moyenne, les compartiments de 2^{m}00 sur 4^{m}00, dans les écuries simples, en contiennent 10, ceux de 4^{m}00 sur 4^{m}00, dimension usuelle dans les écuries doubles, en contiennent 20, soit 40 pour les deux côtés. Cela correspond à un chiffre rond de 10 têtes par mètre courant, non compris les couloirs transversaux, qui ne sont pas toujours jugés nécessaires. Rien de plus facile que de calculer, d'après ces dispositions, la longueur à donner au bâtiment d'une semblable bergerie, puisque cette longueur est exactement 0,1 du nombre de moutons. Un troupeau de 200 têtes réclame donc un bâtiment de 20^{m}00 de longueur et 9^{m}55 de largeur dans œuvre, mais non compris les couloirs latéraux et les chambres à provisions, que l'on juge quelquefois utile d'intercaler dans ces constructions.

Nous supposons qu'il s'agit d'une bergerie à construire à neuf, ou qui n'ait, dans tous les cas, que les quatre murs ; car s'il s'agissait d'un local où l'on eût déjà fait la dépense d'un pavage, les conditions ne seraient plus normales, puisque la majeure partie de cette dépense resterait en pure perte.

Afin de pouvoir nous rendre compte des avantages comparatifs de ce système, nous avons fait
établir, à l'instar de ceux qui existent en Angleterre,
quelques compartiments de ces planchers pour recevoir des moutons pendant les saisons où ils ne
vont pas au pâturage.

Les frais se sont répartis ainsi :

Fouille sur 16^{m}00 superficiels du sol de l'écurie
(supposé de niveau) à une profondeur moyenne
de 0^{m}30, à raison de 0 franc 60 le mètre, eu
égard au transport des terres à une petite distance . . . . fr.   1 62

Fourniture de 5 bambourdes en chêne
ayant chacune 4^{m}20 de longueur, 0^{m}10
d'épaisseur et 0^{m}16 de hauteur, coûtant
(dressées et mises en place) 2 francs 50,
ensemble 13 00

20 petits pieux ou piquets en chêne,
chevillés, pour supporter les lambourdes
au milieu et à l'extrémité ; fourniture et
pose, à 0^{m}15 l'un 3 00

Achat de 16 mètres superficiels de bois
de chêne de bateau, de 0^{m}027 d'épaisseur,
pour le plancher et les barres, à 1 fr. 40
le mètre superficiel 22 40

Coupe et refente des planches pour les
ramener à une largeur moyenne de 0^{m}12
à 0^{m}15 sur 1^{m}00 de largeur, et clouage
sur les barres, 5 journées de charpentier
et son aide 20 00

Fourniture de 4 kilogrammes de clous
à 0 franc 80 . . . .   5 20
                                          ————
Dépense totale pour 16 mètres 63 22
Et par mètre carré 3 95

On voit donc que cette dépense est extrêmement modérée, puisqu'elle n'est qu'égale à celle d'un pavage dans les conditions ordinaires. Quant aux avantages du système en lui-même, ils sont incontestables, notamment pour les moutons, sous le rapport de la conservation des laines fines, dont la qualité doit être intacte pour les teintures délicates.

Après ce premier essai, dont les résultats ont été constamment satisfaisants, nous avons employé un autre mode plus économique encore et qui atteint exactement le même but. Il consiste, en conservant les supports distants de 1 mètre de milieu en milieu et élevés de 0^m30 au-dessus du sol de la bergerie, à laisser aux planches de chêne leur dimension entière, sans les recouper, ni les refendre, ni les clouer, attendu que sur la longueur de 4^m00 elles se maintiennent très-bien par leur propre poids.

Ces planches de 0^m20 à 0^m25 de largeur, simplement juxtaposées et laissant entre elles un léger intervalle, sont percées de trous de tarière, de 0^m010 à 0^m012 de diamètre, espacés arbitrairement ; de cette manière elles ne laissent point séjourner d'urine. Quant aux déjections sèches, on doit les balayer chaque matin en été, deux fois par jour en hiver, en sorte que le plancher soit toujours sec et propre quand les moutons veulent s'y coucher.

Ce dernier mode de construction ne donne lieu qu'à une dépense d'environ francs 2 60 par mètre superficiel. Il a l'avantage de laisser presque intactes les planches dans leur longueur et leur largeur primitives. Dès lors, en cas de changement de destination, elles pourraient servir à d'autres usages ; ce qui n'a pas lieu dans le second cas, puisque les planches sont coupées et refendues.

Faisons remarquer seulement que cette modification n'est applicable qu'à la stabulation des moutons, mais ne le serait pas à celle du gros bétail pour lequel on ne peut éviter d'avoir les planchers mobiles disposés en panneaux barrés et solidement cloués.

Quant au résultat final du système Huxtable, il est indépendant de ces variantes et nous semble présenter sur tous les autres une supériorité incontestable, mais particulièrement pour les moutons, en ce qui concerne la conservation de la qualité des laines fines, si facile à altérer.

Pour rendre notre expérience tout à fait comparative, une dernière objection restait à résoudre, et nous l'avons prévue. En effet, on pourrait croire que les moutons ne restent que parce qu'ils y sont contraints sur ces planchers où ils trouvent un repos bruyant et inusité pour eux.

Pour éclairer ce doute d'une manière positive, nous avons fait réserver près de chaque compartiment de plancher, et de l'autre côté du râtelier, des espaces entièrement semblables, non planchéiés et garnis de bonne litière. Or, les moutons, brebis et agneaux ayant ainsi la plus complète liberté d'option, ont toujours préféré le plancher à la litière.

C'est la preuve que si le système est favorable à la conservation de la qualité des laines, il ne l'est pas moins à la santé des animaux; de sorte qu'il répond complétement aux avantages que l'on pourrait en attendre.

Ayant ainsi décrit avec les détails nécessaires les divers modes de stabulation qui ont été le plus récemment appliqués et dans lesquels l'industrie rurale peut trouver désormais de précieuses res-

sources, il nous reste à reprendre, pour la traiter
à fond, la même question en ce qui touche les
écuries, étables et bergeries de l'ancien système;
car, dans l'état actuel des choses, ces constructions
constituent encore la presque totalité de celles qui
servent à l'exploitation du bétail dans toutes les
contrées du monde.

§ 63. — Divers modes de pavage et d'écoulement des
urines dans les écuries, étables, cours de ferme, etc.

Le sol des étables, ainsi que celui des écuries,
doit être nécessairement revêtu d'une couche imperméable et présenter, en outre, des pentes convenablement distribuées pour assurer l'écoulement
des urines, qui se produisent en très-grande abondance, notamment avec les vaches laitières auxquelles on fait consommer des fourrages verts
pendant la plus grande partie de l'année; autrement
le terrain, bientôt détrempé, resterait constamment
boueux et imprégné de matières putrescibles dont
les émanations ne seraient qu'en partie évitées par
l'interposition de la litière.

Un pavage quelconque est donc indispensable;
mais il y a presque toujours un choix fort important à faire entre divers systèmes, attendu que, à
solidité égale, il y a de très-grandes différences
dans le chiffre des dépenses, ainsi qu'on peut le
voir par les détails que nous donnons. Ces dépenses
peuvent varier dans le rapport de 1 à 4; or, l'économie, si désirable et même si indispensable dans
toutes les branches de l'architecture rurale, n'est
jamais mieux placée que quand elle s'obtient sans
compromettre en rien la durée d'un ouvrage; et
c'est ce qui a lieu ici.

L'ignorance des ressources variées que présentent diverses natures de matériaux pour la confection des pavages, tant intérieurs qu'extérieurs, dans les exploitations rurales, donne lieu souvent à des dépenses superflues, d'autant plus regrettables que ces excédants de dépenses eussent pu être reportés avec beaucoup d'utilité sur d'autres articles restés en souffrance dans l'ensemble de l'exploitation.

Ces considérations justifient le développement donné à la matière de ce paragraphe.

Le genre de pavage à préférer dépend principalement des ressources du pays en matériaux propres à cette destination. Depuis le pavé d'échantillon de la plus forte dimension jusqu'à une mosaïque faite en petits cailloux enchâssés dans un ciment convenable, on peut employer des matériaux de toute grosseur; mais la préférence doit être donnée au système qui concilie le mieux la solidité ou la longue durée avec l'économie dans les frais d'établissement.

Nous parlerons d'abord du pavage proprement dit, dans les conditions où il peut convenir aux écuries et étables.

On distingue, dans la pratique, quatre espèces de pavage, savoir: 1° le gros pavé cubique d'échantillon, qui a 0^m22 sur toutes les faces; 2° le petit pavé également d'échantillon, et ayant en largeur 0^m16 sur 0^m22 et 0^m22 de hauteur; 3° le pavé bâtard, composé de divers échantillons de 0^m16, 0^m18, 0^m22 d'équarrissage, de manière à n'être appareillé que dans une seule rangée; 4° enfin il y a une quatrième espèce de pavage plus économique que les précédents et suffisamment solide pour l'usage dont il s'agit. On y emploie des pavés dédoublés, résultant de la refente ou des principaux éclats obtenus, en carrière, dans la taille des pavés d'échantillon. C'est pourquoi il est nommé vulgairement pavé de deux ou pavé dédoublé.

Dans les pays voisins des carrières de grès, c'est-à-dire qui n'en sont pas éloignés de plus de 20 à 30 kilomètres, le prix des pavés d'échantillon n'est pas très-élevé, et si ces carrières fournissent des grès passablement durs, le pavage bien confectionné est presque inusable dans les cours de ferme, où il est beaucoup moins fatigué que sur les grandes routes. Cela a lieu à plus forte raison dans les écuries.

Mais il est très-rare que pour l'usage qui nous occupe on ait besoin de recourir à un mode de pavage aussi dispendieux. Les pavés d'échantillon ayant 0^{m}22 d'équarrissage n'ont reçu une dimension aussi massive que pour résister sur les routes à la fatigue du gros roulage et des voitures publiques ; mais elle est trop forte pour l'usage des écuries, étables, et même aussi pour les cours de ferme.

L'économie qui semblerait devoir résulter de l'emploi des pavés de moindre grosseur est souvent illusoire, par la raison que plus l'échantillon est petit, plus la pose comporte de sujétions. Ainsi, le pavé régulier de 0^{m}16 sur 0^{m}16 avec 0^{m}20 à 0^{m}22 de hauteur, ne coûte que 22 francs le cent au lieu de 50 francs. Mais il en faut 36 au mètre au lieu de 16, et ensuite, comme il est d'usage de poser ce genre de pavé par rangées diagonales, il en résulte plus de sujétions et de main d'œuvre ; de sorte que, à conditions égales, il revient à quelque chose de plus que le précédent, c'est-à-dire à environ 10 francs le mètre.

Le pavé bâtard, ayant des largeurs variables et une profondeur moyenne de 0^m18 à 0^m20, établi dans les conditions ci-dessus, coûterait à peu près 8 francs le mètre superficiel. C'est encore un prix très-élevé pour les constructions rurales. Aussi doit-on toujours chercher s'il n'existe pas d'autres systèmes de pavage auxquels on doive donner la préférence.

Le pavé dédoublé, dont il a été question plus haut, peut offrir presque toujours une solidité suffisante, surtout si on réserve les plus épais pour la confection des caniveaux et rigoles, le reste de la surface n'ayant que très-peu de fatigue. Alors on commence à réaliser une économie réelle par rapport aux prix des pavages précités, et l'ouvrage présente néanmoins une solidité suffisante.

On ne doit donc jamais négliger cette ressource lorsque l'on opère pour des établissements ruraux à proximité d'une exploitation de pavés d'échantillon.

A raison de 17 à 18 au mètre superficiel et de 20 francs le cent de prix d'achat, le pavage dans ce système revient à un prix très-modéré, ainsi qu'il résulte du détail ci-après.

PAVÉ BATARD.

Encaissement.

0^m06 de mortier hydraulique.

Fourniture de 18 pavés.

Mortier et sablage, comme aux sous-détails précédents.

Pose et damage du pavé.

Prix du mètre carré.

Dans les pays où il n'y a pas de grès, on se sert avec avantage, quand on a cette ressource, de pavés calcaires, toutes les fois qu'ils sont de bonne qualité. On peut les prendre de telle épaisseur que ce soit, pourvu qu'ils aient une de leurs dimensions pareille, de manière à pouvoir être placés par rangées régulières représentant les assises d'un mur qui serait horizontal.

L'épaisseur de 0^{m}16 à 0^{m}22 étant bien suffisante pour la solidité de ce pavage, posé comme les autres sur une forme de 0^{m}10 de sable, ou mieux sur une couche de 0^{m}05 de mortier, le mètre carré, eu égard au déchet, représente environ 0^{m}25 de moellons, dont le prix ordinaire, y compris un transport de 6 à 8 kilomètres, ne dépasse guère 6 francs; de manière que le sous-détail, prix moyen du pavage en moellons calcaires, peut s'établir ainsi :

PAVÉ EN MOELLONS CALCAIRES.

Fouille et dressement de l'encaissement.
0^{m}12 de sable.
0^{m}25 de moellons.
Ébauchage, pose, damage et sablage.

Prix du mètre carré.

On a donc, dans ce cas, un pavage solide, beaucoup plus économique que celui qu'on obtient par l'emploi du grès dans les pays non calcaires; et encore nous avons fait dans l'évaluation qui précède une part très-large aux chances d'éloignement des carrières, car dans les terrains de cette nature, les carrières de moellons sont généralement très-rapprochées des lieux de leur emploi. Quand le rapprochement est notable, le prix ci-dessus s'abaisse dans une très-forte proportion et peut être porté à 2 francs le mètre carré.

Dans les pays où il n'existe ni grès ni calcaires, on rencontre ordinairement, à des profondeurs variables, des éclats de meulière, de quartz, ou d'autres roches dures, débris analogues à ceux que les maçons désignent sous le nom de blocailles. Ces matériaux doivent nécessairement être posés sur une couche de mortier hydraulique.

De toutes les manières de les employer, la plus économique est la suivante, qui donne un résultat toujours satisfaisant, et dont nous avons fait plusieurs fois usage avec le même succès. Après avoir dressé le sol des écuries, étables, ou cours de ferme, suivant les pentes que l'on veut conserver, on pioche ce sol à une faible profondeur, de 10 à 12 centimètres, exactement comme si on voulait lui confier quelques semences ; après quoi on y pose directement les blocailles les unes à côté des autres en entremêlant avec soin les gros et les petits morceaux, de manière que la surface supérieure dessine exactement les pointes telles qu'elles ont été dressées, tandis que la surface inférieure pénètre dans le terrain ameubli, par de nombreuses aspérités. Quand le sol est ainsi recouvert par cette mise en place de la pierre sèche, on soumet celle-ci à un premier damage, en employant également le marteau du paveur pour enfoncer et niveler les plus fortes saillies.

Cela fait, on dispose sur la surface ainsi ébauchée 0ᵐ03 de mortier essentiellement hydraulique; puis on y projette, de la plus grande hauteur possible, des seaux d'eau, qui font pénétrer la totalité de ce mortier dans les joints ou interstices et jusque dans la forme de l'encaissement. Immédiatement après, on perfectionne et on termine le damage, et au bout de quelques heures le mortier a déjà repris sa première consistance, qui n'avait été que momentanément altérée par l'eau. Alors on recouvre le pavé d'une couche pareille de mortier hydraulique un peu maigre qui reste à demeure en s'incorporant parfaitement avec les pierrailles, à l'aide des vides ou des aspérités qu'elles présentent. Une faible couche de 0ᵐ02 à 0ᵐ03 de sable fin, répandu sur ce mortier, quand il est encore frais, termine enfin l'opération.

Au premier abord, cette manière d'opérer semble tout à fait anormale. La première fois que nous l'avons vu pratiquer, pour notre compte, nous étions porté à croire que la personne qui en faisait l'emploi agissait sans aucun discernement, car c'est une chose contraire à toutes les règles, dans l'art de l'ingénieur, que de voir délayer ou plutôt noyer ainsi, à grande eau, du mortier, et surtout du mortier hydraulique. Il est d'usage d'insérer dans tous les devis cette clause que le mortier que l'entrepreneur aurait laissé vieillir, ou délayer par la pluie, serait rejeté comme hors de service. Mais contrairement à notre attente, ce procédé exceptionnel a donné immédiatement des résultats tout à fait remarquables ; c'est-à-dire que l'on obtient par ce moyen une surface aussi dure et aussi unie que l'on peut le désirer, et dès que le sable extérieur se trouve balayé ou usé, on n'aperçoit point de différence entre la pierraille et le mortier, on n'a plus qu'une espèce de béton très-solide et parfaitement imperméable. Voici du reste le prix auquel revient le mètre de ce pavage, véritablement rustique :

Cailloutis hydraulique.

Piochage et dressement du terrain.

Fourniture de pierres siliceuses, en fragments, ou blocage ayant le plus possible d'aspérités et une hauteur maximum de 0^m12 à 0^m16, ladite pierre valant 7 francs le mètre cube.

0^m06 de chaux hydraulique et sable à employer en deux couches, comme il a été dit ci-dessus, à 9 francs le mètre cube.

Pose, damage et sablage.

Prix du mètre cube.

Suivant que l'on emploie des pierrailles d'un échantillon plus ou moins fort, l'épaisseur de la couche imperméable ainsi obtenue peut varier de 0^m12 à 0^m16, et la dépense reste la même, car on a soin de remplir les plus grands vides avec de petits fragments de pierres, de manière que l'épaisseur totale de 0^m06 de mortier hydraulique, telle qu'elle a été comptée, reste, dans tous les cas, suffisante.

Si au lieu de pierrailles pleines d'aspérités, comme la meulière ou la blocaille, qui sont les meilleurs matériaux pour ce genre d'ouvrage, on ne pouvait disposer que de cailloux roulés, de la grosseur du poing et au-dessus, on devrait encore les utiliser pour la même destination, avec la seule précaution de faire casser les plus gros, de manière à obtenir quelques surfaces à vives arêtes pour faciliter la liaison avec le mortier; on remplit d'ailleurs les vides, comme dans le cas précédent,

avec de plus petits cailloux, et l'ouvrage s'achève
absolument de la même manière.

Partout où il y a des rivières et des ruisseaux à fond
caillouteux, on peut donc obtenir les matériaux
nécessaires à ce genre de pavage que nous regardons comme le meilleur et le plus économique de
tous pour les écuries et étables.

Enfin, dans les contrées qui n'ont ni pavés, ni
pierrailles, ni cailloux, on a recours à la brique,
avec laquelle on peut faire également un bon travail, pourvu qu'elle soit de très-bonne qualité.
C'est surtout dans les étables que ce genre de construction est adopté, et eu égard à la moindre dépense, on le voit préférer souvent dans les lieux
mêmes où le pavage ordinaire n'atteint qu'à des
prix modérés.

On emploie principalement pour cette nature
d'ouvrage des briques de petit échantillon, dont les
dimensions approchent plus ou moins des suivantes, 0^{m}20 de longueur sur 0^{m}10 de largeur et 0^{m}05
d'épaisseur, de manière que, posées à plat, il en
faut 50 au mètre carré, et le double si elles sont
posées de champ. Leur prix moyen, d'une localité
à l'autre, approche de 12 francs le mille.

Voici, dès lors, comment se répartit la dépense
d'un mètre de ce pavage, dans deux suppositions :

Pavé en briques :

Forme de l'encaissement.

0^{m}05 de mortier hydraulique.

Fourniture de briques.

Pose.

Prix du mètre carré.

La brique à plat ne peut s'employer dans les étables qu'à 1m50 à 2 mètres environ de largeur, en avant du mur de la mangeoire. Sous les pieds de derrière des animaux, et aux abords des rigoles d'écoulement, on ne peut les mettre que de champ, la plus petite dimension étant toujours placée dans le sens de la pente. Cela donne alors dans le résultat final une sorte de système mixte dont le prix de revient est à peu près la moyenne proportionnelle entre les deux qui précèdent. Ce système de pavage en briques, moitié à plat, moitié de champ, est très-employé en France.

Dans les écuries de chevaux, la brique devrait être posée de champ sur toute la largeur; encore faudrait-il qu'elle fût d'une excellente qualité, d'une cuisson parfaite, pour résister aux chocs des fers. La brique à plat peut s'employer sans crainte dans les bergeries, où les mêmes causes de destruction n'existent pas, et où il se produit assez peu d'urine pour que la litière ordinaire suffise toujours à l'absorber. Nous avons remarqué, d'ailleurs, dans un des chapitres précédents, que, dans ce dernier cas, on pouvait se dispenser de tout pavage, en ayant soin de tenir le sol des bergeries assez bas pour qu'on puisse rechanger successivement la litière, jusqu'à ce qu'elle atteigne, au bout de quelques mois, à une hauteur déterminée qui en nécessite l'enlèvement.

§ 64. — Pentes transversales et longitudinales du sol des écuries et étables, caniveaux, rigoles, etc.

Nous venons de traiter avec détails ce qui se rattache au mode d'établissement des diverses espèces de pavage, sous le rapport des matériaux employés, en tenant compte des ressources locales; mais des considérations non moins essentielles se rattachent à ce qui touche les inclinaisons du sol dans l'intérieur des écuries et même des étables.

Pour procurer l'écoulement le plus prompt des urines, dont la stagnation ne peut être que nuisible, il faudrait, dans le sens transversal et dans le sens longitudinal, des inclinaisons prononcées. Or, le séjour habituel des chevaux sur un plan fortement incliné présente de graves inconvénients, quand surtout, comme c'est le cas le plus général, ces animaux, attachés devant les mangeoires, n'ont pas la faculté de changer de place. Il est rare que dans des écuries de ferme on puisse tenir la litière en permanence, de manière à réparer l'effet d'une trop forte inclinaison du pavé.

Dans le cheval, animal précieux à tous égards, surtout pour le cultivateur, le pied et la jambe sont les membres essentiels, ceux dont la conservation en bon état intéresse le plus le propriétaire; on doit donc pourvoir avec le plus grand soin à ce qui peut les maintenir ainsi ou en prévenir l'altération. Il faut pour cela : 1° que le cheval ne soit pas à l'écurie dans une position fatigante, contraire à sa conformation; 2° qu'il n'y trouve pas une chance continuelle d'accidents.

Un cheval ayant perdu ses aplombs, étant ce que l'on appelle vulgairement fatigué du devant, peut avec avantage être placé, à l'écurie, sur un pavé fortement incliné : cela soulage la partie faible; mais si un cheval non taré est soumis au même régime, il en résultera pour lui une chance permanente de détérioration.

En effet, un poids de 600 à 800 kilog., qui, dans

l'état normal, doit se trouver également réparti sur quatre points d'appui, va l'être, dans le cas dont il s'agit, toujours inégalement, de manière à en surcharger deux. Ce sont les jambes de derrière qui supportent cet excédant de fatigue, et alors il en résulte, d'une manière à peu près inévitable, la distension de certains muscles, l'accumulation des humeurs, etc., et en un mot l'usure prématurée du cheval.

On se trouve donc dans la nécessité de tenir un juste milieu entre deux sujétions différentes : celle d'assurer le plus possible l'écoulement des urines non absorbées par la litière, et celle de tenir les chevaux sur un sol le moins incliné qu'il est possible. D'après cela, les dispositions adoptées, d'un pays à l'autre, ne peuvent varier que par des détails de forme. Les inclinaisons longitudinales ou transversales étant restreintes dans des limites très-basses, telles que de 1 à 2 centimètres par mètre, la rigole qui doit assurer, suivant la longueur de l'écurie, l'écoulement des urines, atteint convenablement son but avec ces faibles pentes, quand elle est parfaitement balayée. Leur adoption ne présente donc pas d'inconvénient sous ce rapport ; or, elles sont entièrement inoffensives sous le rapport de la position des chevaux.

Il nous reste à parler de la forme de ces rigoles. Dans les étables où l'usage du vert, presque toute l'année, donne lieu à la production d'une grande quantité d'urines non absorbées, on adopte quelquefois le profil représenté fig. 129, c'est-à-dire que la pente transversale, très-peu inclinée, ainsi que nous venons de le dire, se termine à une espèce de trottoir ou de banquette à parement vertical, d'environ 0^{m}15 à 0^{m}20 de hauteur.

Cette disposition, favorable à l'écoulement des urines quand elles se produisent en abondance, facilite aussi, dans les étables simples, le dépôt des

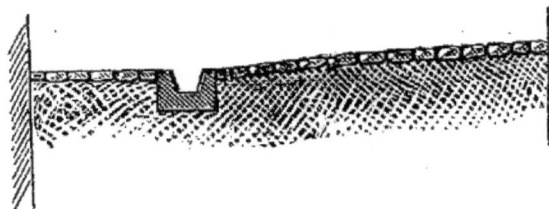

Fig. 129.

vases à lait pendant la traite des vaches. Néanmoins, elle est généralement regardée comme une gêne à la liberté du service intérieur, et l'on se borne le plus souvent à établir les rigoles d'écoulement par la simple réunion des deux pentes transversales sans trottoir ; ce qui a, de plus, l'avantage d'éviter le supplément de dépense assez notable que réclame la ligne de bordure, formant la rive de ce trottoir.

Cette disposition est celle qui est représentée fig. 129 pour une étable simple en profondeur.

Une forme des plus défectueuses est celle qui tend à assurer l'écoulement des urines, dans les écuries et étables, au moyen d'une rigole à section rectangulaire, de 0^m20 à 0^m25 de largeur sur 0^m15 à 0^m20 de profondeur. Si nous croyons devoir entrer à ce sujet dans quelques détails afin de prémunir les propriétaires contre ce système d'écoulement, c'est que des écrivains agricoles d'un grand mérite l'ont présenté comme satisfaisant. Dans d'autres cas, cette disposition peut offrir de grands avantages, en permettant de forcer la pente, à l'intérieur, autant que cela est utile, sans altérer l'horizontalité des bords de la rigole.

Cette circonstance pourrait même paraître déterminante dans le cas actuel, eu égard aux considérations qui viennent d'être présentées sur les inconvénients des fortes pentes pour le sol des écuries,
puisque la simple addition d'une planche de chêne,
percée de trous, recouvrant ces sortes de rigoles,
procurerait le double avantage d'un pavé presque
horizontal et d'un assainissement bien assuré.

Mais ces avantages ne sont qu'apparents, et l'expérience l'a plusieurs fois prouvé.

En examinant le profil de ce genre de travail,
indiqué fig. 130, on voit aisément ressortir ces in-

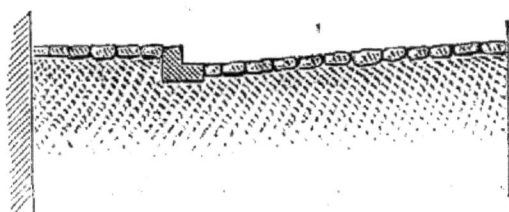

Fig. 130.

convénients. D'abord, la seule négligence de reposer
la planche de recouvrement, après les fréquents
nettoyages que réclame l'intérieur de ces rigoles,
les transforme en de véritables chausses-trappes
menaçant les bestiaux et les personnes de graves
accidents. Mais c'est aussi comme vicieux au point
de vue de l'art des constructions, que l'on doit signaler ce même système. En effet, si l'on peut dans
une étable ou écurie établir, sans trop de frais,
une ligne de petites bordures pour maintenir un
trottoir qui n'est que peu ou point pavé, il n'en
est pas de même dans le système que nous venons
de parler, puisqu'il s'agit de maintenir le pavage
de toute l'écurie. La solution de continuité établie
dans ce pavage ne peut se rétablir qu'avec une bor-

dure très-résistante, et par conséquent très-coûteuse; or, cet inconvénient, s'ajoutant à ceux qui viennent d'être signalés, démontre l'inadmissibilité du système en question.

CHAPITRE IV.

—

Objets divers dépendant de la construction des écuries et étables.

§ 1. — Planchers, Plafonds, Râteliers, Mangeoires, etc.

En examinant avec détail, dans le paragraphe précédent, tout ce qui concerne les différents systèmes de pavage, ainsi que les pentes admissibles dans les écuries et étables, nous avons envisagé l'un des points les plus importants de cette matière; mais d'autres demandent également à être développpés. Ce qui constitue les bonnes ou mauvaises conditions de la stabulation touche surtout d'une manière tellement directe à la grande question des bestiaux, que l'on doit accorder la plus grande attention même à des points qui pourraient paraître d'un intérêt secondaire. Les *planchers, plafonds, etc.* doivent d'abord être discutés. Sauf bien peu d'exceptions, il est d'usage d'établir des greniers à fourrage dans l'étage qui se trouve au-dessus des écuries. Cette disposition a l'avantage d'en permettre la distribution d'une manière prompte et commode, et d'économiser des frais de main d'œuvre ; elle peut donc être regardée comme avantageuse. Ces greniers à foin doivent avoir un plancher jointif, tant pour la conservation des semences, qu'il est toujours utile d'employer, que pour empêcher la chute de la poussière dans l'écurie. Celle-ci se trouve donc naturellement fermée à sa partie supérieure par ce plancher, qui est, en général, parfaitement suffisant. Dans quelques cas, cependant, on y ajoute un plafond en plâtre, qui recouvre les soliveaux restés apparents après la pose de ce plancher. Cette dépense se justifie par le motif que le plâtre empêche complétement la poussière des feuilles de tomber sur les animaux, auxquels cela est fort nuisible, et intercepte également l'odeur des écuries qui finit par s'imprégner dans les fourrages. Il nous semble que cette dépense supplémentaire d'un plafond est un luxe bien souvent inutile. Presque partout le plâtre est assez cher pour que le mètre superficiel de plafond revienne à 1 fr. à 1-50 ; cela entraîne donc des frais presque équivalents à ceux que réclamerait un pavage fait avec économie. Or, il est plus que douteux que l'avantage à attendre compense cet inconvénient. Si le plancher a été fait en bonnes planches de chêne sec, bien dressées, posées à rainures et à languettes, il ne se déjoindra pas, et ne laissera point, par conséquent, tomber de poussière sur les bestiaux. Ainsi, sous ce rapport, la nouvelle dépense ne se motiverait pas. Le plancher peut donc être considéré comme le mode normal de recouvrement des écuries et étables. Mais une autre considération d'économie vient militer en faveur de notre opinion ; elle s'applique surtout aux étables plutôt qu'aux écuries de chevaux.

Les bêtes à cornes en général, les vaches laitières en particulier, et surtout celles qu'on tient toujours à l'étable, éprouvent une transpiration considérable. Si les étables n'ont que des parois imperméables, comme cela a lieu quand elles sont plafonnées, la vapeur continuellement condensée contre ces parois est en grande partie répercutée et produirait une humidité permanente des plus nuisibles au bétail.

Ce fait s'est toujours manifesté quand on a voulu tenir les vaches, surtout l'été, dans des espaces entièrement en maçonnerie, comme des galeries voûtées, dont l'influence est pernicieuse. Un plafond en plâtre participe jusqu'à un certain point des qualités de la maçonnerie et n'absorbe point l'humidité dégagée dans la forte transpiration des bêtes à cornes. Dans les belles vacheries de la Suisse, des Vosges et du Milanais, dont les propriétaires sont essentiellement intéressés à l'adoption des meilleures dispositions à cet égard, on est tellement pénétré du principe dont il s'agit, qu'on va jusqu'à préférer souvent de simples claies en baguettes d'aune, de coudrier, etc., au plancher proprement dit, par le seul motif que ces claies, recouvertes d'une masse considérable de fourrage, ont une surface bien plus absorbante que le bois qui, lui-même, l'est infiniment plus que le plâtre. On peut cependant objecter que ces claies ont l'inconvénient de laisser passer la poussière de foin, qu'il s'y ramasse des toiles d'araignéees, etc.; mais ces petits inconvénients ne sont que d'une faible importance en comparaison de l'intérêt que l'on a, dans les grandes étables, à obtenir à si peu de frais une des dispositions les plus hygiéniques qu'on puisse trouver pour être en rapport avec la constitution des bêtes bovines. Ces parois à clair-voie ont un avantage particulier : c'est de procurer aux étables un moyen spécial de ventilation lente, très-favorable à la santé des bêtes à cornes. C'est sans doute pour cette raison que l'on voit préférer ce mode de construction, un peu antique, dans les pays de grandes prairies, où cependant les étables sont construites avec luxe.

§ 2. — Râteliers et Mangeoires.

Bien que d'un intérêt secondaire au point de vue de l'art des constructions, ces objets ont leur importance, car sans eux les écuries, étables et bergeries ne rempliraient qu'incomplétement leur destination. De plus, les modifications récemment apportées par le progrès des sciences agricoles dans le mode d'alimentation des bestiaux, exigent des changements correspondants dans la forme et la disposition des mangeoires, et il est nécessaire de les indiquer. Nous parlerons d'abord des anciennes formes.

Dans les écuries de chevaux, la mangeoire n'est généralement destinée qu'à recevoir la ration d'avoine, qui n'occupe qu'un petit volume. Sa largeur peut donc être assez minime; mais il faut qu'elle soit disposée de manière à recueillir complétement les graines de foin qui tombent des râteliers, car ces graines en sont la partie la plus nourrissante. A cet effet, on doit coordonner la disposition de la mangeoire et celle du râtelier de manière que celle-ci se trouve, par rapport à lui, en saillie sur le mur d'une quantité suffisante. Les mangeoires métallurgiques sont des innovations qui ont été essayées sans succès. Elles ne conviennent sous aucun rapport; aussi leur usage a-t-il été bientôt abandonné. Les bonnes mangeoires se font en pierre ou en plateaux de chêne de 0ᵐ035 à 0ᵐ040 d'épaisseur; la face antérieure est évasée en talus, de manière que la largeur au fond étant d'environ 0ᵐ30, la largeur au bord est de 0ᵐ40 à 0ᵐ42, avec une profondeur d'environ 0ᵐ20. Telles sont les dimensions ordinaires des mangeoires pour les écuries. Pour les chevaux de moyenne taille, le bord supérieur est établi à 0ᵐ95 au-dessus du pavé, ce qui place le fond à 0ᵐ75 du même niveau. La mangeoire est supportée, de distance en distance, par des chevalets convenablement espacés et qui peuvent correspondre de deux en deux aux séparations des chevaux dans l'écurie. Bien que ces mangeoires ne soient que rarement employées à recevoir des aliments liquides, elles doivent être assemblées avec soin et solidité, de manière à rester imperméables. Lorsqu'il est utile de recourir à l'usage des boissons rafraîchissantes, telles que buvées, eaux blanches, etc., il faut, de plus, qu'elles soient arrêtées solidement sur les chevalets et fixées au mur d'écurie par des pattes en fer, afin de résister éventuellement à un effort de traction, attendu que la face antérieure de la mangeoire porte les anneaux dans lesquels passent les longes des chevaux.

Les râteliers pour les chevaux ont généralement de 0ᵐ70 à 0ᵐ75 de hauteur; les barreaux, distants de 0ᵐ165 d'axe en axe, sont maintenus entre des traverses en bois de chêne de 0ᵐ09 à 0ᵐ10 de diamètre, et l'usage dominant jusqu'à présent a été de les incliner sous un angle d'environ 25° à 30° du côté des chevaux, afin de faciliter le placement du fourrage, soit qu'on le jette à la fourche, soit qu'on remplisse les râteliers par le moyen de trappes s'ouvrant dans les greniers à foin. Cette disposition est, il est vrai, fort commode, mais on la regarde cependant comme défectueuse, en ce qu'elle place les chevaux, pour manger, dans une attitude gênée, mais surtout parce qu'elle fait tomber au delà de la mangeoire, dans les yeux et sur la crinière des animaux, des graines de foin et des débris de fourrage. Dans les constructions modernes les plus soignées, on remarque des râteliers presque verticaux.

Pour éviter la difficulté du remplissage par le manque d'espace qui resterait entre les barreaux et le mur, on a soin de ménager dans celui-ci, pour les écuries d'une certaine importance où l'on conserve l'usage des râteliers continus, une retraite générale qui procure à peu près le même espace qu'avec les râteliers inclinés. Mais ce système de râtelier continu est défectueux par cela seul que les chevaux y mangent en commun, tandis qu'il est toujours utile de les rationner séparément, et que, dans tous les cas, il est essentiel de savoir si tel ou tel cheval consomme en totalité ou en partie la ration de fourrage qu'on lui donne. On préfère donc aujourd'hui, avec beaucoup de raison, les râteliers partiels, dans lesquels chaque animal ne peut prendre que ce qu'on a jugé convenable de lui attribuer.

Dans les systèmes modernes de la stabulation qui commencent à être très-appliqués en Angleterre, principalement pour les chevaux de prix, de petits râteliers en bois de forme ordinaire sont placés dans les angles des écuries; ce qui facilite beaucoup le placement d'une quantité suffisante de fourrage avec le peu de développement de ces râteliers, qui ont souvent moins de 1 mètre de largeur, sur la hauteur ordinaire de 0^m66 à 0^m70. Ils sont alors presque verticaux, et la mangeoire qui les accompagne peut également, avec une très-faible longueur, offrir, d'après cette disposition, une capacité bien suffisante pour tous les besoins de l'alimentation.

Dans les écuries ordinaires, dans lesquelles les chevaux sont attachés, mais où l'on veut profiter de l'avantage incontestable des mangeoires et râteliers isolés, ceux-ci, d'après les derniers perfectionnements dont nous avons déjà vu des applications dans quelques grands établissements agricoles, sont curvilignes, ayant la forme d'une coquille en petites tringles de fer d'environ 0m005 de grosseur. Ces râteliers de nouvelle construction sont fixés au mur de l'écurie à l'aide de vis et de coins en bois ; leurs dimensions en largeur et hauteur sont d'environ 1m00 sur 0m75. Ils coûtent, mis en place, de 10 à 12 francs. Il est vrai que cela est beaucoup plus cher que la portion correspondante à une tête de bétail dans les anciens râteliers en bois, dont la dépense ne s'élève guère qu'à 2 francs 50 à 3 francs le mètre courant, soit environ 3 francs 75 par stalle de 1m50 de largeur ; mais aussi le système de râteliers séparés est, comme nous venons de le dire, incontestablement meilleur pour le rationnement des animaux ; et de plus, dans cette forme anglaise, dite à coquille, les choses sont ingénieusement disposées de manière que le cheval, placé en face, peut seul consommer le fourrage, malgré la proximité de ceux qui sont de chaque côté.

Quel que soit le mode de construction qu'on adopte, on laisse ordinairement dans le sens vertical, pour la liberté de la tête du cheval, une distance de 0m60 à 0m66 entre le bord supérieur de la mangeoire et la traverse inférieure du râtelier. D'après les données précédemment indiquées, la traverse supérieure se trouve placée au moins à 2ᵐ20 au-dessus du pavé. Cette hauteur pourrait paraître considérable, mais on doit remarquer qu'il n'est pas nécessaire que les chevaux atteignent, pour manger, jusqu'à cette limite. Quand il s'agit d'une étable, les dispositions ne sont plus les mêmes. Ainsi que cela se voit notamment dans les vacheries des environs de Paris, le râtelier est généralement supprimé; ce qui exige déjà de plus grandes dimensions pour la mangeoire, seul emplacement où se consomment tous les aliments.

Ces mangeoires sont plus basses que celles des écuries, car leur bord supérieur n'atteint ordinairement qu'à 0ᵐ60 ou 0ᵐ62 de hauteur au-dessus du sol de l'écurie. Anciennement on ne leur donnait guère plus de largeur qu'aux mangeoires de chevaux. Il est en effet bien démontré que les fourrages verts ou secs, hachés à l'aide de machines simples et expéditives que l'on a construites depuis quelques années, sont infiniment plus économiques et surtout plus favorables à l'engraissement des bestiaux que la même quantité de fourrage donnée sans cette préparation. Les rations mixtes, composées généralement dans la proportion moyenne d'environ quatre cinquièmes en légumes cuits et fourrage et un cinquième en substances farineuses ou oléagineuses, tendent aujourd'hui à devenir le mode presque général d'alimentation des animaux de la boucherie, et dans beaucoup de localités, celui des vaches laitières.

Le poids maximum de ces rations, sur la fin du régime tout spécial de l'engraissement, va jusqu'à 50 kilogrammes par jour, et même au delà. Cela exigeait donc nécessairement des dimensions plus grandes que pour les mangeoires anciennes. Aussi leur donne-t-on aujourd'hui environ 0^m40 de largeur au fond et 0^m50 au bord, avec une longueur d'environ 0^m80 par tête de bête bovine; cela correspond à une capacité bien suffisante pour le but qu'on se propose. Les mangeoires d'étables, destinées à recevoir des aliments à demi liquides, doivent être, autant que possible, en maçonnerie. L'emploi, si facile aujourd'hui, des ciments hydrauliques donne les moyens de les construire avec beaucoup d'économie, et il n'est pas de substance plus convenable pour cette destination. L'excédant de chaux qui y reste pendant les premiers jours disparaît bientôt à l'aide de quelques lotions; et d'ailleurs, ce principe essentiellement salubre n'aurait rien que de très-favorable à la santé du bétail, lors même qu'il conserverait une faible action sur les aliments; ce qui n'a pas lieu.

§ 5. — Récapitulation des principes précédemment exposés, concernant les écuries et étables.

Ces principes sont simples et d'une réalisation facile. Cependant rien n'est plus fréquent que de rencontrer des établissements agricoles d'une certaine importance où ils semblent avoir été complétement méconnus. Ici, ce sont des écuries ou étables trop étroites, trop basses, dans lesquelles l'air ne se renouvelle pas, où les bestiaux séjournent dans une atmosphère habituellement fétide, et où le fourrage est lui-même bientôt imprégné de miasmes. Les procédés de ventilation, ou même de simple aérage, sont encore, dans un grand nombre de localités, complétement inconnus; et tandis que, pour

assainir ces locaux privés d'air, il n'y aurait rien à
changer ni dans les dimensions, ni dans les dispositions principales de construction, on néglige des
avantages certains qui pourraient s'obtenir sans
dépense, à l'aide de simples soins, et qui cependant
amélioreraient complétement les conditions hygiéniques des plus mauvaises étables.

Ailleurs, ce sont des emplacements trop spacieux,
nuisibles aux bestiaux par la raison contraire ; des
étables de 4 mètres de hauteur et au delà, percées,
hiver comme été, de très-grandes ouvertures, souvent mal fermées, où des courants d'air froid ex-
posent les chevaux qui rentrent du travail, à des
refroidissements trop souvent suivis de peripneu-
monie. Telles sont sur le seul article de l'espace
et de l'aérage, les conséquences du délaissement ou
de l'incurie dont on trouve la preuve, dans tant de
lieux, à l'égard des bestiaux, soutien de l'agriculture.

Les bâtiments destinés au logement des animaux
sont cependant ce qu'il y a de plus essentiel dans
tout l'ensemble des constructions rurales. En effet,
les chambres d'habitation sont rendues plus ou
moins commodes, suivant le degré d'aisance des
personnes qui doivent les occuper. En cas de défec-
tuosités, les intéressés peuvent indiquer ce qui
leur manque, remédier par eux-mêmes aux inconvénients de leurs habitations, ou les signaler à qui
de droit. Il n'en est pas de même des utiles animaux appelés à supporter la plus rude part du dur
travail de la culture. S'ils éprouvent de la chaleur
ou du froid, s'ils ne peuvent jouir du moment de
repos qu'on leur accorde, ils n'ont pas la faculté de
le dire ; ils souffrent sans se plaindre. La diminution de leur appétit, de leur embonpoint et de leurs

forces, est presque toujours le seul indice qui puisse faire remonter aux causes de cette souffrance.

S'il s'agit de bestiaux destinés au commerce de la boucherie, il est encore plus important que rien ne laisse à désirer dans la manière dont ils sont placés dans les étables ou autres constructions faites pour les abriter, attendu que la moindre altération dans les conditions hygiéniques, reconnues pour être les meilleures, se traduit toujours en une diminution de produit ou par une augmentation des frais de production.

Lorsqu'on examine la valeur élevée de la ration journalière d'engraissement d'un animal quelconque, depuis celle d'un bœuf jusqu'à celle d'un porc, ou même d'un mouton, on reconnaît bientôt que le minimum de durée correspond toujours au maximum du produit. Or, cette moindre durée, c'est-à-dire ce prompt accomplissement des conditions désirées, est la conséquence d'un bien-être non interrompu, qu'on ne peut procurer aux animaux qu'avec d'excellentes conditions dans le régime de la stabulation, au moins aussi important sous ce rapport que celui de l'alimentation proprement dite.

On ne saurait donc faire une étude trop attentive de la question des bâtiments ou établissements quelconques devant servir à l'exploitation du bétail. Ce n'est pas la dépense qui décide du degré de perfection des divers locaux qui nous occupent, mais c'est l'intelligence complète de leur destination et de leur influence sur le bétail. Si nous avons indiqué avec quelques développements le système moderne des boxes, comme paraissant devoir amener de grandes améliorations dans les anciennes habitudes, ce n'est pas seulement parce que ce système réalise des avantages spéciaux,

c'est aussi parce que, étant beaucoup moins cher
que l'ancien, il mériterait sous ce seul rapport
d'être pris en grande considération. Ayant à nous
occuper principalement ici des écuries et étables,
qui, d'après le grand nombre de constructions déjà
existantes, resteront longtemps encore le mode
dominant, nous avons dû exposer avec assez de
détails les points fondamentaux à observer pour
qu'elles se trouvent placées dans les meilleures conditions. Quelques figures achèveront de préciser
les divers points qui ont fait l'objet des paragraphes précédents. Les dispositions dont il s'agit se
trouvent d'ailleurs appliquées, sauf de légères variations, dans des contrées très-diverses; mais des locaux de mêmes dimensions diffèrent souvent beaucoup par la nature des matériaux qu'on y emploie,
tout en atteignant également le but qu'on se
propose.

Les divers modes de constructions qui viennent d'être mentionnés plus haut se reproduisent
à peu près dans les principaux centres d'exploitation agricole. La fig. 131 représente la coupe
d'une écurie simple pour chevaux, telle qu'elles
sont construites dans la plupart des fermes fran-
çaises. La largeur est de 5ᵐ20 et la hauteur de
3 mètres, entre les soliveaux du plancher et le niveau du pavé, pris sous la mangeoire. Ce dernier
construit en cailloutis ou blocage de 0ᵐ16 d'épaisseur moyenne, repose sur une sorte de sable fin;
mais dans toutes les contrées ou la chaux hydraulique est commune, il y a avantage à le construire
sur mortier.

La pente de ce pavé, conformément à la règle
précédemment indiquée, n'est que d'environ 0ᵐ02
par mètre, c'est-à-dire 0ᵐ08 sur la largeur totale

de 4 mètres, comprise entre le mur du râtelier et
la rigole. Celle-ci n'a également que cette même in.

Fig. 151.

clinaison; encore est-elle brisée en plusieurs places, notamment vis-à-vis de la porte d'entrée, de
manière à ne jamais se prolonger sur plus de 5 à 6
mètres, afin de ne pas déformer la pente transversale qui conserve ainsi sa régularité.

Encore bien qu'il soit constaté que les râteliers
presque verticaux sont les plus avantageux quand
ils sont placés soit avec une saillie suffisante, soit
vis-à-vis une retraite du mur de l'écurie, beaucoup
de propriétaires ont conservé l'ancienne méthode,
consistant à placer ces râteliers dans un angle de
30 à 35 degrés avec la verticale, d'une part, parce que
cela ménage l'espace, quant à la saillie, d'envi-

ron 0^m15 qu'il faut donner, dans le cas contraire,
à la traverse du bas; de l'autre, parce que l'évasement supérieur de la crèche, avec les râteliers inclinés, facilite beaucoup la prompte distribution du
fourrage, à l'aide de petites trappes s'ouvrant le
long du mur du grenier à foin, qui se trouve généralement placé au-dessus des écuries. Ce cas est
celui qui a lieu pour l'écurie représentée dans la
figure ci-dessus. Les croisées, ouvertes dans le mur
opposé au râtelier, ont peu de largeur, de manière
à ne pas amener de brusques variations ni dans
la lumière, ni dans la température de l'écurie.
Celle-ci est recouverte, au-dessus des solivages,
par un plancher jointif servant en même temps au
grenier à foin. Il est percé de 6 en 6 mètres, le
long du mur du râtelier, d'ouvertures correspondantes à des conduits ventilateurs en planches de
sapin de 0^m22 d'ouverture dans œuvre. C'est ainsi
qu'on assure en toute saison le renouvellement de
l'air et qu'on prévient l'élévation de température,
qui fatigue beaucoup les chevaux dans les écuries
où cette précaution n'est pas observée. Les ventouses, qui se placent essentiellement au niveau du
sol afin d'agir sur les couches inférieures, les
plus exposées à se charger d'acide carbonique, ne
sont que de petites ouvertures circulaires ou sec-
tangulaires ménagées dans les murs de l'écurie; elles
n'ont souvent que de 0^m03 à 0^m06 de diamètre. On
les garnit, si on le juge convenable, d'une petite
grille en fonte qui s'y adapte exactement, dans le
but d'empêcher de faciliter l'introduction des souris ou autres animaux nuisibles. Leur nombre et
leur rapprochement se calculent d'après le plus ou
le moins d'activité que l'on veut donner à la ventilation. Et d'ailleurs celle-ci se règle à volonté, non-

seulement par les ventouses placées au niveau du sol, mais surtout par des clefs-soupapes existant à la partie inférieure des tuyaux qui prennent naissance dans le plancher. Ces soupapes se réduisent à une plaque en bois, ou en métal, ayant pour dimension la section même de ces tuyaux, et tournent autour d'un axe horizontal, exactement comme cela a lieu dans les tuyaux de poêle. Ce principe si simple de la ventilation par tuyaux de tirage appliqués aux écuries et étables, est une des conquêtes intéressantes faites au profit de l'économie rurale; elle serait déjà très-digne d'attention quand elle n'aurait servi qu'à empêcher de donner aux écuries et étables, sous prétexte d'aérage, une dimension en hauteur tout à fait exagérée. Cet excédant de hauteur, étant aussi nuisible à la santé du bétail qu'onéreux pour les propriétaires, ne nous semble devoir être signalé que comme une chose à éviter soigneusement dans les nouvelles constructions.

L'étable à vaches représentée figure 152 pour la largeur et la hauteur a aussi les mêmes dimensions normales qu'une écurie simple, telles qu'elles ont été relatées plus haut : elle offre la disposition généralement adoptée par les nourrisseurs des environs de Paris. On supprime dans ces étables le râtelier, regardé comme superflu, attendu que la presque totalité de la nourriture consiste en rations composées en partie de légumes cuits, en partie de farineux. Par la même raison, les mangeoires sont fort grandes ; on leur donne aujourd'hui 0m40 à la cuvette et 0m48 au niveau du bord. Elles sont, de plus, pourvues de cloisons ou séparations, de manière à pouvoir rationner à volonté chaque vache comme on le désire.

Le pavé en briques, moitié à plat, moitié de champ, rentre exactement, pour la construction

Fig. 152.

et le prix de revient, dans les conditions que nous avons examinées à l'article *pavage*.

Quand la pose est faite avec soin, sur du mortier de bonne qualité, ce mode très-économique de pavage présente une durée satisfaisante et convient parfaitement sous les pieds des bestiaux non ferrés ; mais nous avons eu soin de faire remarquer qu'il ne conviendrait pas sous les pieds des chevaux.

Le trottoir saillant d'environ 0ᵐ12 qui règne le long de la rigole, incliné comme dans le cas précédent, présente une application de la deuxième forme des caniveaux, que nous avons présentée comme avantageuse plutôt pour les étables que pour les écuries, à cause de l'abondance des urines dans ce dernier cas.

Enfin, la fig. 133 représente une grande étable double, telle qu'on les construit pour l'exploitation exclusive des vaches laitières dans la province de Lodi, en Lombardie, province renommée par sa riche production de fromages dits de Parmesan.

Dans ce pays, si riche en fromages par les vastes prairies si largement pourvues des eaux de la Muzza, les vaches sont au vert toute l'année. On leur donne ce fourrage dans les râteliers, par suite de l'usage local consistant à les laisser choisir le tiers ou le quart des meilleures herbes qu'elles préfèrent, et à retirer, trois ou quatre fois par jour, le restant, que l'on fait faner pour avoir du foin qui se vend sur les marchés.

Ces étables ont, au minimum, 8 mètres de largeur; elles sont couvertes par un solivage ordinaire, reposant sur des poutres en sapin formées de deux madriers juxtaposés et fortement boulonnés. Au-dessus, ce sont de simples claies qui remplacent le plancher et servent à la fois pour le grenier à fourrage sec, placé au-dessus de l'étable. Nous avons déjà signalé cet usage, qui n'est point commandé par l'économie, comme étant basé sur une disposition hygiénique dans l'intérêt du bétail.

Le pavé, en cailloux roulés, tels qu'on les emploie dans les pays méridionaux, ne présente que des pentes douces, aboutissant à des caniveaux qui conduisent les urines dans les fosses à purin, ou même directement dans des tonnes, que l'on mène sur les prairies après leurs différentes coupes, en ayant toutefois la précaution d'étendre d'eau ce liquide, qui serait corrosif.

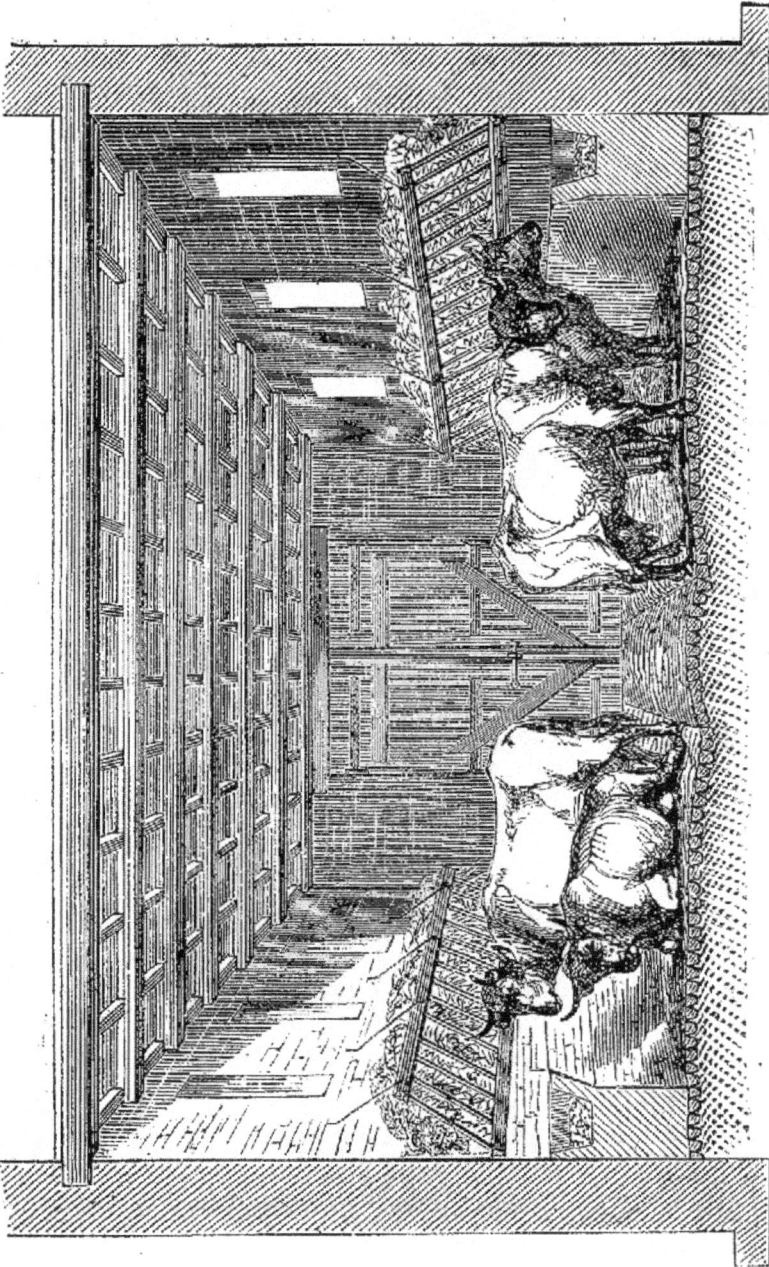

Fig. 135.

Au milieu de la section transversale, on remarque la petite chaussée bombée de 1 mètre à 1^{m}30 de largeur, ainsi que cela se voit également dans les étables doubles des environs de Paris. C'est en effet une forme dont l'adoption peut être regardée comme indispensable quand la production du lait fait l'objet de l'exploitation.

La litière, retirée partiellement pendant le jour, est remaniée et rafraîchie tous les soirs. Quant à l'enlèvement des fumiers qui se produisent en grande quantité, il a lieu très-expéditivement, à l'aide de charrettes qui traversent les étables dans toute leur longueur, ainsi que l'indiquent les grandes portes placées aux deux extrémités.

ART. II.

§ 4. — Porcheries, toits à porcs. —Parcs à moutons et autres constructions analogues.

Pour terminer ce qui concerne les constructions à l'usage des bestiaux, nous avons réuni dans le présent chapitre les dispositions relatives à divers établissements d'un intérêt secondaire par rapport aux écuries, étables et bergeries, mais dont la bonne disposition est néanmoins fort importante par son influence sur le résultat des exploitations.

Les détails donnés dans ce chapitre, au point de vue principal de la construction, se complètent fréquemment par des considérations puisées directement dans l'économie des animaux. C'est qu'en effet les deux questions se trouvent étroitement liées l'une à l'autre et que le plus sûr moyen de bien entendre la première est d'être parfaitement initié aux détails de la seconde.

Parmi les animaux éminemment utiles au cultivateur, on doit citer le porc, comme un de ceux
dont l'exploitation peut donner les plus grands pro-
fits. Mais indépendamment des soins particuliers
que demande cette race, la disposition bonne ou
mauvaise des bâtiments qu'on lui consacre, exerce
une grande influence sur les produits à en obtenir.
Nous devrons donc donner sur ce sujet les détails
nécesssaires.

Quelques fermes, placées dans des conditions
favorables pour ce genre d'industrie, peuvent élever et vendre de jeunes porcs en très-grande quantité. On désigne alors sous le nom de porcherie
l'emplacement spécial que ces animaux occupent.
Dans le plus grand nombre des cas, cette éducation est assez restreinte et n'exige qu'un emplacement où des constructions minimes. Ces dernières
sont alors désignées sous le nom de toits à porcs.
Mais en petit comme en grand, les mêmes règles
doivent présider à la disposition de ces bâtiments
et au régime des animaux que l'on y renferme.

Dans les localités voisines de forêts, de marais
ou de terrains vagues d'une grande étendue, sur
lesquels les porcs peuvent trouver une abondante
nourriture, on les élève à très-peu de frais jusqu'à l'âge de six mois à un an ; alors ils sont ordinairement engraissés. Ils rentrent, pour cette
période de temps, dans la classe des bestiaux dont
il vient d'être fait mention, et qui peuvent être ex-
ploités sans qu'on ait à supporter aucune dépense
de bâtiment proprement dit. Pour les abriter, la
nuit seulement, on peut se borner à de simples
baraques ou hangars temporaires, analogues à ceux
qui ont déjà été décrits.

Mais ce cas ne se présentant que rarement, on

est obligé de tenir les porcs, presque toute l'année, dans la ferme, et d'avoir conséquemment un local convenable pour les nourrir et les entretenir en bon état.

Le local rentre, selon ses dimensions, dans l'une des deux classes que nous venons d'indiquer.

Une porcherie peut ne recevoir que des animaux à engraisser, ou bien, tout à la fois, ceux que l'on élève et ceux que l'on conserve pour la reproduction. Dans tous les cas, il est très-nécessaire que les diverses catégories soient séparées, parce que le régime alimentaire et les soins ne sont pas les mêmes.

Pour une truie de bonne race, qui à chaque portée met bas, ordinairement, de dix à douze petits, et quelquefois plus, il faut une véritable écurie, offrant au moins 12 mètres de superficie, et toujours pourvue d'une bonne litière. Dans ce cas, on ne peut plus se régler strictement sur le minimum d'espace à attribuer par tête de bétail, comme cela a lieu dans l'établissement des écuries, étables et bergeries.

Ces étables donnant généralement sur des cours de ferme, qui doivent être closes et assez spacieuses, on y lâche, une ou plusieurs fois par jour, les truies, avec leurs petits, auxquels l'air et l'exercice sont extrêmement utiles. Quand lesdites étables n'ont d'issue que sur la voie publique, ou sur une cour trop petite, on ne peut plus jouir, comme dans le cas précédent, de l'avantage de faire sortir les jeunes porcs sans gardien ; il faut alors recourir à des dispositions particulières, et nous allons montrer, plus loin, qu'entre toutes celles que l'on peut adopter, la méthode des boxes est éminemment favorable pour le cas dont il s'agit.

Les verrats, ou porcs destinés à servir d'étalons,
doivent être tenus séparément. On les places dans
des loges à part, du moins tant qu'ils servent pour
cette destination, car un des avantages de cette
race est de pouvoir mettre les mâles à la castra-
tion à tout âge; de sorte que lorsqu'ils ont été utilisés pendant un certain nombre d'années pour la
reproduction, rien ne s'oppose à ce qu'ils soient mis
au régime de l'engraissement. Néanmoins, on ne
conserve ordinairement que peu de verrats, et il
ne s'en trouve que dans un petit nombre de domaines.

Il reste donc à chercher la meilleure manière de
disposer les locaux destinés aux jeunes porcs, soit
simplement mis au sevrage pour être vendus maigres, soit déjà soumis au régime de l'engraissement. On ne peut hésiter à reconnaître que les étables closes, toujours plus ou moins privées d'air,
sont défavorables à l'hygiène des bestiaux en général, mais particulièrement à celle des porcs. En
effet, contrairement à un préjugé fort répandu, ils
recherchent naturellement l'air et la propreté. C'est
sans doute en prenant pour base sa voracité et les
instincts d'un estomac omnivore, qu'on a pu considérer le cochon, en général, comme un type de
malpropreté, comme un animal immonde. Il est au
contraire remarquable de voir qu'un porc, toutes
les fois qu'il peut faire autrement, évite soigneusement de salir, par ses déjections, la litière sur laquelle il couche; qu'il recherche toujours les places
les moins souillées, si, comme cela se voit trop
souvent, on le laisse croupir dans la malpropreté.
On nomme toits à porcs l'emplacement où l'on
abrite les cochons, parce que, effectivement, ils peuvent se réduire à un simple hangar, et que, dans

tous les cas, ils réclament beaucoup d'air. Des étables entièrement closes seraient très-défavorables, même l'hiver, à moins qu'on n'ait eu le soin de les pourvoir d'un bon système de ventilation. D'après ces considérations, on est conduit à adopter, pour les grandes ou petites porcheries, le régime des boxes, dont les avantages viennent d'être développés dans les paragraphes qui précèdent; c'est-à-dire que l'habitation la plus convenable pour les porcs d'une même destination doit avoir lieu dans des loges séparées, d'une capacité convenable pour en contenir un ou plusieurs, mais entourées d'une cour commune dans laquelle ces animaux peuvent venir, en tout temps, jouir de l'air libre et du soleil, enfin, prendre leur nourriture, au moins pendant l'été, si l'on trouve plus commode de la leur distribuer de cette manière.

Les loges, fermant à volonté, sont de petites écuries de la construction la plus simple et la plus économique. Pour des porcs adultes de grosseur ordinaire, soumis à l'engraissement, un emplacement superficiel de 2^{m}60 à 3 mètres par individu est suffisant, dans les loges; mais, dans les cours, on donne ordinairement davantage. Celles-ci réclament un bon pavage à mortier hydraulique, ayant un système de pentes convenablement ménagées pour assurer, dans une direction déterminée, l'écoulement des urines, qui s'y produisent en grande quantité. La solidité de ce pavage est encore réclamée pour une autre cause, qui est la disposition naturelle des porcs à fouiller la terre, en surmontant tous les obstacles qui se présentent. Quel que soit le système de pavage adopté pour des loges à porcs, ou les cours qui en dépendent, dès qu'il y aurait seulement un demi-mètre d'enlevé, l'écurie entière serait bientôt dépavée, et cela quand bien même il n'y aurait aucune nourriture à trouver à la suite de cette destruction. Les règles données plus haut sur la bonne construction du pavage des écuries et étables, trouvent donc ici une application particulière. Cette nécessité s'applique encore plus aux cours qu'à l'intérieur des loges, attendu que les cochons, quand ils s'y trouvent, sont plus disposées à fouiller que quand ils rentrent sous l'abri, où ils finissent par ne plus aller que pour dormir. Si ces cours n'étaient pas solidement pavées, les porcs affouilleraient à coup sûr le pied des murs, palissades, ou autres clôtures, et finiraient par tout détruire.

Malgré ses faibles dimensions, le pavage en cailloutis, sur mortier hydraulique, avec le système économique décrit dans l'un des paragraphes précédents, est particulièrement convenable pour cette destination.

Un point fort important dans l'établissement d'une porcherie est la bonne construction des mangeoires. L'usage le plus habituel consiste à les construire en pierre, soit séparées, soit avec des cloisons, afin de pouvoir rationner chaque animal. Ces auges sont encaissées dans la maçonnerie des loges, et comme celles-ci sont généralement assez basses, on trouve plus commode de leur distribuer la nourriture de la cour.

C'est ainsi que cela se pratique encore dans les fermes où l'on n'élève qu'un petit nombre de porcs, principalement pour la consommation du personnel attaché à l'exploitation. La main d'œuvre que réclame leur nourriture n'est pas considérable, pour qu'on ait beaucoup à gagner en l'économisant à l'aide de dispositions particulières. Au contraire, dans les exploitations où l'élevage des animaux est un objet principal, on a grand intérêt à faire en sorte que la distribution des aliments, qui se consomment d'ailleurs en grande quantité, ait lieu de la manière la plus expéditive. C'est ce qui a conduit à adopter le système des boxes, dont la disposition fondamentale consiste, comme on l'a vu plus haut, en un couloir commun passant derrière les loges. On a de plus aujourd'hui des auges pouvant être rendues communes à des animaux placés, les uns en dedans, les autres en dehors de la muraille, dans laquelle ces auges se trouvent placées en mitoyenneté. On n'est tenu qu'à une seule précaution : celle de les faire manger à des heures différentes. On a, dans ce but, un volet mobile sur un axe horizontal et décrivant par sa partie inférieure un arc de cercle assez étendu pour qu'il puisse se fixer à volonté d'un côté ou de l'autre de la mangeoire, c'est-à-dire de manière que celle-ci puisse servir alternativement des deux côtés. Quant au mode de fermeture du volet, il est très-simple, et peut ne consister qu'en deux verrous pénétrant dans des espèces de mortaises qui fixent la fermeture en avant ou en arrière de l'auge.

Dans la visite que nous avons faite récemment de quelques fermes les mieux tenues dans les comtés du midi de l'Angleterre, nous avons remarqué l'application de ce même système avec de notables perfectionnements.

Les porcs d'engraissement y sont placés dans de véritables boxes très-analogues à celles qui viennent d'être décrites; elles sont généralement disposées en loges contiguës, dont chacune sert à un seul animal. Leur dimension est de 1^{m}50 de lar-

geur sur 2 mètres de longueur, et la petite cour
contiguë à chacune d'elles n'a que ces mêmes dimensions. Le couloir qui sert à faire le service de
toutes les mangeoires a 1m25 de largeur; les portes
mobiles dans les rainures ou coulisses verticales
manœuvrent à l'aide d'une simple poulie, avec ou
sans contre-poids; système fréquemment employé
dans ce pays. Les fig. 134 et 135 suivantes donnent

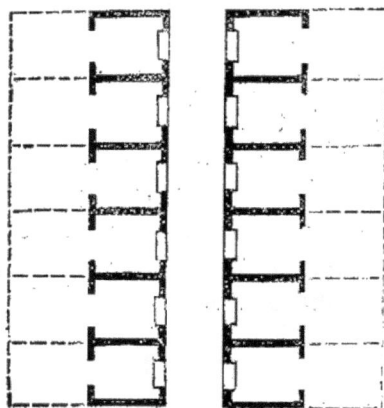

PLAN D'UNE BOXE POUR LES PORCS.
Fig. 154.

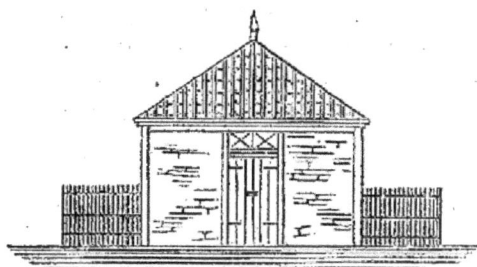

ÉLÉVATION.
Fig. 155.

le plan de l'élévation latérale d'un de ces établissements.

Nous ne parlerons pas ici des appareils qu'on emploie avec le plus d'économie pour la cuisson des pommes de terres et autres produits végétaux destinés à la nourriture des porcs; ces appareils sont décrits dans la section suivante, qui traite des divers instruments, machines ou ustensiles employés pour la nourriture.

§ 5. — Des toits ou rangs à Porcs.

Dans les contrées où le gland est commun, chaque ferme devrait avoir des toits à porcs en assez grand nombre pour pouvoir toujours séparer les porcs suivant leur âge, leur sexe et leur destination. Ainsi on devrait avoir un logement pour les verrats, un autre pour les truies prêtes à mettre bas, un troisième pour les cochons à sevrer, enfin un quatrième pour ceux que l'on veut engraisser.

Suivant M. Delasterie, pour chaque truie ou porc d'engrais l'emplacement devrait être de 3ᵐ20 de surface, de deux à trois mètres pour les verrats, et de 1ᵐ 30 à 1ᵐ 50 pour chaque cochoneau; ce qui fait en moyenne, eu égard à la composition ordinaire d'un troupeau de cochons en éducation, 2ᵐ55 carrés par tête d'animal. Il est évident que si l'on se bornait à l'engrais, il faudrait adopter le chiffre de 3ᵐ20 carrés par tête d'animal. (Fig. 136 et 137.)

Il suffit que les séparations des loges soient de 1ᵐ25 de hauteur. Leur sol doit être incliné, pavé et assez élevé pour être parfaitement sec et permettre l'écoulement complet des déjections liquides dans un conduit qui les amène jusqu'à la fosse de l'aire à fumier. La hauteur du toit des loges peut-être fixée à 2ᵐ50, et on ne doit pas oublier que l'exposition doit être au midi : c'est une précaution indispensable pour la prospérité de l'éducation.

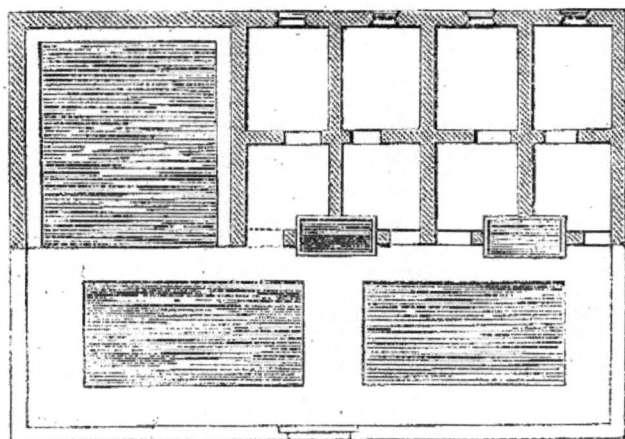

PLAN DE LA PORCHERIE.
Fig. 456.

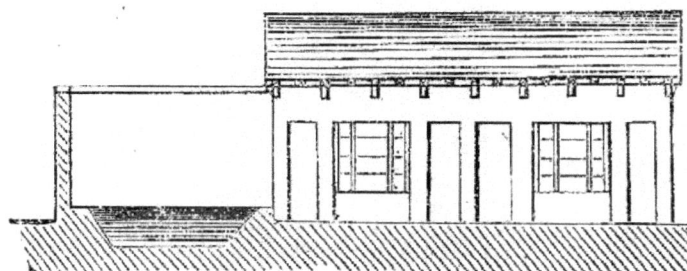

ÉLÉVATION.
Fig. 157.

C'est une erreur de croire que les porcs aiment à vivre dans l'ordure ; ils n'engraissent pas si on les renferme sous un toit si étroit qu'ils soient forcés de se coucher dans leurs déjections. Il faut les placer dans un lieu propre et commode, leur faire de la litière, la rafraîchir, et nettoyer fréquemment leurs demeures.

En général, il ne faut pas trop économiser sur les

dimensions des toits à porcs ; le mieux serait, en leur conservant les proportions nécessaires à leur destination, de les faire communiquer avec une petite cour où ils iraient se vider et prendre l'air.

Les auges de ces logements doivent être placées de manière que l'on puisse y verser le manger du dehors, sans être obligé d'entrer dans la loge. Chaque cochon doit avoir son auge particulière, principalement pour ceux qui sont à l'engrais, afin qu'ils puissent manger convenablement leur portion, qu'un voisin plus fort ou plus adroit pourrait leur dérober.

Les cochons, en mettant leurs pieds dans leurs auges, perdent ou gâtent une grande partie de leur nourriture. On remédie à cet inconvénient en mettant les auges moitié en dedans seulement et moitié en dehors du toit, de manière que le cochon n'y trouve que la place nécessaire pour y mettre la tête. (*Voy.* fig. 138 et 139.)

DÉTAILS DE LA PORTE.
Fig. 138.

Il faut donner beaucoup de solidité à tous les détails de construction d'un toit à porcs, car il n'y a pas d'animal plus destructeur que le cochon. On en pavera donc solidement le sol en pierres dures ou en briques de champ, et l'on disposera ce pavé en pente nécessaire pour l'écoulement des urines.

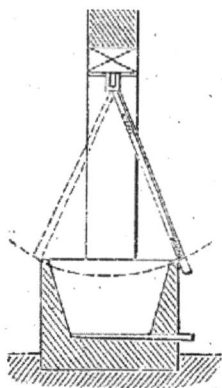

COUPE DE LA MANGEOIRE.
Fig. 159.

Si le bois est commun dans le lieu où l'on construit, ou si l'on ne craint pas la dépense, on placera au-dessus du pavé un plancher percé de trous pour faciliter l'écoulement des urines. Les animaux ainsi placés reposeront mieux ; il sera plus facile de les tenir proprement et — ce qui n'est pas moins essentiel — de les préserver de l'humidité.

Si l'on peut se procurer sans peine de la chaux ou des mortiers hydrauliques, on fera bien d'en employer en plaçant le pavé. Cela évitera tout dépôt intercalaire, conséquemment toute mauvaise odeur permanente ; ce qui ne devra pas dispenser de laver ces pavés tous les jours, s'il est possible.

§ 56. — Des soins de Propreté nécessaires dans les écuries, étables, etc.

De tous les animaux domestiques, le cheval est celui qui exige le plus de propreté et auquel les mauvaises odeurs répugnent le plus. Les personnes qui veulent faire beaucoup de fumier mettent une grande quantité de paille sous leurs chevaux et laissent quelquefois la même litière durant des semaines. Le crottin, l'urine, la chaleur de l'écurie, réduisent bientôt en pourriture la paille, de laquelle s'élèvent continuellement des vapeurs très-nuisibles aux animaux qui les respirent.

En outre, cette chaleur humide occasionne aux chevaux des maux de jambes et de pieds.

Quand le cheval peut se coucher pour dormir, la grande chaleur le force bientôt à se relever; il s'habitue à rester debout, ce qui augmente la fatigue. La même action de la litière fait grossir les sabots; autre effet causant de grands inconvénients.

Mais la pureté de l'air, au contraire, contribue à entretenir la santé et la vie des animaux autant que la bonté des aliments et les soins de propreté. Tout animal bien nourri, bien soigné, et qui respire un air pur, est rarement malade. C'est à l'impureté de l'air qu'il faut attribuer la plupart des maladies auxquelles les bestiaux sont sujets; et ce qu'il y de plus malheureux, c'est que le caractère de ces maladies est d'être contagieuses. L'expérience prouve que c'est souvent du sein d'une seule étable que sont sorties des maladies qui ont ravagé tout un canton, ses alentours, et souvent des provinces entières.

La transpiration si abondante des animaux, cet air brûlant qui sort de leur bouche et de leurs naseaux, leurs excréments, et jusqu'aux herbes dont on les nourrit, corrompent l'atmosphère des lieux où ils sont réunis. L'odeur du foin et de la paille, la poussière qui en sort lorsqu'on les secouc, contribuent encore à remplir les écuries, les étables, les bergeries, etc., d'un air fort épais; il faudrait donc secouer cette paille dans la grange avant de la donner aux bêtes. Ce sont ces soins que l'on néglige *parce qu'ils sont pour des animaux*, qui deviennent souvent la cause de grandes incommodités et de grandes pertes : c'est alors que l'œil du maître est souvent nécessaire; aussi la beauté et la santé des animaux dont on tient les écuries propres sont très-remarquables.

Il serait fort utile de laver souvent les étables et les écuries, d'en blanchir les murs à la chaux, de nettoyer les différents ustensiles avec de l'eau un peu vinaigrée, d'enlever la poussière et les toiles d'araignées, de faire périr par des lotions âcres et caustiques les œufs des insectes, d'étriller non-seulement les chevaux, mais les bœufs, les vaches, de changer leurs auges et mangeoires, ou de les tenir nettes, enfin de construire des égouts et des réservoirs pour l'écoulement des urines et des ordures, de manière que les animaux soient très-proprement et dans un lieu bien sec. Il est surtout très-nécessaire de les nettoyer souvent et de changer leur litière, car il faudrait mieux les laisser coucher sur un plancher propre que dans une litière pourrie et infecte. Si l'on a une fontaine près des écuries ou étables, on donnera une grande jouissance aux divers bestiaux qui y sont renfermés, en faisant couler l'eau de la fontaine au travers de l'écurie, dans une rigole; en rafraîchissant l'air, elle se purifiera, et ensuite servira aux arrosements des prairies où elle portera de l'engrais par suite de son passage à travers l'étable.

La propreté est un article essentiel sur lequel on ne saurait trop insister, puisque la santé de l'homme et celle des animaux en dépendent. Une subsistance saine et abondante ne suffit pas, la propreté d'un animal est la moitié de sa nourriture. L'air déjà respiré n'est plus propre à la respiration; si l'air du dehors ne vient pas le renouveler, les animaux ne respireront plus que difficilement.

Il est rare que le cultivateur qui vit dans la fange n'y laisse pas vivre ses bestiaux; ses chevaux sont sales et dégoûtants, ses instruments aratoires en mauvais état; il cultive mal; ses greniers sont remplis d'ordure, et sa famille est dans la misère. Tout s'enchaîne dans les travaux champêtres, et lorsqu'on néglige les petits détails, on aura bientôt des motifs de négliger des soins plus importants.

On ne peut contester l'avantage des rigoles ou canaux qui servent à conduire les eaux d'écurie dans un puisard ou réservoir commun. Non-seulement c'est un moyen sûr de préserver les bâtiments de l'humidité, ainsi que les animaux qui y sont logés, mais aussi on se procurera un excellent engrais. Les cultivateurs ne doivent donc pas négliger d'en construire au moins un dans chaque ferme.

Le pauvre habitant de la campagne se contentera souvent d'enterrer un tonneau derrière son étable pour recueillir cet engrais précieux.

Le bon sens apprend qu'on doit l'éloigner de l'habitation; et cependant il est rare que ce cloaque ne soit pas placé près des maisons et souvent même dans les cours. Qu'arrive-t-il? Les habitants de la métairie gagnent à la longue des physionomies plombées, et ils disent que l'air qu'ils respirent est malsain. Mais pourquoi rejeter sur la qualité de l'air atmosphérique ce qui est l'effet de la pure négligence? Supprimez la cause et le mauvais effet cessera.

Il existe beaucoup de localités dans les habitations de campagne et dans les villages, même dans
ceux qui avoisinent les grandes villes, où l'on trouve
une mare fétide tellement située, qu'on serait tenté
de croire qu'on a eu l'intention d'infecter de miasmes putrides toutes les maisons du village. Que
dire de la paresse et de l'apathie de ceux qui placent leur forme à fumier sous leurs fenêtres, et le
plus souvent devant la porte, de manière que pour
entrer chez eux il faut marcher dans la fange ?

En disposant avec intelligence le local où ils déposent la litière de leurs bestiaux, les habitants
d'un village pourraient y porter toutes les immon-
dices qu'ils jettent devant leurs habitations ; ils auraient un sol aéré, propre et salubre, une augmentation dans leurs engrais, et par conséquent dans
les productions qu'ils cultivent.

§ 7. — Des Poulaillers.

Le succès de l'industrie agricole qui consiste
dans l'élève de la volaille dépend, en grande partie,
de la bonne disposition et de la salubrité des bâtiments qu'on y destine. La poule craint le froid, la
trop grande chaleur, l'humidité et les mauvaises
odeurs. Le froid l'engourdit, retarde et diminue la
ponte ; la chaleur trop vive l'affaiblit ; le manque
d'air cause la constipation et autres maladies inflammatoires ; l'air ou les lieux humides lui donnent
des affections goutteuses ; une atmosphère infecte
la rend languissante. Enfin, si les murs ne sont pas
recrépis avec soin, si le sol n'est pas bien carrelé,
les rats, les souris, les insectes s'y nicheront, trou-
bleront son repos et l'empêcheront de prospérer.
Les poulaillers doivent être construits aussi soi-

gneusement et aussi sainement que les logements des autres animaux domestiques, et entretenus avec une propreté toute particulière. Il est essentiel que les fouines, les putois, etc., n'y puissent entrer pendant la nuit.

Autant que possible, un poulailler doit avoir une fenêtre au levant, et une autre au midi, avec un jour au nord qui rafraîchit en été, et qu'on ferme pendant le reste de l'année. Ces ouvertures doivent être garnies de grillage en fer à mailles serrées, pour fermer le passage aux animaux ci-dessus mentionnés. L'une ou l'autre peut servir de porte au poulailler. Il faut encore pour l'entrée et la sortie des poulets, et à 3ᵐ00 environ au-dessus du sol de la basse-cour, une petite ouverture qui ferme bien au moyen d'une coulisse, et où les poules monteront par une petite échelle extérieure.

L'intérieur des poulaillers est garni de pichoirs et de nids.

On donne le nom de pichoirs aux barres transversales que l'on place pour que les poules puissent s'y tenir et y dormir. Une poule en dormant tient sur le pichoir une place de 15 centimètres, et c'est sur cette donnée qu'on peut calculer combien un poulailler peut en contenir.

Ces barres doivent être rondes et lisses; on les élève ordinairement sur des chevalets inclinés, qu'on peut déranger et sortir aisément quand on veut nettoyer le poulailler.

Les nids doivent être en avant ou en arrière des pichoirs, de manière à pouvoir y aller facilement.

Dans les poulaillers situés au rez-de-chaussée, les nids doivent être attachés au mur, de 1ᵐ20 ou 1ᵐ50 au-dessus du carrelage; dans les autres, on peut les placer plus bas. On remarque que ceux qui sont dans les réduits les plus sombres sont les plus fréquentés. Il y a des nids en forme de panier sans couvercle, qu'on pend à un clou placé dans le mur (fig. 146); on en fait d'autres sur des planches. Les premiers sont les plus faciles à enlever, à nettoyer.

Le dessus et le dessous d'un four conviennent parfaitement aux poules qu'on veut faire couver. Quant aux volailles qu'on engraisse, on les met dans une espèce d'épinette à l'ombre, et même dans l'obscurité et loin du bruit. Les couveuses y doivent être également.

Un poulailler a pour accessoires : 1° une petite fosse remplie de sable et de cendres (fig. 140) : les poules se roulent en été pour secouer la vermine qui les ronge; 2° une autre petite fosse (fig. 145) où il y a du fumier de cheval, afin que les poules puissent s'amuser à gratter, s'exercer sur ce sol meuble, et s'y tenir un peu à l'ombre : si elles sont oisives, elles s'appesantissent et cessent de pondre; 5° des haies touffues ou des arbres à larges feuilles pour donner de l'ombre; 4° un hangar où elles puissent se mettre à couvert de la pluie et se préserver du hâle.

Quant aux dindons, il faut beaucoup de soins et une chambre séparée pour les élever; il faut tenir cette chambre propre et en renouveler l'air tous les jours. Quand ils sont grands, on leur plante une grande perche dans la cour, perche qui est traversée de longs bâtons en sens opposés, à environ 0^{m}60 de distance, pour leur servir de juchoirs, ou bien une vieille roue sur de grands piquets.

Les canards et les oies sont plus faciles à élever, mais il leur faut aussi une chambre séparée et tenue proprement.

Tous ces logements doivent être dans un endroit
à la portée de la fermière : leur capacité sera proportionnée à la quantité de volaille qu'il est convenable d'élever, et non à l'importance de la ferme.
En effet, les fermes les moins considérables et situées dans les terrains les plus ingrats sont souvent celles qui se livrent le plus à l'éducation des
animaux de basse-cour. (Voyez les fig. 140, 141,
142, 143, 144, 145, 146, 147.)

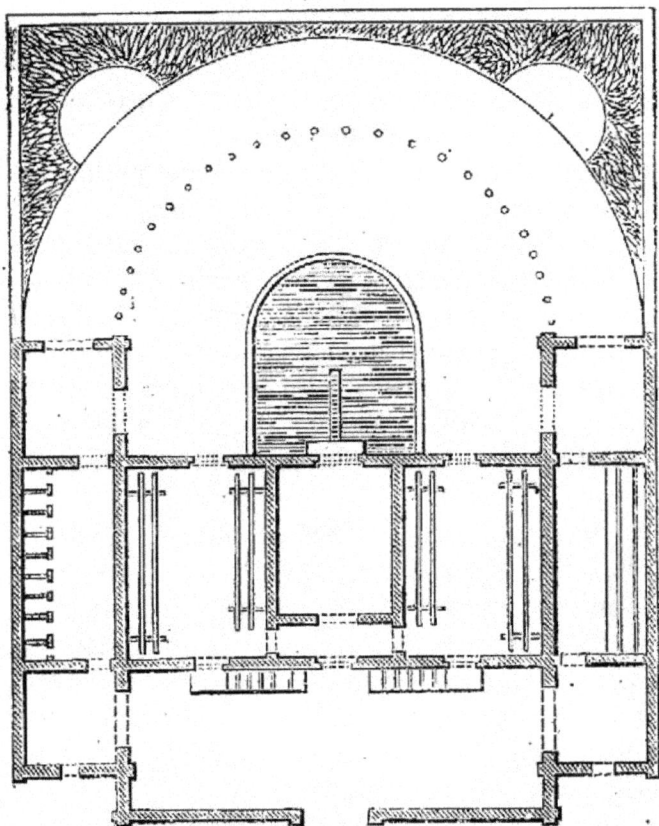

PLAN DU POULAILLER.

Fig. 140

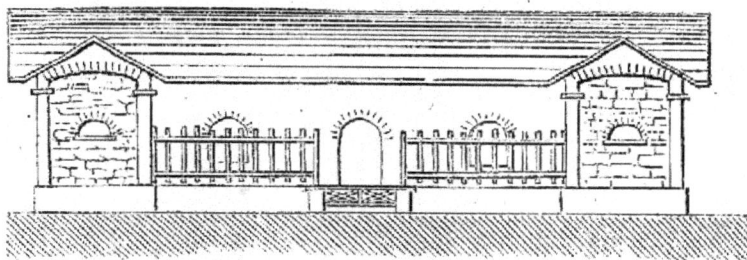

ÉLÉVATION DU POULAILLER.
Fig. 141.

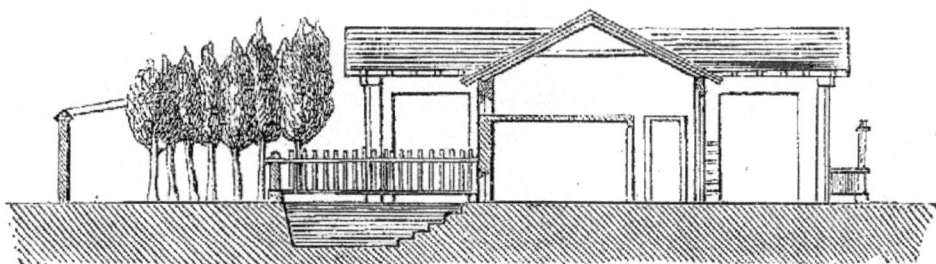

COUPE TRANSVERSALE.
Fig. 142.

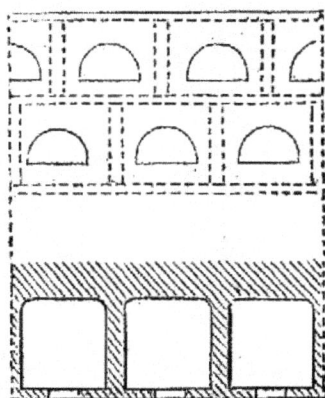

CASE DES PONDEUSES.
Fig. 143.

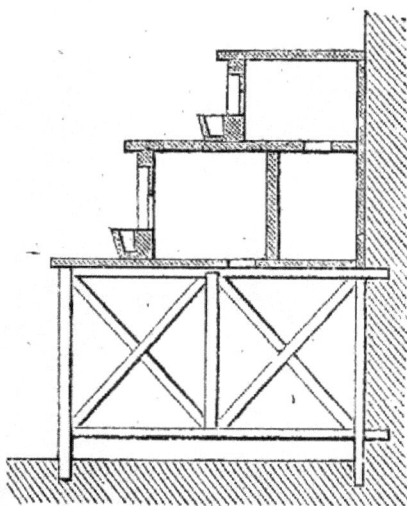

ÉLÉVATION.
Fig. 144.

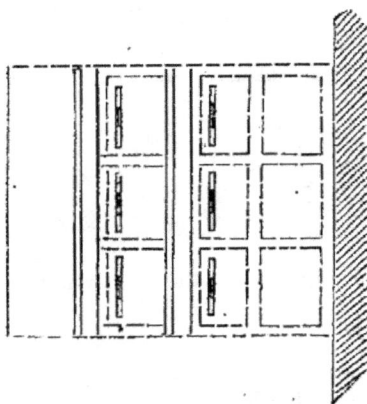

PLAN DES ÉPINETTES.
Fig. 145.

VUE DU PROFIL.
Fig. 146.

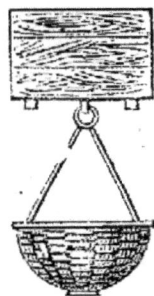

VUE DE FACE D'UN PANIER.
Fig. 147.

§ 8. — Des Colombiers.

Il est des colombiers où les pigeons se plaisent
et produisent beaucoup, et d'autres où ils ne font
rien et qu'ils finissent par abandonner. Cela provient ordinairement de leur situation et des soins
qu'on prend de leur intérieur. Ceux qui sont situés

dans les lieux élevés et paisibles sont ceux où les pigeons se trouvent le mieux. Une grande propreté leur est nécessaire.

La principale attention qu'on doit avoir est d'isoler le colombier des autres bâtiments de la ferme, ou du moins d'empêcher les nombreux ennemis des pigeons d'y pénétrer. A cet effet, on recrépit extérieurement leurs murs d'un mortier de chaux et sable bien uni ; on y met une corniche saillante tout autour, au-dessous de l'entrée des pigeons, ou bien plusieurs rangs d'ardoises pour empêcher les animaux d'y monter. La meilleure manière d'aérer un pigeonnier est de placer deux fenêtres l'une au-dessus de l'autre, exposées entre le midi et le levant s'il est possible. La fenêtre inférieure a son appui au niveau du plancher ou, au plus, à 0^{m}30 au-dessus : elle peut être bouchée par une fenêtre en bois percé de petits trous, sauf l'ouverture pour l'entrée des pigeons, et qui a sa coulisse faite comme à un poulailler ; cette fenêtre ou porte doit être garnie d'une banquette où se reposent les pigeons en rentrant ou avant d'aller à la campagne. La fenêtre supérieure peut n'être qu'un œil-de-bœuf à jour, qu'on place au plus haut sous la toiture du colombier ; par cette disposition il s'établit un courant d'air habituel qui assainit l'air intérieur, sans avoir recours à des ouvertures au nord, qui refroidiraient la température intérieure et diminueraient les produits des pigeons.

Le plancher doit être carrelé le plus solidement possible, parce que c'est dans cette partie que les rats peuvent pénétrer plus facilement. Il faut y employer du mortier de chaux avec du verre pilé.

A l'égard des *nids* ou *boulins*, la forme et la matière en varient suivant les localités. Tantôt ce sont des piquets enfoncés dans les joints des murs, que l'on entrelace d'osier ou de saule pliant pour en former des cases assez grandes (0^m24 à 0^m30 en carrés) pour que les pigeons y soient à l'aise, et que l'on garnit d'une torche de foin avec mortier de terre et de chaux ; ailleurs on les fait en planches garnies d'un rebord, ou de petits paniers d'osier ou de saule que l'on attache à des clous dans le mur : ceux-ci sont difficiles à nettoyer et durent fort peu. La meilleure manière, selon nous, serait d'y employer des briques posées de champ avec du plâtre, dont on formerait des cases.

Une des causes qui contribuent le plus à éloigner les pigeons de leur colombier, et même à en faire périr un grand nombre, c'est la mauvaise odeur qu'exhale leur fiente, quand on la laisse y séjourner trop longtemps. On doit donc le nettoyer soigneusement au moins tous les mois.

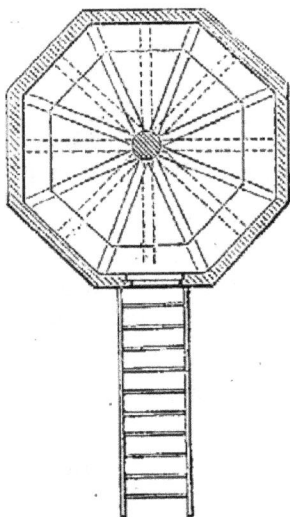

PLAN DU COLOMBIER.
Fig. 148.

Parmi les moyens propres à assainir le colombier et à éviter les maladies, le plus efficace con-

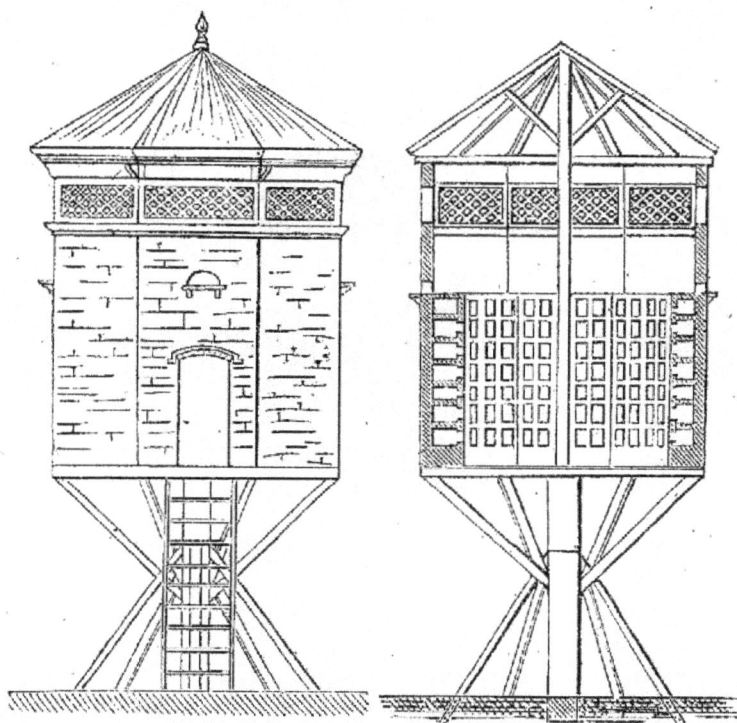

COUPE.
Fig. 149.

ÉLÉVATION.
Fig. 150.

siste à blanchir l'intérieur au lait de chaux deux fois l'année, et à y promener de temps en temps une botte de paille enflammée pour en chasser l'air pesant et méphitique et détruire les insectes et leurs œufs. (Fig. 148, 149, 150.)

§ 59. — Des Ruchers non couverts.

L'éducation des abeilles est une industrie d'autant plus avantageuse qu'avec une faible avance et des soins peu nombreux, elle peut mettre de l'aisance dans l'habitation du pauvre.

La meilleure exposition pour un rucher est le midi, en plaçant, dans notre climat, les ruches le long d'un mur d'espalier, ou de tout autre abri, dont le feuillage divise la réverbération du soleil ou en tempère la trop grande chaleur.

On place les ruches dans les ruchers à environ 1m50 de tout abri. Afin de pouvoir passer facilement derrière, on les pose ordinairement à 25 centimètres au-dessus du sol, pour les garantir de toute humidité. Elles doivent être espacées les unes des autres et mises sur des tablettes en bois que l'on nomme tabliers (fig. 151).

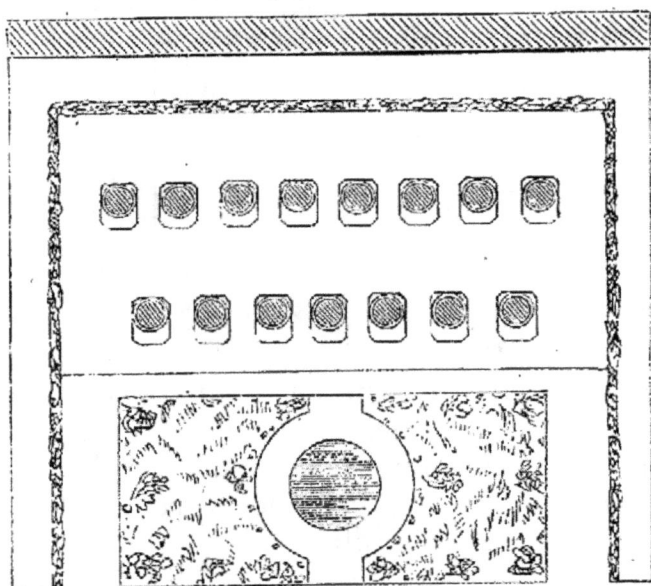

PLAN D'UN RUCHER.
Fig. 151.

Il est nécessaire d'élever un abri à l'ouest du rucher, afin de le garantir des pluies et des grands vents.

§ 10. — Des Ruchers couverts.

Pour que les abeilles prospèrent, beaucoup de cultivateurs couvrent les ruches, afin de les préserver des intempéries de l'air.

Lorsque l'on veut se contenter du strict nécessaire, la construction d'un rucher couvert n'est point dispendieuse ; un simple hangar fermé au nord et à l'ouest suffit pour garantir les ruches de tout danger.

Un rucher serait un établissement très-intéressant dans les petits bâtiments inutiles que l'on voit dans les jardins paysagers ; il leur procurerait un mouvement qui en ferait disparaître la monotonie et le silence.

Les figures 152 et 153 représentent un exemple

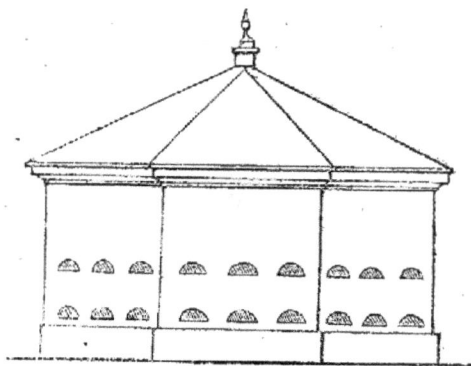

ÉLÉVATION.
Fig. 152.

de cet ornement. Le rucher contient deux rangs de ruches qui sont à l'abri des injures de l'air. Les abeilles communiquent à l'extérieur par des trous pratiqués dans la clôture, vis-à-vis de l'en-

trée de chaque ruche; on les ferme à volonté par
le moyen de petites coulisses.

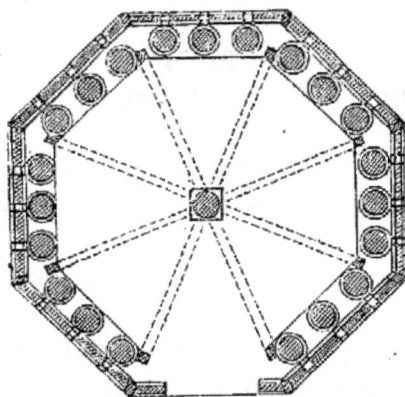

RUCHER COUVERT.
Fig. 155.

On peut décorer les ruches de toute manière, et
pour la prospérité des abeilles, il suffit de procurer à l'intérieur un air toujours salubre.

§ 11. — Des bâtiments propres à l'éducation des
vers à soie.

Le bâtiment destiné à l'éducation des vers à soie
se nomme magnanerie.

Tous les emplacements ne sont pas également
bons pour y établir une construction de ce genre; il
faut éviter le voisinage des rivières, des ruisseaux,
et surtout celui des eaux stagnantes. L'humidité
jointe à la chaleur accélère la putréfaction de toute
espèce de substance animale. Il en est de même du
voisinage des montagnes assez élevées pour empêcher la circulation de l'air, ou de rochers saillants,
capables de rafraîchir les rayons du soleil. Ceux-
ci occasionnent dans l'atelier une forte chaleur
dont les vers sont très-incommodés.

L'emplacement le plus favorable pour un atelier

de vers à soie est un monticule bien exposé à l'air et entouré d'arbres qui rafraîchissent l'atmosphère.

Il faut donner au bâtiment la direction du nord au sud.

Ce bâtiment devra être percé, sur toutes ses faces, d'un nombre suffisant de fenêtres larges et élévées, afin d'avoir la facilité d'établir un courant d'air dans tous les sens et de procurer beaucoup de lumière dans l'atelier.

Chaque fenêtre doit être garnie : 1° de son contrevent extérieur en bois double et qui ferme bien ; 2° de son châssis garni de verre : il est bon de se procurer des paillassons pour boucher au besoin les fenêtres du côté du nord ou du couchant.

L'atelier doit être composé de trois pièces, savoir :

1° D'un rez-de-chaussée qui servira au dépôt des feuilles de mûrier à mesure qu'on les apportera des champs, lorsqu'elles ne seront point humides ;

2° D'un premier étage exactement carrelé et dont les murs seront bien recrépis : ce sera l'atelier proprement dit ;

3° D'un grenier bien aéré pour y étendre les feuilles lorsqu'elles seront humides.

Il ne faut pas craindre de multiplier les fenêtres de ces trois pièces en les garnissant de contrevents, puisqu'on sera libre d'ouvrir les croisées et de les fermer lorsque les circonstances l'exigeront. On aura par conséquent la facilité de garantir les vers à soie du froid ou du chaud, selon qu'il sera nécessaire.

L'atelier doit être d'une grandeur proportionnée à la quantité de vers à soie qu'on veut élever, et celle-ci au nombre de mûriers qui doivent les nourrir.

Un atelier simple doit être composé de trois pièces : 1° d'une chambre pour la première éducation, c'est-à-dire pour soigner les vers depuis le moment où ils sortent de la coque jusqu'à leur première mue; 2° de l'atelier proprement dit, de 13 mètres de longueur environ sur 6 mètres 50 de largeur et de 4 mètres au moins sous plancher; 3° d'une infirmerie pour placer les vers qui sont malades. Cette dernière pièce pourrait être supprimée, car leurs maladies n'arrivent ordinairement qu'après la première mue; la première pièce est dont vacante à cette époque, et elle peut alors servir d'infirmerie.

Il sera nécessaire de ménager dans les planchers de ces différentes pièces quatre ouvertures ou trappes, placées près des murs et éloignées d'environ 3 mètres les unes des autres. On aura l'attention de ne pas les placer immédiatement les unes au-dessus des autres dans ces différents planchers, mais d'en alterner les positions, afin de pouvoir renouveler l'air plus promptement et sur une plus grande surface à la fois.

Les figures 154, 155, 156 et 157 sont entièrement conformes aux principes ci-énoncés.

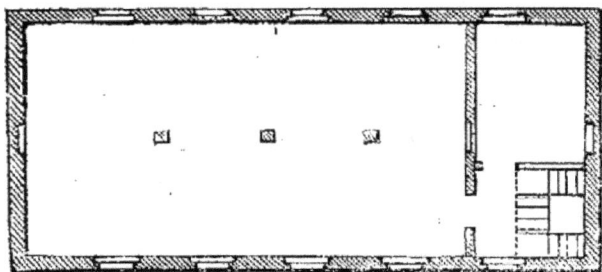

PLAN DU REZ-DE-CHAUSSÉE.
Fig. 154.

A. Rez-de-chaussée.

B. Premier étage, ou atelier proprement dit.
C. Grenier au-dessus, ou séchoir.

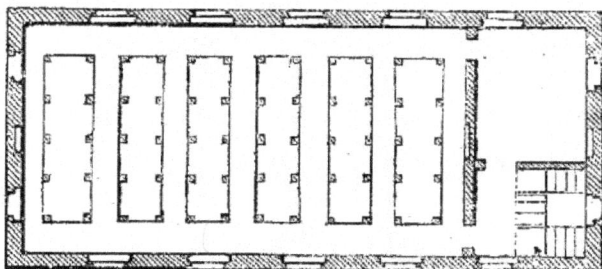

PLAN DU PREMIER ÉTAGE.
Fig. 155.

PLAN DU DEUXIÈME ÉTAGE.
Fig. 156.

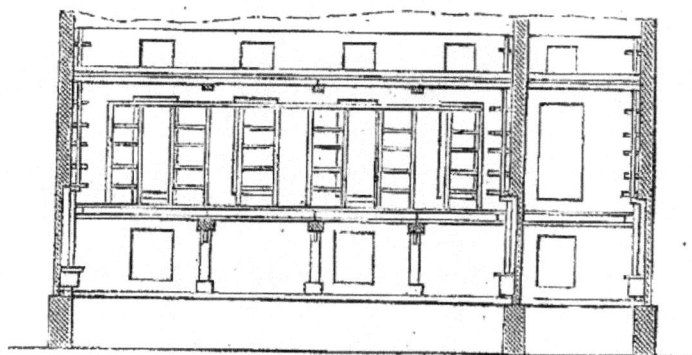

COUPE SUR LA LONGUEUR.
Fig. 157.

D. Décharge du rez-de-chaussée.

E. Infirmerie.

F. Décharge du grenier.

f, g, h. Poêles avec leurs tuyaux, au moyen desquels on peut échauffer aisément toutes les pièces.

i, i, k, k. Trappes placées en opposition dans les planchers.

l, l, et *o, o.* Montants et traverses des corps de tablettes sur lesquelles on place les vers après leur première mue.

§ 12. — Parcs à Moutons et Constructions analogues.

Le parcage est une opération purement agricole, ayant plusieurs avantages, dont les principaux sont de donner à la terre un engrais énergique sans avoir à supporter de frais de transport; de faire distribuer cet engrais par les animaux eux-mêmes; d'économiser les pailles réclamées pour d'autres destinations, soit pour la litière du gros bétail, soit pour les faire consommer en totalité, d'après les méthodes d'alimentation actuellement consacrées par l'usage.

L'engrais produit par les moutons mis au parc résulte non-seulement des déjections solides et liquides de ces animaux, mais aussi du suint, matière grasse dont la laine se trouve plus ou moins imprégnée, et qui pénètre dans la terre quand ces animaux s'y couchent. Le parcage n'est donc qu'un mode particulier de fumure; mais ce procédé est précieux pour les terres élevées, ou à forte pente, pour celles qui sont éloignées des bâtiments, partout enfin ou le transport ordinaire des engrais serait très-coûteux. Toutes les saisons, excepté celle des plus grands froids, conviennent pour pratiquer cette opération ; les terres fortes sont celles auxquelles l'engrais de mouton paraît être le plus convenable. Les avantages qu'on obtient du parcage sont d'ailleurs appréciés de tous les cultivateurs.

Pour bien se rendre compte du mode de construction des parcs et de la préférence à accorder à tel ou tel système, on doit comprendre que le parcage a deux buts différents : 1° de tenir les moutons dans un certain espace pendant un temps assez long pour le fumer convenablement ; 2° de changer facilement de place aussitôt qu'il y a utilité à le faire. Cela exige que l'enceinte du parc ait assez de solidité pour n'être renversée ni par un vent violent, ni par le choc des moutons qui, au moindre effroi, se pressent souvent sur un même point de cette enceinte, ni enfin par les loups ou autres animaux carnassiers. La deuxième condition exige que le parc se monte et se démonte le plus promptement possible, et soit alors composé de compartiments assez légers pour être portés et mis en place par le berger. Cela tient à ce que, pour obtenir la distribution uniforme de l'engrais, on est obligé de circonscrire l'espace de telle manière que chaque tête ovine n'ait qu'environ 1 mètre à 1^{m}50 d'espace libre dans l'intérieur de l'enceinte ; et alors, dans les saisons où la nourriture est abondante, le terrain se trouve suffisamment fumé au bout de six à sept heures, de sorte qu'il devient nécessaire d'effectuer un changement de parc pendant la nuit. Il faut, d'après cela, une grande simplicité dans cette manœuvre pour qu'un seul homme ou deux au plus puissent l'effectuer, de nuit, en très-peu de temps, de manière à n'a-avoir aucune crainte de laisser égarer une partie du troupeau. C'est là la condition principale qui détermine la forme et la dimension des claies. Celles-ci doivent être, en effet, assez larges pour que leur nombre ne soit pas trop grand, assez légères pour qu'un homme puisse en porter une ou deux à la fois. Mais nous allons examiner cette question avec les détails nécessaires.

DISPOSITIONS DES PARCS ; DIVERS MODES DE CONSTRUCTION DES CLAIES.

D'après les conditions sus-énoncées, les divers systèmes de parcs se trouvent restreints à un très-petit nombre de formes. Dans quelques contrées méridionales, on a conservé l'usage, très-ancien, des parcs en filets, à larges mailles, de cordages d'aloès, d'environ 0^{m}006 de grosseur. Ces filets, entourant des pieux ou piquets distants d'environ 2 mètres, se déroulent en un ou plusieurs panneaux, chaque fois qu'on veut changer le parc. Cet usage n'est pas connu dans les contrées tempérées et septentrionales, où les parcs sont exclusivement construits avec des claies dressées les unes au bout des autres et maintenues par des arcs-boutants appelés crosses ; mais ces claies diffèrent assez notablement d'un pays à un autre.

D'abord, on les faisait généralement de simples branches flexibles d'osier, de coudrier, etc., entrelacées sur sept ou huit piquets. Les claies de ce système ont 2^{m}50 à 3 mètres de longueur sur 1^{m}40 de hauteur. Il est d'usage d'y laisser, à la partie supérieure, de une à trois ouvertures de 0^{m}25 sur 0^{m}20, servant à placer les crosses, dont il va être parlé plus loin, et à les transporter lors des changements de parc. Dans les pays où ces claies sont encore employées, on remplace avantageusement ces trois ouvertures par une solution de continuité de même hauteur, régnant sur toute la longueur de la claie. Les figures 158 et 159 donnent l'élévation de ces claies, vues de face.

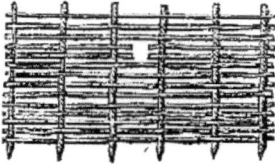

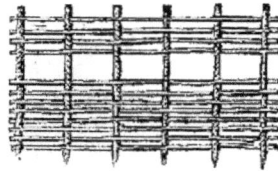

CLAIES EN BAGUETTES TRESSÉES.
Fig. 158.   Fig. 159.

Ce sont les plus économiques, car elles ne coûtent qu'environ 1 franc 75 à 2 francs dans les pays qui ne sont pas trop éloignés des forêts; mais leur inconvénient est de donner beaucoup de prise au vent, et par conséquent d'être sujettes au renversement, ce qui est une cause de grave préjudice dans l'opération du parcage. Elles sont d'ailleurs peu durables.

Néanmoins, les claies de cette forme sont encore en usage dans beaucoup de pays qui retirent du parcage des moutons un très-grand avantage.

Dans d'autres pays, les claies en usage sont faites en lames minces, ou voliges de chêne, clouées avec des jointes plus ou moins larges, sur cinq à six montants; mais ce dernier système qui d'abord est plus cher que tous les autres, est également celui qui donne le plus de prise au vent. Aussi le voit-on peu pratiquer, car au moindre ouragan, les claies sont emportées, souvent à une grande distance, malgré la résistance des crosses.

Aujourd'hui que ce système avantageux de fumure tend à prendre de l'accroissement partout, on s'arrête généralement, pour la construction des claies, au mode usité dans les environs de Paris.

Ces claies sont en bois ordinaire de charronnage de petite dimension; elles ont 2ᵐ66 de longueur sur 1ᵐ16 de hauteur. Les figures 160 et 161, suivantes, en indiquent les diverses parties.

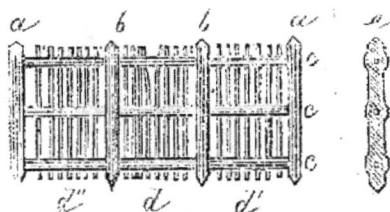

Fig. 160.

a a   Deux montants.
b b   Deux barres.
c c c   Trois ridelles.
d d' d''   Roulons.
e   Vue latérale d'un montant.

Fig. 161.

f Crosse avec ses deux chevilles et la clef.
g Forme de la claie grossie.
h Maillet en bois pour enfoncer les clefs.

Les montants sont des bois carrés ou méplats, d'environ 0ᵐ06 d'équarrissage; les ridelles ont ordinairement 0ᵐ04 sur 0ᵐ08, et les roulons, ou fuseaux, qui les traversent, n'ont que 0ᵐ027 de diamètre au milieu et 0ᵐ02 aux extrémités. Il y en a en tout vingt-deux, savoir: sept en d' et d'', et huit dans la partie du milieu, sans compter les montants et les barres, qui représentent ensemble quatre roulons, ce qui donne un distancement d'environ 0ᵐ08 à 0ᵐ10 des barreaux; largeur convenable, attendu que les moutons ne peuvent y passer la tête. Le prix de ces claies, dans ce mode de construction qui est le meilleur, varie, selon le prix des bois et de la main d'œuvre, de 4 à 6 francs, chacune étant accompagnée de sa crosse.

Trente de ces claies représentent un développement d'environ 76 mètres, eu égard aux recouvrements. Leur dépense moyenne, à raison de 5 francs l'une, est de 150 francs. Elles peuvent entourer un espace de 5 ares 50 centiares et suffisent généralement au parcage de 250 moutons, chacun d'eux ayant alors 1m40 d'emplacement superficiel. Mais il ne s'agit en ce moment que d'un simple aperçu sur la question du parcage proprement dit, car les considérations relatives à son utilité, ainsi qu'aux moyens à prendre pour en régler toute l'application, doivent trouver place au chapitre qui traite spécialement des engrais.

AUTRES SYSTÈMES DE CLÔTURES A CLAIRE-VOIE.

Il est des cas où les parcs sont destinés à un autre usage, par exemple pour séparer le pâturage sur des propriétés parcellaires, pour tenir des moutons sur des pelouses, dans des cours de ferme, boxes, etc.; pendant les saisons où le parcours n'existe pas. Alors les claies n'ont plus besoin d'une aussi grande solidité; tout en restant mobiles, elles peuvent être beaucoup plus légères, et dès lors moins coûteuses.

Ayant eu l'occasion de rechercher le système le plus économique pour ce genre de construction, nous avons reconnu qu'il résultait de l'emploi de claies faites en simple treillage, mais conservant la forme des parcs en charronnage usités dans les environs de Paris.

Ces claies, faites de simples perchettes méplates

en châtaignier, pareilles à celles qui servent à la
confection du treillage, ont 1^m15 de hauteur et
2 mètres de longueur; elles sont formées de quatre
traverses en baguettes pareilles et de 22 montants
attachés auxdites traverses avec du fil de fer. Ces
montants sont dès lors distants de 0^m10, comme
d'usage. Ils sont en saillie de 0^m08 et aiguisés au
bout, de sorte que ces claies peuvent se placer dans
les deux sens, ce qui augmente la durée.

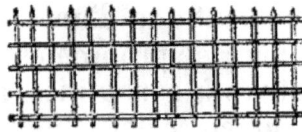

CLAIES POUR PARCS DOMESTIQUES.
Fig. 162.

Ces claies, bien que pouvant servir au moins
six ou huit ans, sont extrêmement économiques,
puisqu'elles ne coûtent, avec le piquet ou la crosse
destinée à les fixer, qu'environ 1 franc 20 l'une
pour 2 mètres de longueur, soit 60 centimes par
mètre courant. C'est moins du tiers de la dépense
des claies d'un parc proprement dit. Par cette disposition très-simple, on peut entourer une superficie d'un are avec une dépense de 24 francs,
33 ares pour 150 francs, enfin 1 hectare pour environ 200 francs.

Quand ce système de clôture n'a plus, comme
dans le cas précédent, une destination seulement
temporaire, et que la mobilité n'en est plus une
condition nécessaire; quand, en un mot, il s'agit
d'établir une clôture à claire-voie permanente pour
tenir dans de grandes propriétés soit des moutons,
soit du gibier, le système le plus convenable à
adopter consiste dans une palissade continue en

petites tringles de fer rond assemblées parallèlement à l'aide d'un système de montants et de traverses en fer méplat, à peu près comme cela a lieu pour les parcs en charronnage qui viennent d'être examinés.

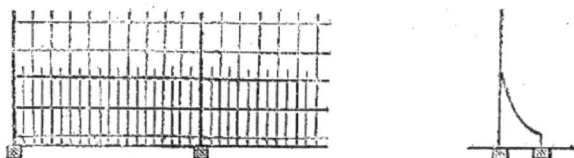

PALISSADE PERMANENTE EN TRINGLES DE FER.
Fig. 163.

Les montants en fer carré sont scellés, ainsi que l'arc-boutant, en forme de chasse-roue qui les maintient dans de petits dés en pierre, ou seulement dans de forts piquets en chêne goudronnés.

Cinq traverses en fer méplat forment avec les montants espacés de 1ᵐ50 à 2 mètres le corps principal de ces barrières. Quant aux tringles verticales, elles peuvent n'avoir que 0ᵐ005 de diamètre.

Il y a deux systèmes : les unes ont toute la hauteur de la palissade, qui peut varier de 1ᵐ20 à 1ᵐ40 selon le degré de résistance qu'on désire lui donner, et sont distantes d'environ 0ᵐ10 de milieu en milieu; les autres, qui n'occupent que la moitié de la hauteur, sont fixées au milieu de l'intervalle des premières et ne laissent conséquemment entre elles qu'environ 0ᵐ045 de vide; ce qui empêche la sortie des lièvres et des lapins renfermés dans le parc. La fig. 163 rend d'ailleurs suffisamment compte de cette disposition. Le seul inconvénient qu'elle présente est d'être un peu coûteuse, car sa durée est presque illimitée. Mais ce mode de clôture ne peut convenir que dans le voisinage des habitations de luxe, où l'on tient à conserver des animaux ou du gibier plutôt pour l'agrément que pour le produit.

Dans les pays où l'élève et l'engraissement du gros bétail sont des industries très-importantes, comme dans la Normandie, le Nivernais et plusieurs autres contrées, l'engraissement à l'herbe étant un des plus profitables, celui-ci donne lieu à employer des clôtures soit fixes, soit temporaires, qui ont besoin de plus fortes dimensions que celles dont il vient d'être question.

Ces clôtures combinées généralement avec les hangars permanents ou temporaires dont il a été parlé précédemment au chapitre traitant des divers modes de stabulation, sont formées de montants et de traverses comme de simples parcs ordinaires; mais elles en diffèrent par la plus forte dimension des pieux et par leur fixité.

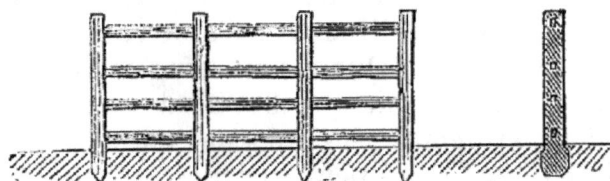

CLOTURES POUR LE GROS BÉTAIL.

Fig. 164.

Ces montants en bois de chêne grossièrement équarri sont enfoncés dans le sol à environ 0^{m}60 à 0^{m}66 de profondeur, et le bout qui y pénètre reste entièrement brut, de manière à former une espèce de culasse qui contribue à la stabilité de ces barrières. Lesdits montants, qui ont une face plus large que l'autre, sont percés de quatre grandes mortaises dans lesquelles les traverses, qui ne sont que des espèces de grosses lattes refendues à la scie ou autrement, viennent s'assembler deux à

deux à l'aide de la forme biseautée de leur extrémité. De cette manière, les pieux seuls sont fixés
dans ce système, et les traverses peuvent être retirées pour être mises à l'abri dans les saisons autres
que celles du pâturage. Ce mode de clôture est,
d'après sa simplicité, à peu près universellement
employé quand il s'agit d'enclaver les espaces
destinés au gros bétail.

CHAPITRE V.

—

ARTICLE PREMIER.

Constructions destinées à la conservation des Récoltes.

§ 1. — Détails généraux sur les Granges.

La conservation des céréales en gerbes a donné
lieu, jusqu'à présent, à beaucoup de discussions,
dans le but d'arriver à reconnaitre les meilleurs
procédés à suivre. Mais ces discussions ne nous
semblent pas avoir été dans le vrai ; elles ont presque toujours porté sur le choix à faire entre les
granges et les meules, considérées comme représentant deux systèmes complétement en concur-

rence, sans jamais envisager ces deux genres de constructions sous le point de vue de leur connexité et des rapports nécessaires qu'ils ont entre eux. C'est cependant là le point de vue essentiel, ainsi que nous essayons de le prouver dans le cours de ce chapitre.

Distinguer les cas dans lesquels on peut se passer, à la fois, de granges et de meules de grains ; montrer la corrélation existant entre ces deux systèmes ; déterminer la capacité des granges dans le cas où leur établissement est nécessaire : tels sont les éléments de ce que l'on peut appeler la question des granges, l'une des plus intéressantes parmi celles qui se rattachent aux constructions rurales.

Les granges sont des bâtiments ayant pour objet la conservation des céréales, depuis le moment de la récolte jusqu'à celui du battage. On conçoit, dès lors, que la nécessité de leur construction se trouve subordonnée au mode suivi pour cette dernière opération.

Dans les contrées méridionales, on a l'habitude de battre les grains en plein air, immédiatement après la moisson. Cette méthode, la plus économique de toutes, a de plus l'avantage d'éviter de toujours craindre diverses chances d'altération. Dans ce cas, l'on n'a plus à construire que des meules de paille, dont l'établissement est extrêmement simple, ainsi que nous l'indiquerons plus loin. Les granges deviennent donc inutiles, puisqu'on obtient le grain en sac sur le terrain où il vient d'être moissonné.

Ce mode avantageux de battage en plein champ, depuis longtemps pratiqué dans le Midi par voie de dépicage, tend à s'introduire, à l'aide des machines, partout où le climat présente des conditions favorables. Néanmoins, dans la majeure partie des régions agricoles de l'Europe, le battage s'effectue à couvert et nécessite, au moins dans une certaine proportion, la construction de granges.

Pour la conservation des céréales avant le battage, trois systèmes sont en présence : le premier consiste à rentrer les gerbes dans des bâtiments clos, qui sont les granges ; le second, à les abriter sous des toitures légères mais permanentes, qui sont les gerbiers ; enfin, le troisième mode de conservation des gerbes, le plus ingénieux et le plus économique de tous, se réduit à élever en plein champ des meules que l'on a soin seulement de préserver de l'effet des pluies par une couverture en chaume convenablement disposée. Nous allons examiner les avantages comparatifs de ces trois méthodes. Les granges sont le moyen qui se présente le plus naturellement, et il suffit en effet quand il ne s'agit que d'une exploitation restreinte : elles ont dans ce cas une opportunité qui ne peut être contestée ; mais il en est autrement quand on doit opérer sur de grandes masses de gerbes.

Capacité des granges. — Si le problème était susceptible d'être posé dans sa généralité, il y aurait lieu de calculer la capacité des granges soit d'après une production déterminée en grain, en poids ou en volume, soit même seulement d'après l'étendue des terres d'un nouveau domaine. Dans le premier cas, qui est le plus simple, il suffirait de connaître le rapport existant entre la quantité de grain à récolter et le volume ordinaire de gerbes. Mais, d'abord, rien n'est plus variable, d'une localité à une autre, que ce que l'on appelle gerbe. De grandes différences ont lieu sur leur poids et leur volume, mais des différences non moins grandes se remarquent quant à la proportion relative du grain et de la paille.

Dans les contrées où existe l'excellent usage du meules ; il est nécessaire que les gerbes soient beaucoup plus longues que larges, afin de pouvoir convenablement être stratifiées au point de vue de la stabilité, cela exige qu'elles ne soient pas trop volumineuses. Telles sont les gerbes en usage dans le nord de la France et les environs de Paris. Ces gerbes, longues d'au moins 1ᵐ30, n'ont à leur section moyenne qu'environ 1ᵐ40 de diamètre et pèsent seulement 10 à 12 kilogr.

Dans les pays d'une autre situation, où les engrais sont moins abondants, et la paille assez courte, les gerbes pèsent communément de 15 à 16 kilog, avec un rendement en grain relativement beaucoup plus considérable que dans le cas précédent.

Tout dépend donc du plus ou moins d'avantage que l'on trouve à favoriser la production de la paille, suivant la destination qu'elle reçoit. Ainsi, dans les environs de Paris et autres localités où la vente de ce fourrage pour les chevaux est l'objet d'un grand commerce, les gerbes ordinaires, pesant de 10 à 11 kilogr., ne contiennent moyennement que 2 kilogr. 50 à 3 kil. 60 de blé ; le reste est représenté par la paille, la balle et les déchets. Il faut de huit à dix de ces gerbes tassées pour représenter le volume d'un mètre cube, dont le poids est approximativement de 100 à 120 kilogr. Le rapport entre le produit en blé et le volume des gerbes est ici de 25 kilogr. de blé par mètre cube de gerbes, soit 4 mètres cubes par 100 kilogr. de blé.

Dans les champs moins fumés, mais surtout dans les bonnes terres à blé, dont l'élément argilo-

calcaire entretient la fertilité, et où l'on n'a pas intérêt à stimuler la production de la paille, le rendement en grain est relativement plus élevé : il
dépasse ordinairement 32 à 33 kilogr. de blé.

Enfin, dans d'autres cas, notamment dans les
contrées méridionales, auxquelles cela nous paraît
le plus applicable, rien ne s'oppose à ce que l'on
admette le chiffre indiqué par M. de Gasparin dans
le tome II de son Cours d'agriculture, chiffre qui
porte à 30 kilog. le poids du grain correspondant à
1 mètre cube de gerbes, soit 3m33, de gerbes par
100 kilogr. de grain. D'après ces données, qui
d'ailleurs ne sont qu'approximatives, il n'y aurait
pas à attendre de grandes différences dans le résultat en question. Mais d'autres causes tendent à introduire une plus grande diversité dans les rapports existants entre le rendement en grain et le
volume des gerbes. L'usage des machines à battre,
que l'on voit s'étendre de jour en jour, exige pour
tirer le meilleur parti possible de cet excellent procédé, que les pailles soient le plus courtes possible. On moissonne alors en conséquence, c'est-à-
dire qu'on ne craint pas de laisser des chaumes
longs de 0m50 et 0m60, sauf à les récolter séparement,
plus tard, comme un excellent fourrage, si on ne
les fait pas pâturer sur place. Par conséquent, s'il
y a lieu d'engranger des récoltes ainsi conditionnées,
aucune analogie n'existe plus dans le rapport du
grain et de la paille comparativement aux anciennes proportions.

La conséquence à tirer de ces observations, c'est
que lorsqu'il s'agit de projeter une grange dont on
doit déterminer la capacité, on ne peut pas se contenter de connaître le poids ou le volume du grain
à récolter, ni même le nombre de gerbes, il faut

essentiellement avoir pour donnée le cube effectif de la récolte d'après les usages de la localité.

Ainsi, dans les bonnes terres à blé convenablement fumées, le rendement ordinaire, dans les années favorables, est, par hectare, d'environ 10,000 kilogr. de gerbes, quel que soit le nombre de ces dernières.

En admettant le chiffre approximatif de 100 kilogrammes par mètre cube de gerbes, le rendement ci-dessus correspond à 100 mètres cubes, ce qui est effectivement la capacité usuelle des granges correspondantes à chaque hectare cultivé en blé, cela n'étant, d'ailleurs, applicable que dans certaines limites, ainsi que nous allons le voir.

Supposons qu'il s'agisse d'un petit domaine de 30 à 33 hectares, ayant habituellement 10 hectares cultivés en blé : d'après le rendement que nous venons de citer, la grange à blé aura besoin d'une capacité effective de 1,000 mètres cubes; à quoi il faut ajouter, pour l'emplacement nécessaire au battage, un espace ayant environ 6 mètres de longueur sur 3^{m}50 de largeur, avec une hauteur minimum de 4 mètres, soit, en nombres ronds, 100 mètres cubes à ajouter au chiffre sus-mentionné. Cela donnera un total de 1,100 mètres cubes, que l'on obtiendra dans un bâtiment ayant les dimensions suivantes : longueur 10 mètres, largeur 9 mètres, hauteur 7^{m}60. Le produit de ces trois facteurs est en effet de 1,123 mètres, ce qui ne donne qu'un faible excédant en sus du chiffre nécessaire.

Dans les conditions les plus économiques sous le rapport des matériaux et de la main d'œuvre, le prix de cette construction descendra rarement au-dessous de 6,000 à 7,000 francs; ce qui grève la culture d'une charge spéciale qu'on peut regarder comme fort élevée, puisqu'elle atteint à 200 fr. par hectare. S'il s'agissait d'un domaine moitié moins grand, dont toute la récolte devrait être engrangée, la dépense de construction diminuant à peu près dans le même rapport, le coefficient ne varierait pas.

Mais supposons qu'avec le secours d'un autre procédé de conservation bien moins coûteux on puisse se borner à une grange qui ne renferme que le tiers, le quart, le dixième de la récolte en gerbes, alors commencera à se réaliser une économie d'autant plus notable que l'étendue des terres sera plus grande, et cette économie se reportera immédiatement sur le prix de revient des grains récoltes.

C'est en cela que consiste la corrélation que nous avons signalée comme nécessaire entre les granges et les meules; car en adoptant celles-ci comme mode principal pour la conservation temporaire des récoltes, il suffit d'une seule grange, ayant une capacité supérieure à celle d'une meule, pour que toutes viennent successivement s'y placer, au fur et à mesure du battage.

Le système des granges s'applique donc naturellement aux domaines d'une production restreinte, puisqu'il ne s'agit que d'un bâtiment de dimensions modérées, pouvant, dans ce cas, être construit à peu de frais. Mais du moment qu'il s'agit d'une production égale à celle qui vient d'être envisagée, pour laquelle une capacité effective de 1,100 mètres cubes, y compris l'emplacement du battage, n'est que strictement suffisante, cet espace sera difficile à obtenir, dans un bâtiment ordinaire, sans recourir, pour les charpentes, la toiture, etc., à des dispositions assez coûteuses.

On comprend alors le grand avantage que procurent les meules, car, pouvant se construire en plein champ, à très-peu de frais et en aussi grand nombre qu'on le désire, elles fournissent un moyen aussi simple qu'économique de suppléer à l'insuffisance des granges. Et nous venons de voir que celles-ci commencent à devenir onéreuses du moment que la production d'un domaine dépasse une quantité annuelle de 900 à 1,000 mètres cubes de gerbes.

Quelques mots sur la construction des granges termineront ce paragraphe.

Le bâtiment dont il s'agit, placé presque toujours au rez-de-chaussée, doit être d'un abord facile et pourvu d'une porte charretière d'assez grande dimension pour que les voitures de gerbes puissent y être déchargées à couvert, ou s'y abriter, si elles sont surprises par le mauvais temps. Nous indiquerons plus loin les dimensions. En disant que les granges sont toujours au rez-de-chaussée, nous faisons allusion au cas où elles sont établies au-dessus d'une autre construction, telle qu'une laiterie, une écurie, etc. Cela se présente assez souvent quand le terrain choisi pour les bâtiments d'un domaine a une pente prononcée. Alors la grange qui se trouve d'un côté, au premier étage, est de plain-pied sur la face opposée. On peut tirer un parti avantageux de cette disposition; car le battage n'étant que la première manutention des grains, les opérations subséquentes, y compris le chargement sur les voitures, s'exécutent avec économie, quand les produits doivent suivre une direction descendante.

A cause de la charge de la charpente qui est généralement d'une grande portée, les murs des granges réclament une épaisseur plus grande que ceux d'un bâtiment d'habitation de même largeur. Nous indiquerons dans le chapitre suivant dans quelles limites il convient d'admettre cet accroissement de largeur pour les constructions rurales en général ; mais les granges, à cause de leur grande hauteur et de l'absence de plancher, se trouvent dans une classe à part. Il y a donc lieu d'adopter pour les murs, soit des épaisseurs exceptionnelles à régler dans chaque cas particulier, soit des contreforts placés de distance en distance, à l'instar de ce qui se fait plus en grand pour les nefs des églises. Les granges n'ont généralement pas d'autre ouverture que la grande porte d'entrée ; il n'y a que dans le cas où elles sont d'une dimension exceptionnelle, qu'il peut être utile d'y ouvrir un petit nombre de baies, généralement étroites, dans le seul but d'obtenir ainsi le degré d'aérage convenable pour la conservation de la récolte qui y est déposée. Lesdites ouvertures ne doivent pas être placées de manière à faciliter l'introduction des animaux rongeurs, tels que rats, souris, loirs, mulots, etc., car ils sont une des plaies du cultivateur et un des motifs qui militent le plus fortement en faveur de la conservation des gerbes partout ailleurs que dans les granges, où elles sont surtout exposées à ce genre de détérioration.

Les ouvertures qu'on laisse subsister doivent toujours être disposées de manière à permettre la libre circulation des chats ; correctif insuffisant, mais néanmoins bien utile contre les ravages que causent dans les granges les souris et les rats.

Nous avons dit précédemment que les granges étaient nécessairement pourvues d'une porte charretière de grande dimension.

Il arrive quelquefois que le bâtiment est percé de part en part, de manière qu'il offre un passage pour les voitures.

Mais cela constitue alors, en quelque sorte, deux granges distinctes, car le supplément de dépense d'une seconde partie n'est point compensé par le faible avantage qui en résulte pour la circulation des voitures. Dans toutes les granges ordinaires, celles-ci entrent en reculant, et cela n'est regardé nulle part comme un inconvénient.

Les portes dont il s'agit doivent avoir au moins 4 mètres de hauteur; mais elles sont plus commodes quand elles en ont davantage, parce que les voitures chargées de gerbes ont souvent jusqu'à 4^{m}30. La largeur de ces portes varie entre 3^{m}30, 3^{m}60, et 4^{m}00.

A part l'espace restreint qui a été indiqué ci-dessus comme nécessaire à l'emplacement du battage, les granges remplissent principalement l'office de gerbiers, c'est-à-dire de simples dépôts de gerbes, qu'on doit chercher à rendre le plus spacieux qu'il est possible. C'est sans doute par ce motif que quelques architectes ont été conduits à adopter pour les charpentes de ces bâtiments des dispositions exceptionnelles. Dans des constructions très-modernes, faites en Angleterre, nous avons remarqué que l'emploi du fer semblait tendre à se substituer à celui du bois dans ces sortes de charpentes.

Dès la fin du dernier siècle, on semblait se préoccuper beaucoup des moyens de diminuer le volume des charpentes, car il existe des constructions de cette époque dans lesquelles, malgré une portée considérable, on a obtenu par des moyens exceptionnels, il est vrai, la suppression totale des tirants. C'est ainsi que dans les granges de la ferme nationale de Rambouillet, on a établi de véritables fermes en maçonnerie, se fermant en ogive, afin de laisser entièrement libre, pour l'engrangement, l'espace occupé par des bois dans le système ordinaire de constructions.

En ce qui touche la substitution du fer au bois pour obtenir des combles d'une plus grande légèreté, surtout dans un pays comme l'Angleterre, où ce métal abonde, il n'y a pas d'objection à faire. Mais tomber dans des modes de constructions inusités et de nature à compromettre plus ou moins la stabilité des bâtiments, dans le seul but d'économiser quelques mètres d'espace dans la partie supérieur des granges, ce serait une grave erreur, et aujourd'hui surtout que l'on tire un parti si avantageux de la construction des meules pour suppléer à l'insuffisance de l'espace dans les granges. Nous avons eu plusieurs fois l'occasion de remarquer que, dans les granges les plus spacieuses, l'existence des fermes de charpente, qui en divisent en certaines proportions la capacité totale, est regardée par les fermiers comme avantageuse; cela régularise le tassement de la récolte, qui s'opère presque toujours d'une manière inégale. Cela donne de l'air au milieu de cette masse qui tend à éprouver, surtout à la partie supérieure, une fermentation très-nuisible, si la récolte a été faite par un temps un peu humide; enfin, ces séparations, formées par les fermes et les tirants, facilitent beaucoup le classement des gerbes par qualités ou par lots. C'est une chose minime en apparence, mais qui a néanmoins de l'intérêt pour les cultivateurs.

La confection des aires à battre exige quelques

38

soins qui sont nécessaires pour leur procurer une
solidité convenable. Lorsque le battage au fléau
était encore presque exclusivement usité, on ac-
cordait généralement la préférence aux substances
capables de donner à ces aires le plus de dureté
possible; on cherchait notamment les résidus de la
fabrication du salpêtre, qui possèdent cette qualité d'une manière remarquable. Dans le plus grand
nombre des cas, on se borne à des mélanges de
terre franche un peu sabuleuse avec une quantité
proportionnée de foin haché, de crottin de cheval, etc. : quelquefois on obtient des composés
très-durs, d'un mélange de certaines terres avec
une petite proportion de chaux ; enfin, tous les
moyens sont bons pour cet objet, quand ils ont
l'avantage de procurer une surface qui résiste bien
à l'usure résultant, soit du battage lui-même, soit
du balayage du grain battu.

Comme accessoire presque indispensable des
granges, même de moyenne dimension, on doit
mentionner un ou plusieurs hangars servant : 1° à
abriter provisoirement les pailles, qui s'amoncel-
lent rapidement quand on emploie les machines à
battre, et que l'on ne pourrait conserver dans la
grange, même pendant la nuit ; 2° à déposer à part
les menues pailles, ou la balle du blé, substance
nutritive qu'on doit toujours conserver soigneusement, parce qu'elle entre d'une manière avantageuse dans les rations préparées, qui conviennent
à toutes sortes de bestiaux.

§ 2. — Meules et Gerbiers.

Dans les localités dont le climat comporte le battage en plein air, les meules de gerbes se trouve-

raient, ainsi que les granges, sans utilité. Nous venons de voir dans le paragraphe précédent que les granges sont généralement suffisantes pour les petits domaines donnant 700 à 800 mètres cubes de gerbes. Les meules conviennent donc particulièrement à la partie septentrionale de la zone propre à la culture du blé, et surtout des domaines dépassant l'étendue moyenne qui vient d'être rappelée.

Ce qui caractérise le mode de conservation des céréales au moyen des meules, c'est le peu d'altération qu'elles éprouvent ; tandis que dans les granges, pour peu qu'elles y séjournent longtemps, il y a toujours lieu de craindre, par le fait des souris, ou de la moisissure, des pertes plus ou moins considérables. On pourrait encore citer le peu de frais que leur construction occasionne, et d'autres avantages.

Mais il ne faut pas perdre de vue, ainsi que cela résulte des considérations développées dans le paragraphe précédent, que les meules ne peuvent jamais suppléer complétement les granges dans les pays où le battage se fait à couvert. Au contraire, ces deux genres de constructions se trouvent essentiellement coordonnés l'un avec l'autre, puisque, sur les domaines dépassant la production convenable pour une grange de dimension médiocre, les meules ne sont établies que comme supplément, et viennent, au moment du battage, occuper successivement la capacité de la grange, à laquelle on les a proportionnées. C'est donc sans motifs qu'on a établi des discussions tendant à faire prévaloir la supériorité des granges, ou celle des meules.

Dans les limites que nous venons d'indiquer, les deux systèmes ne sont point en concurrence. Et au delà des conditions territoriales qui réclament la construction d'une première grange, il serait absurde d'établir, soit une construction de dimensions extraordinaires, soit autant de granges qu'on aurait, par exemple, de lots de 2,000 gerbes en sus du contenu de la première.

C'est ainsi qu'on doit comprendre l'utilité de cette excellente méthode. Quelques données pratiques sur la construction des meules nous semblent d'autant plus utiles à placer ici, qu'il n'en est parlé avec détails dans aucun ouvrage, et qu'elles sont une des choses qu'on ne peut trop populariser, dans l'intérêt de l'agriculture.

Les meules de gerbes, ainsi que celles de paille et de fourrage, rentrent dans la classe des constructions rurales. Malgré leur extrême simplicité, il importe que les règles de leur établissement soient connues et qu'on y apporte le soin nécessaire pour leur assurer le succès d'un mode de conservation intimement lié avec les progrès de l'industrie agricole.

Nous commencerons par les meules de gerbes, qui sont les plus essentielles à connaître. Il sera donné ensuite quelques détails sur la construction des meules de paille et de fourrage, qui exigent moins de soins.

Le mot meule, dérivé du latin *moles*, signifie simplement une masse ou accumulation d'une matière quelconque, qui pourrait n'être soumise à aucune règle. Il en serait ainsi pour les meules dans un pays où il ne pleuvrait pas; mais dans toute la zone correspondant à la culture de blé, il est sans exemple que l'on ait de longues périodes sans pluie, comme cela est au contraire habituel dans quelques régions équatoriales. On a donc à se préoccuper surtout des chances de détérioration que l'eau pluviale occasionne, à coup sûr, en pénétrant dans une masse de gerbes, et une fois qu'on est tranquille sur ce point, tout le reste n'est plus que d'une considération secondaire.

D'une localité à une autre, les formes usitées pour les meules varient d'une manière notable. Dans les principaux centres de la grande culture, la forme conique allongée, dont la toiture occupe la majeure partie, est celle qui prédomine exclusivement; d'autres fois, on préfère la forme prismatique avec deux plans plus ou moins inclinés.

Du reste, ces modifications dans les dimensions, les formes, les inclinaisons des meules de gerbes, résultent toujours d'une cause préidominante, telle que la longueur des pailles, la grosseur ou le poids usuel des gerbes; mais le principe de la construction reste le même, c'est-à-dire qu'on observe toujours une certaine stratification ou arrangement des gerbes, dans le but d'obtenir une masse aussi homogène que possible, eu égard aux effets du tassement. On doit donner la préférence à la forme qui peut être abritée contre la pluie aux moindres frais possibles.

Emplacement des meules. — La première chose est le choix de l'emplacement. Or, celui-ci, qui se trouve souvent modifié par des circonstances particulières, est généralement déterminé par le minimum des transports, en tenant compte de la situation des champs et de celle de la grange dans laquelle doit se faire le battage de la récolte. On ne pourrait donner de règle fixe à cet égard, car tout dépend des convenances du cultivateur et des emplacements qu'il peut avoir à sa disposition. Sans doute, si l'on avait une cour de ferme assez spacieuse pour qu'on pût y placer les meules le plus près possible de la grange où les gerbes doivent être battues, ce serait une circonstance avantageuse; mais il est extrêmement rare que ce cas se présente. Le fumier lui-même, qui plus que quoi que ce soit doit trouver place dans la cour sur laquelle débouchent les écuries et les étables, a quelquefois peine à y être maintenu; il faudrait donc supposer à la cour des dimensions inusitées, pour que l'on pût y construire les meules de gerbes, objet essentiellement encombrant, puisque, dans les forts rendements, il faut compter sur environ 90 à 100 mètres cubes par hectare.

On voit donc que pour les exploitations un peu étendues ce mode serait extrêmement inadmissible. Quant à avoir près des bâtiments, pour placer ces constructions, une cour spéciale que l'on appellerait la cour des meules, nous ne voyons pas à quoi pourrait servir cette dépense qui ne se justifie en aucune manière. Les vols de gerbes sont un fait presque inconnu dans les contrées où les meules sont en usage; quant au danger d'incendie par suite de malveillance, on peut remarquer qu'un mur de cour n'en préserve nullement une construction de cette nature. Sous ce rapport encore, le but ne serait pas atteint, et la construction de cette cour superflue grèverait à perpétuité la culture et la rente du capital ainsi employé improductivement. Les meules de gerbes procurent une économie des plus importantes, en dispensant de la construction des granges sur de grandes dimensions. En regard de cette économie, on n'a à porter en compte que des frais minimes, résultant de l'établissement temporaire des meules; ils se divisent ainsi qu'il suit : 1° dépôt et arrangement des gerbes ; 2° couverture ; 3° frais d'assurance, s'il y a lieu. Cet avantage se réalise par cela seul que l'on adopte le système des meules, mais il est indépendant de leur emplacement ; leur plus ou moins de rapprochement de la grange à battre n'est même qu'une circonstance insignifiante, car en définitive la récolte ne parcourt qu'une fois la distance entre le champ et la grange, et les faux frais relatifs à la confection des meules sont indépendants du point du trajet sur lequel on s'arrête.

Mode de construction. — Les méthodes actuellement suivies dans le nord de la France pouvant s'appliquer à un grand nombre de contrées d'un climat analogue, ce sont celles-là que nous prenons pour type. Afin de pouvoir contribuer à propager l'excellente pratique des meules de gerbes dans des pays où elles ne sont pas encore usitées, nous allons entrer dans les détails nécessaires pour en donner une notion complète aux personnes qui n'auraient pas encore été à même d'en voir construire.

Il y a déjà un certain nombre d'années, l'on a reconnu pouvoir s'affranchir complétement des anciennes sujétions à l'observation desquelles on subordonnait anciennement la construction des meules, quelle que fût d'ailleurs leur forme. Ainsi les terre-pleins, entourés de fossés plus ou moins profonds, dont la fouille servait à produire un exhaussement de 0^m30 à 0^m55, les charpentes ou tous autres supports, et même les fagots, ont été successivement abandonnés, comme dispositions préparatoires, quand on a eu la preuve que les meules pouvaient, sans aucun inconvénient, être assises directement sur le sol, en observant toutefois la simple précaution qui se trouve indiquée plus loin.

Les gerbes entrent dans la confection des meules à peu près comme les moellons dans la construction des maçonneries; il est donc utile qu'elles aient elles-mêmes une forme et un volume convenables.

Les gerbes usuelles dans les principaux centres agricoles où l'on construit des meules sont très-convenables pour cette destination, attendu qu'avec un poids modéré, qui n'excède guère 12 à 13 kilogrammes, elles ont beaucoup plus de longueur que de diamètre.

Les meules moyennes, dans l'usage de ces contrées, sont de 4,000 à 6,000 gerbes. On en voit qui n'en ont que 2,000 à 3,000, comme on en voit de 7,000 gerbes et au-dessus; mais la dimension intermédiaire est regardée comme la plus avantageuse. Ces meules, qui sont généralement bâties sur le même modèle, ont leur partie inférieure en forme de cône plus ou moins allongé, élevé sur un soubassement ayant la forme d'un cône tronqué de 2 à 4 mètres de hauteur, reposant sur le sol par sa petite base.

Après avoir tracé à l'aide d'un cordeau l'emplacement circulaire que doit occuper la meule, on répand, sur 0^{m}50 à 0^{m}60 d'épaisseur, soit de la vieille paille, soit des fanes de navette, de colza, de sarrasin, ou autres substances analogues qui sont sans valeur. Cette précaution se conçoit aisément, car la partie immédiatement en contact avec l'humidité naturelle du sol, se trouvant comprimée sous un poids aussi considérable, est, au bout de quelques mois, presque entièrement écrasée et pourrie. C'est pourquoi on évite, si l'on peut, d'employer à cet ouvrage même des fagots, puisque ceux-ci, qui ont toujours une certaine utilité,

éprouvent le même sort que la paille et ne sont pas
propres à faire de l'engrais.

Cette première assise de la meule de gerbes se
nomme le *soustrait*, mais ne fait point partie inté-
grante de sa construction, et n'est placée que pour
la recevoir. Immédiatement au-dessus, on établit
ce que partout on nomme le hérisson, c'est-à-
dire un premier rang qui commence par une seule
gerbe, posée debout, au centre de la base, et à partir de laquelle toutes les autres se posent successivement, en s'inclinant de plus en plus, de manière
à se trouver horizontales quand elles arrivent à la
circonférence, que l'on a tracée d'avance, comme
il vient d'être dit. Le diamètre de cette base n'est
déterminé que par l'usage et les pratiques locales,
selon le plus ou moins de hauteur des meules.
Ainsi, l'on sait qu'il est de 8 mètres pour les meules de 5,000 à 6,000 gerbes, d'environ 7 mètres
pour celles de 4,000 à 5,000, et ainsi de suite
pour les autres.

Par la pose du hérisson, on obtient, à la base
de la meule, une sorte de pyramide très-déprimée,
ayant dans son arrangement une certaine analogie
avec ce que l'on nomme vulgairement le foin à la
base d'un artichaut. Ce noyau, ainsi établi, fait
reposer la masse entière sur une espèce de pivot
parfaitement central de part et d'autre, duquel
toutes les gerbes se trouvent dans une position symétrique et n'ont, si elles ont été bien placées, aucune tendance à se déranger, ni surtout à éprouver
plus de tassement d'un côté que de l'autre, ce qui
est le point le plus important.

A partir de ce premier état, la construction des
meules ne consiste plus que dans une stratification
régulière et égale des gerbes les unes sur les au-

tres, en ayant soin de les entrecouper de manière
qu'elles soient toujours en bonne liaison. En établissant cette stratification, on ne doit jamais perdre de vue l'avancement de la construction, attendu que ces deux parties distinctes se terminent
par des lignes diversement inclinées. La partie inférieure qui se nomme, suivant les pays, le pied,
le soubassement, ou corps de la meule, et qui a la
forme d'un tronc de cône posé sur sa petite base,
s'élève en contre-pente sur tout son pourtour, de
manière à former avec la verticale un angle d'environ 18 degrés ou un angle de 0,72 degré avec
l'horizon, pour une hauteur d'environ 3 mètres, qui
est celle qu'on donne ordinairement à l'égoùt des
meules de 4,500 à 5,000 gerbes. Cela procure un surplomb total d'environ 0m90, et c'est là une conduite
commune à toutes les formes de meules, au point
de vue d'un bon égouttement des eaux pluviales.

Les bons constructeurs de meules s'arrangent de
manière que, après le tassement opéré, la surface
de ce toit soit exactement *conique*, c'est-à-dire
qu'elle ait partout pour génératrice une ligne
droite. En effet, avec quelque soin que soit établie
la couverture, si, par le tassement ou par d'autres
causes, elle tend à devenir sphérique, ou en forme
de dôme, les inclinaisons cessent d'être les mêmes,
et devenant trop faibles, elles laissent pénétrer de
l'eau dans les meules; ce qui produit toujours une
altération tellement dommageable, que cette seule
crainte a été jusqu'à présent un obstacle à l'introduction des meules de gerbes dans les pays où cet
usage n'existe pas encore.

On obtient ainsi le massif total de la meule,
qui n'a d'abord que la forme représentée fig. 165;
mais on a eu soin de maintenir dans une situation

bien horizontale, et à la hauteur fixée d'avance, le maximum du renflement correspondant au plus

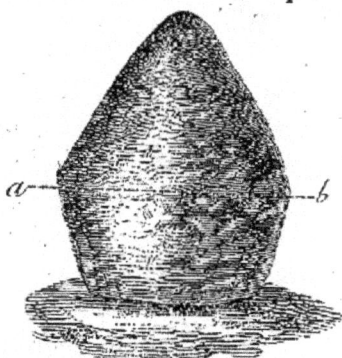

Fig. 465.

grand diamètre, et devant recevoir l'égoût, ainsi que nous allons l'indiquer.

Dans l'arrangement et la superposition des gerbes, l'expérience d'un bon poseur est très-nécessaire, attendu que, d'après l'effet inévitable du tassement, les contours primitifs ne sont jamais exactement conservés; et c'est en tenant compte de cet effet que les poseurs doivent arranger les gerbes de manière que la forme la plus régulière possible se maintienne après la pose de la couverture, car ce n'est qu'à dater de ce moment que la meule est défendue contre la pluie et a reçu sa forme définitive.

Couverture des meules. — Quand la meule a été achevée avec l'observation des diverses précautions qui viennent d'être indiquées, il reste à y établir la couverture en chaume, qui en est la partie la plus essentielle; car, sans elle, toute la masse serait promptement germée et pourrie. On doit laisser un intervalle d'au moins huit à dix jours entre l'achèvement de la meule et la pose de sa couverture; car le tassement étant considérable, et la paille employée à la toiture se trouvant fixée par ses deux extrémités, éprouevrait, lors du tassement, un dérangement tel que la meule pourrait être emportée par le vent.

La première partie de ce travail est la pose de l'égout, qui n'est d'abord qu'une saillie circulaire de 0ᵐ25 à 0ᵐ30, en paille rapportée que l'on implante dans la panse de la meule, à la hauteur correspondant à son plus grand diamètre, de manière à établir la séparation entre les deux parties distinctes dont elle se compose.

Cette opération faite, la couverture s'achève rapidement, à peu de chose près comme une toiture ordinaire en chaume, à l'exception qu'il n'y a point de baguettes transversales et que celles-ci sont remplacées par la pénétration de l'extrémité des poignées de paille à une certaine profondeur dans la partie supérieure de la masse de gerbes à couvrir. Ces poignées ou *tontines*, en paille de blé ou de seigle, préparées au pied de la meule par des femmes ou des enfants qui les nouent à l'extrémité supérieure, sont données, au fur et à mesure de leur confection, au couvreur, qui, placé sur une échelle de longueur suffisante, et muni seulement d'une palette ou spatule en bois mince, les enfonce dans la meule, après en avoir fixé la partie inférieure soit dans la saillie de l'égout, soit dans la couverture déjà posée. Quand cette opération est bien faite, il faut que la paille se maintienne, suivant une inclinaison uniforme, sans le secours ni de piquet ni de liens de paille, qui sont autant de causes de pénétration des eaux pluviales dans la meule.

C'est seulement pour la pose de la partie supérieure, terminée par une gerbe entière nommée le chapeau, que l'on a recours à cet accessoire. La couverture en chaume se pose ainsi, en procédant de bas en haut par bandes de 0m80 à 1 mètre de largeur, et cet ouvrage, étant fort simple, ne dure jamais longtemps. Le prix usuel pour cette main d'œuvre dans les environs de Paris est de 4 centimes le mètre superficiel; mais il est très-fréquent de voir couvrir les meules à prix convenu ou à forfait. Dans tous les cas, le cultivateur fournit la paille, le couvreur fournit les échelles et se pourvoit, à ses frais, des ouvriers ou aides qui lui sont nécessaires, fig. 166 et 167.

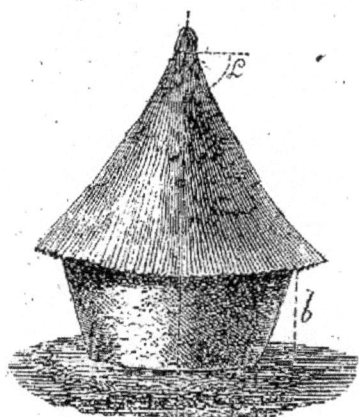

Fig. 166.

On peut aussi employer le couvreur de meules à la journée et le prix à lui allouer est, dans ce cas, de 5 à 6 francs. Quel que soit celui des trois systèmes que l'on adopte, cette main d'œuvre est minime, puisqu'elle ne dépasse guère 12 à 15 francs pour des meules de 5 à 6 mille gerbes; et quant à la fourniture de paille, 120 à 130 bottes de 6 kil. suffisent généralement dans le même cas. On voit donc que l'excellent système des meules de gerbes peut s'appliquer partout, en ne donnant lieu qu'à des frais très-modiques hors de proportion avec ceux résultant de la construction et de l'entretien des granges.

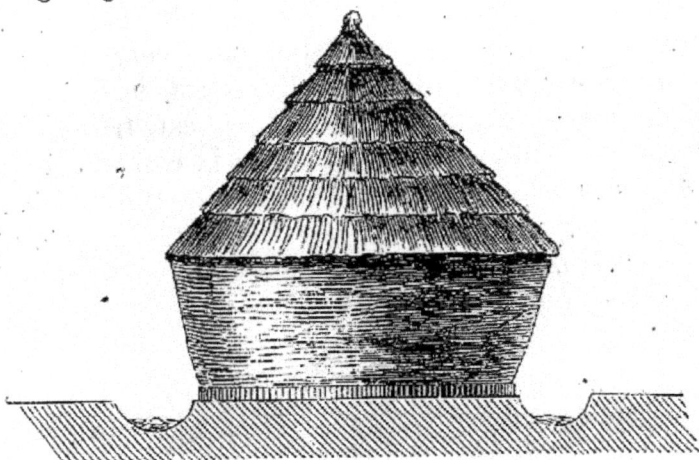

MEULE FRANÇAISE.
Fig. 167.

Bien que la couverture dont il s'agit n'ait jamais qu'une faible épaisseur uniforme de 0^m06 à 0^m08, ce n'est qu'après sa pose que la meule prend sa véritable forme, sa forme géométrique, telle qu'elle est représentée fig. 166. En effet, c'est dans cet état qu'elle doit résister à la pluie, et c'est à sa perfection finale que doivent tendre tous les efforts du constructeur.

Quand le travail de la couverture est marchandé à tant le mètre, le mesurage s'en fait approximativement entre le couvreur et le fermier : souvent dans ce cas il y a d'assez grandes erreurs. Rien ne serait plus facile que d'avoir cette superficie exactement, puisqu'elle est celle d'un cône ayant pour base πR^2, et pour hauteur H ; elle est donc donnée par l'une de ces formules de géométrie élémentaire : 1° en fonction du rayon et de l'apothème ou de la génération L qui, dans le cas actuel, se mesure plus facilement que la hauteur :

$$S = \pi R L ;$$

2° en fonction du rayon et de la hauteur

$$S = \pi R \sqrt{H^2 + R^2}$$

Conditions à observer pour la stabilité des meules et la conservation de la qualité du grain. — En observant le mode de construction indiqué ci-dessus, on peut réduire à une seule les conditions de la stabilité : c'est de faire en sorte que le tassement soit égal partout. Or, cela est facile en observant une disposition parfaitement identique dans la superposition des gerbes, à l'intérieur comme à la circonférence de chacun des lits ou rangs que l'on forme avec ces gerbes.

Une précaution très-essentielle à observer, c'est que la voiture qui approvisionne les poseurs s'arrête vers des points différents ; car l'expérience a prouvé que si le dépôt a lieu au même endroit, jamais le tassement préalable n'y est si complet que sur le reste de la meule, et dès lors un affaissement plus ou moins grand est toujours à craindre. C'est ce que l'on redoute le plus ; car, lorsqu'une meule commence à pencher un peu, il est rare que cet inconvénient ne s'aggrave pas successivement ; et cela finirait par amener son renversement. Alors, pour prévenir un tel dommage, on se hâte de soutenir la construction, du côté ou elle penche, avec des étançons aussi nombreux que cela est nécessaire pour que le mal ne s'accroisse plus, à partir

du moment où l'on a pris cette précaution. La
fig. 168 indique la situation que prennent les

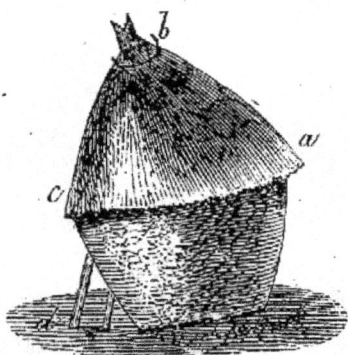

Fig. 168.

meules en surplomb et la disposition ordinaire des
étançons. Il est très-fâcheux d'être obligé d'employer ce moyen ; car s'il ne suffit pour prévenir la
chute de la meule, il est très-inefficace pour éviter
l'introduction de la pluie, qui a lieu tant par suite
du dérangement que par le changement des inclinaisons primitives.

On doit donc éviter avec un soin extrême tout
ce qui peut occasionner un affaissement partiel.

Quand les meules s'établissent par un temps
constamment sec, leur construction ne présente
aucune difficulté. Ainsi que cela se voit de temps
en temps, il y a des précautions à prendre. Si les
gerbes ne sont que faiblement humides lors de la
stratification, ou s'il tombe seulement un peu de
pluie sur la meule après son achèvement, cela n'a
pas des conséquences bien graves ; mais il n'en est
pas de même s'il survient, en cours d'exécution,
une pluie violente qui pénètre profondément dans
l'intérieur de la construction. Alors on a à craindre une altération presque certaine, et il peut être

nécessaire, pour la prévenir, de démolir tout ce qui était déjà disposé, afin d'étaler les gerbes et de les faire sécher. Cependant, comme c'est là une opération très-onéreuse et qu'il en résulte en outre des retards nuisibles aux travaux de la culture, on cherche autant que possible à éviter ce double travail.

Dans ce but, on introduit dans l'intérieur de la meule des perches ou baguettes qui servent d'éprouvettes, afin de reconnaître par le degré de chauffement qu'elles prennent, si la fermentation occasionnée par l'humidité est assez forte pour qu'il y ait lieu de démolir l'ouvrage.

Capacité ou volume des meules. — Dans les meules coniques, qui, ainsi que nous l'avons annoncé, tendent à se substituer partout à celles d'autre forme, le cube des gerbes est toujours facile à vérifier après coup, puisqu'il s'agit d'un corps ayant les proportions géométriques.

Si l'on désigne le toit conique par A et le soubassement au cône tronqué par B, le volume total de la meule sera :

$$V = A + B$$

Or, en désignant le rayon de la base inférieure par r et par R le rayon de la plus grande section transversale servant de base commune au cône et au tronc de cône, en appelant h la hauteur de ce dernier, et H la hauteur toujours plus considérable de la toiture, on aura, d'après un principe bien connu de géométrie élémentaire :

$$V = \tfrac{1}{3} \pi R^2 H + \tfrac{1}{3} \pi h (R^2 + r^2 + R r)$$

59.

Ou, en réduisant les coefficients numériques :

$$V = 1{,}05 \, [R^3 \, H + h \, (R^2 + r^2 + R \, r].$$

Et comme la meilleure proportion, consacrée par l'usage, pour la hauteur du toit, doit être de deux à trois fois celle de la base, rien ne s'oppose à ce que l'on adopte, en principe, ce rapport, qui serait, par exemple, $H = 2{,}75 \, h$. On aurait alors en simplifiant encore l'expression qui précède :

$$V = 1{,}05 \, h \, (5{,}75 \, R^2 + r^2 + R \, r.)$$

Telle est la formule à l'aide de laquelle on peut toujours vérifier le volume réel d'une meule conique et retrouver, au besoin, le nombre de gerbes qui la composent, dans le cas où l'on n'en aurait pas tenu note exactement.

Prenons un exemple dans un cas très-usuel : celui d'une meule de 6,000 gerbes de la grosseur habituelle dans les cultures du Nord, c'est-à-dire du poids moyen de 12 à 13 kilogrammes.

Cette meule a les dimensions suivantes :

Hauteur totale, 15 mètres ; hauteur de soubassement, 4 mètres ; hauteur du toit, 11 mètres ; diamètre inférieur, 9 mètres ; diamètre maximum, 12 mètres. On posera en conséquence :

$$
\begin{array}{l|l}
r = 4 & R^2 = 36 \\
R = 6 & h = 4 \\
r^2 = 16 & H = 11
\end{array}
$$

Et la formule donne presque sans calcul :

$$V = 1{,}05 \, [36 \times 11 + 4(36 \times 16 + 24)] \, 755 \text{ m. c.}$$

C'est-à-dire qu'après le tassement opéré, les 6,000 gerbes en question se réduisent à un cube effectif de 735 mètres cubes.

Quel que soit le nombre de meules semblables que produise la récolte annuelle de blé d'un domaine, c'est ce cube partiel, augmenté de la capacité nécessaire au battage, c'est-à-dire d'environ 100 mètres, qui règle la capacité intérieure de la grange, ainsi que nous l'avons déjà dit; et plus il y a de meules, plus l'exploitation est économique.

On trouve du reste, dans l'exemple précité, une concordance aussi parfaite que possible entre le poids réel des gerbes, prises isolément, et le chiffre de 100 kilog. par mètre cube de meules, que nous avons indiqué précédemment comme résultant d'évaluations généralement admises. — En effet, les 6,000 gerbes, à raison de 12 kilog. 20 l'une, donnent 73,200 kilog., et les 735 mètres cubes de la meule, à raison de 100 kilog. l'un, représentent 73,500 kilog.

La différence n'est pas de $\frac{1}{240}$.

Dans quelques pays, on a conservé l'usage de construire les meules de gerbes prismatiques, ou en forme de bâtiments à deux toits. On y observe toujours un certain surplombement des deux parois latérales reposant sur le sol; de sorte que la coupe verticale de cette construction est identique avec celle qu'on obtient d'une meule conique ayant la même hauteur et les mêmes dimensions. Nous dirons plus loin comment s'évalue la capacité de ces meules prismatiques généralement employées pour la conservation de la paille.

Des meules de paille. — Elles diffèrent des meules de gerbes par la moindre pesanteur des bottes, qui sont habituellement de même grosseur, mais

dépouillée du grain, de la balle et des déchets, représentant ensemble 50 à 55 pour 100 du poids
primitif de la gerbe. Quand les meules de paille
se composent de bottes liées comme des gerbes de
blé, on peut sans inconvénient les construire iden-
tiquement de la même manière qu'il a été expliqué
plus haut; mais dans beaucoup de cas, surtout
dans les exploitations rurales éloignées des grandes
villes, où la paille ne trouve plus un écoulement
assuré, on fait en plein air des dépôts considérables
de paille non bottelée, et c'est surtout alors qu'on
adopte de préférence la forme prismatique, avec
une légère toiture en chaume à deux pans. L'avantage de cette disposition est de pouvoir consommer
partiellement, pour les besoins journaliers, ces
meules, qui ont leur pignon tourné au nord ou au
levant, sans être obligé, comme pour les meules
prismatiques, de les démolir entièrement dès quelles
sont une fois entamées.

La couverture étant moins essentielle que celle
des meules de grains, on la consolide ordinairement
à l'aide de quelques baguettes et de cordes en
paille tordue, terminées par des pierres aux deux
extrémités.

Nous avons essayé pour la première fois, en
1851, de faire construire une grande meule conique
en paille non bottelée et recouverte au sommet
seulement d'une certaine quantité de litière ou de
paille mouillée. Cette expérience a bien réussi : la
meule en question, composée du battage de
1,800 gerbes de 12 kilog., a présenté l'avantage
d'occuper dans la cour de ferme un espace d'autant
plus restreint que sa hauteur était plus considérable. Cette hauteur, dépassant 14 mètres, était
aussi considérable que celle d'une meule de grains

de 3,000 gerbes, qui aurait eu plus de deux fois autant de largeur ; mais l'artifice de cette construction exceptionnelle résultait de la présence d'un peuplier enfoncé d'environ 1 mètre dans le sol et offrant une résistance assez grande pour assurer la stabilité de l'édifice. Aucune couverture n'est nécessaire avec les inclinaisons rapides qui résultent de ce mode de construction, et le peignage continuel, fait à la fourche et même au râteau, pendant le dépôt successive de la paille, lui donne naturellement la direction la plus favorable à l'écoulement des eaux pluviales. Ces meules très-économiques, d'après la suppression de la couverture rapportée, n'ont pas au même degré que les meules prismatiques l'avantage de pouvoir être entamées partiellement ; elles offrent néanmoins un mode de conservation des pailles bien préférable à celui que l'on pourrait chercher dans les granges, où l'altération par les souris est presque inévitable.

Du volume des meules prismatiques. — Pour calculer le volume de ces meules, soit de grains, soit de paille, on emploie une formule encore plus simple que celle qui sert pour les meules coniques. En effet, la section transversale, qui, du reste, est à peu près la même pour ces dernières, est composée d'un trapèze surmonté d'un triangle. Appelant b et B les coins inférieur et supérieur du trapèze, h sa hauteur, h' la hauteur du triangle, et enfin L la longueur de la construction, on aura pour le volume de cette simple expression :

$$V = \tfrac{1}{2} L \left[h' + B \left(+ b \right) h \right]$$

Par son emploi on pourra toujours vérifier le cube

effectif de la meule toutes les fois qu'on aura besoin de s'en rendre compte. Enfin, on pourra déduire de la même formule l'une quelconque des quantités B, b, h, h' et L, les autres étant données.

Résumé sur la construction des meules. — Les détails qui viennent d'être donnés suffisent pour garantir la bonne exécution des meules. Ils se réduisent à un petit nombre de principes que l'on peut résumer ainsi : 1° que la dimension des meules soit toujours subordonnée à celle de la grange dans laquelle elles doivent entrer successivement pour le battage ; 2° qu'elles soient élevées sans terrassement, ni charpente, ni support, en n'employant autant que possible, comme soustrait, que de vieilles pailles, des fanes, litières ou autres objets sans valeur ; 3° que la stratification des gerbes ait lieu le plus régulièrement possible, en observant les proportions et inclinaisons indiquées ci-dessus, de manière qu'aucun tassement inégal, affaissement ou déformation quelconque, ne soit à craindre ; 4° que la couverture soit posée avec le plus grand soin, 12 à 15 jours après l'achèvement de la meule, de manière à laisser au premier tassement le temps de faire son effet ; 5° que ladite couverture soit d'une structure uniforme et se maintienne d'elle-même sans le secours de tresses, liens, cordes ou piquets, sauf, toutefois, la pose de la gerbe terminale ou chapeau, qui ne peut être fixée que de cette manière.

Avec les seules différences résultant de la forme, les meules prismatiques, figurant un bâtiment, sont soumises, dans leur construction, aux mêmes règles que celles que nous venons de poser en ce qui touche les meules coniques, regardées comme les plus avantageuses pour la conservation des gerbes destinées à être battues, tandis que les autres sont au contraire plus convenables pour le dépôt des pailles qui n'ont plus à recevoir aucune main d'œuvre et doivent être livrées immédiatement à la consommation. Si nous avons donné à ce sujet un certain développement, c'est qu'il nous a paru digne d'intérêt, en ce que les procédés modernes de la construction des meules, qu'il est si important de bien connaître, sont encore très-peu répandus, et que les notions publiées jusqu'à présent sur cet objet paraissent insuffisantes. Il y a même lieu de regretter que des écrivains modernes, en se bornant à compiler les anciens auteurs, aient reproduit des méthodes depuis longtemps abandonnées, n'ayant plus de rapport avec ce qui se fait aujourd'hui. De ce nombre sont: les meules montées sur des charpentes, les gerbiers à toit mobile, et autres dispositions très-coûteuses dont l'utilité ne pourrait être justifiée. Il est à croire que dans un climat

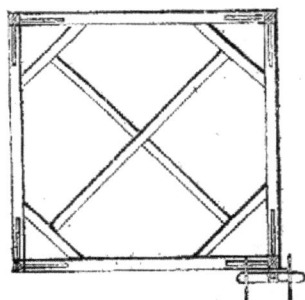

PLAN DE L'ASSEMBLAGE DU BAS,
Fig. 169.

très-humide comme celui de l'Angleterre, de la Hollande, etc., on peut trouver quelque avantage dans l'emploi des supports de meules en bois, en fer ou en maçonnerie; mais dans tout le nord de la France et de la Belgique, ce procédé, qui serait

superflu, ne peut être conseillé, et l'on doit se borner à établir les dépôts de gerbes sur un simple

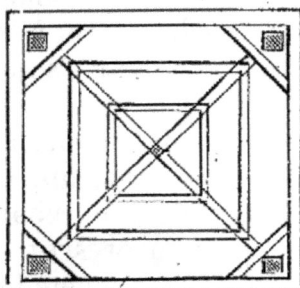

PLAN DU TOIT,
Fig. 170.

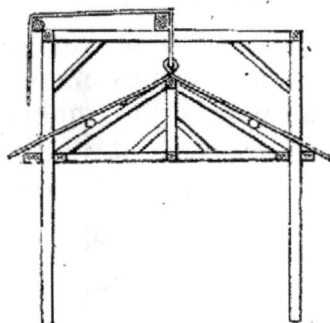

ÉLÉVATION,
Fig. 171.

soustrait en mauvaise paille, ou tout au plus en fagots, puisque, quand la meule est bien d'aplomb et
que sa couverture est bien faite, aucune altération
n'est à craindre. Si l'on se trouvait dans le cas
d'opérer par le mauvais temps ou avec des gerbes
mouillées, la fermentation, toujours à craindre dans
ce cas, aurait lieu aussi bien avec des supports que
sans leur emploi ; et quant au tube ou conduit intérieur dont il est également question dans quelques descriptions, il serait lui-même inefficace

dans ce cas. On peut donc s'en tenir avec toute sécurité au mode de construction simple et écono-

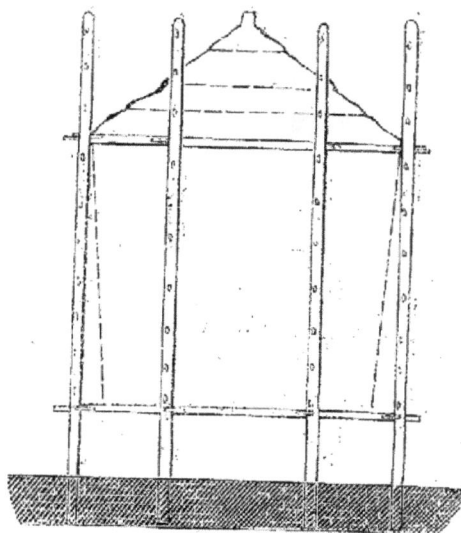

MEULE HOLLANDAISE.

Fig. 172.

Fig 173.

mique adopté dans le nord de la France, mais plus particulièrement dans les environs de Paris.

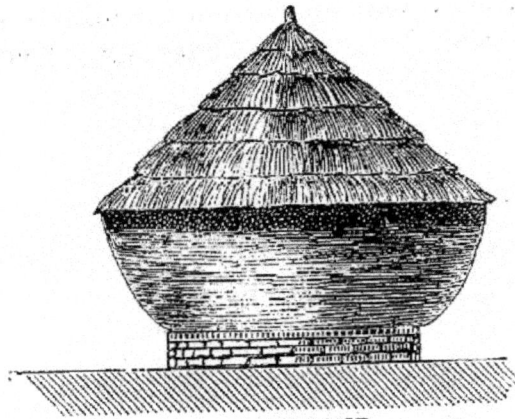

MEULE ANGLAISE.
Fig. 174.

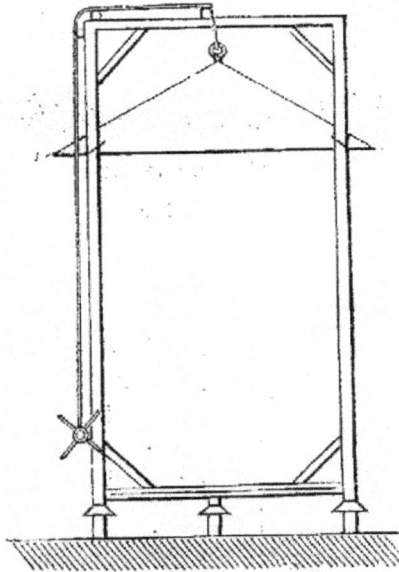

ÉLÉVATION.
Fig. 175.

ART. II.

§ 3. — Suite des Bâtiments destinés à la conservation des récoltes. Greniers à blé et à fourrage, silos, etc.

Greniers à blé. — La conservation des grains battus exige des soins et des précautions qui rendent souvent cette opération incertaine et assez dispendieuse. L'un des procédés les plus simples de conserver les céréales consiste à les déposer sur des planchers les plus aérés qu'il est possible. En effet, les causes d'altération consistent surtout dans les suivantes : 1° l'humidité naturelle du grain, qui, s'il est entassé sans précaution, s'échauffe et s'altère bientôt complétement par la fermentation ; 2° les ravages des harançons, des alucites et autres insectes, qui pullulent dans les tas de blé, dès que l'on cesse de les remuer et de les aérer fréquemment ; 3° enfin, on doit mettre en ligne de compte les dommages que causent les rats, les souris, les oiseaux et tous les granivores en général, dès qu'ils peuvent pénétrer dans les greniers.

Tout cela doit être pris en grande considération dans la construction des bâtiments. Ceux-ci se trouvent, du reste, placés dans deux catégories différentes, selon leur situation et l'importance des approvisionnements qu'ils doivent recevoir. Dans la plupart des exploitations où la culture du blé n'occupe que les proportions ordinaires, on emploie presque toujours à cet usage les étages supérieurs des bâtiments d'exploitation ou d'habitation. Il est rare que l'on ait recours à des bâtiments spéciaux, parce que la durée de la conservation est ordinairement très-restreinte.

Mais quand cette conservation a lieu dans un but commercial, ou dans un but de prévoyance, par le soin des administrations publiques, alors, d'après les quantités à réserver et la durée plus longue de l'approvisionnement, il s'agit de constructions beaucoup plus importantes, qui prennent le nom de magasins à blé, greniers d'abondance, etc. Ces dernières constructions sortant de la classe de celles qui appartiennent à l'économie rurale, nous n'avons pas à nous en occuper, et nous réserverons nos observations pour ce qui touche le meilleur mode de disposition des simples greniers, dépendance nécessaire de toutes les fermes.

Généralement, les greniers sont placés dans les étages supérieurs des bâtiments d'habitation. On dispose, toutes les fois qu'on le peut, leurs ouvertures du côté du nord, parce que plus la température est fraîche, moins les chances de moisissure ou de fermentation sont à craindre dans le blé nouveau.

La première condition à remplir est de donner aux planchers qui supportent les greniers à blé une solidité en rapport avec la charge considérable qu'ils doivent recevoir. Dans les premiers temps surtout, on ne peut amonceler le blé sur une grande hauteur, à cause des dangers de la fermentation ; 0^m40 à 0^m50 sont à peu près la limite que l'on observe. Mais dès la seconde année, le blé qui aurait été conservé par suite de prix de vente défavorable ou par d'autres motifs, peut, sans inconvénient, être entassé sur une hauteur moyenne de 0^m60 à 0^m75, soit seulement 0^m60 à raison du poids moyen du froment, qui varie de 750 à 800 kilog. On voit que dans l'hypothèse du maximum, qui est celle que l'on doit admettre, il

faut que les planchers des greniers à blé supportent une charge de 480 à 500 kilog. par mètre
superficiel. C'est un poids très-considérable, en ce
qu'il est plus que double de celui d'un nombre compacte de personnes, évalué à 220 ou 230 kilog.
Mais rien n'est plus facile que de proportionner la
force de ces planchers à cette pression, puisqu'elle
est exactement connue. Tout dépend, d'ailleurs, de
la portée plus ou moins grande des charpentes.
Dès qu'elle dépasse 5 à 6 mètres, il est convenable
de recourir à des poutres armées, convenablement
distancées, et supportant un solivage en bois de
chêne, espacé au plus de 0m50 de milieu en milieu.
On peut ensuite recourir intérieurement à un
système de piliers ou colonnes reposant sur de
bonnes fondations, si la portée des poutres parais-
sait trop étendue.

Une des causes pour lesquelles la hauteur d'en-
tassement du blé ne peut jamais être bien considérable, c'est qu'il exige de fréquentes manutentions,
sans lesquelles la dessiccation n'ayant pas lieu, on
pourrait être exposé à de grandes pertes. L'ancienne méthode du remuage des grains, dans les
fermes, consiste à faire simplement cette opération
à bras d'homme, à l'aide de pelles en bois. C'est
encore à celle-là qu'on s'en tient le plus généralement. Dans la région de l'est et du sud-est de la
France, il est d'usage, dans les greniers un peu
considérables, de recourir à la fois au pelletage et
au foulage, en faisant marcher, à huit ou dix jours
d'intervalle, des ouvriers armés de pelles dans
des encaissements de 0m60 à 0m66 de hauteur,
entre lesquels sont ménagés des sentiers d'environ
0m75 de largeur. Cette méthode est excellente, en
ce que, sans augmentation de frais, elle procure

l'avantage d'une machine à double effet, d'où résultent l'aérage du grain, en ramenant celui du fond à la surface, et le remaniement de toute la masse; ce qui prévient la formation de toute moisissure et les ravages des harançons.

Nous aurons à mentionner, au chapitre des machines, les nombreuses inventions auxquelles, depuis les temps anciens, on a eu recours pour

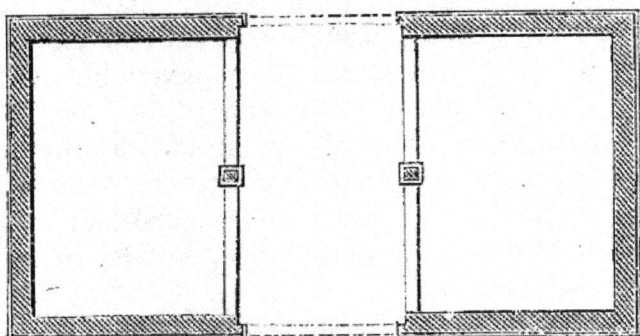

PLAN DE LA GRANGE.
Fig. 176.

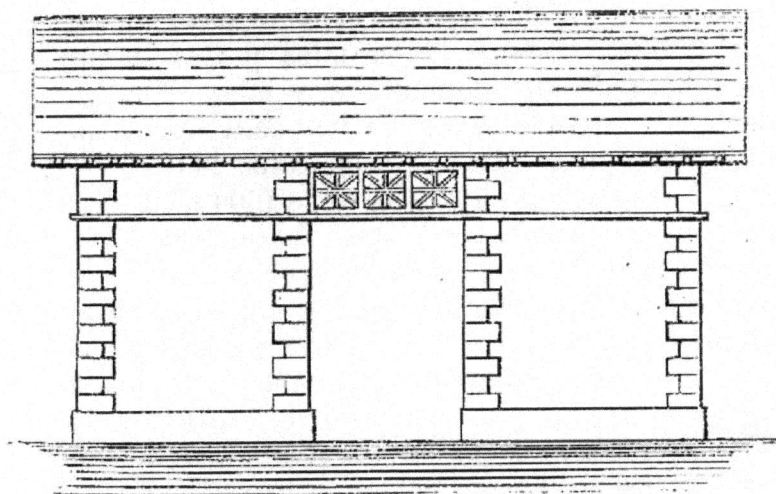

ÉLÉVATION.
Fig. 177.

obtenir mécaniquement cette manutention indispensable à la conservation des grains. Mais ces inventions, dont la plupart sont impraticables à cause de la dépense, intéressent bien plus les magasins de prévoyance que les simples greniers des établissements ruraux, où les grains ne sont pas rassemblés en si grandes masses et sont conservés le moins longtemps possible. (Fig. 176 et 177.)

Greniers à fourrage. — Nous ne dirons que très-peu de mots des greniers à fourrage, qui, comme les greniers à blé, se placent souvent dans les exploitations rurales, partout où les convenances particulières permettent de le faire à peu de frais, notamment au-dessus des écuries et étables qui sont les lieux de consommation. Mais comme il y a ici très-peu de données spéciales sous le rapport de la construction, il nous paraît préférable de renvoyer les considérations sur ce sujet au chapitre traitant de la production et de la conservation des plantes fourragères, d'autant plus, qu'il est aujourd'hui bien reconnu que dans toute exploitation importante où l'on opère sur de grandes masses de fourrages, la conservation de ceux-ci avec toutes les qualités nutritives est bien moins garantie dans les greniers ordinaires que dans des *meules*, dont nous indiquerons en même temps le mode de construction.

Silos. — On donne ce nom à des fosses ou cavités servant à la conservation des grains et autres récoltes. Leur caractère principal est que les blés y sont complétement privés d'air. Sur les greniers, au contraire, l'aérage est indispensable, et, de plus, des manutentions assez dispendieuses doivent avoir lieu pour prévenir l'altération du grain, qui éprouve, dans tous les cas, un déchet considérable en poids et en volume.

Le blé se trouve donc très-convenablement placé dans des silos, où il est privé d'air et de lumière, et où il est, par cela même, exempt des ravages des insectes nuisibles, qui ne peuvent vivre dans de telles conditions : il peut, d'ailleurs, se conserver ainsi en parfait état pendant des siècles.

La forme des silos n'a pas d'importance, mais leur capacité est nécessairement proportionnée à la masse des grains qu'on veut y renfermer. Il est seulement essentiel que l'eau n'y pénètre pas et que les grains qu'on y rentre soient le plus secs possible. Ces fosses peuvent être faites avec ou sans revêtement, si le terrain est très-solide, comme cela se présente dans des masses de rocher, dans d'anciennes carrières, etc.; mais, dans les terrains meubles ou sujets aux éboulements, il faut un revêtement en maçonnerie, que l'on fait aussi économique que possible. De plus, on place presque toujours une certaine épaisseur de paille entre le grain et les parois de la fosse.

Les silos, ainsi établis, sont analogues à des citernes; mais on a soin, particulièrement, de ne pas faire leur revêtement avec enduit jointif, car, dans les cas ordinaires, on place toujours ces constructions dans un sol aussi sec que possible; et comme c'est alors de l'humidité du grain que l'on a à se préoccuper, on doit lui faciliter tous les moyens d'être absorbée. De plus, le fond doit être à claire-voie, à moins qu'il ne soit établi sur un sol naturellement très-perméable.

L'usage des silos, qui est encore très-répandu, remonte à une époque immémoriale. Il a pris naissance dans les contrées méridionales, où les grains

ont une dureté et une dessiccation naturelles qui
les rendent très-propres à ce genre de conservation.
Cet usage était aussi particulièrement approprié
aux mœurs des peuples nomades et guerriers, qui,
comme les Arabes, ne construisaient pas de villages et avaient un grand intérêt à soustraire à la
vue de leurs ennemis les dépôts de grains, formant leur principal moyen de subsistance.

Aussi découvre-t-on encore fréquemment de ces
anciens silos, dont quelques-uns sont remarquables
par leur grande dimension, en Espagne et en Afri-
que, pays longtemps possédés par ce peuple cultivateur.

Les silos étant, comme les meules, un moyen
assuré de conserver les récoltes sans le secours de
bâtiments proprement dits, qui diminuent par leur
grande dépense les ressources toujours insuffisantes de l'agriculture, doivent être regardés comme
une excellente pratique ; et le gouvernement ne
pourrait mieux faire que d'encourager les recherches tendantes à y apporter des perfectionnements.

Un procédé qui conserve les grains en parfait
état sans le secours des bâtiments et de la main
d'œuvre, qui l'un et l'autre sont des causes de dépense, est assurément digne d'un grand intérêt.
Dans les temps où de notables variations ont lieu
sur le prix des céréales, c'est là une précieuse ressource pour les réserves de prévoyance comme
pour la spéculation. Aussi les constructions de ce
genre sont nombreuses tant dans les pays de grande
production que dans les ports qui se livrent à ce
genre de commerce. C'est ce qui se voit particulièrement aux environs de Marseille, principal entrepôt des grains du midi de la France.

Peu de mots suffiront pour faire comprendre que

l'utilité des silos ne réside pas dans leur mode de construction. Comme c'est surtout dans la privation du contact de l'air que consiste leur efficacité, peu importe de quelle manière ce résultat soit obtenu. Aussi trouve-t-on des différences notables dans les procédés qui ont été adoptés depuis les temps anciens jusqu'à nos jours. Tantôt des constructions voûtées, d'une grande dimension, ont été en usage, ainsi que cela se faisait principalement dans l'ancienne Égypte. En d'autres lieux, des masses considérables de blé ou d'autres céréales ont été conservées, à la manière des Arabes, dans de simples fosses sans revêtement, dont on se contentait de dessécher fortement les parois en y brûlant un combustible quelconque ; puis des nattes ou même une couche de paille parfaitement sèche, interposées entre le sol naturel et le blé recouvert d'une simple butte de terre, suffisaient pour assurer sa conservation pendant un temps illimité, mais, toutefois, après la dessiccation préalable du grain.

La température à peu près constante, qui, pour notre climat, est d'environ 7 à 8 degrés dans les excavations de profondeur moyenne, étant bien plus que suffisante pour déterminer la germination du grain, ce n'est que par la privation absolue du contact de l'air que l'on peut éviter son altération dans les silos, à moins que, comme cela avait lieu chez les anciens, l'on n'ait pris la précaution de lui faire perdre sa qualité germinative par une dessiccation complète, sous l'action d'une haute température. Cette condition serait de nature à accroître considérablement les frais de ce procédé de conservation ; mais il vaudrait encore mieux y recourir que de s'exposer à des chances à peu près certaines de pertes ou de dommages, si des silos qui pourraient être d'ailleurs parfaitement établis et assainis, laissaient le moindre accès au contact de l'air.

La méthode des silos s'applique avec le plus grand avantage à la conservation des produits alimentaires autres que les céréales; mais comme ceux-là sont tout à fait insignifiants sous le rapport de la construction, nous n'en parlerons, comme procédé spécial de conservation, qu'aux articles concernant ces produits, au nombre desquels figurent principalement les pommes de terre, betteraves, carottes fourragères, etc.

§ 4. — Des Greniers.

Les grains, après avoir échappé aux intempéries des saisons, ne sont pas encore en sûreté lorsqu'ils sont battus. L'humidité, la chaleur, la poussière, les souris ou les charançons peuvent en dévorer la substance, ou en altérer la qualité, si les magasins ne sont pas convenablement construits et si les grains n'y sont pas entretenus avec tous les soins que leur conservation exige.

Les blés nouvellement battus conservent toujours une humidité qui les dispose à la fermentation, et qui les ferait effectivement fermenter si on les entassait sur une trop grande épaisseur dans les chambres à blé.

D'ailleurs, toute humidité locale est contraire à la conservation des grains; une chaleur trop grande leur est également nuisible, parce qu'elle favorise la multiplication des insectes destructeurs. On ne doit donc pas resserrer les blés dans les rez-de-chaussée des bâtiments, ni même dans les greniers; ils sont très-bien placés dans les étages intermédiaires, et surtout au-dessus des hangars, des remises, des bûchers, parce que l'on peut y établir des ventilateurs. On ne les placera jamais au-dessus des écuries et des étables; ils se ressentiraient de la mauvaise odeur et des exhalaisons humides des animaux.

Les ouvertures des chambres à blé doivent être à l'exposition du nord ou nord-est, parce qu'elle leur procure la température la plus sèche et la plus froide. Si pour la facilité du remuage des grains, il était nécessaire d'en percer quelques-unes au midi, il faudrait en borner le nombre au strict nécessaire et avoir soin de les garnir de volets intérieurs et extérieurs, afin de les fermer aussitôt l'opération terminée.

Lorsque la situation des chambres permet de les aérer avec des ouvertures ou trappes placées près des murs et éloignées de 3 à 4 mètres les unes des autres, il faut faire attention d'en alterner la position dans les planchers, afin de pouvoir renouveler l'air plus promptement et sur une plus grande surface à la fois.

Le blé tient beaucoup de place parce qu'on ne peut le disposer en couches épaisses à cause de sa pesanteur et de l'humidité qu'il contient; ensuite, les propriétaires connaissent bien la capacité qu'ils doivent donner à leurs greniers d'après l'étendue de leur exploitation, en supposant, pour terme moyen, que les blés puissent être entassés sur 0^m50 d'épaisseur.

Un grenier à blé doit être placé sur des poutres armées ou sur une voûte pleine, et alors on peut sans crainte pousser la puissance des couches jusqu'à un mètre d'épaisseur.

Beaucoup de systèmes ont été proposés pour la

conservation des grains ; ces moyens peuvent être rangés en deux classes principales : les silos et les greniers mobiles. Les silos sont fondés sur ce principe, que l'égalité de température et l'absence complète de lumière suffisent pour prévenir toute fermentation et toute végétation ; et on atteint ce but soit en enfouissant les grains à une certaine profondeur au-dessous du sol, soit en les scellant dans des caveaux voûtés et parfaitement rejointoyés.

Les greniers mobiles consistent quelquefois en trémies fixes avec soupape à la face inférieure. Cette soupape sert à vider les grains contenus dans la trémie, et chaque quantité que l'on tire imprime à la masse un mouvement général. Ce mouvement qu'on peut, du reste, rendre plus fréquent et plus considérable en écoulant de temps en temps une partie des grains qu'on reverse sur la trémie par son ouverture supérieure, suffit pour empêcher la fermentation et la formation de ces champignons vénéneux qui altèrent d'une manière si fâcheuse la qualité des farines.

§ 5. — Greniers perpendiculaires.

Nous allons indiquer un système à la fois simple et ingénieux de construction de greniers. Nous avons signalé les difficultés à vaincre pour le placement des grains : la première est la grandeur de la surface nécessaire, puisqu'on ne peut avant leur dessication complète les amonceler à une hauteur de plus de 0m35; la seconde réside dans les soins minutieux qu'exige leur remuement et dans la perte de temps que cette opération réitérée occasionne. Ces inconvénients sont très-heureusement surmontés dans les greniers à forme dite perpendiculaire, dont nous

donnons ici la description et le dessin explicatif,
fig. 178, 179, 180 et 181. Outre que les frais d'é-

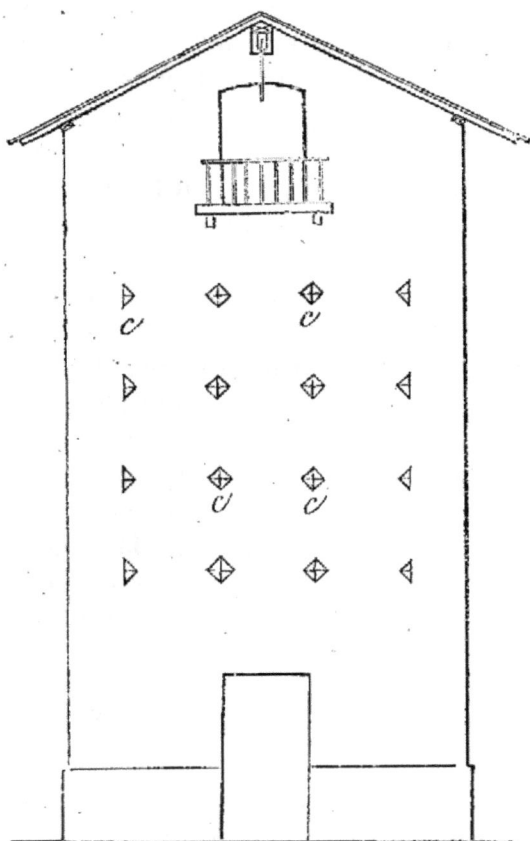

Fig. 178.

tablissement sont peu considérables et que l'exécution en est simple et facile, la disposition de ces
greniers permet de nettoyer en très-peu de temps
la masse entière de grains que l'on y renferme ; l'air
y circule librement et trouve accès au degré convenable sur tous les points de la distribution intérieure du bâtiment.

La fig. 178 en représente l'élévation géométrale :

une porte est pratiquée dans le bas, par laquelle on arrive à la chambre qui se trouve sous les trémies;

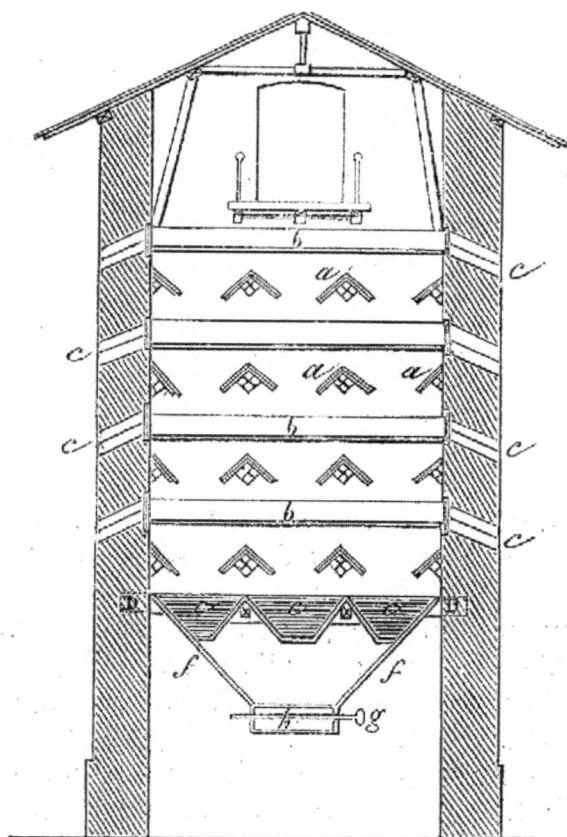

COUPE SUR LA LIGNE.

Fig. 179.

dans le haut est une fenêtre avec une avance formant garde-corps, par laquelle on reçoit les sacs de grains, qui y sont montés à l'aide d'un treuil et d'une poulie. On a ménagé dans chaque mur, et à des intervalles convenables, quelques ouvertures carrées, dont une des diagonales serait verticale et dont les côtés auraient 10 à 0m15. Chacune de ces

ouvertures correspond à une autre semblable dans
le mur qui lui fait face, et se trouve avec elle en

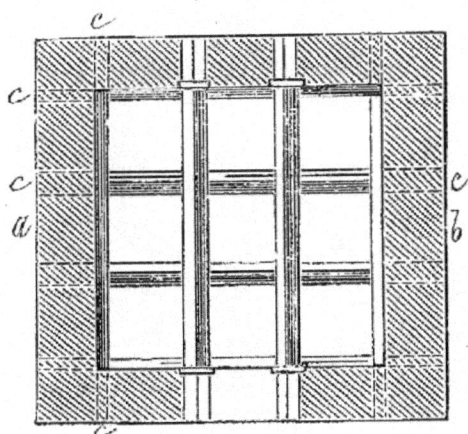

Fig. 180.

communication intérieure au moyen de conduits
triangulaires formés avec des planches de 0ᵐ05 sur
0ᵐ17 environ de largeur. C'est ce qui se trouve
suffisamment indiqué par la coupe du bâtiment
(fig. 179) qui offre le détail de la distribution intérieure. L'angle externe des conduits triangulaires
regardant la partie supérieure en fait aussi des rigoles renversées qui devront laisser un vide sous la
masse de blé et permettre à l'air d'y pénétrer librement. *a a a* indiquent l'extrémité des conduits
à angle droit sur ceux qui partent des côtés opposés, et que l'on découvre dans toute leur longueur;
ces derniers sont marqués *b b b*. On voit également par la fig. 179 que les ouvertures *c c c*, carrées, pratiquées dans le mur, ont en dehors une
inclinaison suffisante pour que ni la pluie ni la
neige ne puissent pénétrer dans l'intérieur du grenier. Ces ouvertures doivent en outre être garnies
d'une toile métallique qui en défende le passage aux

insectes et aux animaux granivores. Au niveau de
la fenêtre dont nous avons parlé, on a pratiqué à

Fig. 181.

l'intérieur un pont sur lequel on dépose d'abord les
sacs, pour en vider ensuite la contenance à gauche
et à droite de ce pont ; le blé se répand alors sur
le plancher formé de trois rangs de trémies en
tous sens, ce qui en donne neuf, ainsi que l'indique
le plan fig. 181. Ces neuf trémies dégorgent ensuite
leur contenu dans une plus grande (fig. 179) qui les
renferme toutes. Une trappe à coulisse (*g*), pratiquée en bas de cette dernière, donne passage au
grain : on la ferme à volonté. On conçoit facilement
que la force des madriers sera plus ou moins considérable, suivant que la masse de blé à supporter
sera plus ou moins grande.

La fig. 180 indique en plan la disposition des
conduits placés alternativement, à angle droit, les
uns au-dessus des autres et aboutissant d'un mur
au mur opposé.

Au moyen de cette disposition, il suffit, comme
on voit, d'ouvrir la soupape ou coulisse de la
grande trémie et d'en retirer seulement un ou

deux hectolitres de grains, pour qu'aussitôt la masse entière se trouve mise en mouvement et exposée dans toutes ses parties au contact de l'air introduit par les ouvertures. Ce résultat mécanique si simple satisfait donc sans le moindre embarras à ces deux conditions essentielles qui dans les greniers ordinaires demandent des journées entières de travail.

Il n'est pas indifférent de tenir les ouvertures des quatre trémies d'angle, 6, 7, 8, 9 de la figure 181, un peu plus larges que celles de côté, 2, 3, 4, 5 de la même figure ; elles devront être plus grandes que l'ouverture du milieu, 1, car le blé trouvant de la résistance sur les côtés, et principalement dans les angles, tend à s'échapper alors vers le centre, et l'équilibre ainsi que la répartition générale de mouvement s'établiront sur toute la masse du grain aussi également qu'il sera à souhaiter.

On conçoit facilement que ce grenier pourrait être divisé en plusieurs compartiments, dans le sens de sa hauteur, par des cloisons soit en briques, soit en bois, afin de pouvoir renfermer dans le même grenier autant d'espèces différentes de grains.

§ 6. — Des Greniers à avoine.

On construit ces greniers avec le même soin que les chambres à blé, parce que l'avoine a les mêmes ennemis que lui. On ne peut placer l'avoine dans les rez-de-chaussée des bâtiments, parce que l'humidité du sol l'y ferait germer ; mais on conserve très-bien ces grains dans les greniers au-dessus des chambres à grains, où l'on peut les faire participer aux bons effets de la ventilation. Il faut seulement plafonner le dessous du comble du toit pour les préserver de la pluie, de la neige et d'une chaleur trop grande.

§ 7. — Des Fruitiers.

Parmi le grand nombre de richesses variées du règne végétal, on ne connaît guère que les fruits cueillis en automne qui soient susceptibles de se perfectionner au fruitier.

La conservation des fruits pendant l'hiver dépend de trois choses essentielles, savoir : 1° de l'état de l'atmosphère pendant la cueillette et des précautions prises avant de les resserrer ; 2° de la qualité des fruits et de l'emplacement dans lequel on les enferme ; 3° des soins ultérieurs qu'on leur donne.

Les alternatives perpétuelles de chaud et de froid, de sécheresse et d'humidité, sont les causes les plus actives de la décomposition des fruits. Il faut donc les conserver dans un lieu que l'on puisse maintenir à une température constante ; avantage qui caractérise les bonnes caves.

Une bonne cave sera donc le meilleur fruitier que l'on puisse choisir ; à son défaut, un cellier, une pièce au rez-de-chaussée, etc., et généralement tout local que l'on pourra mettre à l'abri de l'humidité et des variations de l'atmosphère.

La meilleure exposition pour un fruitier est celle du sud-est. Il doit être fermé par une double porte ; les fenêtres ne doivent pas y être trop multipliées, on les établira aux deux expositions du midi et du levant ; elles seront garnies d'un double châssis et de contre-vents, afin d'intercepter à volonté la lumière et toute communication avec l'air extérieur.

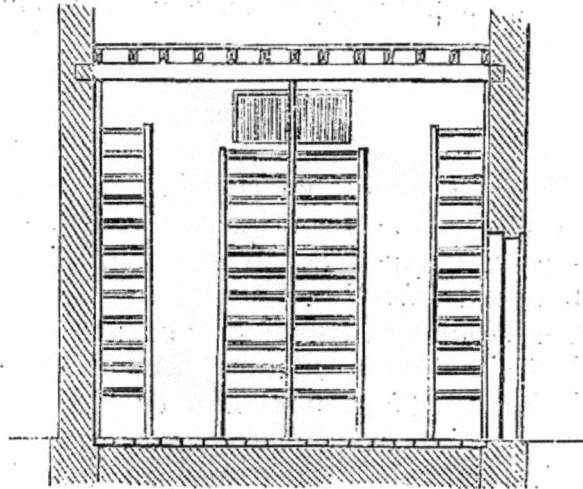

COUPE DU FRUITIER.
Fig. 182.

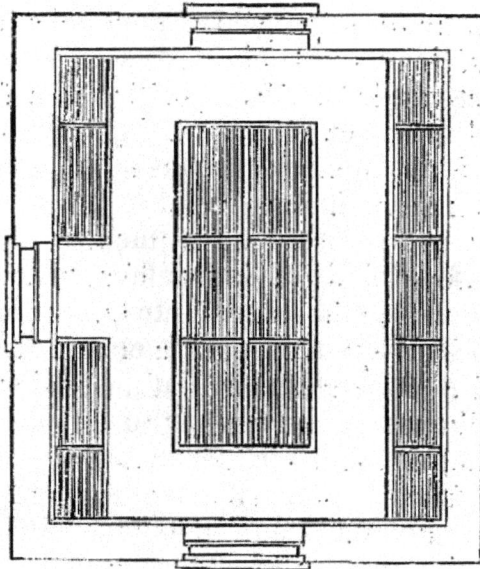

PLAN D'UN FRUITIER.
Fig. 183.

Un fruitier doit être éloigné de tout ce qui répand une odeur fade ; il sera boisé dans tout son pourtour (fig. 182 et 183) et garni de tablettes espacées entre elles de 20 à 25 centimètres. Au milieu de la pièce on pourra également placer un autre corps de tablettes à double face ; ces tablettes, au lieu d'être en planches, sont souvent formées de tringles à claire-voie dans toute leur longueur, posées les unes au-dessus des autres, auxquelles on donne de 50 à 0^{m}75 de largeur, et qu'on environne d'un petit rebord. Avant d'y déposer les fruits, il faut tenir le fruitier ouvert pendant quelque temps pour en renouveler l'air et expulser toutes les mauvaises odeurs.

§ 8. — Des Séchoirs.

Les séchoirs (fig. 184 et 185) sont très-utiles, surtout pour les grandes exploitations ; ils servent merveilleusement à aider la dessiccation des récoltes dans les années pluviales.

Ce sont des bâtiments en bois, de la forme d'une halle ronde, carrée ou rectangulaire, à jour de tous côtés, dont la toiture descend à 1^{m}80 du sol un peu relevé au-dessus de son pourtour, et où les voitures peuvent entrer ou sortir toutes chargées de grains ou de fourrages. Si le temps menace de la pluie, ou même s'il est constamment pluvieux, on y amène les gerbes et les fourrages à mesure qu'ils sont coupés, et on les étend sur l'aire de ces séchoirs nivelée et bien battue ; ou bien on les met sur des perches, des cordeaux, etc., et on les y retourne et manie plusieurs fois s'il est nécessaire, en attendant un intervalle de beau temps. Si cet intervalle arrive, on se hâte de sortir le foin et les gerbes pour achever leur dessiccation.

Enfin, on les enlève au fur et à mesure de leur
dessiccation pour les placer dans les granges et pou-

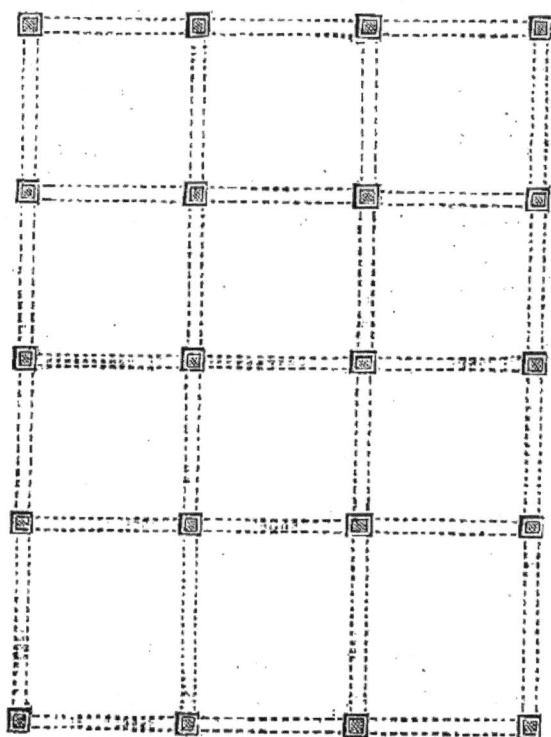

PLAN D'UN SÉCHOIR.

Fig. 184.

voir en rapporter d'autres. C'est ainsi qu'avec cette
espèce de bâtiment isolé on peut éviter de perdre
des récoltes précieuses. On peut les couvrir avec
la couverture ignifuge dont nous avons donné la
description. On pourra proportionner leur capacité
aux besoins de l'exploitation en les allongeant plus
ou moins dans la forme rectangulaire. Leur construction peu dispendieuse sera bientôt rachetée
par le bénéfice qu'elle procurera dans une seule
année pluvieuse. C'est une sorte d'assurance con-

tre la pluie, plus commune et souvent plus désas-
treuse que la grêle et le tonnerre.

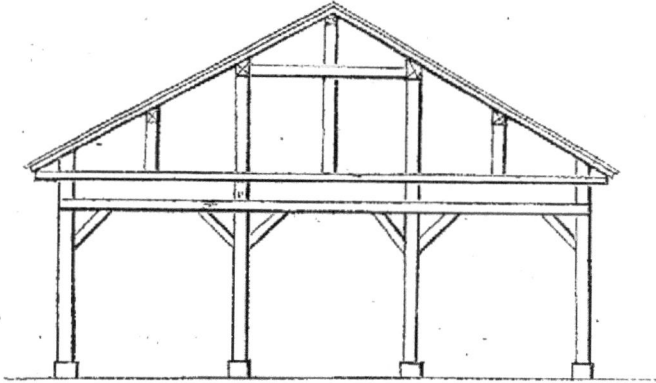

ÉLÉVATION GÉOMÉTRALE.
Fig. 185.

ART. III.

Constructions diverses.

§ 9. — Emplacements utiles dans une Basse-cour.

Il est commode et même nécessaire d'avoir un
atelier dans une grande ferme, non-seulement pour
construire ou réparer les divers instruments aratoires (fig. 186 et 187), mais encore pour mettre

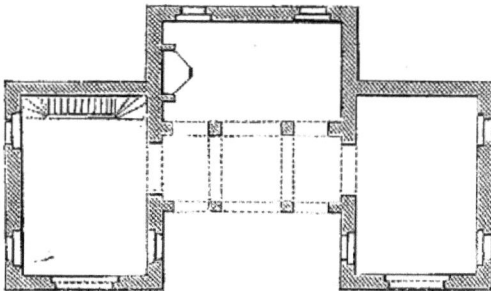

PLAN D'UNE FORGE, ATELIER DE CHARRONNAGE ET MAGASIN.
Fig. 186.

en réserve les différentes pièces des charrues, des chars, des roues, etc., afin de les retrouver au be-

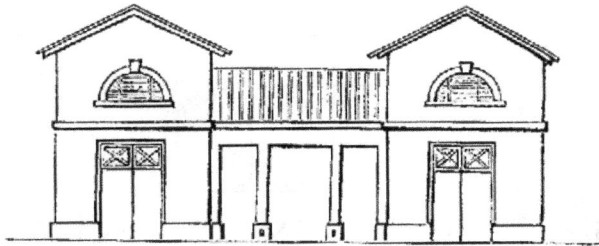

ÉLÉVATION.
Fig. 187.

soin. On doit être pourvu de différents outils, comme scies, haches, etc., et du bois nécessaire pour la confection des instruments et les réparations journalières.

§ 10. — Chambre à serrer les Outils.

Il est encore des objets, outre ceux dont nous avons parlé figures 186 et 187, qui demandent à être

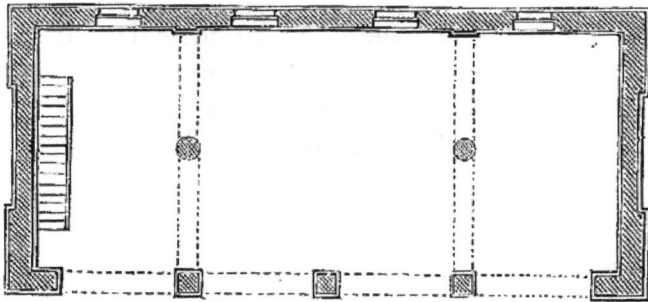

PLAN D'UNE REMISE.
Fig. 188.

conservés avec d'autant plus de soin que l'usage qu'on en fait est plus rare et qu'ils peuvent être volés ou perdus : tels sont les pelles, les bêches, les râteaux, les faux, les faucilles, les cribles, les vans, les houes, etc.

ÉLÉVATION.

Fig. 189.

Il faut avoir soin, pour la construction de ces différents objets, de choisir une pièce bien aérée et exempte

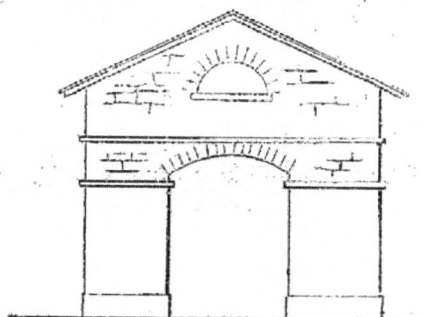

ÉLÉVATION.

Fig. 190.

d'humidité ; tout objet doit y être rangé en ordre, de manière que l'on puisse y trouver à l'instant ce dont on a besoin. La porte de ce magasin fermera bien à clé, afin que tous les domestiques indistinctement, où même les étrangers, ne puissent y aller gaspiller les différents outils, dont le maître ouvrier ou valet doit être responsable.

42

§ 11. — Du Fournil, du Four et des Accessoires.

Le fournil est la pièce qui, dans une habitation rurale, est spécialement destinée à la fabrication du pain pour la consommation du ménage ; en lui donnant des dimensions convenables, elle peut servir encore de buanderie et à d'autres objets. (*Voy.* fig. 191, 192, 193.)

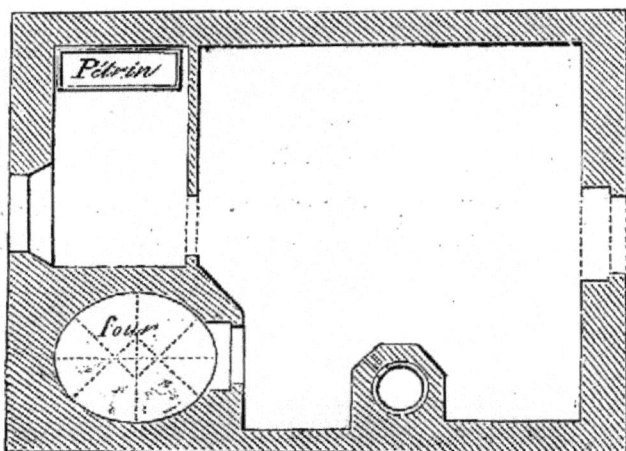

Fig. 191.

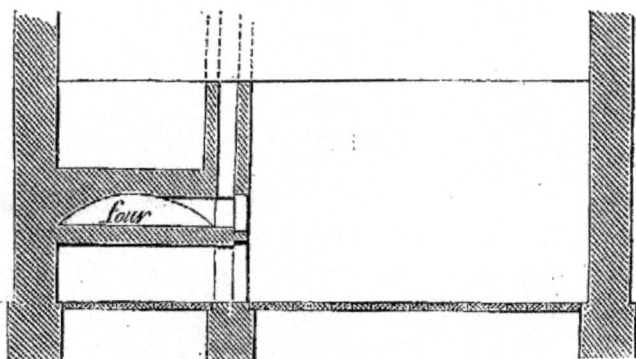

COUPE SUR LA LIGNE A B.

Fig. 192.

Pour la commodité du service, le fournil doit être situé près de la cuisine ou dans le voisinage du lavoir domestique.

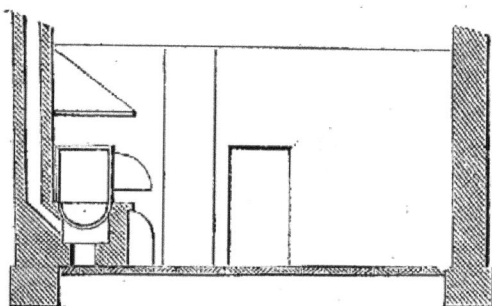

COUPE PRISE SUR LA LIGNE C D.
Fig. 195.

§ 12. — Du Four.

Chez les petits cultivateurs, le four se construit ordinairement dans le fond de l'âtre de la cheminée qui sert ainsi à deux usages. Quelquefois une petite chambre adossée à la première reçoit le derrière du four et devient ainsi une espèce d'étuve pour les provisions du ménage. Si cette petite chambre n'existe pas, on peut avoir en cet endroit un trou à porcs avec un poulailler au-dessus.

Dans les cantons où la pierre est rare et où l'on ne bâtit qu'en bois, on cherche à avoir un fournil séparé du logement, ainsi que les granges et écuries, ou bien on construit le four isolément, dans la cour ou dans la rue, pour éviter les incendies. Dans ce cas, le four a besoin d'une cheminée particulière : la fumée s'échappe directement en plein air ; ceux qui y cuisent sont exposés à toutes les injures du temps. C'est le four du pauvre qui sert souvent à plusieurs ménages.

La perfection d'un four consiste dans la régularité de sa forme et dans les justes proportions de ses différentes parties ; sa grandeur peut varier suivant les besoins du propriétaire, mais sa forme doit toujours rester la même. C'est souvent une ellipse plus ou moins allongée, suivant l'emplacement disponible.

Un four doit être fondé comme tout autre bâtiment ; il porte quelquefois simplement sur deux ou quatre piliers aux angles. Les différentes parties sont : 1° la voûte du dessous ou cendrier, qui supporte l'âtre ; 2° l'âtre ; 5° le dôme ou chapelle ; 4° les ouras ou soupiraux ; 5° l'entrée ou bouche ; 6° l'autel ; 7° la cheminée, et 8° le dessus du four.

1° *Le cendrier* est la partie où l'on resserre ordinairement une certaine quantité de bois qu'on veut faire sécher avant de l'employer ; la voûte doit avoir au moins 40 centimètres d'épaisseur pour porter l'âtre. Souvent, au lieu de voûte, ce sont de gros madriers : ils peuvent produire un incendie, ce qui doit les faire absolument proscrire.

2° *L'âtre* est une partie essentielle du four ; il doit être pavé en carreaux de terre cuite ou en terre à four, composée de la manière suivante : 1/5 de bon sable, 2/5 de terre argileuse, qui ne rougisse pas beaucoup au feu, et autant de pierre calcaire pulvérisée. Si l'argile a trop de liant ou de compacité, on peut augmenter le sable.

5° *Le dôme ou chapelle.* Avant de paver l'âtre du four, on élève ses murs intérieurs à environ 20 centimètres au-dessus du niveau que doit avoir le pavé. Les murs intérieurs, en ovale ou ellipse tronquée, doivent soutenir la chapelle ou voûte supérieure ; ils doivent être en briques bien cuites :

leur extérieur, formant le carré long, peut être en pierre ou en pisé.

Un four bien construit sera toujours bas de chapelle ; cette hauteur doit cependant être en proportion avec la profondeur du four : on la fait généralement de 1/6 de cette profondeur.

4° *Les ouras.* Ce sont des soupiraux qui, dans les grands fours, s'élèvent en dedans du four, de chaque côté des rives, ayant 12 à 15 centimètres en carré, et qui viennent aboutir à la cheminée au-dessus de la voûte ; ils sont destinés à animer et entretenir la combustion du bois, qui sans eux brûlerait lentement et difficilement. On les a supprimés dans les petits fours. Dans les moyens, on en fait un seul prenant naissance au fond, pour revenir également à la cheminée par le dessus du dôme. On les tient fermés quand le four tire bien et qu'on peut s'en passer.

5° *La bouche du four* doit être la plus petite possible relativement à la grosseur des pains qu'on y veut cuire. Le four sera plus facile à chauffer, consommera moins de bois et gardera sa chaleur plus longtemps. 0m50 ou 0m60 doivent suffire dans tous les cas.

6° *L'autel.* Sur le devant de l'entrée du four, on met une tablette en fonte ou en pierre de taille, qu'on appelle l'*autel.* Cette tablette doit être de niveau avec l'âtre et déborder d'un pouce ou deux au dedans de la cheminée, pour y appuyer le bout de la pelle et retirer plus facilement la braise du four.

7° *La cheminée* doit être entaillée au-dessus de la bouche du four. On peut lui donner une forme et une inclinaison convenables quand le four n'est pas directement derrière, afin de n'avoir qu'un seul tuyau pour les deux cheminées.

42.

8° *Le dessus du four.* En carrelant ce dessus du four comme nous l'avons indiqué, on peut y ménager et construire une petite chambre d'environ 2ᵐ00 de hauteur. Cette pièce souvent échauffée par le four sera une sorte d'étuve. C'est en cet endroit qu'en hiver on pourra exécuter la manutention, et en prolongeant les ouras avec des tuyaux de poêle qui traverseront cette chambre, on en fera une excellente étuve.

Pour la commodité du service, le four doit être au rez-de-chaussée ; il doit être isolé de 0ᵐ15 au moins d'un mur mitoyen, lorsqu'il est en dedans d'une pièce. S'il fait saillie hors d'un bâtiment, il faut le couvrir en tuiles.

Quant aux matériaux pour le massif et le contour, on emploiera les meilleurs que les localités pourront fournir. Un point important, c'est l'épaisseur de ce massif et de ce contour pour éviter les incendies et conserver au four toute sa chaleur. (Fig. 191, 192 et 193.)

§ 15. — Des Laiteries en général.

Les bénéfices et les douceurs qu'une laiterie procure dans un ménage la rendent ordinairement l'objet particulier des soins de la mère de famille.

Ces bénéfices sont quelquefois assez considérables. La laiterie devient alors un bâtiment essentiel dans chaque établissement rural. On lui donne des dimensions en rapport avec les manipulations qui s'y effectuent et avec le nombre de vaches de l'exploitation.

Pour retirer du laitage tout le profit qu'il peut procurer, il faut que la laiterie soit convenablement construite et qu'elle soit tenue avec intelligence et

la propreté qu'elle exige; que le laitage soit à l'abri
des variations de l'atmosphère (les influences élec-
triques sont très-nuisibles) et que son intérieur
soit au degré de température convenable. On a essayé différents moyens; l'expérience a prouvé que
le plus efficace était de voûter les laiteries et d'en
enfoncer le terrain à quelques pieds au-dessous du

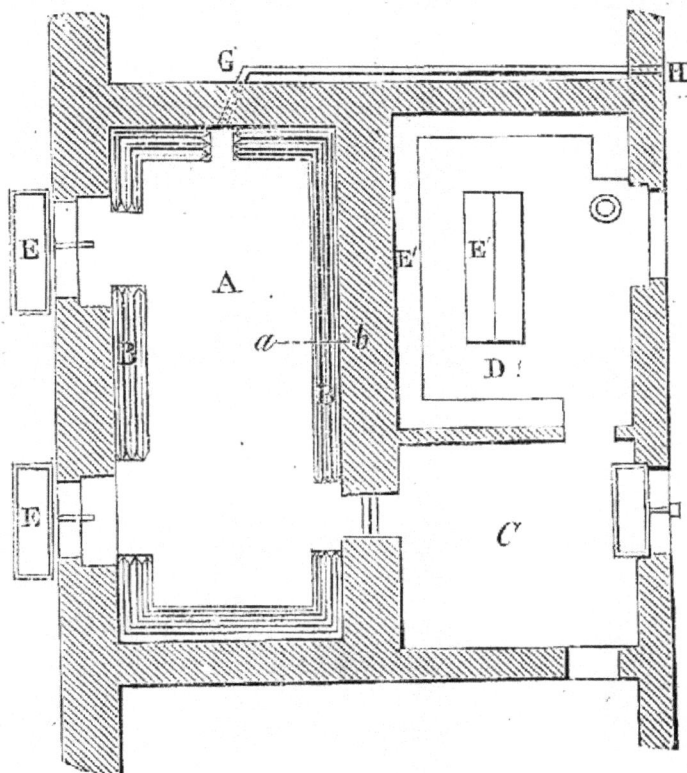

Fig. 194.

EXPLICATION DU PLAN.

A	Laiterie à lait.	D	Chambre au fromage.
B	Table avec tablettes au-dessus pour les ustensiles.	E	Table et tablettes.
C	Laverie des ustensiles et vestibule.	F, F	Lavoir pour les besoins de la laiterie.
		G, H	Conduit des eaux sales.

sol environnant, ou plutôt que les meilleures caves étaient aussi les meilleures laiteries.

Les laiteries n'ont pas toutes la même destination, ou plutôt dans toutes les localités on ne tire pas le même parti du laitage. Dans le voisinage des villes, un fermier ne trouverait pas d'avantage à en faire du beurre ou du fromage; il a plus de bénéfice à vendre son lait. Si, au contraire, la ferme est éloignée de ces lieux de grande consommation et placée dans une localité abondante en pâturages, le fermier est obligé de transformer son laitage en fromage et en beurre. (Fig. 194 et 195.)

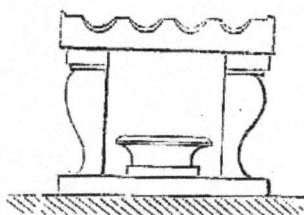

COUPE SUR A B.

Fig. 195.

§ 14. — Des Laiteries à lait.

C'est la pièce dans laquelle on dépose le lait que l'on vient de traire, en attendant son enlèvement pour la vente. Une autre pièce à côté, plus petite, est disposée pour y laver les ustensiles de la laiterie et les faire sécher.

Elles doivent être carrelées, en pente, pour l'écoulement des eaux de lavage et du petit lait, et garnies de madriers et tables de chêne sur lesquels on dépose les vases remplis de lait. Une eau bien propre, comme celle d'une fontaine, serait d'un grand prix dans une laiterie. Dans tous les cas, il faut avoir un puisard ou puits perdu pour recevoir les eaux de lavage; il doit être recouvert d'une grille pour s'opposer à l'introduction des rats et des souris.

§ 15. — Laiteries à fromages.

Leur construction est absolument la même que celle des précédentes; il leur faut seulement une troisième pièce dans laquelle on resserre les fromages : cette troisième pièce doit avoir son exposition au midi, parce que c'est pendant l'hiver qu'elle contient le plus grand nombre de fromages. Ce local doit être exempt de toute humidité et de l'influence des grands froids. A cet effet on y place un poêle que l'on allume pendant les températures trop froides ou trop humides. Les tables et la pièce doivent être lavées souvent.

§ 16. — Laiteries à beurre.

Les laiteries à beurre doivent aussi avoir 3 pièces: 1° une chambre voûtée destinée à recevoir le lait chaud et à le faire crémer; 2° une seconde assez grande pour manœuvrer le moulin baratte et conserver le beurre après sa fabrication; 3° une troisième munie d'un fourneau économique, d'un évier, de tablettes et de crochets : dans cette pièce, on échaude, on lave et l'on fait sécher les ustensiles de la laiterie. Les détails de construction sont les mêmes que pour les autres espèces.

§ 17. — Des Clôtures.

On a douté longtemps et certaines personnes doutent peut-être encore de l'avantage des clôtures.

Elles sont trop coûteuses, dit-on, pour les grandes propriétés, et, quant aux petites, elles en absorbent une portion notable, toujours trop importante pour le petit propriétaire, sans compter qu'elles l'entrainent à de trop grands frais d'établissement et d'entretien continuel.

Aujourd'hui, nous avançons sur la voie des améliorations et l'on aurait peine à trouver dans l'intérieur de nos villages une propriété des plus petites qui ne fût pas close; mais cela ne s'étend guère au delà des vergers et des jardins. Toutefois, les cultivateurs un peu aisés, faisant valoir leur propre fonds, commencent à faire exception à la règle.

Dans tous les cas, le droit de se clore est le complément de celui de la propriété. C'est à l'usage aujourd'hui antisocial de la vaine pâture et du parcours qu'on doit attribuer en partie dans notre pays la lenteur avec laquelle les clôtures rurales s'établissent, malgré l'intérêt que tout propriétaire ou cultivateur doit avoir à leur création. Cependant, il est évident qu'elles garantissent les champs ensemencés et les prairies artificielles des incursions des animaux, qu'elles forment des abris aux plantes diverses, qu'elles accélèrent la maturité des récoltes, qu'elles ôtent au cultivateur l'inquiétude des dévastations accidentelles qui peuvent troubler ses travaux, qu'elles concourent à la perfection de l'assolement des terres, qu'elles facilitent les essais, et qu'elles augmentent par toutes ces raisons le produit annuel et la valeur réelle d'une propriété.

Au surplus, on peut se clore de bien des manières: par des murs de pierres ou de briques, par des murs de pierres sans mortier, par des murs de terre ou de pisé, par des fossés, de l'aubépine, du jonc marin, de l'acacia, de grandes ronces; des palissades, des perches, du bois mort, etc., etc. Le propriétaire choisit ce qui est à sa convenance; mais il ne doit pas oublier qu'une mauvaise clôture est un garant trompeur et qu'elle occupe inutilement du terrain qui pourrait avoir une destination plus avantageuse. Il la faut bonne, ou il n'en faut point.

La clôture artificielle la plus sûre pourrait être un mur solide en maçonnerie; mais elle est trop dispendieuse, soumise à une dégradation plus ou moins prompte, suivant la qualité des matériaux, et elle rend absolument stériles les terrains sur lesquels les fondations sont assises.

Les clôtures en pierres sèches, cailloutage, sont trop facilement ébranlées, trop coûteuses relativement à leur durée, et sont l'image de l'indigence.

Un large fossé est ce qu'il y a de plus simple et ferait une clôture très-défensive si l'on pouvait y introduire l'eau d'un ruisseau ou d'une fontaine, ce que refuse trop souvent la localité. Autrement, ce fossé est sujet aux éboulements de terres qui le comblent peu à peu et exige un entretien continuel; de plus, il ne produit jamais tout l'effet qu'on en attendait, et détruit beaucoup plus de terrain qu'il ne présente d'obstacle aux dévastations.

Une autre manière de se clore dans les terrains profonds est celle usitée dans la Bretagne et dans la Campine limbourgeoise. On élève de la terre à la hauteur de 1^{m}50 sur 1^{m}75 de large à la base; on plante sur les deux bords de cette éminence artificielle des chênes et autres arbres pivotants; on les assure convenablement entre eux. Ces arbres enfoncent leurs racines dans la terre remuée, atteignent le vrai sol, consolident l'éminence et deviennent des arbres vigoureux, ornés d'un épais feuillage, et donnent avec le temps du bois de charpente. Cette clôture bien entretenue est une bonne sauvegarde contre les bestiaux et un immeuble qui chaque jour deviendra plus précieux.

Si c'est un terrain élevé et caillouteux qu'on veut clore, le monticule de terre nécessaire à la plantation ou au semis de la haie devra être de 0m50 de hauteur et plus large à sa base. Sur ce terrain, ainsi que sur tout autre, on peut mettre la haie d'épines dans un redoutable état de défense en ne coupant qu'à demi les branches trop longues, au lieu de les retrancher tout à fait, et les pliant et les entrelaçant dans celles qui restent entières. C'est dans ce terrain qu'avec moins d'inconvénient on peut planter des ormes ou autres arbres, à diverses distances, dans la haie. Là, on n'a point à craindre les rejetons, à moins qu'on ne les étête, comme il est d'usage dans plusieurs contrées, pour faire des fagots de feuillage. Là, l'orme même qui découvre souvent ses racines est utile pour consolider le monticule et peupler la haie.

Dans les terrains secs et élevés, l'acacia serait peut-être préférable à l'aubépine. Il en est de même du jonc marin, qui ferait une excellente clôture s'il ne laissait souvent des clairières et s'il ne s'élargissait pas considérablement par sa graine, surtout dans les terres en labour.

Les clôtures en pieux, en palissades, en bois mort, sont peu sûres, peu durables et plus dispendieuses à établir que celles d'épines blanches (aubépine) : le besoin du moment, la facilité de se les procurer peuvent seuls y faire recourir.

Pour établir une bonne clôture en palissade sur poteaux et traverses, il faut y employer de bons bois; autrement, elles deviendraient plus chères par leur entretien que les meilleures et ne dureraient pas aussi longtemps.

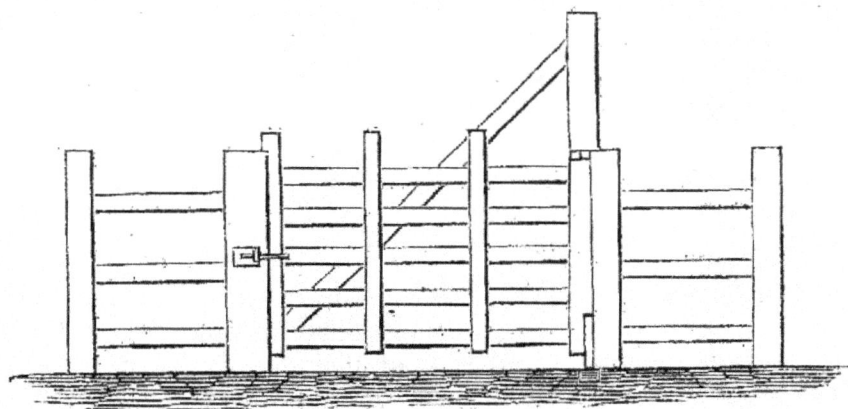

PLAN.
Fig. 196.

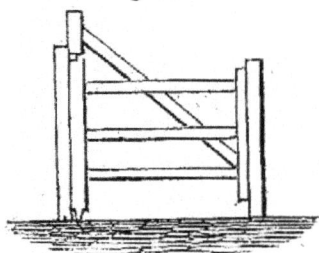

Fig. 197.

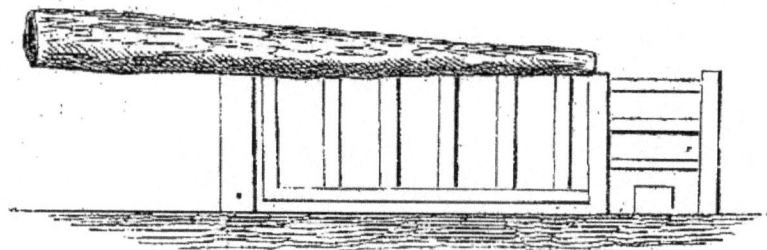

Fig. 197.

Quand on est parvenu à clore sa propriété, il faut y établir des barrières fixes dans les endroits les plus commodes pour le service du cultivateur; on les fera construire conformément aux fig. 196, 197 et 198; en choisissant ceux qui conviendront le mieux à la destination de l'enclos et aux facultés pécuniaires dont on dispose.

§ 18. — Moyen d'obtenir la durée des Bâtiments ruraux.

Avec quelque solidité que l'on construise un édifice, il ne pourrait avoir une longue durée, si l'on ne parvenait pas à le garantir des dégradations que les intempéries des saisons et les variations de l'atmosphère opèrent en plus ou moins de temps dans ses différentes parties. C'est le sort attaché aux travaux d'architecture dans les pays comme le nôtre, et on y remédie par un entretien annuel et bien entendu. Cet entretien doit entrer dans les calculs d'une sage économie, car l'expérience apprend qu'il est définitivement moins coûteux de lui sacrifier annuellement une somme modique, que d'attendre, pour réparer les bâtiments, qu'ils menacent ruine.

L'humidité et la gelée sont les destructeurs les plus actifs des maçonneries; c'est donc de leurs effets qu'il faut les garantir pour leur procurer une longue durée.

L'art n'offre aucun moyen pour conjurer les fortes gelées; mais comme leur effet sur les maçonneries n'est dangereux que lorsqu'elles sont imprégnées d'humidité, c'est donc principalement de cette dernière qu'il faut préserver les bâtiments.

A cet effet, on en éloigne toutes les eaux qui pourraient en approcher de trop près, en pratiquant dans leur pourtour extérieur, et à un mètre au moins de leur pied, des fossés de dimensions suffisantes pour contenir les eaux qu'ils doivent recevoir. On procure à ces eaux l'écoulement le plus direct et le plus prompt, afin qu'elles n'aient pas le temps de pénétrer par infiltration jusque dans les fondements des bâtiments.

On empêche aussi les égouts des toits de dégrader le pied des murs en donnant à leur couverture une grande saillie extérieure. Cependant, lorsque la pluie est chassée par un vent violent, cette saillie devient insuffisante; mais on remédie aux dégradations qu'elle occasionne dans le crépi ou l'enduit des murs, en les réparant aussitôt qu'on s'en aperçoit.

Dans l'intérieur de la cour, l'on garantit les bâtiments au moyen d'une chaussée pavée ou ferrée qui règne tout le long de leur façade.

Il faut aussi avoir l'attention de préserver de l'humidité leur intérieur. La pluie n'y peut pénétrer que par les ouvertures, et particulièrement par les arêtiers, les noues, les lucarnes, etc. Pour diminuer le nombre des causes de cet inconvénient, il faudrait abandonner, dans la construction des combles, l'usage des arêtiers, des noues et des lucarnes; alors l'humidité ne serait plus occasionnée que par des vides apparents dans les couvertures, et on devrait les réparer immédiatement.

Il résulte de ces observations que pour obtenir la durée des bâtiments ruraux, lorsque d'ailleurs ils ont été solidement construits, leur propriétaire doit les visiter tous les ans dans le plus grand détail, afin de reconnaître par lui-même jusqu'aux petites réparations qui seraient à y faire.

Elles ne sont jamais dispendieuses lorsqu'on les fait sur-le-champ; mais lorsqu'on les néglige, elles peuvent souvent devenir considérables. Les propriétaires ne doivent donc s'en rapporter à personne à cet égard, pas même à leurs fermiers, parce que personne ne peut être aussi intéressé qu'eux à tout voir et à prévoir les dégradations qui pourraient survenir.

CHAPITRE VI.

CONSIDÉRATIONS DIVERSES SUR LES BATIMENTS RURAUX.

—

§ 1. — Du mode de constrution. — Choix des matériaux. — Considérations générales.

Choix des matériaux. — Plus que tous les autres, les bâtiments ruraux, assujettis aux règles commandées par une sévère économie, doivent être construits selon les usages consacrés dans chaque localité, avec les matériaux qui offrent l'avantage de la plus longue durée relativement à leur dépense première. Aucun luxe ne devant être admis dans ces sortes de constructions, on doit toujours donner la préférence à ce qui est simple et peu coûteux. A part des cas exceptionnels, comme ceux où se trouvent des établissements de l'État, ou des locaux destinés à un usage public, tels que les fermes-écoles, ou expérimentales, etc., les constructions en maçonnerie, surtout avec emploi de pierre de taille, doivent être restreintes au strict nécessaire. Les autres systèmes, surtout dans les pays où la pierre est rare, doivent fournir les ressources les plus ordinaires de constructions d'intérêt agricole. Ces ressources sont d'ailleurs bien suffisantes pour l'objet dont il s'agit. Au point de vue même des seules convenances extérieures d'un ensemble de constructions rurales, ces matériaux, autres que la pierre, offrent à l'intelligence de l'architecte, ou du propriétaire, tous les moyens désirables pour associer le bon goût avec l'économie.

On ne peut rien dire de général sur la préférence à accorder à tels ou tels matériaux pour ce genre de constructions; tous sont bons quand ils sont convenablement employés, et surtout mis en rapport avec les ressources locales, tant pour le premier établissement que pour l'entretien.

Dans un établissement important, à la construction duquel doivent être consacrés de grands capitaux, toutes les ressources de l'art de bâtir doivent être étudiées, dans le but d'opérer le mieux et le plus solidement possible. L'emploi comparatif du bois et du fer, dans les charpentes, doit être examiné. Si l'on a à construire de vastes granges, des magasins à grains, à fourrages, ou autres bâtiments d'une grande portée, toutes les pièces soumises principalement à un effort de traction pourront, dans beaucoup de cas, être avantageusement établies en fer; mais, à part ces cas d'exception, les bois, et surtout ceux de petite dimension, utilisés à l'aide d'assemblages convenables, offriront encore longtemps, en France, les matériaux les mieux appropriés aux besoins de l'architecture rurale. Tous les auteurs qui ont écrit sur la matière se sont accordés sur ce point.

En ce qui concerne les toitures, il n'en existe pas qui réunissent la légèreté et l'économie au même degré que celles qui sont faites en joncs et roseaux des marais. Leur durée est incomparablement plus grande que celle des toitures en simple chaume. Celles-ci seules sont exposées aux ravages des souris et autres animaux rongeurs, ce qui en abrége la durée bien plus que les intempéries. Partout où ces toitures végétales ont été employées pour des bâtiments à grande portée, elles ont parfaitement rempli leur objet. On ne peut mieux faire que d'en adopter l'usage dans toutes les localités qui ne sont pas éloignées de plus de 30 à 40 kilomètres des lieux de production.

Ainsi, dans les cas ordinaires, les constructions les plus simples, les moins coûteuses, devront toujours être préférées, et cela quand bien même on aurait égard à leur moindre durée ; car, en général, l'emploi d'un capital superflu est toujours une chose regrettable, et ici, dans le plus grand nombre des cas, il y aurait impossibilité d'agir, si l'on devait opérer autrement qu'avec les matériaux les plus économiques. Les considérations présentées à la fin du présent chapitre viendront, d'ailleurs, plus amplement confirmer ce principe. Comme matériaux très-économiques, applicables surtout aux pays où la pierre à bâtir est rare, on peut citer particulièrement la brique, les pans de bois, les constructions en pisé, avec revêtements particls, et autres analogues. Il est à remarquer que, dans un grand nombre de cas, leur emploi donne les meilleurs résultats pour les diverses destinations agricoles. Nous n'avons pas à entrer ici dans des détails de constructions qui sortiraient de la spécialité de ce cours, et qui sont d'ailleurs connus de nos lecteurs ; mais nous mentionnons ces deux derniers systèmes comme étant éminemment économiques et comme fournissant des parois se prêtant peu aux changements brusques de température, ce qui les rend très-convenables pour le plus grand nombre des constructions dont il s'agit.

On ne pourrait passer sous silence les avantages que donne aujourd'hui aux constructions rurales l'emploi de la chaux et des ciments hydrauliques. Il est une foule d'ouvrages qui profitent aujourd'hui de la solidité et de la longue durée que ces ciments procurent, et cela avec une grande économie pour les propriétaires. Ce ne sont pas seulement les ouvrages déjà cités, comprenant les abreuvoirs, lavoirs, citernes à eau et à purin, cuves vinaires, etc., mais des rejointoiements intérieurs et extérieurs préservant les bâtiments de l'humidité et d'autres genres de dommage, des aires de greniers, des voûtes en béton pour caves, ponts, silos, etc., réduites au tiers, au quart de l'épaisseur qu'on aurait dû leur donner avec les anciens modes de construction. Or, ce sont là des avantages incontestables, quand surtout ils coïncident avec le bas prix d'un produit aussi utile.

Épaisseur des murs. — Nous avons dit précédemment que les formules auxquelles on peut recourir pour calculer approximativement l'épaisseur des murs en maçonnerie ordinaire, formules qui sont appropriées aux constructions civiles, donnaient, dans le plus grand nombre des cas, des épaisseurs suffisantes pour les constructions rurales qui ont besoin d'une plus grande solidité. A cet égard, il y a lieu de distinguer : 1° les bâtiments ordinaires, tels que logements des fermiers, écuries, étables, hangars, laiteries, etc., dont les murs ne réclament qu'une épaisseur un peu plus forte que celle des constructions urbaines; 2° les bâtiments d'une disposition spéciale, tels que granges, magasins à grains ou à fourrages, etc., auxquels le même mode de calcul ne pourrait plus s'appliquer. Il y a donc lieu d'examiner séparément ces deux cas.

Les plus connues des formules dont il s'agit sont celles de Rondelet, s'appliquant aux bâtiments ordinaires d'habitation, non voûtés; elles sont présentées sous les formes suivantes :

1° Pour les murs de face :

$$\text{Bâtiments simples } E = 0^m,025 + \frac{24 + H}{48}$$

$$\text{Id.} \quad \text{doubles } E = \frac{L + H}{48}$$

2° Pour les murs de refend :

$$E = 0^m,015 + \frac{L + H}{56} + n.$$

Dans chacune d'elles, les notations adoptées ont les significations suivantes :

L Largeur du bâtiment.
H Hauteur des murs.
n Nombre des étages.
E Épaisseur des murs.

L'une ou l'autre de ces dimensions peut d'ailleurs être prise pour inconnue, selon les sujétions que l'on éprouve dans telles ou telles circonstances.

En ce qui touche les bâtiments doubles et à plusieurs étages, les formules susdites donnent des résultats qui conviennent aussi bien aux bâtiments ruraux qu'à ceux de toute autre destination.

Si l'on cherche, par exemple, quelle doit être l'épaisseur des murs de face d'un bâtiment double ayant une largeur totale de 14 mètres et une hauteur de 13^{m}90, répartie entre trois étages dont le rez-de-chaussée aurait 4^{m}50, le premier 3^{m}60, le second 3^{m}00, et le troisième 2^{m}80 de hauteur, plafonds compris, on trouve, en employant la formule

$$E = \frac{L+H}{48}$$

les épaisseurs suivantes :

Rez-de-chaussée E = 0^{m}58 ;
Premier étage E = 0^{m}49 ;
Second étage E = 0^{m}35.

Et ces épaisseurs n'ont rien que de très-convenable.

La formule n° 3, employée dans les mêmes circonstances, donne également des chiffres satisfaisants pour les épaisseurs du mur de refend correspondant à chaque étage.

Mais en ce qui touche les bâtiments simples, la formule n° 1, appliquée aux bâtiments ruraux, donnerait généralement des dimensions un peu faibles, notamment dans le cas où l'on a des greniers remplis de fourrages, ce qui occasionne, pour les murs, une surcharge notable.

D'après ces considérations, on doit admettre en principe, pour ces sortes de bâtiments, des épaisseurs relativement plus fortes que dans les constructions ordinaires d'architecture civile, et ladite formule réclame une modification.

Si l'on applique, par exemple, la première des

trois formules de Rondelet au cas que nous examinons, c'est-à-dire au cas d'une écurie ou étable à deux rangs, avec grenier à fourrage au-dessus, le tout constituant un bâtiment d'environ 8^{m}00 de largeur, 3^{m}50 de hauteur au rez-de-chaussée et 4^{m}00 pour l'étage au-dessus, on aurait, d'après la formule n° 1, pour l'épaisseur des murs :

Au rez-de-chaussée E = 0^{m}52
Au premier étage E = 0^{m}45

Or, ces épaisseurs seraient insuffisantes, et d'après des considérations précédemment exprimées, il y a lieu d'augmenter ces dimensions de $\frac{1}{10}$, c'est-à-dire de multiplier les données de la formule par le coefficient 1,10, afin de les ramener aux chiffres convenables dans l'espèce. Cette correction opérée, les dimensions précédentes deviennent :

Pour le rez-de-chaussé E = 0^{m}57
Pour le premier étage E = 0^{m}50

Et ce sont celles-là qu'il convient d'adopter.

Quant aux constructions voûtées, à celles dont les murs servent en même temps de soutènement contre des terres, etc., le calcul des épaisseurs ne pourrait plus se faire de la même manière.

La seconde classe de bâtiments dont nous avons parlé au commencement de cet article se compose des granges et des magasins d'une grande dimension. Les planchers, lorsqu'ils ne sont soumis qu'à une charge modérée, établissent une liaison utile entre les murs et, par conséquent, les consolident. Les deux cas particuliers qui nous restent à examiner sont : 1° celui des granges dont les murs, qui sont souvent très-élevés, ne portent pas de planchers, mais reçoivent des charpentes à grande portée; 2° celui des magasins à blé, qui ont au contraire des planchers excessivement chargés. Dans le premier cas, on ne peut adopter de meilleures formules que celles qui sont en usage dans le service de l'artillerie et du génie pour les bâtiments construits suivant ce système.

Ils ont ordinairement des combles supportés par des fermes sans tirants et des arbalétriers inclinés à raison de 3 de base pour 1 de hauteur.

En nommant :

2 l la largeur de la construction;

h la hauteur du mur, depuis le niveau du pied des fermes jusqu'à la corniche, hauteur qui est habituellement égale à $0^m61 \, l$;

e l'épaisseur du mur dans cette partie;

P' le poids du mètre cube de maçonnerie, évalué communément à 2,000 kilog;

P le poids d'une demi-ferme, y compris celui de la couverture;

Q la poussée horizontale de la ferme, que l'on admet égale à : $0^m42 \, P = 168 \, k \times c$.

H la hauteur du mur, depuis le sol jusqu'au pied des fermes;

E l'épaisseur du mur dans cette partie;

D l'espacement des fermes;

Comme le poids de la couverture exprimé par P s'accroît accidentellement de celui d'une couche de neige plus ou moins épaisse, et, en outre, de la pression exercée par le vent, on évalue cet effort total à 400 kilog. par chaque mètre de projection horizontale.

D'après ces diverses données, on obtient l'épaisseur E par la formule suivante :

$$E = \frac{P}{P'\,D\,H} + \sqrt{\frac{P^2}{P'^2\,D^2\,H^2} + \frac{12\,Q}{P'^2}\,\frac{e^2\,b}{H}} \; ;$$

Et si l'on y introduit les valeurs numériques qui viennent d'être indiquées, pour P, P' et Q; que de plus on suppose D = 3ᵐ30, on aura

$$E = 0{,}06\,\frac{c}{H} \sqrt{0{,}0036\,\frac{c^2}{H^2} + 0{,}3206 \times c - 0{,}61\,\frac{ce^2}{H}}$$

Les applications numériques faites avec cette formule ont donné lieu au tableau suivant, publié en 1840 et reproduit ensuite dans l'*Aide-Mémoire de Mécanique* de M. le colonel Morin.

PORTÉE de la ferme. 2 C	Espacement des fermes. D	HAUTEUR des pieds de la ferme au-dessus du sol. H	ÉPAISSEUR du mur depuis le sol jusqu'au pied de la ferme. E	ÉPAISSEUR du mur depuis les pieds de la ferme jusqu'à la corniche. E	LARGEUR de la fondation à 1 mètre au-dessous du sol.
	MÈTRES.		MÈTRES.	MÈTRES.	MÈTRES.
30	3,30	5	2,07	0,70	2,60
25	3,30	5	1,96	0,70	2,45
24	3,30	5	1,62	0,60	2,01
24	3,30	5	1,80	0,60	2,25
23	3,30	5	1,40	0,50	1,75
20	3,30	5	1,60	0,50	2,00
16	3,30	3	1,35	0,40	1,70
16	3,30	5	1,42	0,40	1,80

On remarquera, par la dernière colonne, que le supplément de largeur donné aux fondations suit une progression décroissante, depuis 0^m57, chiffre correspondant à la portée maximum de 30 mètres, jusqu'à 0^m35, qui représente le même excédant pour la portée de 16 mètres.

On suppose d'ailleurs, dans l'emploi de cette formule, que l'on bâtit sur un terrain incompressible. Dans le cas contraire, des moyens particuliers doivent être employés pour prévenir les effets soit du tassement, soit de la poussée.

Les bâtiments à grande portée, du genre de ceux dont il s'agit, étant très-dispendieux, on doit n'en établir que s'ils sont véritablement nécessaires. Ils le sont dans le service de l'administration de la guerre, où l'on est obligé de tenir toujours prêts, dans les villes et à proximité, de vastes approvisionnements de fourrages non bottelés et mis en *meules* suivant le système que nous indiquerons en traitant, dans une autre partie, de ce qui concerne les prairies.

Le deuxième cas exceptionnel que nous avons pour l'épaisseur des murs est celui des magasins à blé, dont les planchers sont à la fois très-multipliés et très-chargés.

Lorsque l'on soumet au calcul les pressions qui s'exercent dans cette hypothèse, on reconnaît bientôt qu'on n'a plus à tenir compte d'une tendance au renversement, comme dans le cas des voûtes, ou même dans celui des combles sans tirants. C'est la résistance des matériaux à l'écrasement qui doit attirer l'attention.

Des considérations analogues à celles qui viennent d'être présentées doivent guider l'architecte dans la détermination des épaisseurs les plus convenables pour chaque cas particulier, et nous n'entrerons pas, à cet égard, dans de nouveaux détails.

§ 2. — Dépenses des Constructions rurales.

Dans les observations qui précèdent, nous avons constamment appuyé sur la nécessité de suivre comme principale règle une stricte économie dans les projets d'établissement de toutes les constructions rurales, quelle que soit leur destination. Mais, tout en observant ce précepte, on reconnaît bientôt que les dépenses des bâtiments et constructions diverses, nécessaires à l'exploitation d'un sol nouveau, sont toujours fort élevées comparativement aux autres charges que réclame sa mise en culture. C'est là une des principales causes qui tendent à retarder les grands défrichements et l'extension de la culture en général.

Il est inutile de dire que par constructions économiques nous n'entendons pas parler de celles dont on ne voit que trop d'exemples dans les pays pauvres, et qui sont tellement grossières ou imparfaites, que leur très-courte durée et la somme des frais d'entretien dépassent, et bien au delà, leur minime dépense de premier établissement. Il est certains bâtiments, tels que les chambres d'habitation, les granges, etc., qui demandent une certaine solidité et l'emploi de bons matériaux. Pour ceux-là, les ouvrages négligés ne sont point une économie ; au contraire, ils sont une cause de dépenses continuelles.

Quant au système de constructions en usage dans telle ou telle localité, il y a rarement de l'avantage à s'en écarter, parce que ces usages se sont établis à la longue, d'après les ressources du pays en ma-

tériaux et en ouvriers, et d'après les convenances
du climat. Ainsi, il y a de bonnes constructions en
bois ou en briques, et même en terre; il ne s'agit
que d'y apporter les soins nécessaires, en leur donnant, d'ailleurs, les dimensions voulues pour leur
parfaite stabilité et leur plus longue durée. Au
contraire, on voit fréquemment, dans les campagnes, des ouvrages complétement défectueux, quoique étant construits en maçonnerie et même en
pierre de taille. Ces ouvrages pèchent autant par
le mauvais goût de leurs formes que par le manque
de solidité, résultant de leurs fausses dimensions.

Mais il faut bien remarquer que ce n'est pas la
nature des matériaux qui constitue les meilleures
constructions rurales; c'est leur bon et judicieux
emploi, et surtout leur parfaite appropriation aux
usages auxquels ils sont destinés. Quant à l'étendue
des bâtiments, il faut, après s'être parfaitement
rendu compte des conditions à remplir, donner le
nécessaire, et quelque chose au delà, puisqu'il est
toujours sage de prévoir des résultats progressifs;
mais on doit se tenir, à cet égard, dans de justes
limites, attendu que tout capital improductif est
une perte qui en entraîne d'autres à sa suite.

C'est en partant de l'observation de ces conditions fondamentales que l'on peut chercher à se
rendre compte, d'une manière approximative, du
chiffre relatif à la dépense à laquelle donnent lieu
les bâtiments nécessaires à l'exploitation d'un domaine placé dans les conditions ordinaires, c'est-à-
dire ayant pour base de sa production les céréales,
les prairies, les bestiaux, avec ou sans addition
de quelques cultures spéciales, d'une étendue
restreinte. Nous avons eu plusieurs fois l'occasion
de faire cette recherche, non point pour recon-

naitre ce qu'ont pu coûter, autrefois, les bâtiments de telle ou telle propriété, mais en appliquant les prix actuels des constructions à ces mêmes bâtiments pris dans des domaines dont la situation est prospère.

Nous avons reconnu ainsi que la dépense des constructions assurant l'exploitation des terres éloignées des centres de population, est généralement plus élevée qu'on ne pourrait le croire au premier abord ; que cette circonstance est souvent perdue de vue ou incomplétement appréciée dans les projets de défrichement, ainsi que cela se présente sur une grande échelle dans les desséchements de marais, les conquêtes de grèves par l'arrosage, la fertilisation des landes et bruyères, etc.

En effet, cette dépense résultant de l'ensemble des bâtiments, qui ne se trouvent habituellement complétés qu'au bout de quelques années, quand l'exploitation est arrivée à son état normal, représente, par hectare, un certain chiffre. Ce chiffre peut varier beaucoup, d'après les circonstances locales, le genre et l'importance des exploitations, le degré de solidité et de durée des constructions ; mais, en se tenant dans des termes moyens, on peut admettre, comme approchant beaucoup de la réalité, les données ci-après, déduites de calculs que nous avons appliqués, dans diverses localités, sur des domaines de 50 hectares au moins et de 100 hectares au maximum.

1° Contrées argilo-siliceuses, marais desséchés, pays d'étangs, terrains de landes, etc., privés de pierre, mais offrant à bon marché la brique, les bois de petite dimension et les couvertures végétales, la main d'œuvre à bas prix : chiffre moyen des bâtiments (par hectare), de 350 à 400 francs.

2° Pays calcaires, offrant des moellons et des pierres à chaux d'une facile extraction : constructions en maçonnerie, charpentes à prix modéré, couverture ordinaire en tuiles ; moyenne des bâtiments (par hectare), de 460 à 520 fr.

3° Voisinage des centres de population, matériaux divers à prix moyens, main d'œuvre élevée : logements et autres bâtiments plus soignés que dans les situations précédentes ; moyenne (par hectare), de 600 fr. à 700 fr.

C'est sur cet article, si essentiel, de la dépense nécessaire pour les bâtiments dans la construction des nouveaux domaines, que l'on voit exister le plus souvent de graves omissions dans les aperçus, avant-projets et autres évaluations préalables, auxquels donnent lieu les entreprises de défrichement. Or, c'est un des articles les plus indispensables à connaître, sous peine de graves mécomptes, puisque dans les cas les plus favorables, il forme généralement près de la moitié de la dépense totale, en comprenant dans cette dernière tous les travaux divers, tels que défoncement, ou labour profond, chaulage, marnage, écobuage, et autres amendements, drainage, etc.

On conçoit donc que la comparaison des plus-values à obtenir avec le chiffre incomplétement calculé des dépenses ne peut donner lieu qu'à des erreurs très-graves, ainsi que cela est arrivé trop souvent, dans les entreprises de cette nature.

Les chiffres que nous venons d'indiquer ne sont que des approximations, mais ils jettent déjà un certain jour sur la question, et dans un grand nombre de cas ils se trouvent complétement exacts. Nous devons, toutefois, faire observer que, pour chacune des trois catégories mentionnées, ces

44.

chiffres sont pris dans l'hypothèse de l'observation de la plus grande économie sur tous les points. Nous supposons, entre autres choses, que l'usage des meules est constamment admis, afin de réduire les granges à la moindre dimension possible, pour que le prix de celles-ci ne s'élève pas au delà de 200 fr. par hectare, en moyenne, dépense qui serait répartie sur l'étendue totale de l'exploitation.

Résumé sur les constructions, envisagées principalement au point de vue de la dépense. — Les considérations développées dans les paragraphes précédents doivent faire comprendre pourquoi nous avons constamment appuyé sur la nécessité de rendre aussi économiques que possible les constructions rurales, réduites d'ailleurs, quant à leur étendue, au strict nécessaire. En effet, cette économie, plus rigoureuse ici que partout ailleurs, est commandée : 1° par le désavantage d'avoir un capital engagé sans nécessité et dès lors improductivement ; 2° par cette circonstance, assez exceptionnelle du reste, que pour certaines constructions, telles que les écuries, étables, bergeries, etc., les systèmes les plus économiques donnent souvent de meilleurs résultats que d'autres plus dispendieux ; 3° enfin, par une autre considération, plus importante que les deux précédentes, et sur laquelle nous croyons devoir appuyer particulièrement en terminant la présente section.

Des constructions très-économiques, telles que les boxes, etc., obtiennent aujourd'hui une préférence marquée sur les anciens modes de stabulation, auxquels elles tendent à se substituer. Or, si ce fait se produit dans des contrées qui, comme l'Angleterre, jouissent de toute la stabilité possible dans l'organisation territoriale ; si, en un mot, ces pays d'hérédité, où les terres restent dans les mêmes familles, trouvent autant d'avantage à remplacer les anciens modes de construction par des systèmes moins durables à la vérité, mais beaucoup plus économiques, ne devons-nous pas, à plus forte raison, adopter le même principe dans notre pays, soumis au partage égal des successions et à une mobilité continuelle dans la propriété foncière qui devient, chaque jour, de plus en plus morcelée? D'après une telle situation, on n'a jamais la certitude que des constructions adaptées aux besoins actuels d'un domaine d'une certaine importance se trouveront, vingt ans plus tard, dans les mêmes conditions. Si le domaine est divisé, la partie des bâtiments devenue superflue, n'étant plus que peu ou point entretenue, portera bientôt le cachet de l'abandon et de la ruine.

Si le domaine est accru par l'annexion d'une certaine quantité de terrain non bâti, il y aura insuffisance dans les anciennes constructions; l'industrie du cultivateur se trouvera gênée, et si l'on se détermine à adjoindre des bâtiments supplémentaires aux anciens, on éprouvera un autre genre d'inconvénient, car jamais les convenances générales, qui sont le mérite d'un établissement bien conçu, ne pourront être réalisées.

Ainsi donc, dans quelque hypothèse que l'on se place, on arrive, par des raisons différentes, à cette même conclusion, qu'en Belgique, et dans les autres contrées d'un climat semblable et d'une organisation politique analogue, les constructions rurales, et notamment toutes celles qui ont pour objet les bestiaux, ne sont jamais plus avantageuses que lorsqu'elles sont faites à très-peu de frais.

CHAPITRE VII.

DES DISPOSITIONS CONCERNANT LES BATIMENTS.

—

Il ne suffit pas aux personnes qui font des constructions de connaître les principes de cet art, il est très-important qu'elles possèdent aussi la connaissance des dispositions qui régissent la propriété. Nous avons cru devoir présenter ici un extrait de ces dispositions.

SERVITUDES OU SERVICES FONCIERS.

(Extrait du Code civil.)

651. La loi assujettit les propriétaires à différentes obligations l'un à l'égard de l'autre, indépendamment de toutes conventions. (Code civil 544, 653 s. 674 s. 681 s.)

652. Partie de ces obligations est réglée par les lois sur la police rurale ; les autres sont relatives aux murs et aux fossés mitoyens, aux cas où il y a lieu à contre-mur, aux vues sur la propriété du voisin, à l'égout des toits, au droit de passage. (C 653, 674, 675, 681, 682.)

SECTION PREMIÈRE.

Du mur et du fossé mitoyens.

653. Dans les villes et les campagnes, tout mur servant de séparation entre bâtiments jusqu'à l'éberge, ou entre cour et jardins, et même entre enclos dans les champs, est présumé mitoyen, s'il n'y à titre ou marque du contraire. (C. 661, 663, 673 s. 1350, 1352.)

654. Il y a marque de non mitoyenneté lorsque la sommité du mur est droite et aplomb dé son parement d'un côté et présente de l'autre un plan incliné; lors encore qu'il n'y a que d'un côté ou un chaperon ou des filets et corbeaux de pierre qui y auraient été mis en bâtissant le mur.

Dans ces cas, le mur est censé appartenir exclusivement au propriétaire du côté duquel sont l'égoût ou les corbeaux et filets de pierre. (C. 676, s. 1350, 1352.)

655. La réparation et la reconstruction du mur mitoyen sont à la charge de tous ceux qui y ont droit, et proportionnellement au droit de chacun. (C. 663, 664.)

656. Cependant, tout copropriétaire d'un mur mitoyen peut se dispenser de contribuer aux réparations et reconstructions, en abandonnant le droit de mitoyenneté, pourvu que le mur mitoyen ne soutienne pas un bâtiment qui lui appartienne. (C. 699.)

657. Tout copropriétaire peut faire bâtir contre un mur mitoyen et y faire placer des poutres ou solives dans toute l'épaisseur du mur, à 54 millimètres près, sans préjudice du droit qu'a le voisin de

faire réduire à l'ébauchoir la poutre jusqu'à la moitié du mur, dans le cas où il voudrait lui-même asseoir des poutres dans le même lieu, ou y adosser une cheminée. (C. 662, 674, 675.)

658. Tout copropriétaire peut faire exhausser le mur mitoyen; mais il doit payer seul la dépense de l'exhaussement, les réparations d'entretien au-dessus de la clôture commune, et en outre l'indemnité de la charge, en raison de l'exhaussement et suivant sa valeur. (C. 660, 662.)

659. Si le mur mitoyen n'est pas en état de supporter l'exhaussement, celui qui veut l'exhausser doit le faire reconstruire en entier à ses frais, et l'excédant d'épaisseur doit se prendre de son côté.

660. Le voisin qui n'a pas contribué à l'exhaussement peut en acquérir la mitoyenneté en payant la moitié de la dépense qu'il a coûtée et la valeur de la moitié du sol fourni pour l'excédant d'épaisseur, s'il y en a. (C. 675.)

661. Tout propriétaire joignant un mur a de même la faculté de le rendre mitoyen en tout ou en partie en remboursant au maître du mur la moitié de sa valeur, ou la moitié de la valeur de la portion qu'il veut rendre mitoyenne et moitié de la valeur du sol sur lequel le mur est bâti. (C. 676.)

662. L'un des voisins ne peut pratiquer dans le corps d'un mur mitoyen aucun enfoncement ni y appliquer ou appuyer aucun ouvrage sans le consentement de l'autre, ou sans avoir, à son refus, fait régler par expert les moyens nécessaires pour que le nouvel ouvrage ne soit pas nuisible aux droits de l'autre.

663. Chacun peut contraindre son voisin, dans les villes et faubourgs, à contribuer aux constructions et réparations de la clôture faisant séparation

de leurs maisons, cours et jardins, assis ès dites villes et faubourgs. La hauteur de la clôture sera fixée suivant les règlements particuliers ou les usages constants et reconnus, et à défaut d'usages et règlements, tout mur de séparation entre voisins, qui sera construit ou rétabli à l'avenir, doit avoir au moins 32 décimètres de hauteur, compris le chaperon, dans les villes de 50 mille âmes et au-dessus, et 26 décimètres dans les autres. (C. 647, 655, 656.)

664. Lorsque les différents étages d'une maison appartiennent à divers propriétaires, si les titres de propriété ne règlent pas le mode de réparations ou de reconstructions, elles doivent être faites ainsi qu'il suit :

Les gros murs et le toit sont à la charge de tous les propriétaires, chacun en proportion de la valeur de l'étage qui lui appartient. Le propriétaire de chaque étage fait le plancher sur lequel il marche.

Le propriétaire du premier étage fait l'escalier qui y conduit; le propriétaire du second étage fait, à partir du premier, l'escalier qui conduit chez lui, et ainsi de suite. (C. 605, 606, 655.)

665. Lorsque l'on reconstruit un mur mitoyen ou une maison, les servitudes actives et passives se continuent à l'égard du nouveau mur ou de la nouvelle maison, sans toutefois qu'elles puissent être aggravées, et pourvu que la reconstruction se fasse avant que la prescription soit acquise. (C. 703, 704.)

666. Tous fossés entre deux héritages sont présumés mitoyens, s'il n'y a titre ou marque du contraire. (C. 1350, 1352. § 456.)

667. Il y a marque de non-mitoyenneté lorsque la levée ou le rejet de la terre se trouve seulement d'un côté du fossé. (C. 1350, 1352, § 456.)

668. Le fossé est censé appartenir exclusivement à celui du côté duquel le rejet se trouve. (C. 1350, 1352.)

669. Le fossé mitoyen doit être entretenu à frais communs.

670. Toute haie qui sépare des héritages est réputée mitoyenne, à moins qu'il n'y ait qu'un seul des héritages en état de clôture, ou s'il n'y a titre ou possession suffisante du contraire. (C. 673, 1350, 1352, § 456.)

671. Il n'est permis de planter des arbres de haute tige qu'à la distance prescrite par les règlements particuliers et actuellement existants, ou par les usages constants et reconnus; et à défaut de règlements et usages, qu'à la distance de deux mètres de la ligne de séparation des deux héritages pour les arbres de haute tige, et à la distance d'un demi-mètre pour les autres arbres et haies vives. (C. 552.)

672. Le voisin peut exiger que les arbres et haies plantés à une moindre distance soient arrachés.

Celui sur la propriété duquel avancent les branches des arbres du voisin peut contraindre celui-ci à couper ses branches.

Si ce sont les racines qui avancent sur son héritage, il a droit de les y couper lui-même. (C. 544.)

673. Les arbres qui se trouvent dans la haie mitoyenne sont mitoyens comme la haie, et chacun des deux propriétaires a droit de réquérir qu'ils soient abattus. (C. 670, 1350, 1352.)

SECTION II.

De la distance et des ouvrages intermédiaires
requis pour certaines constructions.

674. Celui qui fait creuser un puits ou une
fosse d'aisances près d'un mur mitoyen ou non ;
celui qui veut y construire une cheminée ou âtre,
forge, four ou fourneaux, y adosser une étable, ou
établir contre ce mur un magasin de sel ou amas
de matières corrosives, est obligé de laisser la distance prescrite par les règlements et usages particuliers sur ces objets, ou à faire les ouvrages prescrits
par les mêmes réglements et usages, pour éviter de
nuire aux voisins. (C. 562, 657, 662.)

SECTION III.

Des vues sur la propriété de son voisin.

675. L'un des voisins ne peut, sans le consentement de l'autre, pratiquer dans le mur mitoyen
aucune fenêtre ou ouverture en quelque manière
que ce soit, même à verre dormant. (C. 653,
s. 688.

676. Le propriétaire d'un mur non mitoyen,
joignant immédiatement l'héritage d'autrui, peut
pratiquer dans ce mur des jours ou fenêtres à fer
maillé et verre dormant. Ces fenêtres doivent être
garnies d'un treillis de fer dont les mailles auront
un décimètre (environ trois pouces huit lignes)
d'ouverture au plus et d'un châssis à verre dormant. (C. 654, 661.)

677. Ces fenêtres ou jours ne peuvent être éta-

blis qu'à vingt-six décimètres (huit pieds) au-
dessus du plancher ou sol de la chambre que l'on
veut éclairer, si c'est au rez-de-chaussée, et à dix-
neuf décimètres (six pieds) au-dessus du plancher pour les étages supérieurs.

678. On ne peut avoir des vues droites ou fenêtres d'aspect, ni balcons ou autres semblables saillies sur l'héritage clos ou non clos de son voisin,
s'il n'y a dix-neuf décimètres (six pieds) de distance entre le mur où on les pratique et ledit
héritage. (C. 552, 680.)

679. On ne peut avoir des vues par côté ou
obliques sur le même héritage, s'il n'y a six décimètres (deux pieds) de distance. (C. 552.)

680. La distance dont il est parlé dans les deux
articles précédents se compte depuis le parement
extérieur du mur où l'ouverture se fait, et s'il y a
balcons ou autres semblables saillies, depuis leur
ligne extérieure jusqu'à la ligne de séparation des
deux propriétés.

SECTION IV.

De l'égoût des toits.

681. Tout propriétaire doit établir des toits de
manière que les eaux pluviales s'écoulent sur son
terrain ou sur la voie publique; il ne peut les
faire verser sur le fonds de son voisin. (C. 640, 688.)

SECTION V.

Du droit de passage.

682. Le propriétaire dont les fonds sont en-
clavés et qui n'a aucune issue sur la voie publique,
peut réclamer un passage sur le fonds de ses voi-

sins pour l'exploitation de son héritage, à la charge
d'une indemnité proportionnée au dommage qu'il
peut occasionner. (C. 647, 688, 692, 696, s. 700,
§ 471, 475.)

683. Le passage doit régulièrement être pris du
côté où le trajet est le plus court, du fonds enclavé
à la voie publique. (C. 701, 702.)

684. Néanmoins il doit être fixé dans l'endroit
le moins dommageable à celui sur le fonds duquel
il est accordé.

685. L'action en indemnité, dans le cas prévu
par l'article 682, est prescriptible; et le passage
doit être continué, quoique l'action en indemnité
ne soit plus recevable.

SECTION VI.

Des servitudes établies par le fait de l'homme.

686. Il est permis aux propriétaires d'établir
sur leurs propriétés ou en faveur de leur propriétés,
telles servitudes que bon leur semble, pourvu néanmoins que les services établis ne soient imposés
ni à la personne, ni en faveur de la personne,
mais seulement à un fonds et pour un fonds, et
pourvu que ces services n'aient d'ailleurs rien de
contraire à l'ordre public. L'usage et l'étendue des
servitudes ainsi établies se règlent par le titre qui
les constitue; à défaut de titre, par les règles ci-
après. (C. 544, 708, 1133, 2177.)

687. Les servitudes sont établies ou pour
l'usage des bâtiments, ou pour celui des fonds de
terre. Celles de la première espèce s'appellent
urbaines, soit que les bâtiments auxquels elles
sont dues soient situés à la ville ou à la cam-

pagne; celles de la seconde espèce se nomment *rurales*.

688. Les servitudes sont ou continues ou discontinues. Les servitudes continues sont celles dont l'usage est ou peut être continuel sans avoir besoin du fait actuel de l'homme : tels sont les conduites d'eau, les égoûts, les vues et autres de cette espèce. Les servitudes discontinues sont celles qui ont besoin du fait actuel de l'homme pour être exercées ; tels sont les droits de passage, puisage, pacage et autres semblables. (C. 640, 641, 675, s. 681, s. 690, s. 706.)

689. Les servitudes sont apparentes ou non apparentes. Les servitudes apparentes sont celles qui s'annoncent par des ouvrages extérieurs, tels qu'une porte, une fenêtre, un aqueduc. Les servitudes non apparentes sont celles qui n'ont pas de signe extérieur de leur existence, comme, par exemple, la prohibition de bâtir sur un fonds, ou de ne bâtir qu'à une hauteur déterminée.

SECTION VII.

Comment s'établissent les servitudes.

690. Les servitudes continues et apparentes s'acquièrent par titre, ou par la possession de trente ans. (C. 640, s. 688, 689, 706, s. 217; 2232, s. 2282.)

691. Les servitudes continues non apparentes et les servitudes discontinues apparentes ou non apparentes ne peuvent s'établir que par titres. La possession même immémoriale ne suffit pas pour les établir, sans cependant qu'on puisse attaquer aujourd'hui les servitudes de cette nature déjà acquises

par la possession, dans les pays où elles pouvaient s'acquérir de cette manière. (C. 688, 689.)

692. La destination du père de famille vaut titre à l'égard des servitudes continues et apparentes

693. Il n'y a destination du père de famille que lorsqu'il est prouvé que les deux fonds actuellement divisés ont appartenu au même propriétaire, et que c'est par lui que les choses ont été mises dans l'état duquel résulte la servitude. (C. 705.)

694. Si le propriétaire des deux héritages entre lesquels il existe un signe apparent de servitude, dispose de l'un des héritages sans que le contrat contienne aucune convention relative à la servitude, elle continue d'exister activement ou passivement en faveur du fonds aliéné ou sur le fonds aliéné. (C. 700.)

695. Le titre constitutif de la servitude à l'égard de celles qui ne peuvent s'acquérir par la prescription, ne peut être remplacé que par un titre récognitif de la servitude et émané du propriétaire du fonds asservi. (C. 1337, 1338.)

696. Quand on établit une servitude, on est censé accorder tout ce qui est nécessaire pour en user. Ainsi la servitude de puiser de l'eau à la fontaine d'autrui emporte nécessairement le droit de passage.

SECTION VIII.

*Du droit du propriétaire du fonds auquel
la servitude est due.*

697. Celui auquel est due une servitude a droit de faire tous les ouvrages nécessaires pour en user et pour la conserver.

698. Ces ouvrages sont à ses frais et non à ceux

du propriétaire du fonds assujetti, à moins que le titre d'établissement de la servitude ne dise le contraire.

699. Dans le cas même où le propriétaire du fonds assujetti est chargé par le titre de faire à ses frais les ouvrages nécessaires pour l'usage ou la conservation de la servitude, il peut toujours s'affranchir de la charge en abandonnant le fonds assujetti au propriétaire du fonds auquel la servitude est due. (C. 656.)

700. Si l'héritage pour lequel la servitude a été établie vient à être divisé, la servitude reste due pour chaque portion sans néanmoins que la condition du fonds assujetti soit aggravée. Ainsi, par exemple, s'il s'agit d'un droit de passage, tous les copropriétaires seront obligés de l'exercer par le même endroit. (C. 682, 694, s.)

701. Le propriétaire du fonds débiteur de la servitude ne peut rien faire qui tende à en diminuer l'usage ou à le rendre plus incommode. Ainsi il ne peut changer l'état des lieux ni transporter l'exercice de la servitude dans un endroit différent de celui où elle a été primitivement assignée. Mais cependant, si cette assignation primitive était devenue plus onéreuse au propriétaire du fonds assujetti, ou si elle l'empêchait d'y faire des réparations avantageuses, il pourrait offrir au propriétaire de l'autre fonds un endroit aussi commode pour l'exercice de ses droits, et celui-ci ne pourrait pas le refuser. (C. 640, 863, 684.)

702. De son côté, celui qui a un droit de servitude ne peut en user que suivant son titre, sans pouvoir faire, ni dans le fonds qui doit la servitude, ni dans le fonds à qui elle est due, de changement qui aggrave la condition du premier.

SECTION IX.

Comment les servitudes s'éteignent

703. Les servitudes cessent lorsque les choses se trouvent en tel état qu'on ne peut plus en user. (C. 665.)

704. Elles revivent si les choses sont rétablies de manière qu'on puisse en user, à moins qu'il ne se soit déjà écoulé un espace de temps suffisant pour faire présumer l'extinction de la servitude, ainsi qu'il est dit à l'art. 707.

705. Toute servitude est éteinte lorsque le fonds à qui elle est due et le fonds qui la doit sont réunis dans la même main. (C. 692, 1300 s.)

706. La servitude est éteinte par le non usage pendant trente ans. (C. 641, 642, 685, 1219 s.)

707. Les trente ans commencent à courir, selon les diverses espèces de servitudes, ou du jour où l'on a cessé d'en jouir, lorsqu'il s'agit de servitudes discontinues, ou du jour où il a été fait un acte contraire à la servitude, lorsqu'il s'agit de servitudes continues (C. 641, 642, 688.)

708. Le mode de la servitude peut se prescrire comme la servitude même et de la même manière.

709. Si l'héritage en faveur duquel la servitude est établie, appartient à plusieurs par indivis, la jouissance de l'un empêche la prescription à l'égard de tous. (C. 2251, s.)

710. Si parmi les copropriétaires il s'en trouve un contre lequel la prescription n'ait pu courir, comme un mineur, il aura conservé le droit de tous les autres.

Quiconque voudra construire, reconstruire ou améliorer des édifices, maisons, bâtiments, murs, ponts, ponceaux, aqueducs, faire des plantations ou autres travaux quelconques, le long des grandes routes, soit dans les traverses des villes, bourgs, villages, soit ailleurs, devra préalablement y être autorisé par la députation des états de la province, se conformer aux conditions et suivre les alignements qui lui seront prescrits par ce collége, sauf les droits à une juste et préalable indemnité, dans le cas où une partie de sa propriété devrait, par suite des nouveaux alignements adoptés, être incorporée dans la voie publique. (Arrêté royal du 29 février 1836.)

FIN.

TABLE DES MATIÈRES.

SECTION III. — DES MATÉRIAUX MÉTALLIQUES.

CHAPITRE II.

De la mise en œuvre des matériaux.

SECTION PREMIÈRE. — FONDATIONS ET MAÇONNERIES.

SECTION II. — DE LA CHARPENTE, DE LA COUVERTURE DES TOITS, DES PAVAGES, MENUISERIE, VITRERIE, ETC.

CHAPITRE III.

Des bâtiments ruraux.

CHAPITRE VI.

Diverses considérations sur les bâtiments ruraux.

CHAPITRE VII.

Législation et coutumes rurales.

FIN DE LA TABLE.